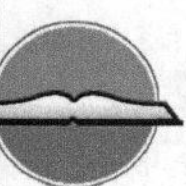

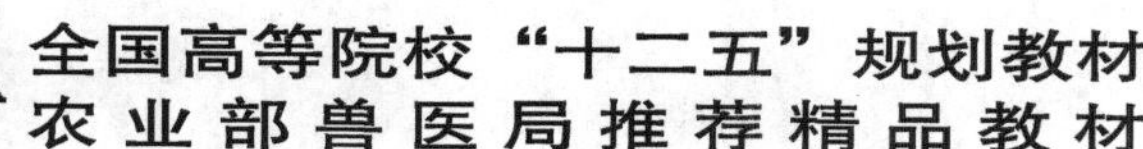

新编猪生产学

【动物医学 动物科学专业】

董修建
李 铁 主编
张兆琴

中国农业科学技术出版社

图书在版编目（CIP）数据

新编猪生产学／董修建，李铁，张兆琴主编．—北京：中国农业科学技术出版社，2012.7

ISBN 978－7－5116－0963－2

Ⅰ.①新…　Ⅱ.①董…②李…③张…　Ⅲ.①养猪学　Ⅳ.①S828

中国版本图书馆 CIP 数据核字（2012）第 124758 号

责任编辑　闫庆健
责任校对　贾晓红

出 版 者　中国农业科学技术出版社
　　　　　北京市中关村南大街 12 号　邮编：100081
电　　话　（010）82106632（编辑室）（010）82109704（发行部）
　　　　　（010）82109709（读者服务部）
传　　真　（010）82106632
网　　址　http://www.castp.cn
经 销 者　各地新华书店
印 刷 者　北京建宏印刷有限公司
开　　本　787 mm×1 092 mm　1/16
印　　张　18.75
字　　数　465 千字
版　　次　2012 年 7 月第 1 版　2020 年 1 月第 2 次印刷
定　　价　35.00 元

版权所有·翻印必究

《新编猪生产学》编委会

主　　编　董修建（河北农业大学中兽医学院）

　　　　　李　铁（辽宁医学院动物科学技术学院）

　　　　　张兆琴（河北北方学院动物科技学院）

副 主 编　李长军（北京农业职业学院）

　　　　　李连缺（河北工程大学农学院）

参 编 者（按姓氏笔画排序）

　　　　　仝　军（河北农业大学中兽医学院）

　　　　　朱兴贵（云南农业职业技术学院）

　　　　　张兆琴（河北北方学院动物科技学院）

　　　　　李长军（北京农业职业学院）

　　　　　李连缺（河北工程大学农学院）

　　　　　李　铁（辽宁医学院动物科学技术学院）

　　　　　董修建（河北农业大学中兽医学院）

　　　　　韩春梅（新疆塔里木大学动物科技学院）

主　　审　郑友民（中国农业科学院）

前　言

《猪生产学》是动物科学、畜牧兽医及相关专业的一门必修专业课。与其他专业基础课和专业课共同组成该类专业的课程体系，学生通过学习可以掌握猪生产的基本理论和基本知识，培养学生解决猪生产中主要问题的基本技能。

本教材在总结我国猪生产经验和科学研究成果的基础上，引入了近年来国内外部分先进技术。主要讲述现代养猪生产条件下提高养猪生产水平的基本理论和技术。主要内容包括养猪生产概述、猪的生物学特性与行为特点 、猪优良品种资源及杂交利用、猪的饲料生产及应用、猪场建设及环境控制 、种猪生产技术 、仔猪生产技术、生长肥育猪生产技术 、规模化养猪生产技术 、猪场生物安全等章节 。

本教材从养猪生产实际需要出发，按照养猪生产环节和生产规律安排编写，既符合生产要求，也符合学生对猪生产的认识和学习要求，科学引导学生将学过的相关知识与本教材的内容相联系。教材力求内容科学，层次清楚，结构合理，表达深入浅出，文字简练规范，图表简洁清晰，具有一定的创新性和前瞻性。

教材加大了实训能力内容，体现以就业为导向，以技能培养为主线的教育方针，紧密结合现代猪生产实际。注重教学实验实习的实际性与可操作性。同时，在每个单元的最后都列出数量适当、难度适宜、联系生产实际、具有综合性和启发性的复习思考题。在教学过程中，应结合当地养猪业发展情况，针对岗位技能需要进行讲授，以激发学生学习主动性，培养学生综合技能。

本教材的编写分工是：董修建编写第 1 章，第 9 章第 1 节，第 10 章第 1 节、第 2 节；仝军编写第 2 章；孙志峰编写第 3 章；李铁编写第 4 章；韩春梅编写第 5 章、第 8 章；张兆琴编写第 6 章、第 7 章；李长军编写第 9 章；彭少忠编写第 10 章；同时编写相关章节的实训指导和附录部分；董修建担任全书统稿。各位参编老师共同参与了书稿的修订和审阅。

本教材在编写过程中，得到了北京鹤来公司常务副总经理付学平及全国许多同行的支持和关怀，为本教材提出了很多宝贵意见，并曾引用他们的许多资料，书稿完成后经郑友民研究员担任主审工作，对书稿进行了认真的审查，提出了许多宝贵的意见和建议，保证了本教材的质量。谨此表示衷心感谢！本教材参考的文献内容较多，在此一并向原作者表示诚挚的谢意。

由于时间仓促，编者水平有限，定有缺点及不足之处，恳请读者提出宝贵意见，以便修订。

编　者

2012 年 8 月

序

中国是农业大国，同时又是畜牧业大国。改革开放以来，我国畜牧业取得了举世瞩目的成就，已连续20年以年均9.9%的速度增长，产值增长近5倍。特别是“十五”期间，我国畜牧业取得持续快速增长，畜产品质量逐步提升，畜牧业结构布局逐步优化，规模化水平显著提高。2005年，我国肉、蛋产量分别占世界总量的29.3%和44.5%，居世界第一位，奶产量占世界总量的4.6%，居世界第五位。肉、蛋、奶人均占有量分别达到59.2千克、22千克和21.9千克。畜牧业总产值突破1.3万亿元，占农业总产值的33.7%，其带动的饲料工业、畜产品加工、兽药等相关产业产值超过8 000亿元。畜牧业已成为农牧民增收的重要来源，建设现代农业的重要内容，农村经济发展的重要支柱，成为我国国民经济和社会发展的基础产业。

当前，我国正处于从传统畜牧业向现代畜牧业转变的过程中，面临着政府重视畜牧业发展、畜产品消费需求空间巨大和畜牧行业生产经营积极性不断提高等有利条件，为畜牧业发展提供了良好的内外部环境。但是，我国畜牧业发展也存在诸多不利因素。一是饲料原材料价格上涨和蛋白饲料短缺；二是畜牧业生产方式和生产水平落后；三是畜产品质量安全和卫生隐患严重；四是优良地方畜禽品种资源利用不合理；五是动物疫病防控形势严峻；六是环境与生态恶化对畜牧业发展的压力继续增加。

我国畜牧业发展要想改变以上不利条件，实现高产、优质、高效、生态、安全的可持续发展道路，必须全面落实科学发展观，加快畜牧业增长方式转变，优化结构，改善品质，提高效益，构建现代畜牧业产业体系，提高畜牧业综合生产能力，努力保障畜产品质量安全、公共卫生安全和生态环境安全。这不仅需要全国人民特别是广大畜牧科教工作者长期努力，不断加强科学研究与科技创新，不断提供强大的畜牧兽医理论与科技支撑，而且还需要培养一大批掌握新理论与新技术并不断将其推广应用的专业人才。

培养畜牧兽医专业人才需要一系列高质量的教材。作为高等教育学科建设的一项重要基础工作——教材的编写和出版，一直是教改的重点和热点之一。为了支持创新型国家建设，培养符合畜牧产业发展各个方面、各个层次所需的复合型人才，中国农业科学技术出版社积极组织全国范围内有较高学术水平和多年教学理论与实践经验的教师精心编写出版面向21世纪全国高等农林院校，反映现代畜牧兽医科技成就的畜牧兽医专业精品教材，并进行有益的探索和研究，其教材内容注重与时俱进，注重实际，注重创新，注重拾遗补缺，注重对学生能力、特别是农业职业技能的综合开发和培养，以满足其对知识学习和实践能力的迫切需要，以提高我国畜牧业从业人员的整体素质，切实改变畜牧业新技术难以顺利推广的现状。我衷心祝贺这些教材的出版发行，相信这些教材的出版，一定能够得到有关教育部门、农业院校领导、老师的肯定和学生的喜欢。也必将为提高我国畜牧业的自主创新能力和增强我国畜产品的国际竞争力作出积极有益的贡献。

国家首席兽医官

农业部兽医局局长

二〇〇七年六月八日

目　　录

第一章

养猪生产概述

第一节　养猪业的重要意义

畜牧业是国民经济的基础产业和农村经济的支柱产业，养猪业是畜牧业的重要组成部分，对中国畜牧业的贡献率达50%以上，养猪业的健康发展和猪肉的稳定供应在国民经济中具有重要意义。

一、提供肉食

养猪生产的终端产品主要是猪肉。猪肉是人类主要肉食品，全世界猪肉产量在各类肉品中排位第一，占肉类总产量的38%～40%。我国猪肉产量占肉类总产量的67%，为中国人民的主要肉食。

猪肉营养丰富，消化率高达95%，生物学价值74%，含热量高，味道鲜美，便于加工贮存。长期以来，猪肉作为人类动物蛋白和动物脂肪的主要来源，对人类的营养和保健有着重要作用。

猪肉蛋白质中含有人类必需的各种氨基酸，猪肉脂肪中含有人类必需的不饱和脂肪酸，对人类健康有益。如花生四烯酸是合成前列腺素的主要成分，双链多烯酸是神经和大脑组织发育不可缺少的成分。

二、提供工业原料

猪肉可以加工成罐头、火腿、腊肠、香肠等各种熟肉制品。猪的皮、毛、骨骼、血液、脑和内脏等是制革、毛纺、制药及化学工业的重要原料，可以制成数百种的轻工、化工及医药产品。

三、提供肥料

猪每天的粪尿排泄量相当于其体重的8.6%，而牛为7%，马为5%。一头猪从初生到体重100kg，排泄粪尿总量达800kg；成年猪年粪尿排泄总量达2 000kg。猪粪尿中含有大量氮、磷、钾等农作物所需的多种元素，还含有大量有机质，对改良土壤的理化性状及其结构、提高土壤肥力和吸肥保墒能力具有良好作用，为无机化学肥料所不及。猪粪经发酵和加工，制成专用肥料，是种植业生产安全、无公害或绿色食品的重要肥料。

四、发展经济，增加收入

畜牧业是大农业的重要组成部分，养猪业又是畜牧业的主体。发展农村经济，使农民致富离不开养猪产业。据国家统计局的统计资料，近几年，全国农民增收的一半来自于养殖业，而养殖业中的一半以上来自于养猪业。一大批从事养猪生产的专业户成为养猪生产的重要组成部分，很多养殖户从中受益。充分利用自然资源和工农业副产品发展养猪生产，对实现农民增收，农业结构调整和农村经济振兴具有重要意义。

五、出口创汇

活猪、猪肉、猪皮、猪鬃和肠衣、猪肉制品等是中国重要的出口物资，其中，活猪、猪鬃、猪肠衣出口具有悠久的历史，出口量占世界第一位。

六、用作实验动物

猪的体重及生理特点与人类比较接近，用小型猪作试验材料，研究人类保健和疾病治疗有着重要意义。近年来，不少国家培育了专门用作实验动物的小型猪品种，所以，猪在人类保健和医疗上有重要的利用价值。另外，通过基因工程解决了排异反应，可以研究猪的器官和组织对人类器官移植，进行疾病治疗，有深远的意义。

第二节　中国养猪生产概况

中国是世界上最大的养猪与猪肉加工国。养猪业也是我国畜牧业经济中比重最大的行业，多年来，在国家的政策引导和宏观调控下，养猪业快速发展，在全国各地涌现了一批产业化发展的龙头企业，有力地推动了我国农业产业结构的调整，对繁荣农村经济，提高农民收入起到了积极的作用。

一、猪的存栏数与猪肉产量

中国一直是世界上最大的生猪与猪肉生产国，中国的生猪存栏量占世界总量的48% ~50%。

2010 年，中国生猪存栏量为 48 500. 5万头，生猪出栏 66 850. 0万头。出栏头数和猪肉产量占世界总量的比例分别为 55. 4% 和 49. 4%。而 1990 年中国猪存栏头数为 33 600头，出栏头数为 31 000万亿头，出栏头数和猪肉产量分别占世界总量的 33. 6% 和 32. 6%。

2009 年我国猪肉产量 4 850. 0万 t，占世界猪肉产量（10 023. 6万 t）的 48. 4%；生猪存栏数量为 46 996. 0万头，占世界生猪存栏数量（78 479. 4万头）的 59. 9%；屠宰猪数量为 64 538. 6万头，占世界（120 273. 8万头）屠宰量的 53. 7%。

我国人均猪肉产量于 1981 年超过世界平均水平，并于 1997 年超过发达国家平均水平，2008 年达到 34. 9kg，2010 年达到 37. 3kg，由于发达国家的人均猪肉产量近 10 年稳中有降，目前，我国的人均猪肉产量已远远超过发达国家平均水平（表 1－1，表 1－2）。

表 1－1　过去 30 年我国养猪业的变化

年份	存栏（万头）	屠宰（万头）	猪肉产量（万 t）	平均胴体重（kg）	出栏率（%）	每头存栏猪产肉（kg）
1980	30 000. 0	13 986. 0	1 000. 0	71. 5	46. 6	33. 3
1990	33 624. 0	30 969. 6	2 280. 7	73. 6	92. 2	67. 8
1997	39 000. 0	45 000. 0	3 464. 0	76. 9	115. 4	88. 8
1998	42 256. 0	50 215. 0	3 884. 0	77. 3	118. 9	91. 9
2000	42 256. 3	51 977. 2	4 031. 4	77. 6	122. 4	95. 4
2001	45 743. 0	54 936. 7	4 185. 4	76. 2	120. 1	99. 0
2002	46 273. 8	56 595. 2	4 320. 0	76. 3	122. 3	93. 4
2003	46 600. 0	59 200. 0	4 624. 0	78. 1	127. 0	99. 2
2004	48 552. 5	62 172. 3	4 775. 0	76. 8	128. 1	98. 4
2005	43 319. 1	60 367. 4	4 555. 3	75. 7	139. 4	105. 5
2010	48 500. 5	66 850. 0	5 030. 0	77. 6	137. 9	110. 0

表 1－2　中国养猪生产占世界的比例（%）

年份	屠宰量	猪肉产量	存栏数
1990	33. 6	32. 6	42. 3
1998	46. 2	46. 1	44. 3
2000	44. 9	45. 0	46. 3
2004	48. 6	47. 6	49. 4
2009	53. 7	48. 4	59. 9
2010	55. 4	49. 4	60. 4

二、规模经营与产业化发展

中国养猪生产发展的三个阶段：1978 年以前，传统户养，以积肥和自食为主，猪种以脂肪型为主；1990 年前，从传统型向规模化过渡，推广杂交生产和配合饲料，地方品种、培育品种和瘦肉型猪均有饲养；1990 年后，规模化养猪迅速发展，配合饲料、添加剂预混料、浓缩饲料，瘦肉型猪配套系发展迅速，商品化生产逐渐成熟。生猪养殖规模变化情况如表 1－3 和图 1－1 所示。

表 1－3　2002 年和 2009 年中国生猪养殖规模变化情况

年出栏头数	2002 年				2009 年			
	场（户）数	比重数	年出栏数（万头）	比重（%）	场（户）数	比重数	年出栏数（万头）	比重（%）
1～49	104 332 67	99. 018	44 393. 3	72. 8	64 599 143	96. 22	34 061. 0	38. 7
50～9 999	1 033 953	0. 981	10 108. 3	24. 8	2 534 861	3. 775	48 629. 7	55. 3
>10 000	890	0. 001	1 489. 7	2. 4	3 179	0. 005	5 301. 3	6. 0
合计	105 367 514	100	60 991. 3	100. 0	67 137 183	1000	88 092. 0	100. 0

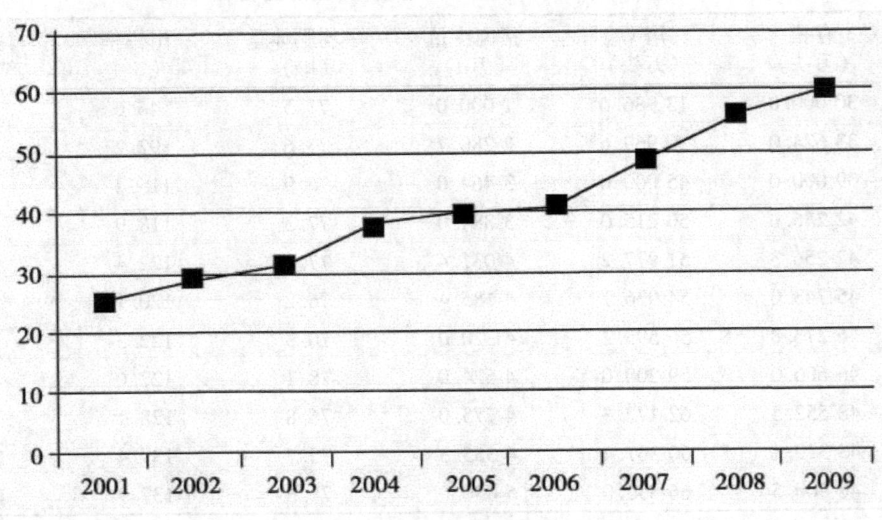

图 1－1　2001～2009 年生猪养殖规模化程度

（数据来源：国家统计局）

随着养猪规模化、产业化的发展，我国饲料工业从无到有，发展迅速。现有年产万 t 以上的大型饲料加工企业 979 家，年生产能力超过亿 t，成为世界饲料生产的第二大国。配制饲料所需的添加剂，如必需氨基酸、维生素、微量元素、抗菌素、驱虫剂和抗氧化剂等的应用，有效地促进了养猪生产走向集约化、企业化和现代化。

三、区域化生产

中国养猪业分为 4 个主要区域。长江流域在全国养猪业中占 43.8%；华北地区占 21.6%；东北地区占 6.3%；西南地区占 13.2%。

长江流域和华北地区是中国主要的猪肉输出地区。而东北地区由于气候寒冷，猪肉比较短缺。近年来由于当地饲料资源丰富，价格较低，养猪业发展迅速。因此，猪肉生产逐渐能够自给，甚至输出到其他地区。

四川、湖南、湖北、山东、江西、安徽、江苏、河南、广西壮族自治区（以下简称广西）及河北是我国十大生猪主产省，2000 年生猪出栏共 33 900亿头，猪肉产量 2 576.8 万 t，分别占到全国总量的 64.4% 和 63.9%。生猪年出栏在 5 000 万头以上的有四川和湖南省；年出栏在 3 000 万头以上的有河北、河南和山东省。辽宁、吉林及黑龙江三省是我国重要的粮食产区，1988 年粮食产量占全国总产量的 14.3%，当年出栏生猪 3 453.4 万头，比 1991 年的 1 862.0 万头增加了1 591.4万头，年递增率达 9.2%，比同期全国 6.2% 的年递增率提高了 3%，发展势头强劲，形成了我国生猪生产的新产区。2005 年第一季度，湖南、四川、河南、山东、河北、广东、湖北、广西以及安徽等 9 省区共屠宰 900 万头生猪，占全国总量的 62.1%。湖南、四川和河南 3 省总和占全国总屠宰头数的 1/3；四川、湖南、河南、山东和河北 5 省猪肉产量占全国总产量的 43%。

截止到 2004 年，我国 10 个生猪主产省份的生猪出栏占全国总量的 70.25%（图 1－2）。

我国生猪养殖区域的分布变化，伴随着生猪规模化养殖进程的加快而变化，生猪主产

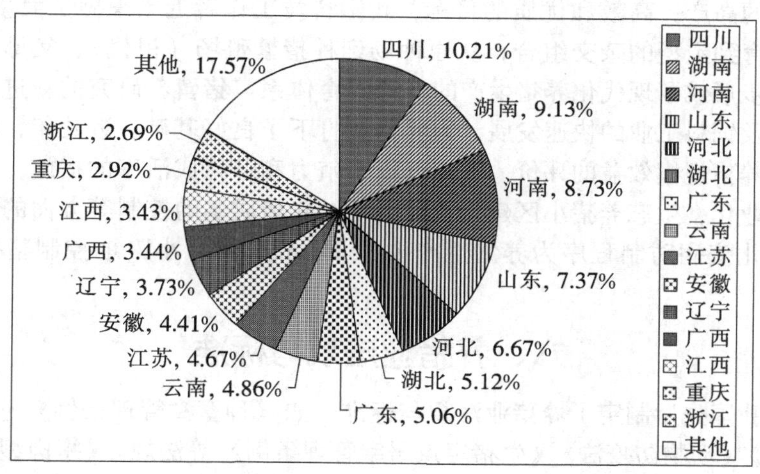

图 1－2　2004 年我国生猪养殖区域分布

区将继续向黄淮海流域转移。同时，东北粮食主产区以及其他边远地区生猪养殖将在未来几年得到快速发展，经济发达地区养猪业将向山区、周边地区转移。

四、猪种资源的保护、开发与利用

我国地方猪种对世界优良猪种的育种已经作出或正在作出重要的贡献，我国太湖猪在配种后的胚胎存活率明显高于欧洲品种。许多优良的地方猪种是不可多得的遗传资源宝库。

自中华人民共和国成立以后，曾多次对全国猪种资源进行调查，出版了《中国猪种》《中国猪品种志》《中国地方猪种种质特性》等著作，为猪种资源的保护、开发利用和选育提高做了大量工作。为适应养猪生产发展的需要，积极引入国外良种，进行了新品种（品系）培育和杂种优势利用的研究，先后育成了 40 多个新品种（品系），如三江白猪、冀合白猪、上海白猪、湖北白猪和苏太猪等，这些猪种都是现代化养猪生产中的优良母系猪种。近几年我国先后从丹麦等国引进大量长白原种猪；从英国、法国和加拿大引进大约克夏种猪；从美国引进杜洛克和汉普夏种猪；从比利时引进皮特兰和斯格配套系种猪。这些最新引进的瘦肉型猪均建立了原种猪场进行繁殖扩群和选育工作。各地建立了配套的优良种猪繁育体系。通过大量试验研究，筛选出一批优良的商品瘦肉型猪杂交组合。如杜×湖、杜×浙、杜×三、杜×（长×太）、杜×（长×北）、大×（长×北）、杜×（长×大）或杜×（大×长）等优良杂交组合。

五、养猪科学技术

在过去的 20 年里，美国母猪的繁殖力（以每年每头母猪生产的商品猪数量为标准）提高了近 25%，饲料报酬提高了近 20%，养猪综合生产成本下降了 30% 以上。短短十几年，美国就从一个猪肉进口国变成一个猪肉出口国，靠的就是新科技和产业化。近年来，我国养猪业的科技含量不断提高，各级畜牧主管部门及畜牧技术推广机构推广了大量的实用科学技术。如优良品种，科学饲养技术，杂交改良技术，改善饲养方式及饲养工艺，基因工程，计算机信息技术，设施技术等，对全国的养猪业发展起到了很大的推动作用。为实现养猪生产的高产、高效和优质的目标，我国科技工作者近年来做了大量的研究工作。从优良种猪选育到定型的杂交组合，从原种场到种猪繁殖场（祖代）、父母代猪场、商品瘦肉猪场，初步形成了现代化养猪生产的良种繁育体系。猪营养研究的新进展，猪饲养标准的应用，以及饲料工业的快速发展，为养猪业打下了良好基础。近几年，绿色安全猪肉的生产，不同养猪规模效益的评价，提高母猪繁殖力和仔猪成活率的措施，猪的杂交优势利用，养猪产业化，生态养猪小区建设及养猪场对养猪成本的控制等方面的研究正在进一步深入。标准化疫病防制程序为养猪生产中“早、快、严、小”地控制猪病提供了技术保障。

六、养猪业法规与标准

近几年，我国先后制定了养猪业法规与标准。如《种畜禽管理条例》《饲料与饲料添加剂管理条例》《动物防疫法》《生猪定点屠宰管理条例》等法规。《瘦肉型猪选育技术规程》《瘦肉型猪杂交组合试验技术规程》《猪新品种验收办法》《人工授精规程》《种猪测定规程》《种猪登记办法》等一批行业技术和产品标准已经实施。

第三节　世界养猪生产概况

一、全世界猪的存栏数与产肉量均呈增长趋势

据 FAO 统计，1975 ~ 2010 年全球猪肉产量及存栏量见表 1 – 4。

表 1 – 4　1975 ~ 2005 年全世界猪肉产量及存栏量（万 t，万头）

年份	1975	1985	1995	2005	2009	2010	%*
产量	4 167	5 997	8 009	10 252	10 023.66	10 188.3	144.50
存栏量	68 656	79 353	89 908	96 041	78 479.4	80 233.9	16.86

注：*……2010 年比 1975 年增加的百分数

据 FAO 最新数据显示，经过 30 多年的发展，世界猪肉总产量和猪存栏量分别增长了 144.50% 和 16.86%，猪肉产量增幅明显高于存栏量增幅。30 多年中，世界猪肉产量基本保持以每 10 年增加 2 000 万 t 左右的速度平稳增长，其中，20 世纪 90 年代增长速度相对较快。20 世纪 70 ~ 80 年代世界猪存栏量增长较快，1975 ~ 1995 年，20 年中增加了 21 300 万头，1995 ~ 2005 年的 10 年中仅增长 6 132 万头，但猪肉产量仍增长了 2 243 万 t，而 2010 年较 2005 年减少了 9 674.1万头，猪肉产量却基本持平。由此可见，30 多年中世界猪品种生产性能及饲养管理技术均得到了快速提高。

二、世界养猪区域分布特点

据资料统计，2005 年世界猪肉生产前 8 强国家的猪肉产量占世界猪肉总产量的 90.99%。1975 年，世界前 8 强国家的猪肉产量占世界猪肉总产量的 67.74%，由此可见，世界猪肉生产始终保持增长趋势。

（一）世界各大洲生猪存栏与猪肉生产

第一是亚洲。亚洲养猪数量居世界第一位，猪存栏占世界总存栏量的 56.7%，猪肉产

量占世界猪肉总产量的53%。亚洲有养猪大国中国和养猪技术比较先进的日本。中国养猪头数、猪肉产量、品种数量、出口活猪头数、出口猪鬃和肠衣的数量占六个世界第一。日本猪的出栏率达到180%，居世界先进水平。

第二是欧洲。欧洲是现代养猪技术的发源地，养猪技术很高，它以占世界10%的土地生产了世界上29%的猪肉。

第三是美洲。美洲以北美洲的美国和加拿大养猪业比较发达。美国是世界上第二养猪大国，猪肉总产量仅低于牛肉和禽肉。而南美洲养猪比较粗放。

第四是非洲。养猪数量和生产水平都比较低，猪存栏占世界猪总存栏数量的2.4%。

第五是大洋洲。养猪数量不多，仅占世界猪总存栏数量的0.05%。但是其中澳大利亚和新西兰养猪技术和生产水平比较高，猪出栏率达到190%，居世界先进水平。

（二）2010年世界猪肉产量与猪存栏量位次（表1-5）

表1-5 2005年末世界生猪存栏量位次与猪肉产量

位次	国家	生猪存栏		位次	国家	猪肉产量	
		存栏数（万头）	所占比重（%）			产量（万t）	所占比重（%）
1	中国	48 500.5	60.45	1	中国	5 030	49.37
2	欧盟-27	14 925	18.6	2	欧盟-27	2190	21.50
3	美国	6 515	8.12	3	美国	1 018.5	10.00
4	巴西	3 512.2	4.38	4	巴西	324.9	3.19
5	俄罗斯	2 023	2.52	5	俄罗斯	229	2.25
6	加拿大	1 063.2	1.33	6	越南	185	1.82
7	日本	990	1.23	7	加拿大	166	1.63
8	墨西哥	950	1.18	8	日本	127	1.25
9	韩国	820	1.02	9	菲律宾	122.5	1.20
10	乌克兰	715	0.89	10	墨西哥	117.5	1.15

（三）中国猪肉产量、生产水平大幅度提高

2010年中国猪肉产量达5 030.0万t，存栏量达48 500万头，较1980年产肉量增加4.03倍，存栏量增长61.67%，由此可见，中国生猪存栏量在30年中虽然增幅并不明显，但猪肉产量却增加了几倍，生产水平快速提高。

（四）欧美发达国家生产水平仍处于领先地位

2010年欧盟猪肉产量达2 190万t左右，居世界第2位，占世界总产量的21.45%，猪的存栏量却从2005年的15 697.3万头下降到14 925万头，下降了4.92%。

2010年居世界第3位的美国，猪肉产量达1 018.5万t左右，占世界总产量的10.0%，较1975年增加了107.86%，而猪存栏量只增加了19.20%。因此，不难看出欧美发达国家生猪生产水平仍处于世界领先水平。

三、世界猪肉生产变化趋势

1975~2010年，世界猪肉总产量增长了144.5%，在世界主要的20多个猪肉生产国中，韩国、越南、中国、西班牙、印尼、巴西、泰国、菲律宾和加拿大等9个国家的增幅超过此水平。这9个国家既有欧美发达国家，也有发展中国家，这些国家猪肉生产快速发展，为世界猪肉产量的增长作出了贡献。

另外有10个国家猪肉产量保持增长，但涨幅低于世界猪肉总产量增幅，他们主要是以美国、德国、法国等为代表的欧美发达国家，其猪肉消费趋于稳定，产量平稳增长，生产水平世界领先。此外，英国下降了13.76%，俄罗斯自1995~2005年下降了13.67%。

（一）东亚、东南亚国家养猪业发展迅速

1975~2005年，猪肉产量增幅超过世界猪肉总产量增幅的9个国家中，有6个是东亚、东南亚国家。其中，韩国从1975年的9.88万t增至105万t，增加了9.62倍，跻身世界猪肉产量排名第18位，是世界主要猪肉生产国中增长幅度较大的国家。越南则增加了7.5倍，中国增加了5.27倍，印尼、泰国和菲律宾也分别增加了3.38倍、2.9倍和2.11倍。

（二）欧美发达国家养猪生产水平仍处于领先地位

以美国、德国、法国等为首的欧美发达国家有着世界领先的养猪水平。受其经济增长相对平稳，人们消费水平较高等方面影响，逐渐控制猪存栏量，猪肉消费继续向高品质转变，有机猪肉消费增长。从1975~2005年，其猪肉产量增幅明显低于世界猪肉产量增幅。

（三）西班牙、加拿大养猪业发展迅速，部分发达国家仍有潜力

在猪肉增长较快的9个猪肉主产国家中，西班牙和加拿大猪肉产量分别从1975年的60万t和65万t增至331万t和196万t，分别增加了4.5倍和1.99倍，在世界猪肉产量中排名第4位和第8位。

（四）俄罗斯、英国等猪肉生产下滑

俄罗斯是世界上主要的猪肉进口国，主要从中国和巴西等国家进口。俄罗斯养猪业的萎缩主要受其经济环境的影响和消费结构的变化。英国养猪下滑的主要原因在于消费结构的变化，以及从环境、疫病等方面的考虑压缩存栏量，同时，养猪企业向规模化一体化发展。

第四节　中国养猪业的发展展望

一、中国养猪业存在的主要问题

我国养猪业走过20多年的辉煌历程，尽管我国的养猪业取得了巨大成就，得到了快速发展，但与养猪发达国家相比还存在较大的差距。在制约我国养猪业发展的因素中，以下问题越来越受到人们的广泛关注。

（一）饲养规模

随着人民生活水平的不断提高，“优质、安全、无公害”正成为人们对食品消费追求的目标。因此，分散的专业户所生产的猪肉及其制品因缺少相应规范、对部分指标的控制达不到质量要求，今后会受到制约。

（二）环境保护

养猪场对环境的污染已成为社会关注的重大问题。尤其是大中型养猪企业对空气、土

壤、水源的污染问题必须尽快解决。上海、珠江三角洲部分猪场已实行关、停、转、改。北京、广东正在将猪场向山区转移或改造环境设施，改进生产工艺流程和饲料配方，以降低猪体产生有害、有毒物质的数量，但同时也增加了养猪成本。

（三）猪群健康与猪肉安全

世界各国都制定了猪肉产品的卫生与安全标准，并已成为国家的第二海关壁垒。我国目前的生物安全环境较差，猪群的健康水平不高，部分生产者的卫生与安全意识薄弱。因在饲料中不按规定添加药物和促生长剂的情况时有发生，肉产品的药物残留和有毒、有害物质超标而影响人们健康。

（四）市场供求与流通

养猪生产行业本身在市场调节的作用下，呈明显的周期性波动，市场高峰与低谷的交替出现，影响着养猪生产的规模和数量。其次，无序的、检疫不严格的猪群或产品流通，带来的生物安全和疾病传播隐患，已成为养猪生产者共同面临的棘手问题。

（五）生产技术与人员素质

现代养猪生产已是一个技术性很强的行业，而我国养猪业科技经费投入不足，难以实现可持续的研发工作，不能满足现代养猪生产发展的需要，存在技术相对落后和推广转化不利的问题，使养猪业的基础研究和基础性工作受到一定影响。

随着散养的逐渐退出，规模化、集约化养殖不断扩大，养猪技术水平和管理能力势必要有大幅的提高。现在有许多非养猪行业出身的人也充实到养猪业队伍中来，他们更需要养猪技术和管理经验。提高目前养猪生产从业人员的素质和技术管理水平是一项相当重要的工作。

二、实现我国养猪业可持续发展的对策

绿色畜产品是绿色食品的重要组成部分，在国际市场上具有明显的竞争优势。因此，开拓和占领国内外巨大的绿色食品市场将成为中国农业发展的战略选择。我国是养猪大国，入世后猪肉产品具有价格优势，出口量将会增大。因此，我们应把握这一机遇，生产绿色猪肉，实现养猪业的可持续发展。

（一）实现养猪产业化，大力发展绿色养猪业

随着我国加入 WTO 和全球经济一体化的实现，食品质量标准、管理标准都要与国际接轨。我国的猪肉产品能否保持市场的占有量，能否大量出口，关键取决于其中药物残留及相关卫生指标是否符合国际标准。多年来，我们对畜产品中的药物残留重视不够，缺乏监督、检测及管理，导致畜产品外销不畅，我国出口肉类仅占全国肉类总产量的1%左右。因此，要提高畜产品在国际市场上的竞争力，必须加强质量控制，确保安全。

近年来，为了促进畜禽生长和预防传染病，生产者长期大量使用抗生素，随之产生如耐药性、药物残留等危害人体健康的一系列问题。饲料中过量重金属等有害物质通过家畜排泄物沉积到土壤或水域中，威胁人类的生存环境。抗生素作为畜禽生长促进剂的使用将会受到越来越严格的限制，例如，欧盟在 1995 年有 11 种药物饲料添加剂可用于畜禽生产，到了 1999 年 7 月，就只有肥粒霉素、班伯霉素、莫能菌素和盐霉素 4 种被允许使用。目前，一些产品如益生素、酸化剂、酶、中草药添加剂等能减少或替代抗生素的使用量，它们将在未来生产安全猪肉方面起到重要作用。饲料与饲料添加剂行业必须

不断开发和应用低毒、低残留、高效的添加剂替代抗生素及其他合成药品。

应用先进科学技术，利用我国丰富的优良基因资源，提高养猪生产效率，生产优质猪肉，参与国际市场竞争。必须从饲养到餐桌全过程采取综合措施，切实做好猪肉安全质量的管理，确保生产安全猪肉，进一步全面达到无公害的要求，在此基础上向“绿色”猪肉或有机猪肉目标迈步。

实现养猪产业化是发展绿色养猪业的保障。大中型养猪企业，在进行集约化经营，走产业化之路的同时，进一步深化“公司＋农户”的运行模式。依靠公司的技术力量对农户进行技术培训，与符合生产规范与技术要求的农户签定饲养合同，公司要不定期地对农户生产的过程进行全面检查，加强对终端产品的危害控制分析。同时，要培育精深加工企业，形成以加工业为龙头，带动千家万户实现产加销一条龙的绿色产业链，以质量和价格优势参与市场竞争。

（二）发挥区域和资源优势

我国地域辽阔，应当充分发挥各地的区域优势与特色，科学规划养猪产业，积极开发饲料资源。我国西部、东北等区域有良好的生态环境和资源优势，要在保护环境的前提下，利用先进技术，合理开发利用绿色饲料资源，发展绿色养猪业。在畜牧业发展相对滞后地区的畜牧部门应明确结构，调整思路，要根据城乡居民生活水平提高的需要和区内外的市场需求，依靠科技进步，大力发展优质畜产品，提高畜产品的质量和档次；从各地的自然资源特点和经济发展情况出发，发挥区域优势，调整生产布局，提高竞争能力。农区要在稳定发展粮食转化的同时，广辟多种非粮食饲料来源，大力发展农区养猪业，逐步形成养猪主产区。

（三）提高养猪科学技术

1. 提高养猪的饲料报酬

养猪成本中，饲料成本约占总成本的70%～75%，欲提高养猪效益，降低成本，从饲料方面必须做到两点：一是提高饲料利用率；二是降低饲料成本。

目前料肉比英国为2.85:1，丹麦为3.2:1，法国为3.29:1，荷兰为3.01:1，日本为3.26:1，美国中西部为3.37:1，我国农户养猪为3.9～4.5:1。

近年来为节约蛋白质饲料资源，提出了以可消化氨基酸为基础配制猪的日粮。在日粮配制中按饲养标准推荐的氨基酸总需要量来设计配方，这样做往往不能充分发挥猪生产性能的潜力。随着对氨基酸消化率研究的深入，提出按可消化氨基酸（DAA）为基础配制猪的日粮。以DAA为基础配制日粮可降低原来推荐的粗蛋白质水平，降低了饲料成本，提高猪的生产性能。以DAA为基础配制猪日粮在我国具有重要的实践意义，是合理利用蛋白质饲料资源的重大技术措施。

2. 提高母猪的繁殖力

繁殖是猪场管理中最关键的环节之一，繁殖效率主要取决于受胎率、同窝仔猪数和空怀期。而母猪的饲养、管理、遗传、健康、环境、应激、季节、妊娠，哺乳、子宫预处理、母猪的体况（体重和背膘厚度），公猪生育力、精子质量、公猪采精和授精前后的处理等方面都会影响母猪繁殖能力。缩短母猪产仔间隔，提高母猪提供商品猪数量是我国目前提高整体养殖水平的重要步骤。

3. 提高肉猪出栏率

世界先进水平为160%，我国平均为128%左右。选用优良品种生产杂交商品猪，应用营养平衡性配合饲料，改善环境条件，控制疫病，采用科学的饲养管理技术等措施，实现缩短肥育期，提高肉猪出栏率，降低饲养成本，提高经济效益的目标。

4. 人工授精技术的应用

在养猪生产中，必须利用产肉性能好、日增重快、饲料报酬高，屠体重、瘦肉率高的优良品种。人工授精技术可以提高优良种公猪的利用率，防止传染病的传播，减少种公猪的饲养数量，已在养猪业得到了广泛的应用。

5. 超早期隔离断奶技术的应用

母猪在分娩前按常规程序进行有关免疫注射，在仔猪出生后保证吃到初乳后按常规免疫程序进行预防注射，根据本猪群需要根除的疾病，在10～21d之间进行断乳，然后将仔猪在隔离条件下进行保育饲养。保育仔猪舍要与母猪舍及生产猪舍隔离开，隔离距离从250m到10km，具体要根据隔离条件来确定。这项技术美国于1993年开始试行并逐渐成熟，1994年正式在生产上大量推广，1999年美国已有40%～60%的养猪者采用这种方法。我国的一些规模比较大、管理比较好的养猪场也在逐步试行这一技术，并收到了良好的效果。

（四）加快建立生猪产业发展市场信息预警机制

在国家已经建立的主要畜禽抽样调查制度的基础上，建立生猪产业发展信息预警制度，由统计调查部门和农牧业部门在对调查数据进行分析的基础上，对未来半年生猪的市场供应作出科学预测，并定期发布市场预警分析报告，正确引导养殖户生产经营决策，规避市场风险。从制度上做到对生猪生产进行事先预警和防范，保证生猪生产平稳发展。

（五）推动生猪期货上市

2010年中央一号文件提出“采取市场预警、储备调节、增加险种、期货交易等措施，稳定发展生猪产业”，这引发了市场各方对“生猪期货”的热切关注和讨论。从长远来看，由于我国生猪市场具有巨大的容量，市场定价机制将随生猪期货的推出更加完善，从而为增强我国在国际生猪贸易中的“话语权”，甚至为形成全球生猪定价中心提供了推动力。同时，生猪期货的推出与粮食期货形成有效互补，形成涵盖主要农畜产品的较为完整的农产品期货体系，从而进一步提升我国农业产业化水平。生猪期货的完全市场化定价机制对于淘汰规模小、效益差的生猪养殖农户，调整大型养殖场的养殖规模，推进“公司+农户”等集约化生产模式具有促进作用。

农户和养殖场根据期货价格信号及时了解未来的生猪市场价格走势，合理调整养殖规模和饲养周期，以减少经营的盲目性，提前锁定销售。

复习思考题

1. 我国的养猪业在国民经济中有什么重要意义？
2. 中国养猪业目前存在哪些主要问题？
3. 实现我国养猪业可持续发展应采取哪些有力措施？

第二章

猪的生物学特性与行为特点

第一节 猪的生物学特性

猪的生物学特性是在进化过程中由于自然选择与人工选择的作用所形成的，并且随着生产技术的不断革新而不断发展。不同的猪种或不同的类型，既有其种属的共性，又有它们各自的特性。在生产实践中，要不断地认识和掌握猪的生物学特性，并按适当的条件加以利用和改造，实行科学养猪，提高养猪的生产水平，获得较好的饲养和繁殖效果，达到高产、高效、优质、安全的目的。猪的生物学特性如下。

一、性成熟早、繁殖率高、世代间隔短

国外引入瘦肉型品种猪一般5～6月龄达到性成熟，7～8月龄就可以初次配种。我国优良地方猪种，公猪3月龄开始产生精子，母猪开始发情排卵，比国外品种早3个月。猪的妊娠期短，平均只有114d，1岁时或更短的时间可以第一次产仔。

猪是常年发情的多胎高产动物，一年能分娩2.0～2.5胎，若缩短哺乳期，对母猪进行激素处理，可以达到两年5胎或一年3胎。经产母猪平均一胎产仔10头左右。我国太湖猪的产仔数高于其他地方猪种和国外引入猪种，窝产活仔数平均超过14头，个别高产母猪一胎产仔超过22头，最高纪录窝产仔数达42头。

在生产实践中，猪的实际繁殖效率并不算高，母猪卵巢中有卵原细胞11万个，但在它一生的繁殖利用年限内只排卵400个左右。母猪一个发情周期内可排卵12～20个。而产仔只有8～10头；公猪一次射精量200～400ml，含精子数约200亿～800亿个，可见，猪的繁殖效率潜力很大。试验证明，通过外激素处理，可使母猪在一个发情期内排卵30～40个，个别的可达80个。产仔数个别高产母猪一胎也可达15头以上。这就说明只要我们采取适当繁殖措施，改善营养和饲养管理条件，以及采用先进的选育方法，进一步提高猪的繁殖效率是有可能的。

二、食性广泛、利用饲料转化成肉品的效率高

猪是杂食动物，有发达的臼齿、切齿和犬齿。胃是肉食动物的简单胃与反刍动物的复杂胃之间的中间类型，既具有草食动物的特征，又具备肉食动物的特点。此外，猪具有坚强的鼻吻，嘴筒突出有力，吻突发达，能有力地掘食地下块根、块茎饲料。因此，采食的饲料种类多，来源广泛，能充分利用各种动植物和矿物质饲料。但这对猪舍建筑物有破坏性，也易于从土壤中感染寄生虫和疾病。猪对食物具有选择性，能辨别口味，

特别喜爱甜食。

猪的唾液腺发达，内含的淀粉酶是马的14倍，牛羊的3~5倍，胃肠道内具有各种消化酶，便于消化各种动、植物饲料。猪对饲料的转化效率仅次于鸡，而高于牛、羊，对饲料中的能量和蛋白质利用率高。猪属于单胃动物，胃容量7~8L，小肠长度15~20m，肠子的长度与体长之比：外国猪为13.5倍，中国地方猪为18倍，中国地方猪对青饲料的消化能力比外国猪强。猪对粗纤维的消化能力只有靠盲肠中少量共生的有益微生物。对粗纤维的消化能力较差。

猪的采食量大，但很少过饱，消化道长，消化极快，能消化大量的饲料，以满足其迅速生长发育的营养需要。猪对各种饲料的利用能力都较强，猪对精料有机物的消化率为76.7%，对青草和优质干草的有机物消化率分别达到64.6%和51.2%。但是，猪对粗饲料中粗纤维的消化较差，对含纤维素多和体积大的粗饲料的利用能力较差。而且饲料中粗纤维含量越高对日粮的消化率也就越低。猪对粗纤维的消化率约为3%~25%，消化能力随品种和年龄的不同而有差别。

因为猪胃内没有分解粗纤维的微生物，几乎全靠大肠内微生物分解。既不如反刍家畜牛、羊的瘤胃，也不如马、驴发达的盲肠。试验认为，在肥育猪的风干日粮中，粗纤维的含量不应超过7%~9%，而成年猪则可达10%~12%，如超过此限量时，不仅增重速度减慢，而且饲料的利用能力差，特别是饲养瘦肉型猪还是需要以精饲料为主。

所以，在猪的饲养中，应注意精、粗饲料的适当比例，控制粗纤维在日粮中所占的比例，保证日粮的营养平衡性和易消化性。当然，猪对粗纤维的消化能力随品种和年龄不同而有差异，我国地方猪种较国外培育品种具有较好的耐粗饲料特性。

三、生长期短、发育迅速、沉积脂肪能力强

在肉用家畜中，猪和马、牛、羊相比，无论是胚胎期还是生后生长期都是最短的，但生长强度最大（表2-1）。

表2-1 各种家畜的生长强度比较

畜别	合子重（mg）	初生体重（kg）	成年体重（kg）	怀孕月数（月）	体重加倍次数			生长期（月）
					胚胎期	生长期	整个生长期	
猪	0.40	1	200	3.8	21.25	7.64	28.89	36
牛	0.50	35	500	9.5	26.06	3.84	30.00	48~60
羊	0.50	3	60	5.0	22.52	4.32	26.84	24~56
马	0.60	50	500	11.3	26.30	3.44	29.75	60

猪由于胚胎生长期短，同胎仔猪数多，出生时发育不充分，例如，头的比例大，四肢不健壮，初生体重小（平均只有1.0~1.5kg），仅占成猪体重的1%，各系统器官发育也不完善，对外界环境的适应能力差，抵抗力较低。所以，初生仔猪需要精心护理。

猪出生后为了补偿胚胎期内发育不足，生后两个月内生长发育特别快，30日龄的体重为初生重的5~6倍，2月龄体重为1月龄的2~3倍，断奶后至8月龄前，生长仍很迅速。后备母猪在8~10月龄，体重可达成年体重的40%左右，体长可达成年体长的70%~

80%。尤其是瘦肉型猪生长发育快，是其突出的特性。在满足其营养需要的条件下，一般160～170日龄体重可达到90～100kg，即可出栏上市，相当于初生重的90～100倍。而牛和马只有5～6倍，可见猪比牛和马相对生长强度大10～15倍。

猪在生长初期，骨骼生长强度大，在体中所占比例高。以后，生长重点转移到肌肉，最后，强烈地沉积脂肪，对姜曲海猪生长肥育的研究表明，在体重20kg阶段，骨重占11.94%，肉占49.91%，脂肪占20.86%，而至90kg阶段，骨的重量下降到7.80%，肉为39.68%，脂肪上升到38.53%（表2－2）。

表2－2　肥育猪的日增重及饲料利用效率（姜曲海猪）

体重（kg）	骨（%）	皮（%）	肉（%）	脂肪（%）
20	11.94	17.29	49.91	20.86
35	12.84	14.30	46.69	26.17
60	9.73	12.28	40.24	37.75
75	8.46	12.89	42.54	37.78
90	7.80	15.93	39.68	38.53

猪利用饲料转化为体脂的能力较阉牛强。食入1kg淀粉可沉积脂肪356g，而阉牛只能沉积248g（表2－3）。

表2－3　猪和阉牛沉积脂肪比较

食入营养物质	猪沉积脂肪		阉牛沉积脂肪		猪/牛
	g	热价（MJ）	g	热价（MJ）	
1kg淀粉	356	14.27	248	9.87	1.43
1kg糖	281	11.17	188	7.49	1.49
1kg脂肪	881	34.98	474～598	18.83～23.79	1.86～1.55
1kg蛋白质	363	14.43	235	9.37	1.54
1kg粗纤维	248	9.83	253	10.04	0.98

四、猪的嗅觉和听觉灵敏、视觉不发达

猪生有特殊的鼻子，嗅区广阔，嗅黏膜的绒毛面积很大，分布在嗅区的嗅神经非常密集，因此，猪的嗅觉非常灵敏，对任何气味都能嗅到和辨别。据测定，猪对气味的识别能力高于狗1倍，比人高7～8倍。仔猪在生后几小时便能鉴别气味，依靠嗅觉寻找乳头，在3d内就能固定乳头，在任何情况下，都不会弄错。母猪能用嗅觉识别自己生下的仔猪，排斥别的母猪所生的仔猪。因此，在生产中按强弱固定乳头或寄养时在3d内进行较为顺利。猪依靠嗅觉能有效地寻找埋藏在地下很深的食物，能准确地排除地下一切异物。凭着灵敏的嗅觉，识别群内的个体、自己的圈舍和卧位，保持群体之间、母仔之间的密切联系；对混入本群的它群个体和仔猪能很快认出，并加以驱赶，甚至咬伤或咬死。嗅觉在公母性联系中也起很大作用，例如，在发情母猪闻到公猪特有的气味，即使公猪不在场，也会表现

"呆立"反应。同样，公猪能敏锐闻到发情母猪的气味，即使距离很远也能准确地辨别出母猪所在方位。猪能用嗅觉区别排粪尿处和睡卧处。有的猪进圈后调教不好，第一次在圈内某处排粪尿，以后常在该处排粪尿。

猪的听觉相当发达，猪的耳形大，外耳腔深而广，即使很微弱的声响，都能敏锐地觉察到。另外，猪头转动灵活，可以迅速判断声源方向，能辨声音的强度、音调和节律，容易对呼名、各种口令和声音刺激物的调教很快建立条件反射。仔猪生后几小时，就对声音有反应，到3~4月龄时就能很快地辨别出不同声音刺激物。猪对意外声响特别敏感，尤其是与吃喝有关的音响更为敏感，当它听到喂猪铁桶用具的声响时，立即起而望食，并发出饥饿叫声，在生产中利用各种口令等声音刺激可以较快地建立条件反射，对猪进行调教。

在现代化养猪场，为了避免由于喂料音响所引起的猪群骚动，常采取一次全群同时给料装置。猪对危险信息特别警觉，即使睡眠，一旦有意外响声，就立即苏醒，站立警备。因此，为了保持猪群安静，应尽量避免突然的音响，尤其不要轻易抓捕仔猪，以免影响其生长发育。

猪的视觉很弱，缺乏精确的辨别能力，视距、视野范围小，缺乏精确的辨别能力，不靠近物体就看不见东西。对光刺激条件反射比声刺激出现慢，对光的强弱和物体形态的分辨能力弱，辨色能力也差。生产中人们常利用猪这一特点，用假母猪进行公猪采精练习。

五、适应性强，分布广泛

猪对自然地理、气候等条件的适应性强，是世界上分布最广、数量最多的家畜之一，除因宗教和社会习俗原因而禁止养猪的地区外，凡是有人类生存的地方都可养猪。从生态学适应性看，主要表现对气候寒暑的适应、对饲料多样性的适应、对饲养方法和方式上（自由采食和限喂，舍饲与放牧）的适应，这些是它们饲养广泛的主要原因之一。但是，猪如果遇到极端的变动环境和极恶劣的条件，猪体会出现新的应激反应，如果抗衡不了这种环境，生态平衡就遭到破坏，生长发育受阻，生理出现异常，严重时就出现病患和死亡。例如，温度对猪生产力的影响，当温度升高到临界温度以上时，猪的热应激开始，呼吸频率升高，呼吸量增加，采食量减少，生长猪生长速度缓慢，饲料利用率降低，公猪射精量减少、性欲变差，母猪不发情，当环境温度超出等热区上限更高时，猪则难以生存。同样冷应激对猪影响也很大，当环境温度低于猪的临界温度时，其采食量增加，增重减慢，饲料利用率降低，打颤、挤堆，进而造成死亡。又如噪音对猪的影响，轻者可使猪食欲不振，发生暂时性惊慌和恐惧行为，呼吸，心跳加速，重者能引起母猪的早产、流产和难产，使猪的受胎率降低、产仔数减少和变态现象发生。

六、对温度的适应性

成年猪怕热不怕冷，因为猪的汗腺退化，皮下脂肪层厚，妨碍大量体热的散发。幼仔猪个体小、皮薄、毛稀、皮下脂肪少，故怕冷。成年猪适宜温度为10~20℃，超过适宜温度食欲减退，甚至中暑死亡。新生仔猪临界温度为35℃，以后随年龄的增长适宜的温度为25~30℃。

第二节　猪的主要行为特性

行为是动物对某种刺激和外界环境适应的反应。猪和其他动物一样，对其生活环境、气候条件和饲养管理条件等反应都有特殊的表现，而且有一定的规律性。如果我们掌握了猪的行为特性，在生产中科学地利用这些行为习性，制定合理的饲养工艺，设计新型的猪舍和设备，改革传统饲养技术方法，最大限度地创造适于猪习性的环境条件，就可以提高猪的生产性能，获得最佳的经济效益。

一、采食行为

猪的采食行为包括吃食和饮水。拱土觅食的采食行为是猪生来就具有的一个突出特征，鼻子是高度发育的器官，在拱土觅食时，嗅觉起着决定性的作用。猪的采食具有选择性，特别喜爱甜食。颗粒料与粉料相比，猪爱吃颗粒料；干料与湿料相比，猪爱吃湿料，且花费时间也少。

猪的采食有竞争性，群饲的猪比单饲的猪吃得多、快，增重也高。尽管在现代化猪舍内，饲以良好的平衡日粮，但猪还表现拱地觅食的特征。喂食时每次猪都力图占据饲槽有利的位置，有时将两前肢踏在饲槽中采食，站立饲槽的一角，就像野猪拱地觅食一样，以吻突沿着饲槽拱动，将饲料搅弄出来，抛洒一地。猪白天采食 6 ~ 8 次，比夜间多 1 ~ 3 次，每次采食持续时间 10 ~ 20min，限饲时少于 10min。自由采食不仅采食时间长，而且能表现每头猪的嗜好和个性。仔猪每昼夜吸吮次数因日龄不同而异，约在 15 ~ 25 次，占昼夜总时间的 10% ~ 20%，大猪的采食量和摄食频率随体重增加而增加。

在多数情况下，饮水与采食同时进行，猪的饮水量是相当大的，仔猪初生后就需要饮水，主要来自母乳中的水分，仔猪吃料时，饮水量约为干料的 2 倍，即料水比为 1∶3。成年猪的饮水量除饲料组成外，很大程度取决于环境温度。吃混合料的小猪，每昼夜饮水 9 ~ 10 次，吃湿料平均 2 ~ 3 次，吃干料的猪每次采食后需要立即饮水，自由采食的猪通常采食与饮水交替进行，直到满意为止，限制饲喂的猪则在吃完料后才饮水。2 月龄前的小猪就可学会使用自动饮水器饮水。

二、排泄行为

猪不在吃睡的地方排泄粪尿，这是祖先遗留下来的本性。野猪不在窝边排泄粪尿，可以避免被敌兽发现。

猪爱清洁，猪能保持睡窝干燥清洁，能在猪栏内远离窝床的一个固定地点排泄粪尿。猪排粪尿是有一定的时间和区域的，一般多在采食、饮水后或起卧时，选择阴暗潮湿或污浊的角落排粪尿，且受邻近猪的影响。据观察，猪饮食后约 5min 开始排粪 1 ~ 2 次，多为先排粪后排尿，在饲喂前也有排泄的，但多为先排尿后排粪，在两次饲喂的间隔时间里，猪多为排尿而很少排粪，夜间一般排粪 2 ~ 3 次，早晨的排泄量最大。

三、群居行为

猪在进化过程中形成定居漫游习性，猪的群体行为是指猪群中个体之间发生的各种交互作用。结对是一种突出的交往活动，猪群体表现出更多的身体接触和保持听觉的信息传递。

在无猪舍的情况下，它能够寻找固定地方居住，表现出定居漫游的习性。

在放牧结束后猪能自动回到自己的圈栏内。仔猪同窝出生，过群居生活，合群性较好。在同一群内，个体依据体重、性情等有明显的群体位次。既有合群性，也有大欺小、强欺弱和竞争好斗的习性。猪群中有明显的等级，这种等级在猪刚出生后不久即形成，猪群越大，这种现象越明显。这种等级最初形成时，以攻击行为最为多见，一个稳定的猪群，是按优势序列原则组成有等级制的社群结构，一般体重大的、气质强的猪占优位，年龄大的比年龄小的占优位，公比母、未去势比去势的猪占优位。小体型猪及新加入到原有群中的猪往往列于次位。

稳定的猪群，是按优势序列原则，组成有等级制的社群结构，个体之间保持熟悉，和睦相处；当重新组群时，稳定的社群结构发生变化，激烈的争斗，直至重新组成新的社群结构。

猪具有明显的等级，这种等级刚出生后不久即形成。仔猪出生后几个小时内，为争夺母猪前端乳头会出现争斗行为，常出现最先出生或体重较大的仔猪获得最优乳头位置。同窝仔猪合群性好，当它们散开时，彼此距离不远，若受到意外惊吓，会立即聚集一堆，或成群逃走，当仔猪同其母猪或同窝仔猪离散后不到几分钟，就出现极度不安，大声嘶叫，频频排粪尿。年龄较大的猪与伙伴分离也有类似表现。

猪群等级最初形成时，以攻击行为最为多见，等级顺序的建立，受构成这个群体的品种、体重、性别、年龄和气质等因素的影响。同窝仔猪之间群体优势序列的确定，常取决于断奶时体重的大小，不同窝仔猪并圈喂养时，开始会激烈争斗，并按不同来源分小群躺卧，大约 24 ~48h 内，明显的等级体系就可形成。群居情况下猪群中强弱位次序列如下（图 2 -1）。

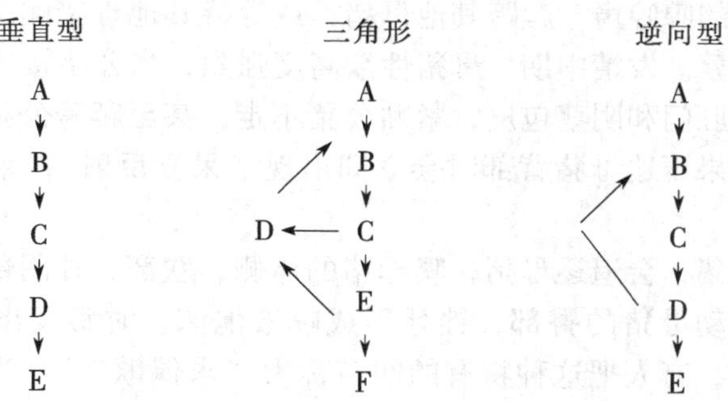

图 2 -1　猪群中强弱位次序列

四、争斗行为

争斗行为主要是进攻、防御、躲避和守势的活动。在生产中经常见到的争斗行为一般是为争夺饲料和地盘而引起的，新合群的猪群，主要是争夺群居位次，争夺饲料并非为主，只有当群居结构形成后，才会更多地发生争食和争地盘的格斗。一头陌生的猪进入猪群中，这头猪便成为全群猪攻击的对象，攻击往往是严厉的，轻者伤皮肉，重者造成死亡。如果将两头陌生性成熟的公猪放在一起，彼此会发生激烈的争斗。它们相互打转、相互嗅闻，有时两前肢趴地，发出低沉的吼叫声，并突然用嘴撕咬，这种斗争可能持续 1h 以上，屈服的猪往往调转身躯，嚎叫着逃离争斗现场，虽然两猪之间的格斗很少造成伤亡，但一方或双方都会造成巨大损失，在炎热的夏天，两头幼公猪之间的格斗，往往因热及虚脱而造成一方或双方死亡。

争斗形式：一是咬对方的头部；二是在舍饲猪群中咬尾。

猪的争斗行为多受饲养密度的影响，当猪群密度过大，每头猪所占的空间下降时，不仅群内咬斗次数和强度增加，还会造成猪群吃料攻击行为的增加。

五、性行为

有性繁殖的动物达到性成熟以后，在繁殖期里所表现出的两性之间的特殊行为都是性行为。性行为主要包括：发情、求偶和交配行为。母猪在发情期可见到特异的求偶表现，公母猪都出现交配前的行为。

母猪临近发情时外阴红肿，在行为方面表现神经过敏，轻微的声音便能被惊起，但这个时期虽然接受同群母猪的爬跨，却不接受公猪的爬跨。在圈内好闻同群母猪的阴部，有时爬跨，行动不安，食欲下降。发情的母猪行动愈发不安，夜间尤甚。跑出圈外的发情母猪，能靠嗅觉到很远的地方去寻找公猪；有的对过去配种时所走过的路途记忆犹新。在农村，常能在有公猪的地方找到逃走的母猪。发情母猪常能发出柔和而有节奏的哼叫声。当臀部受到按压时，总是表现出如同接受交配的站立不动姿态，立耳品种同时把两耳竖立后贴，这种“不动反应”能由公猪短促有节奏的求偶叫声所引起，也可被公猪唾液腺和包皮腺分泌的外激素气味所诱发。由于发情母猪的不动行为与排卵时间有密切关系，所以被广泛用于对舍饲母猪的发情鉴定。发情母猪主要表现卧立不安，食欲忽高忽低，发出特有的音调，柔和而有节律的哼哼声，爬跨其他母猪，或等待其他母猪爬跨，频频排尿，尤其公猪在场时排尿更为频繁。发情中期，母猪性欲高度强烈，当公猪接近时母猪调其臀部靠近公猪，闻公猪的头、肛门和阴茎包皮，紧贴公猪不走，甚至爬跨公猪，最后站立不动，接受公猪爬跨。这时如果压迫母猪背部时会立即出现“呆立反射”，呆立反射是母猪发情的一个关键行为。

公猪一旦接触母猪，会追逐母猪，嗅母猪的体侧、肷部、外阴部，把嘴插到母猪两后腿之间，突然往上拱动母猪的臀部，锉牙形成唾液泡沫，时常发出低而有节奏的、连续的、柔和的喉音哼声，有人把这种特有的叫声称为“求偶歌声”。当公猪性兴奋时，还出现有节奏的排尿。公猪的爬跨次数与母猪的稳定程度有关，射精时间大约 3～20min，有的公猪射精后并不跳下而进入睡眠状态。有些母猪往往由于体内激素分泌失调，而表现性行为亢进或衰弱（不发情和发情不明显）。公猪由于遗传、近交、营养和运动等原因，常出现性欲低下或发生自淫行为。群养公猪，常会造成稳固的同性性行为，群内地位较低的个体往往成为受爬跨的对象。

六、母性行为

母性行为主要是分娩前后母猪的一系列行为，如絮窝、哺乳及其抚育和保护仔猪的行为。

母猪在分娩前1～2d，通常衔取干草或树叶等造窝的材料，如果栏内是水泥地面而无垫草，只好用蹄子扒地来表示。分娩前24h，母猪表现神情不安，频频排尿，摇尾，拱地，时起时卧，不断改变姿势。分娩多选择在安静时间，一般多在下午4点钟以后，特别是夜间产仔多见。

母猪分娩时多侧卧，呼吸加快，皮温上升。当第一头仔猪产出后，母猪不去咬断仔猪的脐带，也不舔仔猪，并且在生出最后一个胎儿以前多半不去注意自己产出的仔猪。有时母猪还会发出尖叫声，当小猪吸吮母乳时，母猪四肢伸直亮开乳头，让初生仔猪吃乳。母猪整个分娩过程，自始至终都处在放乳状态，并不停地发出哼哼的声音。乳头饱满，甚至乳汁流出，使仔猪容易吸吮。母猪分娩后以充分暴露乳房的姿势躺卧，引诱仔猪挨着母猪乳房躺下。哺乳时常采取左倒卧或右倒卧姿势，一次哺乳中间不转身，母仔双方都能主动引起哺乳行为，母猪以低度有节奏的哼叫声呼唤仔猪哺乳，有时是仔猪以它的召唤声和持续地轻触母猪乳房以刺激放乳，一头母猪哺乳时母仔的叫声，常会引起同舍内其他母猪也哺乳。

仔猪吮乳过程可分为四个阶段，开始仔猪聚集乳房处，各自占据一定位置，以鼻端拱摩乳房，吸吮，仔猪身向后，尾紧卷，前肢直向前伸，此时母猪哼叫达到高峰，最后排乳完毕。

母猪在分娩过程中如果受到干扰，则站在已产的仔猪中间，张口发出急促的"呼呼"声，表示防护性的威吓。经产母猪一般比初产母猪安稳。分娩过程大约3～4h。初产母猪比经产母猪快；放养的猪比舍饲的猪快。脐带由仔猪自己挣断。强壮的仔猪用自身的活动很快便把胎膜脱掉；而弱仔猪则往往带在身上。胎盘如不取走，多被母猪吃掉。母猪常常挑选一个地方躺下来授乳，母猪哺乳时侧卧，尽可能全部暴露乳头，让仔猪吮吸乳汁，左侧卧或右侧卧的时间大体相同，但一次哺乳中间不转侧。个别母猪站立哺乳。母、仔猪双方皆可主动引起哺乳行为。母猪发出类似饥饿时的呼唤声，召集仔猪前来哺乳；仔猪饥饿时则围绕母猪身边要求授乳。同舍其他母猪的哺乳叫声互有影响，因此，有一窝猪开始哺乳，会引起其他各窝在几分钟之内也相继哺乳。

母、仔猪之间是通过嗅觉、听觉和视觉来相互识别和联系的。在实行代哺或寄养时，必须设法混淆母猪的辨别力，最有效的办法是在外来仔猪身上涂抹母猪的尿液或分泌物，或者把它同母猪所生的仔猪混在一起，以改变其体味。猪的叫声是一种联络信号，仔猪遇有异常情况时通过叫声向母猪发出信号，不同的刺激原因发出不同的叫声。哺乳母猪和仔猪的叫声，根据其发声的部位（喉音或鼻音）和声音的不同可分为嗯嗯声（母仔亲热时母猪叫声）、尖叫声（仔猪的惊恐声）和鼻喉混声（母猪护仔的警告声和攻击声）3种类型，以此不同的叫声，母仔互相传递信号。

正常的母子关系，一般维持到断奶为止。母猪非常注意保护自己的仔猪，在行走、躺卧时十分谨慎，不致踩伤、压死仔猪。母性好的母猪躺卧时多选择靠近栏角处并不断用嘴将仔猪拱离卧区后而慢慢躺下，一旦遇到仔猪被压，只要听到仔猪的尖叫声，马上站起，防压动作再重复一遍，直到不压住仔猪为止。带仔母猪对外来的侵犯先发出警惕的叫声，仔猪闻声逃窜或者伏地不动，母猪会用张合上下颚的动作对侵犯者发出威吓或以蹲坐姿势负隅抵抗。中国的地方猪种，护仔的表现尤为突出，因此，有农谚"带仔母猪胜似狼"，在对分娩母猪的人工接产、初生仔猪的护理时，母猪甚至会表现出强烈的攻击行为。地方猪种表现尤为明显；现代培育品种，尤其是高度选育的瘦肉猪种，母性行为有所减弱。

七、活动与睡眠

猪的活动行为有明显的昼夜节律，活动大部分在白天。在暖和的夏季夜间也有活动和采食，遇上阴冷天气，活动时间缩短。猪昼夜活动也因年龄及生产不同而有差异，仔猪昼夜休息时间平均60%~70%，种猪70%，母猪85%，肥猪为70%~85%。休息高峰在半夜，清晨8时左右休息最少。哺乳母猪睡卧时间随哺乳天数的增加逐渐减少，走动次数由少到多，时间长，这是哺乳母猪特有的行为表现。

哺乳母猪睡卧休息有两种形式：一种是静卧，另一种是熟睡，静卧休息姿势多为侧卧，呼吸轻而均匀，虽闭眼但易惊醒；熟睡为侧卧，呼吸深长，有鼾声且常有皮毛抖动，不易惊醒。

仔猪出生后3d内，除吮乳和排泄外，几乎是酣睡不动，随日龄增加和体质的增强，其活动量逐渐增多，睡眠相应减少，但至40日龄大量采食补料后，睡卧时间又有增加，饱食后一般较安静睡眠。仔猪活动与睡眠一般都尾随效仿母猪。仔猪出生后10d左右便开始同猪群体活动，单独活动很少，睡眠休息主要表现为群体睡卧。

八、探究行为

探究行为是探查活动和体验行为。猪一般通过看、听、闻、尝、啃、拱等感官进行探究活动，并对环境发生经验性的交互作用。猪对新近探究中所熟悉的许多事物，表现出好奇、亲近两种反应，仔猪对小环境中的一切事物都很“好奇”，对同窝仔猪表示亲近。仔猪的探究行为是用鼻拱、口咬周围环境中所有的新东西，用鼻突来摆弄周围环境物体的探究行为持续时间比群体玩闹的时间长。猪在采食时首先是拱掘动作，先是用鼻闻、拱、舔、啃，当诱食料合乎口味时，便开口采食，其摄食过程也是探究行为。同样，仔猪吸吮母猪乳头的序位，猪在猪栏内能明显地区划睡卧、采食、排泄不同地带，也是用嗅觉区分不同气味探究而形成的。母仔之间彼此能准确识别也是通过嗅觉、味觉探察查而建立的。

九、异常行为

异常行为是指超出正常范围的行为。恶癖就是对人、畜造成危害或带来经济损失的异常行为。它的产生多与动物所处的环境中的有害刺激有关。如长期圈禁或随活动范围受限程度的增加，则咬栏柱的频率和强度增加，攻击行为也增加。口舌多动的猪常将舌尖卷起，不停地在嘴里伸缩动作，有的还会出现拱癖和空嚼癖。

同类相残是另一种有害恶癖。如神经质的母猪在产后出现食仔现象；在拥挤圈养条件下或无聊环境中常发生咬尾异常行为。

十、后效行为

猪的行为有的是生来就有的，如觅食、母猪哺乳和性行为；有的是后天获得的，即条件反射行为或后效行为。后效行为是猪出生后因对新鲜事物的熟悉而逐渐建立起来的，猪对吃、喝的记忆力强，对饲喂的有关工具、食槽、饮水槽及其方位等最容易建立起条件反射。

仔猪在人工哺乳时，每天定时饲喂，只要按时给以笛声或铃声或饲喂用具的敲打声，训练几次，即可听从信号指挥，到指定地点吃食。

猪以上各方面的行为特性，为养猪者饲养管理好猪群提供了科学依据。在整个养猪生产工艺流程中，充分利用这些行为特性，精心安排各类猪群的生活环境，使猪群处于最优生长状态，方可充分发挥猪的生产潜力，获取最佳经济效益。

第三节　猪的生物学特性在工厂化生产中的应用

生物学特性是动物在长期进化过程中所形成的同一畜种所共有的行为习性。在畜牧生产中必须不断深入了解动物的生物学特性，并加以改造和利用，才能取得畜牧生产的优质高产和持续发展。猪是人类最早驯养的动物之一，具有明显的生物学特性，猪的工厂化生产是养猪生产的主要形式，代表着养猪发展的方向。如何根据猪的生物学特性发展猪的工厂化生产，是提高工厂化养猪生产水平的关键。应根据猪的生物学特性结合养猪生产实际，提出其在工厂化生产中的利用方向。

一、猪繁殖特性的利用

猪的繁殖特性表现为性成熟早，多胎高产、世代间隔短。根据这一生物学特性，在工厂化养猪生产中主要是提高优良种猪利用率，减少种猪饲养量，降低仔猪成本。常用的方法如下。

①通过对繁殖母猪产后进行激素处理和提前断奶等措施，减少母猪空怀期，缩短产仔间隔，争取做到母猪年产2.2~2.5胎。

②利用激素对母猪进行超排处理和通过育种技术提高母猪窝产仔数。

③利用人工授精技术减少种公猪饲养量，提高优秀种公猪利用率，降低种猪生产成本。

④防止后备种猪早配。由于猪3~5个月龄即可达到性成熟，但此时还远没有达到体成熟。如果公母混养或圈围不牢，容易出现早配，影响后备猪的培育。

二、生长发育特性的利用

猪的生长发育特性表现为初生重小，生长发育迅速，生长期短，沉积脂肪能力强。其利用营养物质沉积脂肪的能力是阉牛的1.5~1.8倍。猪于6个月龄后在体内强烈沉积脂肪。在猪工厂化生产中，利用其以下生长发育特性。

①充分发挥其快长特点。在生长期给猪提供尽量全价平衡的日粮，提供最适宜的生活环境，以使其以最少的饲料生产出最多的猪肉。

②根据市场需求特点合理确定适宜屠宰时间，对于目前瘦肉需要旺盛的市场，在猪尚未充分沉积脂肪时就要进行屠宰，一般是6个月龄时屠宰。

③要注意对初生仔猪的护理。由于猪的胚胎期短，同胎个体多，初生重小，对外界抵抗力弱，如果护理不当，常引起发病或死亡。

三、猪采食特性的利用

猪的采食特性表现为采食能力强，能利用各种饲料，但具有择食性。能广泛利用植物性、动物性和矿物质饲料。猪对蛋白质、脂肪及糖的利用率高，对粗纤维的利用随体重增加而增大。猪能辨别食物味道，采食时择食性强，特别喜爱甜食。猪还有强硬的鼻吻，喜好拱土觅食。根据猪的这些特点，在生产中可采取以下方法。

①广辟饲料资源，利用广大农村的农副产品和牧草作为饲料，为养猪生产提供充足的饲料。

②在配合饲料生产中根据猪的年龄确定日粮粗纤维含量。一般乳猪饲料中粗纤维含量在4.8%以内，50kg以下生长猪饲料粗纤维含量在7%以内，50kg以上生长猪饲料粗纤维含量在15%以内，母猪饲料粗纤维含量在20%以内。

③给猪配合日粮时主要选择猪喜食的原料，亦可在饲料中添加无毒副作用的调味剂，以促进猪采食。

④建造猪舍要牢固。猪舍地面要用水泥抹光或采用漏缝地板，防止猪拱墙拱地引起猪舍倒塌和损坏，造成不必要的经济损失。

⑤注意及早对仔猪断齿。一般在仔猪出生时，将其犬齿剪断，以防仔猪相互咬架或咬伤母猪乳头。

⑥注意选择和利用一些对粗纤维消化能力强的猪种，生产优质猪肉。

四、猪感官特性的利用

猪的感官特性表现为嗅觉和听觉灵敏，视觉不发达。猪对事物的识别和判断，主要是靠嗅觉和听觉来完成的。仔猪一生下来，就能靠嗅觉找到母猪乳头，3d后就能固定乳头；母猪靠气味能识别自己的仔猪，对于混入它窝仔猪的常进行驱赶，甚至咬伤或咬死；猪的性联系也是通过嗅觉，成年公母猪之间，有时相距几百米都能取得性联系，甚至可以判断出对方的方位。若母猪发情后任其活动，很快就跑到几百米之外的公猪那里；在群体生活中，猪靠嗅觉识别自己的圈舍和卧位，每头都有自己固定卧位、互不侵犯等。在生产中，对这些特性的利用一是在并窝合群或“寄养”时，要防止相互咬斗，特别是要防止母猪咬伤咬死寄养仔猪。方法一般为在寄养前，首先在仔猪身上涂抹所寄母猪的尿液、胎水、奶汁等，使仔猪身上散发母猪本身的气味，这样母猪才不能区分真伪，不再攻击寄养仔猪。二是防止母猪压伤压死仔猪。由于母猪视觉差，躺卧时看不见仔猪，常会压住仔猪，造成仔猪伤亡。在生产中，一般可在母猪躺卧区的围墙或围栏上设置一些突出物，当母猪躺卧时不能直接卧到围栏或围墙根基处，以便仔猪逃跑，可减少压伤压死事故。三是保持猪舍环境安静，减少猪群骚动，促进饲料转化和营养沉积，促进猪只生长。其方法主要是采用定时定次集中给料的方法饲喂，禁止非生产人员进入猪舍，谢绝不必要的外来参观。四是防止母猪偷配。母猪发情后常依靠嗅觉寻找公猪配种，如果管理不善，容易形成偷配，影响配种计划。

五、猪感温特性的利用

猪的汗腺退化，皮下脂肪厚，阻止大量热量从皮肤散失，猪主要靠呼吸散热，所以猪的感温特性表现为怕热不耐冷，在高温情况下，表现不安，食欲下降，甚至死亡。在高温高湿情况下，猪热应激更为明显。仔猪皮薄毛稀，而且皮下脂肪少，体表相对面积大，怕冷和潮湿，寒冷是造成仔猪伤亡的主要原因之一。

①工厂化肥育猪生产要发展密闭环境全控式饲养方式，为生长猪提供一个最适宜的生存环境，以减少疾病发生，提高饲料转化率，促进生长，增加效益。

②要注意做好仔猪保暖工作。一般工厂化养猪生产中，仔猪舍和仔猪栏内都要设置供暖设备。

③夏季高温季节要解决好带仔母猪的降温和春冬季节仔猪的保暖工作。通常方法是给母猪颈部滴水降温，仔猪栏内给仔猪加温予以保暖。

六、猪群居特性的利用

猪的群居特性表现为有明显的位次顺序。群体位次建立之后相对较为稳定。在养猪生产中可采取以下措施。

①在猪合群并窝时，群体不易太大，以免长时间排不出位次，增加咬斗次数和咬伤猪只，影响生长发育。

②不宜经常调群合群，以免猪群经常咬斗。

③合群并窝的猪，个体大小不宜相差太大，否则容易形成僵猪。

④仔猪出生后要及时给予固定乳头，以免仔猪之间弱肉强食相互争斗，造成伤亡。

七、猪生活特性的利用

猪的生活特性表现为爱好清洁。据此，在养猪生产中可采取以下措施。

①可以训练猪在固定位置采食，固定位置排泄，固定位置睡觉，做到吃、拉、睡三定位，以便做好舍内清洁卫生工作。

②可在猪排粪处设置饮水器，使猪集中排粪便于清扫卫生。

猪的生物学特性，是其在长期进化过程中逐渐形成的。不同的猪种形成的地区环境不同，其既有共性，又各有独特之处，上述为一般猪的共性。猪的生物学特性随着人们选育方向的变化及高科技在育种中的运用还将不断发生变化。因此，根据猪的生物学特性，在养猪工厂化生产中不断研究，不断总结，充分提高认识水平并加以充分利用，对发展猪的工厂化生产，提高工厂化养猪水平具有一定的指导意义。

复习思考题

1. 如何利用母猪泌乳特点和仔猪嗅觉灵敏的特点给仔猪固定乳头？
2. 结合当地生产实际，如何提高肉猪胴体瘦肉率？
3. 根据猪生物学特性，猪场应如何进行环境调控？

第三章

猪优良品种资源及利用

优良的种猪是现代化和高效养猪生产的基础，没有好的品种，再好的管理、饲料和好的环境条件也不能养好猪，取得最佳的经济效益。因此，必须按照生长快、肉质好、瘦肉多、耗料少、产仔率高、抗逆性强的原则来选择品种。

我国猪种资源丰富。根据来源，可划分为地方品种、培育品种和引入品种三大类型。根据猪胴体瘦肉含量，又可分为脂肪型品种、肉脂兼用型品种和瘦肉型品种。多数地方猪种属于脂肪型品种，多数培育猪种属于肉脂兼用型品种或瘦肉型品种，多数引入猪种属于瘦肉型品种。现在，各地饲养的品种，无论是引入品种还是培育品种，大多是瘦肉型或肉脂兼用型品种。

从20世纪初开始，我国先后引入了10多个国外品种，对我国的地方品种进行改良和发展养猪生产。20世纪80年代之后，我国开始大量引进长白猪、大白猪、杜洛克、汉普夏和皮特兰等瘦肉型品种，一些专门化品系及配套系猪也相继引入我国。这些引进猪种具有生长速度快、饲料报酬高、屠宰率和胴体瘦肉率高的特点。而繁殖性能、抗逆性较差，肉质欠佳。

本章就上述三大类型猪种的特征特性作简单介绍，以便更好地利用这些猪种，使其在生产中发挥更大的作用。

第一节　猪的经济类型

猪的经济类型可分为脂肪型、瘦肉型和肉脂兼用型。这是由于人们根据市场对瘦肉和脂肪的需求差异和不同地区养猪的特点，经长期选育而形成的，是品种向专门化方向发展的产物。

一、脂肪型

这类猪的胴体能提供较多的脂肪。猪的外型特点是体躯宽、深而不长，全身肥满，头颈较重，四肢短。体长与胸围之比不超过2~3cm。皮下脂肪达4cm以上。在过去国外养猪业以产脂肪为重点的时代，培育的品种多属脂肪型。近来，国内外市场需要的胴体，要求能提供较多的瘦肉，于是以肉脂兼用型替代了过去的脂肪型。

二、瘦肉型

此种猪以生产瘦肉为主，其外型特点与脂肪型相反，一般是腿高、身长，胸浅而躯体狭窄，体长大于胸围15~20cm以上。头颈较轻，体躯长，四肢高，前后肢间距宽，背线与腹线平直，头颈部轻而肉少。躯干较深，腹部容积较大。背膘薄，厚度 1.5～3.5cm，脂肪坚实或半硬质。腿臀丰满，因而瘦肉多，胸腹肉特别发达。国外引进的长白猪、大约克夏猪、杜洛克猪、汉普夏猪和皮特兰猪，以及我国培育的三江白猪和湖北白猪均属瘦肉型。

三、肉脂兼用型

这类猪现在比较受欢迎，其生产的肉品既鲜嫩又营养丰富。此种猪的体形和特征介于脂肪型和瘦肉型之间，体质结实，背线有时呈弓形，颈短，躯干不长而较宽，背腰厚，腿臀发达，肌肉组织致密，腹较紧，脂肪少。生产瘦肉与脂肪的能力都较好，瘦肉和脂肪大体各占 50% 左右。我国培育的大多数猪种属于兼用型猪种。

猪的经济类型主要是根据其胴体的用途来划分的。不同用途的胴体，其中，瘦肉和脂肪的比例不同，使得不同经济类型猪的外形表现也有所差异。这种外形和胴体的差异固然为遗传基础所决定，但亦受饲养条件和肥育方式的影响，因而不能完全按照猪的经济类型来划分品种类别。

第二节　中国优良地方猪种

一、中国地方猪种类型的划分

根据猪种的起源，生产性能和外型特点，结合当地的自然环境、农业生产和饲养条件，以及人们的流动等情况，在进行系统分析，找出其共同点及差异之后，经整理归纳，将我国猪种大致分为六个类型：

（一）华北型

华北型猪分布最广，主要在淮河、秦岭以北，包括东北、华北、内蒙古自治区、新疆维吾尔自治区、宁夏回族自治区，以及陕西、湖北、安徽、江苏等四省的北部大部分地区及青海的西宁，四川广元附近的小部分地区。在这一分布区域内一般气候较寒冷、干燥，饲料条件不如华南、华中地区丰足，饲养较粗放，许多地区过去养猪多为放牧或放牧与舍饲相结合，喂猪的青粗饲料比例也较高。由于生活在气候干燥，日光充足，土壤中磷、钙等矿物质含量较高的地方，再加上放牧能获得充分运动，因而使猪的体质健壮，骨骼发达，外形表现为体躯高大，四肢粗壮，背腰狭窄，大腿不够充实。头较平直，嘴筒长，便于掘地采食，耳较大，额间多纵行皱纹。为适应严寒的自然条件，皮厚多皱褶，毛粗密，鬃毛发达，冬季生有一层棕红色的绒毛。毛色绝大多数为全黑。

华北猪繁殖性能极强，产仔数多在 12 头以上，护仔性好，仔猪育成率高。乳头有 8 对左右。性成熟早，一般多在 3～4 月龄开始发情。公、母猪在 4 月龄左右即初次配种，产仔数在三四胎以后才达到成年猪的较高水平。

华北猪增重稍慢，一般 12 月龄才达 100kg 以上。由于多采取放牧和吊架子方式饲养，前期增重缓慢，而在最后肥育期间，增重很快，后期的绝对增重常超过其他类型的猪种。由于采取这种肥育方式，其脂肪积累在肥育后期，因而膘一般不厚，板油则较多，瘦肉量大，肉味香浓。

华北型猪体型大小的差异极显著。山区及边远地区，多饲养体型较大的猪而城市附近多饲养小型猪，一般农村则多饲养中型猪。这与肉食供应需要、饲料和资金周转等原因有较密切的关系。近年来大型猪因成熟迟，饲料消耗量大，已渐趋减少。东北的民猪、西北的八眉猪、内蒙古自治区（以下简称内蒙古）的河套大耳猪、山西的马身猪、山东的莱芜猪、河南的淮南猪和安徽的定远猪等均属此类型。

（二）华南型

华南型猪分布在云南省的西南和南部边缘，广西壮族自治区，广东省偏南的大部分地区及福建省的东南角和中国台湾省各地。这一分布区域位于亚热带，雨量充沛，气温不是最高而夏季较长，农作物一年三熟，饲料丰富，尤以青绿多汁饲料最多，养猪条件最好。因为猪终年可获得营养较丰富的青料和多汁料，以及富含糖分的精料，又生活在温暖潮湿的环境里，新陈代谢较为旺盛，逐渐形成早熟、体质疏松且易积累脂肪等一些特点。当地居民也需要周转快的猪种，且喜食肥嫩的乳猪，因而偏重选育成熟早、脂肪型的小型猪种。

由于上述因素的影响，华南猪体躯一般较短、矮、宽圆、肥，皮薄毛稀，鬃毛短少。毛多为黑色或黑白花。外形呈现背腰宽阔，腹多下垂，臀部丰圆，四肢开阔而粗短多肉，头较短小，面侧稍凹，额有横行皱纹，耳小上竖或向两侧平伸。

华南型猪的繁殖力较华北型低，产仔数一般每窝 8～9 头，亦有高达 11～12 头的。乳头 5～6 对。性成熟较早，母猪多在 3～4 月龄时开始发情，6 月龄左右体重达 20kg 以上即行配种。华南猪早期生长发育快，早熟易肥，肉质细致，体重 75～90kg，屠宰率平均 70% 左右，膘厚 4～6cm，厚的可达 8cm 以上。广东的广东小耳黑背猪、云南的滇南小耳猪、广西的陆川猪、福建的槐猪和中国台湾省的桃园猪等均属此型。

（三）华中型

它们分布于长江和珠江之间的广大地区。南缘与华南型的北缘相接，交接处两型间的混杂杂交情况较少。但北面与华北型的混杂杂交地区广而复杂，形成一个宽阔的交错地带。

华中型猪分布地区属亚热带，气候温暖，雨量充沛，自然条件较好。粮食作物以水稻为主，青饲料有甘薯藤、莙荙菜、萝卜菜，芋荷叶及各种水草与蔬菜等，多汁料有南瓜、甘薯、胡萝卜等，精料有米糠、碎米、麦麸、油粕、豆类，以及豆渣、酒糟等。华中地区的多汁饲料也很丰富，与华南区相比则较少，精料中富于蛋白质的饲料较多，更有利于猪的生长发育。

华中型猪的体型和生产性能与华南猪基本相似，体质较疏松，早熟。背较宽，骨骼较细，背腰多下凹，四肢较短，腹大下垂，体躯较华南猪大，额部多有横行皱纹，耳较华南猪大且下垂，被毛稀疏，毛色多为黑白花。

华中型猪的生产性能，一般介于华北猪与华南猪之间。乳头为 6～7 对，一般产仔数为 10～12 头。生长较快，成熟较早，肉质细致。

浙江的金华猪、广东的大花白猪、湖南的宁乡猪、湖北的监利猪、江西的赣中南花猪、安徽的皖南花猪、福建的闽北黑猪和贵州的关岭猪等均属此型。

（四）华北、华中过渡型（江海型）

华北型和华中型是我国猪种的两大类型，数量多，交接的界限长，处于汉水和长江中下游。这一区域就自然条件来说，属自然交错地带。同时，人口较密集，工农业发达，交通便利，在经济上的要求较复杂而多样化，因而猪种间混杂杂交就远较其他类型间为多，交错的地带也更宽阔，尤其在交通甚为方便的长江下游和沿海地区最为突出。因此，将这一地带的猪种称为华北、华中过渡型，又称江海型。

江海型猪主要分布于汉水、长江中下游和沿海平原地区，以及秦岭和大巴山之间的汉中盆地。气候温和，雨量充沛，土质肥沃，都是稻麦三熟地区，其他作物以玉米、甘薯、豆类较为普遍。青粗多汁饲料较为丰富，除水生饲料外，甘薯藤和其他间作套种的青饲料种类也较多，有些地区利用胡萝卜较为普遍。精料主要有米糠、麸皮、饼粕类、大麦、豆类及酒糟等。饲喂方法较细致，都为舍饲。在沿海滩和丘陵地区亦有放牧的。

江海型猪种的外型和生产性能因类别不同而差异较大，体格大小不一，是由于人们按不同的需要而选育的结果。毛黑色或有少量白斑。外形特征介于南北之间，共同的特点是头大小适中，额较宽，皱纹深且多呈菱形，耳长、大而下垂，面侧有不同程度的凹陷，背腰较宽，平直或稍凹陷，腹部较大，骨骼粗壮，皮多有皱褶。较华北型细致，积累脂肪能力较强，增重亦较快。乳头在 8 对以上，性成熟早，母猪 3～4 月龄已开始发情，经产母猪产仔数在 13 头以上居多，以繁殖力高而著称。经济成熟早，小型种 6 月龄达 60kg 以上即可屠宰，大型种 1 岁亦可达 100kg 以上，屠宰率一般为 70% 左右。

太湖流域的太湖猪、陕西的安康猪、浙江的虹桥猪和江苏的姜曲海猪均属此型。

（五）西南型

西南型猪分布在云贵高原和四川盆地。云贵高原的气候，西部冬暖夏凉，四季如春，有明显的干湿季；东部气候较湿润，阴雨天较多。云贵高原的河谷及可拦引河水的地方多种水稻和小麦。除水稻外，亦栽培玉米和豆类等，是农业发达的地区。四川盆地四周多山，盆地内丘陵广布，四川盆地的气候具有春旱、夏热，秋雨、冬季暖的特征，无霜期长，降水丰富，有利于作物生长，是稻麦的重要产区。

该地喂猪用的青饲料有甘薯藤、菜叶等，丘陵山区和谷地还利用树叶喂猪。四川盆地喂苕子、牛皮菜、蚕豆苗等较多，亦有南瓜、胡萝卜、菊芋等多汁饲料，精料有玉米、米糠、麸皮、油饼等。养猪多为舍饲，饲养较细致。贵州省西北部和云南省接壤的一些地区放牧较普遍，多半在猪放牧后补给一些饲料。

由于西南地区的气候条件类似，饲料条件基本相似，碳水化合物的饲料较多，故四川盆地与云贵地区大部分猪种的体质外型与生产性能基本相似，可属于同一类型。

西南型猪的特点为头大，腿较粗短，额部多有旋毛或横行皱纹，毛以全黑和“六白”（包括不完全“六白”）较多，但也有黑白花和红毛猪。产仔数一般为 8～10 头。

四川的内江猪和荣昌猪、贵州的柯乐猪和云南的富源大河猪等均属此型。

（六）高原型

主要分布于青藏高原。青藏高原的高寒地区，植被零星稀疏，养猪较少，养猪多集中在海拔较低的草原和河谷地带的农区和半农半牧区。由于地势高和气候干寒，饲料较缺乏，故高原猪终年放牧采食，仅略补饲废茶叶或乳清、糌粑等，靠近农区则有补给哺乳母猪或肥育后期的肥猪一些农副产品。高原猪属小型晚熟种，长期放牧奔走，因而体型紧凑，四肢发达，腿短而有力，蹄小结实，嘴尖长而直，耳小而直立，背窄而微弓，腹紧，臀倾斜。由于高原气压低，空气稀薄，猪的运动量又大，故心肺较发达，身体健壮。为了适应高原干寒和气温绝对温差大的气候，因而皮相对较厚，毛密长，鬃毛发达而富弹性，并生有绒毛。产仔数多为 5～6 头，乳头一般 5 对。

青藏高原的藏猪、甘肃的合作猪和云南的迪庆猪等均属此型。

二、中国优良地方品种资源

（一）太湖猪

1. 产地和分布

太湖猪分布于长江下游的江苏、浙江省和上海市交界的太湖流域。依产地不同分为二花脸、梅山、枫泾、嘉兴黑和横泾猪等类型。1974 年始统称“太湖猪”。

2. 外貌特征

太湖猪体型中等，被毛稀疏，黑或青灰色，头大额宽，额部和后躯皱褶深密，耳大下垂、形如烤烟叶，鼻、四肢均为白色，四肢粗壮，腹大下垂，腹部紫红，臀部稍高，乳头 8 ~9 对（图 3 –1）。

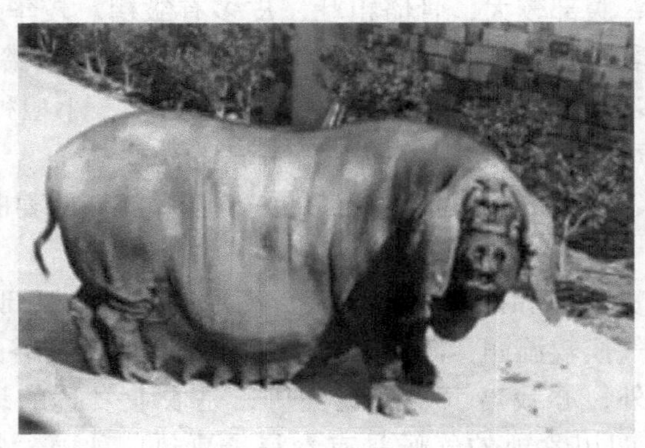

图 3 –1　太湖猪

3. 生产性能

太湖猪早熟易肥，日增重 439g，料重比为 3.82:1，屠宰率 65% ~70%，胴体瘦肉率 38.8% ~45%，肉色鲜红，瘦肉中的脂肪含量较多，肉质口感好。

4. 繁殖性能

太湖猪以繁殖力高而著称于世，是世界上猪品种中产仔数最高的一个品种，尤以二花脸、梅山猪最高。太湖猪性成熟早，母猪 2 月龄即可发情，75 日龄母猪即可配种妊娠，母猪的第一胎平均产仔数 12.64 头，经产平均可达 15.83 头。太湖猪护仔性强，泌乳力高，起卧谨慎，能减少仔猪被压，仔猪育成率较高。

5. 杂交效果

太湖猪遗传性能较稳定，与瘦肉型猪种杂交优势强，最适宜作杂交母体。目前太湖猪常用作长太母本开展三元杂交。以杜 ×（长 × 太）或大 ×（长 × 太）等三元杂交组合较好，具有产仔数多、瘦肉率高、生长速度快等优点，瘦肉率可达 53% 以上。

（二）东北民猪

1. 产地和分布

东北民猪是东北地区一个古老的地方猪种，有大民猪、中民猪和小民猪（荷包猪）3 种类型。主要分布于辽宁、吉林、黑龙江、河北省和内蒙古自治区。目前，主要饲养少量中型民猪。

2. 外貌特征

东北民猪全身被毛为黑色，体质强健，头中等大，嘴筒长直，头纹纵行，耳大下垂，背腰稍凹，四肢粗壮，后躯斜窄，猪鬃良好，乳头 7 对以上，冬季密生棕红色绒毛（图 3－2）。

图 3－2 东北民猪

3. 生产性能

东北民猪具有产仔多、肉质好、抗寒、耐粗饲的突出优点。8 月龄公猪体重 79.5kg，体长 105cm，母猪体重 90.3kg，体长 112cm。233 日龄体重可达 90kg，瘦肉率为 48.5%，料重比为 4.18:1。

4. 繁殖性能

东北民猪 4 月龄即出现初情期。母猪发情周期为 18～24d，持续期 3～7d。公母猪 7～8 月龄体重 60～70kg 即可开始配种。成年母猪受胎率一般为 98%，窝产仔数平均高达 14.7 头，产活仔数平均 13.19 头，2 月龄成活 11～12 头。

5. 杂交效果

东北民猪是很好的杂交母本。杜洛克与东北民猪杂交，其子一代杂种猪 205 日龄体重达 90kg，料重比为 3.81:1，瘦肉率为 56.19%；长白猪与东北民猪杂交，子一代杂种猪 127.4d 体重可达 90kg，料重比为 3.22:1，瘦肉率 53.47%；汉普夏与东北民猪杂交，子一代杂种猪 179 日龄体重可达 90kg，料重比为 3.78:1，屠宰率 70%，瘦肉率为 56.65%。

（三）金华猪

1. 产地和分布

金华猪主要产于浙江省金华地区的义乌、东阳和金华 3 个县。

2. 外貌特征

金华猪毛色除头颈和臀尾为黑色外，其余均为白色，故有“两头乌”之称。耳中等大、下垂，额上有皱纹，颈粗短，背微凹，腹大微下垂，臀较倾斜，四肢较短，蹄坚实，皮薄毛稀，乳头为 7～8 对（图 3－3）。

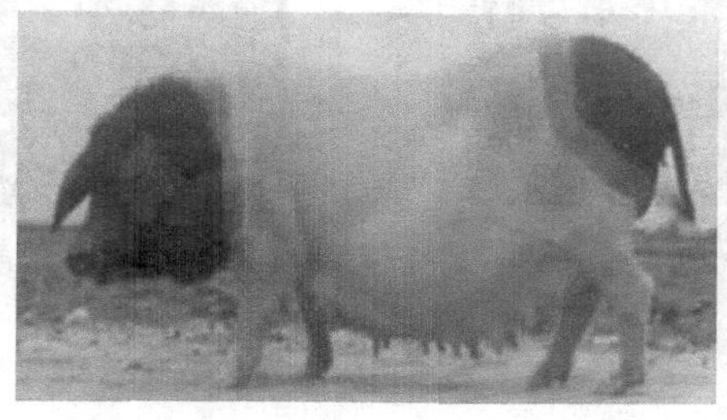

图 3－3 金华猪

3. 生产性能

金华猪具有皮薄、肉嫩、骨细和肉脂品质好的特点，适宜腌制火腿和腊肉。以此为原料制作的金华火腿，是中国著名传统的熏腊制品，为火腿中的上品。该猪日增重464g，屠宰率72.55%，瘦肉率43.36%。

4. 繁殖性能

金华猪具有性成熟早、性情温驯、母性好和产仔多等优良特性。经产母猪每窝平均产仔14.22头，护仔性强，仔猪育成率高达94%。

5. 杂交效果

以金华猪作母本与大约克夏、汉普夏、杜洛克和长白猪进行二元杂交能明显地提高肥育猪增重速度。日增重提高25.71%～38.25%，饲料消耗减少10.30%～13.06%，瘦肉率提高5.93%～8.90%。长×（大×金），大×（长×金）等三元杂种猪的效果优于二元杂交。其日增重达614g，瘦肉率比纯种金华猪提高5%～9%。

（四）荣昌猪

1. 产地和分布

产于四川省荣昌和隆昌两县及泸县、永川、大足、合江和富顺等县的部分地区。

2. 外貌特征

荣昌猪体型较大，除两眼四周或头部有大小不等的黑斑外，其余被毛均为白色。也有少数在尾根及体躯出现黑斑，全身纯白的，是我国地方猪种中少有的白色猪种之一。群众按毛色特征分别称为“金架眼”、“黑眼膛”、“黑头”、“两头黑”、“飞花”和“洋眼”等。其中，“黑眼膛”和“黑头”约占一半以上。乳头6～7对。荣昌猪的鬃毛，以洁白光泽、刚韧质优载誉国内外（图3－4）。

3. 生产性能

日增重313g，以7～8月龄体重80kg左右屠宰为宜，屠宰率为69%，瘦肉率42%～46%，腿臀比例29%。荣昌猪肌肉呈鲜红或深红色，大理石纹清晰，分布较匀。

4. 繁殖性能

公猪4月龄已进入性成熟期，5～6月龄时可开始配种。成年公猪的射精量为210ml左右，精子密度为0.8亿/ml。母猪初情期平均为85.7（71～113）日龄，发情周期20.5（17～25）d，发情持续期4.4（3～7）d。

荣昌猪（公）

荣昌猪（母）

图3－4　荣昌猪

（五）两广小花猪

1. 产地和分布

由陆川猪、福绵猪、公馆猪、黄塘猪、塘缀猪、中垌猪、桂墟猪归并，统称两广小花猪。分布于广东、广西相邻的浔江、西江流域的南部，中心产区有陆川、玉林、合浦、高州、化州、吴川、郁南等地。

2. 外貌特征

两广小花猪体短和腿矮为其特征，表现为头短、颈短、耳短、身短、脚短、尾短，故又称为六短猪，额较宽，有Y形或棱形皱纹，中有白斑三角星，耳小向外平伸，背腰宽而凹下，腹大多拖地，体长与胸围几乎相等，被毛稀疏，毛色均为黑白花，黑白交界处有4~5cm宽的晕带，乳头6~7对（图3-5）。

两广小花猪（公）

两广小花猪（母）

图3-5 两广小花猪

3. 生产性能

6月龄母猪体重38kg，体长79cm，胸围75cm。成年母猪体重112kg，体长125cm，胸围113cm。肥育猪11~87kg，日增重309g，每千克增重消耗混合料4.22kg、青料3.42kg。体重75kg屠宰，屠宰率67.72%，胴体中瘦肉占37.2%，脂肪占45.2%，皮占10.5%，骨占7.1%。

4. 繁殖性能

性成熟较早，小母猪4~5月龄体重不到30kg即开始发情，多在6~7月龄、体重40kg时初配，初产平均产仔8头，三胎以上平均产仔10头。

（六）香猪

1. 产地和分布

香猪原产地为我国广西、贵州山区，中心产区在贵州省从江县，属微型猪种。其肉嫩味香，无膻无腥，故名香猪，是一个生产优质猪肉的良种。

2. 外貌特征

香猪体躯矮小，头较直，额部皱纹浅而小，耳较小而薄，略向两侧平伸或稍下垂。背腰宽而微凹，腹大，丰圆触地，后躯较丰满。四肢短细，后肢多卧系。皮薄肉细。毛色多全黑，但亦有“六白”或完全“六白”的特征（图3-4）。

3. 生产性能

香猪的突出特点是体型小、体重小。公猪生长较慢，4月龄7.87kg，6月龄16.02kg；母猪4月龄11.08kg，6月龄26.29kg。成年母猪体重41.1kg。肥育期日增重较好条件下为210g，香猪早熟易肥，宜于早期屠宰。屠宰率为65.7%，膘厚3cm，眼肌面积12.7cm^2，瘦肉率为46.7%。肉质鲜嫩宜做腊肉和烤乳猪。

4. 繁殖性能

香猪性成熟早，公猪170日龄配种，母猪120日龄初配，头胎平均产仔4.5~6.0头，三胎以上平均5.7~8.0头。

小香猪是微型猪种，是苗族人民将野猪长期驯化、精心培育而成的珍贵品种，具有皮薄、骨细、肉嫩、味美、清香、不腻的特点，且极少体重超过30kg，既是烧烤猪的上乘原

图3-6　香猪

料，也是珍贵的实验动物，是我国独有的地方良种。纯繁是保证香猪遗传稳定的关键。

第三节　引入优良品种资源

一、大白猪（大约克夏猪）

1. 产地和分布

大白猪（大约克夏猪）原产英国北部的约克郡及其邻近的地区，迄今已有230余年的培育历史。约克夏猪分为大、中、小3个类型，大型猪属于瘦肉型，中型猪属于兼用型，小型猪属于脂肪型。小型猪现已少见，中型猪较少，大型猪广布于世界各地，大白猪通常是指大约克夏猪。

2. 外貌特征

大白猪（大约克夏猪）体大，毛色全白，头长，颜面宽而呈中等凹陷，耳薄而大并向前直立，体躯长，胸深广，背平直稍弓，腹充实而紧，后躯宽长，乳头7~8对（图3-7）。

图3-7　大白猪

3. 生产性能

大白猪（大约克夏猪），具有增重快、饲料转化率高的优点。平均日增重982g，料重比为2.8∶1，屠宰率71%~73%，瘦肉率高达61.9%。

4. 繁殖性能

与其他国外引进猪种相比，大白猪繁殖能力较高，母猪初情期在5月龄左右，一般于8~10月龄、体重达110kg以上时初配。经产母猪平均产仔12.5头，产活仔数10头。母猪泌乳性强，哺育率较高。

5. 杂交效果

世界各地曾先后引入大白猪并用来杂交改良当地猪种，都取得了较好的效果。现在许多品种或多或少都含有其血缘。在国内的二元杂交中，常用大白猪作父本，地方猪种作母本开展杂交生产。在国外，三元杂交中，大白猪常用作母本或第一父本。

二、长白猪（兰德瑞斯猪）

1. 产地和分布

长白猪原名兰德瑞斯猪，原产于丹麦，是世界上分布最广的瘦肉型猪种。

2. 外貌特征

长白猪全身被毛白色，故在我国通称为长白猪。头狭长，嘴筒直，鼻梁长，面无凹陷，两耳大多向前伸，体躯呈楔形，前轻后重，胸宽深适度，背腰特别长，背线微呈弓形，腹线平直，后躯丰满，全身结构紧凑，呈“流线型”，乳头 7 ~ 8 对（图 3 – 8）。

图 3 – 8　长白猪

3. 生产性能

成年公猪体重平均 246.2kg，母猪 218.7kg。在国内良好饲养条件下，6 月龄体重达 90kg 以上，料重比为 3.0∶1，胴体瘦肉率 62% 以上，背膘较薄。

4. 繁殖性能

长白猪性成熟较晚，公猪一般在 6 月龄性成熟，10 月龄、体重 120kg 左右开始配种。母猪多在 6 月龄开始发情，8 ~ 10 月龄、体重达 110kg 时开始配种。长白猪的繁殖性能较好，自引入中国后，产仔数有所增加，初产母猪平均产仔数 10.8 头，经产母猪平均为 11.33 头。

5. 杂交效果

长白猪与我国地方猪种杂交能显著提高后代的日增重、瘦肉率和饲料转化率。在杂交配套生产商品猪体系中既可以用作父系，也可以用作母系。

三、杜洛克猪

1. 产地和分布

杜洛克猪原产于美国东部的纽约州和新泽西州，广布于世界各地。我国目前饲养的杜洛克来自美国和加拿大，即美系和加系杜洛克；产于中国台湾省的杜洛克经过培育，特点独特，因而称中国台系杜洛克。

2. 外貌特征

杜洛克猪全身棕红或红色，体躯高大，粗壮结实，头较小，面部微凹，耳中等大小，向前倾，耳尖稍弯曲，胸宽深，背腰呈弓形，腹线平直，四肢强健（图3－9）。

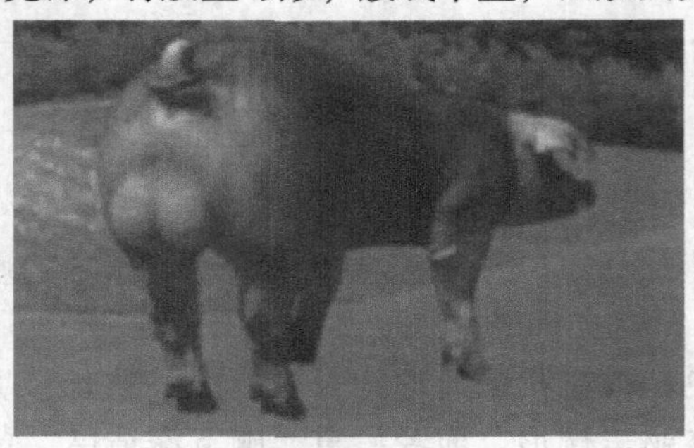

图3－9　杜洛克猪

3. 生产性能

杜洛克猪适应性很强，能耐低温气候。具有良好的产肉性能，成年体重较大，成年公猪体重约400kg，母猪350kg。平均日增重651g，料重比2.55∶1，屠宰率74.38%，瘦肉率62.40%。

4. 繁殖性能

杜洛克猪繁殖力一般，平均窝产仔数9.93头，母性较强，育成率较高。

5. 杂交效果

杜洛克猪主要用作父系或父本，尤其以杜洛克为终端父本，它能较大幅度地提高肥育猪的胴体瘦肉率，且肉质良好。

上述3个品种是国内外均采用的三元杂种组合品种猪，即杜×(长×大)或杜×(大×长)。

四、汉普夏猪

1. 产地和分布

汉普夏猪原产于美国肯塔州的布奥尼地区，是北美洲分布较广的瘦肉型品种，现广泛分布于世界各地。

2. 外貌特征

汉普夏猪全身主要为黑色，肩部到前肢有一条白带环绕，俗称白带子猪。头大小适中，颜面直，耳向上直立，中躯较宽，背腰平直或稍弓，体躯紧凑（图3－10）。

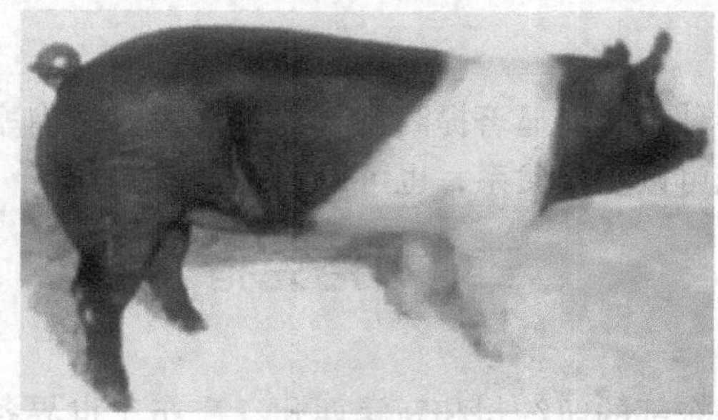

图3－10　汉普夏猪

3. 生产性能

汉普夏猪生长速度稍慢，饲料转化率稍低，眼肌面积较大，6月龄体重可达90kg，屠宰率72%～75%，胴体瘦肉率65%以上。

4. 繁殖性能

汉普夏猪性成熟晚，母猪一般在6～7月龄开始发情，繁殖性能不佳，平均产仔数8～9头。

5. 杂交效果

汉普夏猪是著名的瘦肉型父本品种，以地方品种或培育品种为母本，进行二元或三元杂交，可以明显提高杂种仔猪初生重和商品率，能获得良好的杂交效果。

五、皮特兰猪

1. 产地和分布

皮特兰猪原产于比利时。中国从20世纪80年代开始引进。

2. 外貌特征

皮特兰猪毛色灰白，夹有黑白斑点，有的杂有红毛，耳中等大小且微向前倾。体躯宽短，肌肉特别发达，尤其前后躯发达，呈双肌臀，有“健美运动员”的美称（图3－11）。

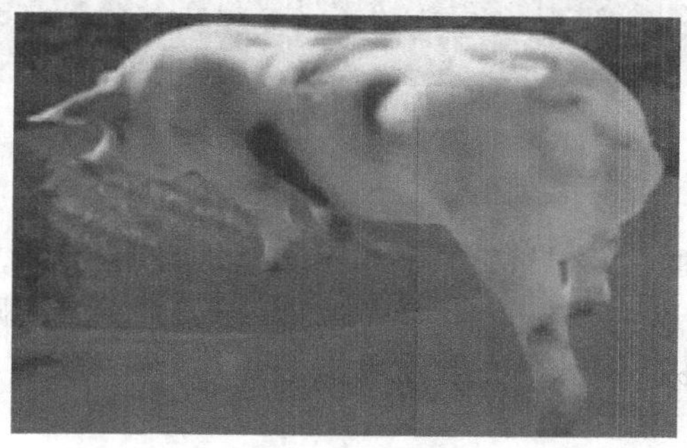

图3－11　皮特兰猪

3. 生产性能

皮特兰猪瘦肉率特别高，背膘厚度1cm左右。小猪60kg以前生长较快，平均日增重700g，料重比2.65:1，瘦肉率70%左右，90kg以后生长速度显著减慢，且肉质欠佳，肌纤维较粗。应激反应是所有猪种中最大的一个，1991年以后比利时、德国和法国培育了抗应激皮特兰新品系。

4. 繁殖性能

皮特兰母猪的初情期一般在190日龄，产仔数中等，平均产仔10.2头、断奶仔猪8.3头，护仔能力强，母性好。

5. 杂交效果

在杂交配套生产体系中，皮特兰是理想的终端杂交父本，可以明显地提高杂交后代的胴体瘦肉率，一般杂交方式有：皮×杜、皮×（长×大）、皮×大、皮杜×（长×大）、皮×地方猪种。

六、斯格配套系

1. 产地和分布

斯格配套系种猪简称斯格猪，原产于比利时，主要用比利时长白、英系长白、荷系长白、法系长白、德系长白、丹系长白，经杂交合成，即为专门化品系杂交成的超级瘦肉型猪。我国从 20 世纪 80 年代开始从比利时引进祖代种猪，现在湖北、河北、黑龙江、辽宁、北京、福建等地皆有饲养。

2. 外貌特征

斯格猪体型外貌与长白猪相似，只是后腿和臀部十分发达，四肢比长白猪短，嘴筒也较长白猪短一些（图 3－12）。

图 3－12　斯格猪

3. 生产性能

斯格猪生长发育迅速，28 日龄体重 6.5kg，70 日龄 27kg，170～180 日龄达 90～100kg，平均日增重 650g 以上，料重比为（2.85～3.0）：1，胴体形状良好，平均膘厚 2.3cm，后腿比例 33.22%，胴体瘦肉率 60% 以上。

4. 繁殖性能

斯格猪繁殖性能好，初产母猪平均产活仔猪数 8.7 头，初生仔猪重在 1.34kg，经产母猪平均产活仔 10.2 头，仔猪成活率在 90% 以上。

5. 杂交效果

利用斯格猪作父本开展杂交利用，在增重、饲料消耗和提高胴体瘦肉率方面均能取得良好效果。

第四节　中国培育优良品种资源

一、三江白猪

1. 产地和分布

三江白猪是我国培育成的第一个瘦肉型品种。分布于黑龙江东部合江地区的国营农牧场及其附近，产区为著名的三江平原地区。

2. 外貌特征

三江白猪被毛全白，头轻嘴直，耳较大下垂或前倾。背腰宽平，腿臀丰满，四肢粗壮，蹄质坚实，具有瘦肉型猪种体型结构。乳头一般为 7 对，排列整齐，毛丛稍密（图 3－13）。

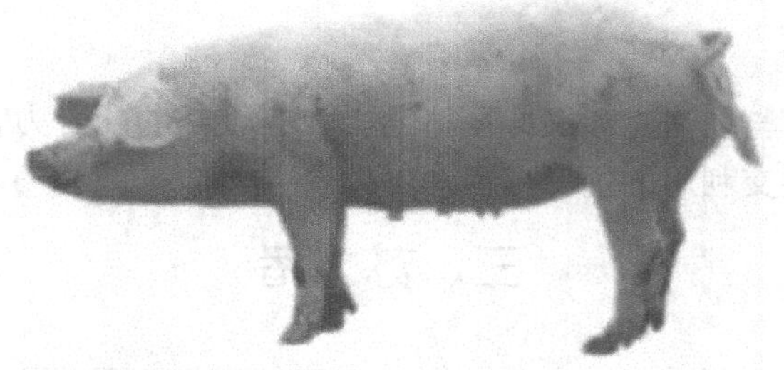

图 3-13 三江白猪

3. 生产性能

三江白猪成年体重，公猪 187kg，母猪 138kg。6 月龄肥育猪体重可达 90kg 以上，平均日增重 666g，料重比 3.5:1，瘦肉率为 58.6%，肉质良好。

4. 繁殖性能

三江白猪繁殖性能高，性成熟较早，初情期 4 月龄左右，发情表现明显。初产母猪平均产仔 10.2 头，经产母猪平均产仔 12.4 头。

5. 杂交效果

三江白猪与哈白、苏白、大白猪的正反交均表现出明显的杂种优势，而以三江白猪作父本的反交组合优于相应的正交组合。以杜洛克 × 三江白猪组合为优，日增重达 630g，料重比 3.28:1，瘦肉率高达 62%。

二、湖北白猪

1. 产地和分布

湖北白猪是湖北省 1986 年育成的瘦肉型新品种，主要分布于华中地区。

2. 外貌特征

湖北白猪被毛全白，体型中等，头颈较轻，面部平直或微凹，耳中等大呈前倾或稍下垂，背腰较长，腹线较平直，腿臀肌肉丰满，肢蹄结实，有效乳头 12 个以上（图 3-14）。

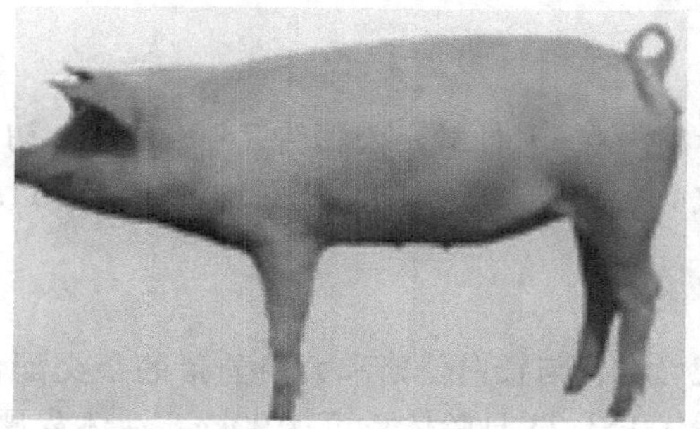

图 3-14 湖北白猪

3. 生产性能

湖北白猪生长发育快，6 月龄公猪体重达 90kg，成年公猪体重 250～300kg，母猪体重 200～250kg；25～90kg 阶段平均日增重 0.6～0.65kg，料肉比 3.5:1 以下，胴体瘦肉率 57%。

4. 繁殖性能

湖北白猪繁殖性能优良，平均产仔数，初产母猪为 9.5～10.5 头，经产母猪为 12 头以上。

5. 杂交效果

以湖北白猪为母本与杜洛克和汉普夏猪杂交均有较好的配合力，特别是与杜洛克猪杂交效果明显，是开展杂交利用的优良母本。

三、苏太猪

1. 产地和分布

苏太猪是江苏省1999年以世界上产仔数最多的太湖猪为基础培育成的瘦肉型新品种，主要产于江苏省苏州市，已向全国10余个省、市、自治区推广。

2. 外貌特征

苏太猪全身被毛黑色，耳中等大向前下方垂，头面有清晰皱纹，嘴中等长而直，四肢结实，背腰平直，腹小，后躯丰满，母猪平均乳头7对以上，分布均匀，具有明显的瘦肉型猪特征（图3－15）。

图3－15　苏太猪

3. 生产性能

苏太猪体重25～90kg阶段，日增重623g，饲料利用率3.18:1，178.9日龄体重达90kg。屠宰率72.88%，平均背膘厚2.33cm，胴体瘦肉率56%，肉质优良，无PSE肉。耐粗饲，食谱广，适应性强。

4. 繁殖性能

苏太猪适配年龄，母猪为6～7月龄，公猪为7～8月龄。初产母猪平均产仔数11.68头，经产母猪平均产仔数14.45头。35日龄断奶平均育成仔猪11.80头，泌乳力强，60日龄仔猪窝重216.25kg。

5. 杂交效果

苏太猪是理想的杂交母本，与长白公猪和大白公猪的杂交配合力高。苏太猪与长白公猪或大白公猪杂交，其后代163.23日龄体重可达90kg，活体背膘厚1.8cm，胴体瘦肉率可达62%以上，饲料利用率2.92：1。

四、北京黑猪

1. 产地和分布

是北京本地黑猪与引入品种巴克夏、中约克夏、苏联大白猪、高加索猪进行杂交后选育而成。主要分布在北京市各区县。并推广于河北、河南、山西等省。

2. 外貌特征

北京黑猪全身被毛黑色，体质结实，结构匀称。头大小适中，两耳向前上方直立或平伸，面部微凹，额较宽，颈肩结合良好，背腰较平直且宽，腿臀较丰满，四肢健壮。乳头多为7对（图3－16）。

3. 生产性能

北京黑猪成年体重，公猪262kg，母猪236kg。初产母猪平均窝产仔数10头，经产母猪平均窝产仔数11.52头。据测定，20～90kg体重阶段，平均日增重为609g，每千克增重耗混合料3.0kg。屠宰率为72.4%，胴体瘦肉率51.5%。

4. 繁殖性能

初产母猪平均产仔10.1头，经产母猪平均产仔11.52头，四周龄断奶个体重7.97kg。

5. 杂交效果

北京黑猪既能适应规模化猪场饲养，又能适应农户小规模饲养，北京黑猪作为母系与引进品种猪杂交，杂种商品猪育肥期日增重750g以上，饲料转化率1：2.76，90kg体重屠宰，胴体瘦肉率59%以上，肉质鲜嫩，肉色及系水力良好。

图3－16　北京黑猪

第五节　猪的优良杂交组合及利用

一、杂种优势及其影响因素

1. 杂交

猪的不同品种或品系间的交配叫杂交，杂交所得后代叫杂种。由于杂交的目的不同，杂交可分为育成杂交、改造杂交、导入杂交、经济杂交等。

2. 杂种优势

经济杂交主要是利用杂种优势。杂种优势可理解为不同品种或品系间的交配所产生的杂种后代，其适应性、生活力、生长势、生产性能等方面优于其亲本纯繁群体。其计算方法为：

$$杂种优势率（\%）=\frac{杂种一代某性状平均值-双亲该性状平均值}{双亲该性状平均值}\times 100$$

例如，肥育猪体重 25 ~ 90kg 阶段，本地猪日增重 540g，杜洛克猪 660g，长白猪 640g，杜本杂种猪 650g，杜长本杂种猪 700g，试计算杜本杂种猪和杜长本杂种猪日增重的杂种优势率是多少？

$$杜本的杂种优势率（\%）=\frac{650-\left(\frac{660+540}{2}\right)}{\frac{660+540}{2}}\times 100\%=\frac{650-600}{600}\times 100=8.33\%$$

杜本猪的杂种优势率为 8.33%。

$$杜长本的杂种优势率（\%）=\frac{700-\left[\frac{1}{2}\times 660+\frac{1}{4}\times（640+540）\right]}{\frac{1}{2}\times 660+\frac{1}{4}（640+540）}\times 100$$

$$=\frac{700-625}{625}\times 100=12.0\%$$

杜长本猪的杂种优势率为 12.0%。

可见，杜长本猪的杂种优势率高于杜本猪。

又例如，肥育猪体重 25 ~ 90kg 阶段，本地猪每千克增重耗料 4.0kg，杜洛克猪 3.5kg，长白猪 3.4kg，杜本杂种猪 3.4kg，杜长本杂种猪 3.2kg，试计算杜本杂种猪和杜长本杂种猪耗料量的杂种优势率是多少？

$$杜本的杂种优势率（\%）=\frac{3.4-\left(\frac{3.5+4.0}{2}\right)}{\frac{3.5+4.0}{2}}\times 100=\frac{3.4-3.75}{3.75}\times 100=-9.33\%$$

饲料消耗的优势率为负值，说明每单位的耗料量降低。杜本猪的杂种优势率为 9.33%。

$$杜长本的杂种优势率（\%）=\frac{3.2-\left[\frac{1}{2}\times 3.5+\frac{1}{4}（3.4+4.0）\right]}{\frac{1}{2}\times 3.5+\frac{1}{4}（3.4+4.0）}\times 100$$

$$=\frac{3.2-（1.75+1.85）}{1.75+1.85}\times 100=-11.1\%$$

杜长本猪的杂种优势率 11.1%，可见，杜长本每单位增重的耗料量低于杜本杂种猪。

在养猪生产中，合理利用杂种优势，是有效挖掘遗传潜力，快速高效的生产商品猪，提高瘦肉产量的重要途径。美国自 1972 年以来，饲养杂种猪的数量占到养猪总头数的 90% 以上，既提高了生产水平，又提高了经济效益。

科学试验和生产实践证明，猪的经济杂交是缩短肥育期、提高出栏率、改善胴体品质、降低成本的有效措施。一般来讲，杂种猪增重的优势率为 5% ~ 10%，饲料利用的优势率为 8% ~ 13%，杂种母猪产仔数的优势率为 8% ~ 10%，仔猪哺育率和断奶窝重的优势率分别为 25% 和 45%。近年来，我国为适应广大人民对瘦肉猪的需求，通过杂交提高胴体瘦肉率，一般来讲，二元杂种猪可提高 5%，三元杂种可提高 10% 左右。

3. 影响杂交效果的因素

杂种猪并不是在任何条件下都能显现杂种优势，它受到很多因素的制约。

（1）品种

不同品种或品系间进行杂交的效果不同。杂种优势的显现与亲本的组合有密切关系（表3-1）。

表3-1 两品种杂交效果比较

组合		头数	始重(kg)	末重(kg)	日增重(g)	料重比
父本	母本					
北京黑猪	北京黑猪	6	20.0	90.8	433.9	4.00
长白猪	长白猪	6	20.3	90.7	423.4	3.90
内江猪	内江猪	6	20.5	90.1	401.8	4.34
福州黑猪	福州黑猪	6	20.5	90.2	435.1	3.95
宁乡猪	宁乡猪	6	20.4	90.3	411.1	4.44
巴克夏猪	巴克夏猪	6	20.2	90.1	431.6	4.20
约克夏猪	约克夏猪	6	19.9	90.3	466.1	3.96
长白猪	北京黑猪	6	20.0	89.4	521.7	3.60
内江猪	北京黑猪	6	20.3	90.3	484.6	3.85
福州黑猪	北京黑猪	6	20.4	90.2	484.7	3.81
宁乡猪	北京黑猪	6	20.5	90.1	457.8	4.11
巴克夏猪	北京黑猪	6	20.2	89.8	477.0	4.02
约克夏猪	北京黑猪	6	20.2	90.0	477.7	3.90

从表3-1可以看出，长北杂种肥猪平均日增重521.7g，比父本提高98.3g，比母本提高87.8g，日增重的优势率为19.4%（高于其他组合）。宁北杂种肥猪平均日增重457.8g，比父本提高46.7g，比母本提高23.9g，日增重的优势率为8.4%。约北杂种肥猪平均日增重477.7g，比父本提高11.6g，比母本提高43.8g，日增重的优势率为6.2%。可见，杂交所用的母本都是北京黑猪，由于父本品种不同，杂交效果也不同。

（2）经济类型

不同经济类型之间的杂交效果不同。用苏联大白猪的脂肪型品系和肉用型品系杂交，以肉用型公猪配脂肪型母猪的效果为优（表3-2）。体重达100kg所需天数较其他组合提前7~18d，日增重较其他组合提高31~53g。

表3-2 不同经济类型的杂交效果

项目	脂（公）×脂（母）	肉（公）×肉（母）	脂（公）×肉（母）	肉（公）×脂（母）
体重达100kg所需天数	211	200	205	193
日增重（g）	620	635	642	673
每千克增重耗料（kg）	4.76	4.29	4.65	4.53

（3）杂交方式

不同杂交方式的杂交效果不同。两品种间杂交，正反交的效果不同，用荣昌猪和长白猪进行正反交，其杂种肥猪的日增重和饲料利用率以正交效果为好，长荣杂种肥猪日增重比父本提高30g，比母本提高163g，日增重的杂种优势率为25.4%，荣长杂种肥猪日增重比父本提高14g，比母本提高147g，优势率为21.2%。

三品种杂交效果优于两品种间杂交，三品种杂交所用的母猪是杂种一代，杂种一代母猪生活力强、产仔多、哺育率高，又能利用第二代杂交父本增重快、饲料利用率高的优点，因此，三品种杂交可获得良好的杂种优势。

很多试验表明，3品种杂交其后裔的不少性状高于两品种间杂交（表3－3）。

表3－3　不同杂交方式的比较（纯种猪为100%）

性状	两品种间杂交	三品种杂交
产仔数	+11.22	+20.19
仔猪初生重	+1.96	+14.57
仔猪初生窝重	+13.39	+11.97
哺育率	+5.87	+12.21
仔猪断乳窝重	+20.84	+38.89
节省饲料	+2.99	+2.91
体重达100kg节省时间	+8.67	+11.38

（4）条件

不同条件下杂交效果不同。杂种优势的显现，受遗传和环境两大因素的制约。不同营养水平对杂交效果有明显影响。

（5）个体间差异

不同个体间的杂交效果不同。同一品种不同个体间存在一定差异，对杂交效果有一定影响。长白猪品种的不同公猪与约金一代杂种母猪杂交，长白586号公猪的杂交效果最好（表3－4）。

表3－4　不同公猪的杂交效果

公　猪	母　猪	后代的增重			
		头数	始重（kg）	末重（kg）	日增重（g）
长白586号	4头约金	16	13.80	38.25	380
长白642号	4头约金	16	11.99	37.52	343
长白680号	4头约金	16	13.33	37.00	312

可见，在进行经济杂交时，一定要重视种猪的选择和个体选配，否则，不可能达到预期的效果。

二、经济杂交方式

1. 二元杂交

二元杂交即利用两个不同品种（系）的公母猪杂交，产生具有较高生产性能的一代杂种，一代杂种无论公母猪都不作种用，只作经济利用。它是当前养猪生产比较简单、应用较多、易于推广的杂交方法（图3－17）。

现阶段农村正在大力推广两品种（系）杂交，即选择生产性能高的引进品种（系）为父本；选择分布广、数量多、繁殖性能高、适应性强的本地品种为母本，产生的

A(♀)×B(♂)

↓

AB(全部作为商品肥育猪)

图 3-17　二元杂交示意图

一代杂种供肥育用。实践证明：由于杂种断奶窝重大、增重快、省饲料、经济效益显著，能增加农民的养猪收入和促进养猪生产的发展，深受农民的欢迎。

2. 三元杂交

三元杂交就是把两个不同品种（系）杂交所产生的一代杂种母猪，与第三个品种（系）的公猪交配，即得到 3 品种（系）杂交后代。3 品种（系）杂种应全部作商品猪肥育用（图 3-18）。

A(♀)×B(♂)

↓

AB(♀)×C(♂)

↓

CAB(全部作为商品肥育猪)

图 3-18　三元杂交示意图

三元杂交的优点是：能充分利用杂交母本在生活力与繁殖力上所表现出的杂种优势，同时充分体现出父本的某些有效经济性状（如饲料报酬高、瘦肉率高等），从而获得经济价值更高的商品肥育猪。

3. 专门化品系杂交

专门化品系是为了培育某个突出的经济性状，而其他性状仍保持在一般水平上的品系。一般而言，专门化父系应集中表现生长快、饲料利用率高和胴体品质好等特点；专门化母系则主要表现良好的产仔数、泌乳力等繁殖性状。专门化品系遗传结构越纯，杂交后代的杂种优势越大。因此，利用这些品系之间配套杂交生产优良商品猪（杂优猪），是理想的杂交方式。在国外一些国家，配套系杂交方式的运用已成为主流，如美国的“迪卡”配套系(图 3-19)，比利时的“斯格”配套系，英国的“PIC”配套系等。1991 年我国农业部决定，从美国迪卡公司为北京养猪育种中心引入 360 头迪卡配套系种猪，其中，原种猪有 A、B、C、E、F 5 个专门化品系，其实质是由当代世界优秀的杜洛克、汉普夏、大约克夏、长白等种猪组成。在此模式中，A、B、C、E、F 这 5 个专门化品系为曾祖代（GGP）；A、B、C 及 E 和 F 正反交生产的 D 系为祖代（GP）；A 公猪和 B 母猪生产的 AB 公猪，C 公猪和 D 母猪生产的 CD 母猪为父母代（PS）；最后 AB 公猪和 CD 母猪生产 ABCD 商品猪上市（图3-19）。

利用专门化品系配套合成杂交产生“杂优猪”，适宜于工厂化饲养，随着我国各地经济实力的增强和工厂化养猪业的发展，这种杂交方式将得到进一步发展。

三、优良杂交组合

1. 杜长大（或杜大长）

养猪生产中，国内外使用最多的是杜洛克×（长白猪×大白猪）或杜洛克×（大白

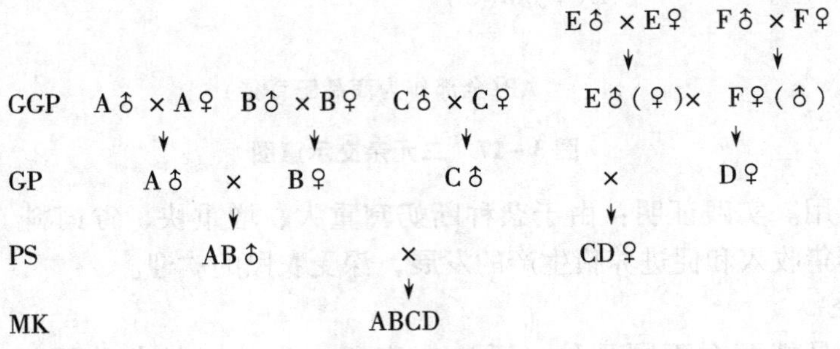

图 3-19 迪卡配套系种猪繁育体系模式

猪×长白猪)，此组合可以充分利用母本杂种优势和个体杂种优势，将 3 个品种的优势组合。该组合具有生长快、饲料利用率高、适应性强的优点。在正常饲养条件下，25~100kg 阶段日增重 800g 以上，饲料利用率3.0∶1以下，瘦肉率 62% 以上，肉质优良。长大或大长母猪初情期 5.5 月龄左右，一般在 8 月龄体重 120kg 以上配种，产仔数为 10~12 头。

该组合是我国生产出口活猪的主要组合，也是大中城市菜篮子基地及大型农牧场所使用的组合。由于利用了 3 个外来品种的优点，体型好，产肉率高，深受我国港澳市场欢迎。但对饲料和饲养管理的要求相对较高。

2. 杜长本（或杜大本）

杜长太（或杜大太）即以太湖猪为母本，与长白（或大白）公猪杂交所生 F_1 代，从中选留优秀母猪与杜洛克公猪进行三元杂交生产的商品肥育猪。

太湖猪遗传性能较稳定，与瘦肉型猪结合配合力较好，杂交优势强，在养猪生产中，最适宜作杂交母本。实践证明，在进行杂交过程中，杜长太或杜大太等三元杂交组合类型较好地保持了亲本产仔数多，瘦肉率高，生长速度快等优点。该组合日增重达 550~600g，每千克增重耗料 3.15kg，达 90kg 体重日龄 180~200d，胴体瘦肉率 58% 左右。适合当前我国饲料条件较好的农村地区饲养和推广。

广西利用大白公猪或长白公猪与陆川母猪杂交，杂交一代母猪再与杜洛克公猪进行三元杂交生产商品猪，取得良好的杂交效果。

3. 长大本（或大长本）

长大本（或大长本）即用地方良种与长白猪或大白猪的二元杂交后代作母本，再与大白猪或长白公猪进行三元杂交生产商品猪。近年来，全国各地均利用长白猪或大白猪与本地猪或培育品种进行杂交，取得了明显的效果。

复习思考题

1. 列表比较国内外优良猪种的外形特征及主要生产性能。
2. 什么是杂种优势？如何计算？影响杂交效果的因素有哪些？
3. 比较二元杂交、三元杂交、专门化品系杂交的优缺点。

第四章

猪的饲料配制及应用

饲料为猪提供生长发育、繁殖、生产所需要的营养物质和能量，是发展养猪生产的物质基础。生产中，饲料支出占全部开支的70%左右。因此，科学合理地生产和利用好饲料，努力提高饲料转化率，既关系到养猪生产潜力的发挥，也关系到猪场经济效益的高低。为了给不同生产阶段的猪配制营养物质平衡和经济适用的饲料，必须熟悉猪常用饲料的营养特点、饲用特性和相对营养价值。

第一节　猪的常用饲料分类

为了应用方便，结合国际饲料命名和分类原则及我国惯用的分类法，将饲料分为八大类，即粗饲料、青饲料、青贮饲料、能量饲料、蛋白质饲料、矿物质饲料、维生素饲料和添加剂饲料。习惯上把前三类归为青粗饲料；第四、第五类归为精料；第六、第七、第八类归为添加剂饲料。

一、常用饲料分类

①青饲料：天然水分含量在60%以上的青绿植物性饲料。

②粗饲料：干物质中粗纤维含量在18%以上的干粗饲料。

③青贮饲料：包括水分含量在60%以上的普通青贮料和水分含量在45%～55%的半干青贮饲料。

④能量饲料：干物质中粗纤维含量在18%以下，粗蛋白质在20%以下的饲料。

⑤蛋白质饲料：干物质中粗纤维含量在18%以下，粗蛋白质在20%以上的饲料。

⑥矿物质饲料：包括天然和工业合成的为猪提供常量和微量无机元素的饲料。

⑦维生素饲料：指工业合成或提纯的单一维生素或复合维生素，不包括维生素含量较多的天然饲料。

⑧添加剂饲料：指防腐剂、防霉剂、抗氧化剂、着色剂、矫味剂、各种药物（抗生素、激素、杀虫剂、抗寄生虫剂等）及生长促进剂等非营养性添加剂。不包括矿物质、维生素和氨基酸等营养性添加剂。

二、常用饲料的营养、应用特点和相对饲养价值

（一）青饲料

1. 营养特点

营养价值较全面，各种养分比例较合适，但水分多，容积大，能量低。豆科青料比禾

本科青料含粗蛋白质高。且青料的粗蛋白质所含的10种必需氨基酸较多。维生素的含量丰富，种类多，是青料最突出的特点，也是其他饲料所不可比拟的，矿物质含量也比较丰富。

2. 青饲料的饲用特点

青饲料具有适口性好、维生素含量高和润便作用，饲喂青饲料时应注意防止亚硝酸盐中毒，某些叶菜类饲料，如青菜、萝卜缨、油菜叶、甜菜叶等，若堆放时间过长，或长时间小火焖煮，或煮后在锅内放置时间过长，经细菌或化学作用，会使硝酸盐还原为亚硝酸盐，可引起猪中毒。另外还应注意防止禾本科和某些块根、块茎地上部分茎叶的氢氰酸中毒。

青绿饲料在集约化养猪业中，用量有限，但在广大农村，特别是南方农村的个体养猪户中，仍占有相当重要的地位。主要有豆科青饲料、禾本科青饲料、蔬菜类饲料、水生饲料和青贮饲料。

（二）粗饲料

主要有农副产物、干草和糟渣类。因其来源广、产量大，在猪日粮中占5%～15%，对增加日粮容积，限制日粮能量浓度，提高瘦肉率，预防妊娠母猪过肥和防止便秘有一定的意义。美国的猪总饲料消耗中，粗饲料占15%左右。

1. 干草

经天然（日晒、晾干）或人工（烘、烤）除去水分的青绿饲料称为干草。制作干草的目的是为了尽可能保持青绿饲料的营养成分，以备配制日粮或青饲料缺乏时饲用，同时，便于贮存与运输。所有青绿饲料都能制成干草，但通常用得较好的是禾本科、豆科及藤蔓植物。

不同收获时间，干草的营养价值不同。青绿饲料应在植株含蛋白质较高、粗纤维较低、产量较高时进行收获。与原料相比，干草的无氮浸出物、粗蛋白质、胡萝卜素和钙、磷都有不同程度的降低。脂肪变化小，粗纤维相对增加，维生素D含量丰富。

人工干燥的干草，营养价值较天然干燥的干草高；人工干燥可保留青绿饲料中较多的胡萝卜素，但维生素D含量较低；而天然干燥的干草维生素D含量丰富。

国外已用干草粉作为维生素和蛋白质的补充料，成为配合饲料的重要组成部分。要求优质干草粉无论粉状或粒状，其本身温度不能高于环境温度5℃，外观一致，粒度均匀，无霉烂，色绿或暗绿，保持固有的香味。粉状干草水分含量不超过8%～12%，颗粒状干草水分含量不超过8%～13%。

我国常用作猪饲料的干草有苜蓿草粉、紫云英草粉、白三叶草粉、苕子草粉、蚕豆叶粉、甘薯叶粉及青干草粉等。

2. 糟渣类饲料

糟渣类饲料是禾谷类、豆类籽实和甘薯等原料在酿酒、制酱、制醋、制糖及提取淀粉过程中残留的糟渣产品，包括酒糟、酱糟、醋糟、糖糟、粉渣等。它们的共同特点是：水分含量较高（65%～90%）；干物质中淀粉减少；粗蛋白质等其他营养物质都较原料含量相对增多，约增加2倍；B族维生素含量较原料增多，粗纤维也增多。干燥的糟渣有的可作蛋白质补充料或能量饲料，但有的只能作粗料。糟渣类饲料大部分以新鲜状态喂猪，随着配合饲料工业的发展，我国干酒糟已开始在猪的配合饲料中应用。

(1) 酒糟

酒糟是不同谷物、薯类或不同谷物混合物经酵母发酵，再以蒸馏萃取酒后的残留品。一般分为白酒糟、高粱酒糟、稻谷酒糟、甘薯酒糟等。

酒糟营养价值按干物质计算，粗蛋白质2.8%～31.7%，粗纤维4.9%～37.5%，消化能3.64～12.59 MJ/kg，赖氨酸及色氨酸含量低。酒糟含水分高，一般在60%～80%。酒糟中维生素E及B族维生素含量多，烟酸极多，核黄素、硫胺素等也相当多。此外酒糟水也富有营养，不仅B族维生素含量高，且有一些有利于动物生长的未知因子。酒糟用量：生长肥育猪不宜超过20%，一般用10%～15%；种公猪非配种期用18%，配种期用15%左右；妊娠母猪用15%～20%。干酒糟喂量宜控制在10%以下；稻壳含量高的酒糟还应更少。酒糟缺乏胡萝卜素和维生素D，钙含量少，并含有乙醇、乙酸。酒糟存放时容易发霉，晒干可除去醇味。有人主张不用酒糟喂种公猪和妊娠母猪，以防产生畸形精子以及死胎和弱胎。

用大麦或大麦与大米或淀粉等酿造啤酒所残留的酒糟，含水分75%以上。干物质中粗蛋白质22%～27%，粗脂肪6%～8%，粗纤维15%左右。我国和日本多用鲜啤酒糟，其喂量宜在日粮的20%以下。仔猪喂量多时，对其生长不利，一般不喂。

(2) 粉渣

以玉米、豌豆、蚕豆、甘薯、马铃薯等为原料提取淀粉的副产物。粉渣含水分85%左右，干物质中主要成分变化大，无氮浸出物50%～80%，粗蛋白质4%～23%，粗纤维8.7%～32.0%，消化能8.117～13.098 MJ/kg。干粉渣在配合饲料中的比例：生长猪不超过30%，肥育猪不超过50%，哺乳母猪如喂量过多，会使乳脂变硬而引起仔猪腹泻。干粉渣宜粉碎、水泡或煮后喂仔猪。喂量较多时应注意补充蛋白质、维生素和矿物质。

3. 青粗饲料用量与配比

在青料来源广的农村，可多利用青料，对以精料或配有少量粗料定量的基础日粮，青料可自由采食；对集约化养猪场，可不用或少用青粗饲料，要求基础日粮能量浓度较高，所采用的青粗饲料品质要好；对35～60 kg生长肥育猪、瘦肉型猪肥育后期限制饲养阶段、种公猪非配种期、母猪妊娠前期，可适当喂些青粗饲料，但品质要好，数量适当。若青粗饲料品质差、用量多，日粮中粗纤维含量过多，势必降低能量浓度，影响猪的采食量，降低日增重和饲料转化率。

青粗饲料在日粮中用量恰当，与精料的比例合理，可节约精料用量，降低养猪生产成本。综合有关资料，生长肥育猪4个阶段配合日粮中较适宜的比例见表4－1。

表4－1 生长肥育猪不同生长阶段精、青、粗料适宜比例

生长肥育猪阶段 (kg)	精料:青料:粗料
10～20	1:1.5 (1～2):0.05以下
20～35	1:2 (1.5～3.5):0.1
35～60	1:3 (2～5):0.15
60～90	1:1.5 (1～3):0.13

在不同生产、生理阶段，猪日粮中青粗饲料大致用量（按干物质计算）为：生长肥育猪3%～5%，后备母猪15%～30%，妊娠母猪25%～50%，泌乳母猪15%～35%。

（三）能量饲料

能量饲料是指干物质中粗纤维含量低于18%和粗蛋白质低于20%的谷实类、糠麸类、草籽树实类、块根、块茎、瓜果类及油脂类饲料等。

1. 谷实类饲料

谷实类饲料是养猪业的主要能源，常用的有玉米、稻谷、高粱、小麦、大麦、燕麦等。

（1）玉米

玉米有许多品种，饲料用以黄色玉米为好。

玉米的营养特点：无氮浸出物含量高（72%），其中，82%～90%是易被消化利用的淀粉；粗纤维很少（2%左右）；粗脂肪含量较高（3.5%～4.5%），是小麦、大麦的2倍。玉米是谷实中最好的能量饲料，常作为衡量其他能量饲料能量价值的基础。在所有谷实类饲料中，玉米含亚油酸最高（2%）。日粮中配合50%以上玉米，即可满足猪需要1%亚油酸的要求。玉米粗蛋白质含量少（7.5%～11%），其蛋白质品质较差。玉米含钙量特别低（0.02%），磷也较少（0.2%～0.3%），其有效磷含量低，微量元素铁、铜、锰较其他谷实类含量低。黄色玉米含胡萝卜素1.3～3.3mg/kg，维生素E约20mg/kg，几乎不含维生素D和维生素K，维生素B_1含量多，维生素B_2和烟酸少。

玉米贮存时，若水分高于14%，温度高，有碎玉米存在时，容易发霉变质，尤以黄曲霉、赤霉菌危害最大。霉菌毒素影响玉米的营养成分，胡萝卜素损失可达98%，维生素E减少30%。用带霉菌的玉米喂猪，适口性差，采食量下降，增重显著降低，能产生免疫抑制，严重时引起中毒。赤霉菌产生的玉米赤霉烯酮在1mg/kg或更低浓度时，可使性成熟前的小母猪阴户肿胀、乳腺发育胀大。据试验2mg/kg纯赤霉烯酮可使初孕母猪全部流产。喂霉玉米小公猪生长缓慢，成年公猪性欲减弱，配种能力下降。

用干燥、坚硬的玉米喂20kg以下的仔猪时，最好粉碎成中等粒度或浸泡后饲喂。因粉碎过细的玉米具有诱发胃溃疡的趋势，故成年猪饲喂粗玉米面较好。最近研究表明，经压片的玉米，可保留玉米含氮量，提高干物质和淀粉的利用率。玉米膨化后喂猪，日增重可提高17%。

玉米是猪的主要能量饲料，适口性好，但饲用过多会使肉猪、种猪的脂肪加厚，降低瘦肉率和种猪的繁殖力。玉米用量在我国瘦肉型生长肥育猪日粮中为20%～80%。

（2）高粱

高粱有许多种类。营养特点：无氮浸出物含量高（70%），粗纤维含量少，粗蛋白质、粗脂肪含量与玉米相近。蛋白质含量低、品质差，必需氨基酸少。

高粱含有单宁，味苦，适口性差。褐色高粱单宁含量高，高粱与优质蛋白补充料配合喂猪，饲养价值与玉米没有本质差别，一般相当于玉米价值的95%～97%。据研究，日粮中添加蛋氨酸和赖氨酸，可有效地克服高粱中单宁的不利影响。高粱在猪日粮中的配合比例，一般不超过20%；浅色高粱可用到20%，深色高粱宜用10%。饲用高粱代替玉米喂猪，若补充缺少养分，喂法合理，可获得良好效果，猪的胴体瘦肉率比喂玉米的高。

（3）稻谷、糙米和碎米

稻谷营养特点：粗纤维含量较高（8.5%左右），是玉米的4倍多，但低于燕麦；粗蛋白质含量较玉米低（7.2%～9.8%），早稻较中、晚稻的粗蛋白质高2.5%；消化能为玉米的85%；粗蛋白质中赖氨酸、蛋氨酸和色氨酸与玉米近似，不能满足猪的需要；稻谷含锰、硒较玉米高，含锌较低，钙少，磷多。

稻谷去壳后称糙米，糙米去米糠为精白米。稻谷的外壳占全粒的20%～25%，碎米占稻谷的2%～3%。糙米主要成分是淀粉，无氮浸出物含量为74.2%，略高于玉米，糙米的粗纤维含量低（0.7%），脂肪含量少（2%），消化能与玉米近似（14.39MJ/kg）。碎米是糙米加工成精米的副产品，含少量米糠。碎米的粗蛋白质和粗纤维含量、消化能、钙、铜、锰、锌含量较糙米高。糙米和碎米的必需氨基酸含量与玉米相近，仅色氨酸比玉米高，亮氨酸比玉米低。糙米和碎米的适口性好，饲喂生长肥育猪具有与玉米相同的饲养价值，但脂肪硬度增大，可提高胴体肉质。糙米用于猪饲料可完全取代玉米，不会影响猪的增重，饲料转化率反而提高，肉猪食后其脂肪比喂玉米硬。但变质米则对肉质不利，影响适口性及增重。糙米喂猪时仍以磨碎为宜。

（4）大麦

通常饲用的大麦系指带壳的皮大麦。大麦的粗蛋白质高于玉米（11%～14%），蛋白质品质比玉米好，其赖氨酸为谷实中含量较高者（0.42%～0.44%），某些品种的赖氨酸含量比玉米高1倍，异亮氨酸与色氨酸也比玉米高，但利用率比玉米差。大麦粗脂肪含量较玉米低，消化能也低于玉米，钙含量较高，铁，铜，锰，锌，硒较玉米高。大麦粗脂肪中的亚油酸含量少，维生素中生物素、胆碱及烟酸含量较玉米高。饲用大麦宜磨成中等细度或制成颗粒喂猪，可提高饲料利用率和增重速度14%左右。大麦是猪肥育后期较理想的饲料，用大麦喂猪可获得色白、硬度大的脂肪，减少不饱和脂肪酸含量，改善肉的品质和风味，增加胴体瘦肉率，但增重及饲料转化率不如玉米，其相对饲养价值为玉米的90%，故用大麦取代玉米以不超过50%为宜，或在饲料中用量以不超过25%较适当。

（5）小麦

小麦营养特点：粗蛋白质含量11%～16%，平均13.9%，比玉米、高粱、大麦和稻谷的蛋白质含量都高，与裸大麦相近。硬质小麦较软质小麦蛋白质含量高。虽然小麦中有些氨基酸高于玉米，但小麦的蛋白质品质仍较差，所有的氨基酸含量都较低，特别是几种限制性氨基酸都在猪的需要量以下。小麦粗脂肪含量较少，钙，磷，铁、铜，锰含量比玉米多。维生素E及B族维生素含量较多，胆碱、烟酸和泛酸含量较玉米高。小麦能值接近于玉米，其饲养价值为玉米的91%～106%。

2. 糠麸类饲料

糠麸类饲料是谷实加工的副产品，其产品有米糠、麦麸、玉米皮、高粱糠等。糠麸与原粮相比，除淀粉和消化能较低外，其他营养成分均相对增多。糠麸含磷丰富，70%以上为植酸磷。植酸磷必须经有关酶的分解才能吸收利用，饲草中有此类酶，猪日粮中加入优良干草或青饲料，有利于植酸磷的消化吸收。B族维生素含量多，但胡萝卜素和维生素D缺乏，粗纤维含量多，容积大，可用来调节配（混）合日粮容积，作配合饲料，添加剂预混料的载体、稀释剂和吸附剂。

我国糠麸类饲料以小麦麸和米糠产量最大，应用最广，玉米糠、高粱糠用得较少。

（1）小麦麸和次粉

小麦麸是小麦磨制面粉的副产品，可分为粗小麦麸、细小麦麸及小麦次粉等。次粉的营养成分随精白粉的出粉率和出麸率的不同变化较大。选用麦麸与次粉时应注意营养质量。

麦麸的容积大，质地疏松，有轻泻作用，可用于调节营养浓度。对母猪具有调养消化道的机能，是种猪的优良饲料，对肥育猪可提高肉质，使胴体脂肪色白而硬，但是喂量过多会影响增重，用量不宜超过15%，对妊娠母猪和哺乳母猪分别以不超过日粮的30%及10%为宜。

（2）米糠

米糠是糙米加工成精米的副产物，又分为砻糠、粗糠、统糠、中细糠和米皮糠。

①砻糠：全由稻壳碾细而成，实为秕壳，营养价值极低，应划归为秕壳类。

②统糠、粗糠和中细糠：统糠根据米皮糠与砻糠所占的比例可分为一九、二八、三七、四六统糠，营养价值相差很大，不易确定。农村常用的连槽糠相当于三七统糠，统糠属粗料。粗糠中谷壳所占比例很大，约为90%，不宜喂猪。中细糠谷壳所占比例减少，米皮糠比例增大，故营养价值中等。

③米糠：通常说的米糠是指全脂米糠。米糠主要由糙米的种皮、糊粉层、胚乳外层、部分胚和极少许碎米组成。其相对营养价值因出糠率的多少而不同。出糠率一般占糙米的8%~11%，出糠率高的米糠，营养价值也较高。

米糠的营养价值特点：粗脂肪含量高，变化大（11.9%~22.4%），有的米糠含脂率接近于大豆，消化能含量较高，可用于补充部分能量。粗蛋白质含量（4.0%~12.7%）比小麦麸低，比糙米高2%~3%，除赖氨酸含量较高（0.70%~0.73%），其他氨基酸普遍偏低。米糠中含有丰富的磷，铁，锰，但缺钙，铜，钙少磷多，钙磷比例不当，植酸磷多；B族维生素和维生素E丰富，胡萝卜素、维生素A、维生素D、维生素C缺乏。

米糠脂肪中不饱和脂肪酸含量多，在贮存中极易氧化、发热、霉变和酸败，最好用鲜米糠或脱脂米糠饼（粕）喂猪。新鲜米糠对猪的适口性好，但喂量过多，会产生软脂肪，降低胴体品质。喂肉猪不得超过20%，饲喂仔猪易引起下痢，应避免使用。

（3）其他谷实类糠麸

主要有玉米糠（麸）、高粱糠、小米糠和大麦麸、黑麦麸等，营养成分见表4-2。

表4-2　几种糠麸饲料营养成分表

项目 饲料名称	干物质（%）	消化能（MJ/kg）	粗蛋白质（%）	粗脂肪（%）	粗纤维（%）	粗灰分（%）	钙（%）	磷（%）
玉米糠	87.5	10.87	9.9	—	9.5	—	0.08	0.48
高粱糠	91.1	13.18	9.6	9.1	4.0	4.9	—	—
小米糠	91.3	4.81	6.5	5.0	26.9	16.3	0.22	0.43
大麦麸	91.2	12.93	14.5	1.9	8.2	3.0	0.04	0.40
黑麦麸	91.9	12.84	13.7	3.1	8.0	—	0.04	0.48

3. 块根、块茎及瓜类饲料

常见的块根、块茎及瓜类饲料有甘薯、木薯、马铃薯、胡萝卜、饲用甜菜及南瓜等。由于此类饲料晒干、脱水后的消化能含量高，或习惯上用若干千克折合成1kg粮食，故属能量饲料。其共同营养特点：水分含量很高，鲜饲料所含营养成分少，每千克消化能低（1.51~6.32MJ/kg）。按干物质计，此类饲料粗纤维含量较低；无氮浸出物含量很高（68.0%~92.0%），其中，大多是易消化的糖和淀粉，消化能含量（13.51~16.95MJ/kg）相当于高能量的谷实类饲料，可代替猪日粮中的部分谷实类能量饲料。在这些饲料中，甘薯、木薯、马铃薯水分含量少，较易脱水干燥后饲用。此类饲料的蛋白质含量低，仅及玉米的一半，一些主要矿物质和某些 B 族维生素含量也少，缺钙、磷和钠，鲜甘薯和胡萝卜含胡萝卜素丰富。此类饲料鲜喂适口性很好，具有润便和调养作用，容易消化，喂后对肥育猪有增重效果，对哺乳母猪有催乳作用，一般熟喂比生喂好。

（1）甘薯

在我国分布很广，甘薯的种植面积和总产量仅次于水稻、小麦和玉米，高淀粉品种的淀粉含量高；副食品品种味甜、质细，蛋白质、胡萝卜素含量较高，粗纤维含量低；茎叶品种可作叶蛋白及天然维生素资源，或利用甘薯叶作草粉，有较高的经济价值。甘薯的营养特点：蛋白质含量低（4.2%±1.2%），仅为玉米的一半；所有必需氨基酸含量都比玉米低，鲜甘薯的胡萝卜素含量丰富，按干物质计为 32.2mg/kg，高于黄玉米 5 倍；矿物质含量少，且随地区而有较大差异。

当用甘薯干作为配合饲料的主要能量饲料时，必须补充优质蛋白质和必需氨基酸。用来喂肉猪，可取代 1/4 的玉米或日粮的 15% 以下，如用量太高，会随用量的增加而饲养效果变差。甘薯含有胰蛋白酶抑制因子，对蛋白质消化不利，可用加热方法去除。饲养试验表明，在同一饲喂水平下，甘薯熟喂生长肥育猪比生喂的采食量、日增重均有增加，饲料利用率约提高 10% ~17%，总能消化率也稍有提高。此外染有黑斑病的甘薯不能喂猪。

（2）马铃薯

水分变化范围为 63% ~87%。按干物质计，马铃薯的无氮浸出物为 82% ~85%，其中，绝大部分是淀粉（占 70%）；含粗纤维 3% 左右；粗蛋白质含量（7.3%）比甘薯稍高，马铃薯的最大优点是赖氨酸的含量高，为玉米、大麦的 2 倍。猪对马铃薯的干物质和无氮浸出物的消化率很高（分别为 94% 及 96%），喂猪效果很好。正常成熟的马铃薯，100g 鲜重含 2 ~10mg 龙葵素，若该毒素超过 20mg，有致猪中毒的危险。生马铃薯的适口性差，有轻泻作用，蒸煮去水后可降低龙葵素毒性，提高适口性和消化利用率，在同等营养水平下，熟喂可提高增重 31%。在平衡良好的猪日粮中，3.5 ~4.5kg 马铃薯相当于 1kg 玉米。马铃薯干在日粮中用量限制在 1/3 以内，其饲养价值与玉米相等。用含粗蛋白质 19% 的日粮让猪自由采食熟马铃薯，采食量随猪的体重增加而增加，其饲养效果与全精日粮相似。

（3）甜菜

甜菜水分含量（85%）比甘薯和木薯高，干物质中的粗蛋白质和粗纤维比甘薯和马铃薯高，能值较甘薯低，容积大。猪喜食鲜甜菜，在日粮中可占 20%，适宜喂成年猪和肥育猪，其用量：饲用甜菜 5.0 ~7.5kg/头·日，糖用甜菜 4 ~6kg/头·日，生长猪 4kg/头·日，仔猪 0.7 ~2.5kg/头·日。

4. 糖、糖蜜和油脂

（1）糖及糖蜜

糖蜜是制糖业的主要副产品之一，其主要成分是糖。糖蜜添加在干饲料中可提高日粮适口性，固定粉末，起黏结作用，并可取代日粮中其他较昂贵的碳水化合物饲料，以供给能量。据报道：生长肥育猪糖蜜添加水平以 10% ~20% 为宜，高于此水平，生长速度和饲料转化率均下降。建议糖蜜用量：妊娠母猪 3%，哺乳母猪、仔猪及 15 ~50kg 生长猪 2.5% ~10%，50 ~90kg 生长肥育猪 2.5% ~15%。

（2）油脂

油脂是能量含量最高的饲料，其能值为淀粉或谷实饲料的 3 倍左右。饲用油脂有动物性油脂和植物性油脂，以植物油为好。在猪日粮中加入油脂的优点：可配制能量浓度高的日粮，满足猪高效能生产的需要；补充亚油酸的不足，调节饱和与不饱和脂肪酸的比值；减少粉状饲料因粉尘所致的损失；减轻热应激的损失；提高粗纤维的饲用价值；提高日粮的适口性，改善饲料外观；增强颗粒饲料的制粒效果；减少混合饲料机具的磨损。

动物性油脂：来源于肉类加工副产品，如切削下的碎脂肪，屠宰场废弃的肉屑、内脏、不可食屠体、下脚料等。

植物性油脂：除来源和加工技术不同外，其他特性与动物性油脂相同。玉米油、大豆油、花生油、芝麻油和向日葵油的品质优良。劣质植物油的特点：熔点高，如桧柏籽油、椰子油；含有毒素的，如蓖麻油、桐油、棉籽油、菜籽油、麻油等。我国植物油价格较贵，有的用精炼前的毛油或用油脚作饲料。

油脂在猪日粮中的饲养价值，猪日粮中几种动植物油脂的总能、代谢率及代谢能值见表4－3。

表4－3　猪日粮中几种油脂的代谢能值

油脂名称	总能（MJ/kg）	代谢率（%）	代谢能（MJ/kg）
油料作物（向日葵、大豆、花生、玉米）	39.3～29.8	90	31.4～35.8
椰子	37.6	90～95	33.8～35.7
猪油脂	39.3～39.5	75～90	29.5～35.5
牛油脂	39.5～39.6	70～90	27.6～35.6

在母猪和仔猪日粮中加入油脂可提高仔猪的存活率。仔猪开食料中加入糖和油脂，可提高适口性，对于早开食及提前断奶有利。生长肥育猪日粮加入3%～5%油脂，可提高增重5%、增重耗料比降低10%。油脂添加量为：妊娠、哺乳母猪10%～15%，仔猪开食料5%～10%，生长肥育猪3%～5%。

（四）蛋白质饲料

蛋白质饲料包括豆科籽实、饼粕类饲料、动物性饲料。

1. 植物性蛋白质饲料

（1）豆科籽实

我国常用豆科籽实有豌豆、蚕豆、大豆、巴山豆、菜豆等。豆科籽实的共同特点：粗蛋白质含量高，一般在20%以上，大豆高达40%，蛋白质的品质较谷实类好，赖氨酸较多，蛋氨酸不足；能量含量较高，可兼作蛋白质及热能来源使用，豆科籽实含消化能11.38～17.45MJ/kg，钙含量虽稍高于禾本科籽实，但仍是钙少磷多，比例不当；维生素B_1与烟酸含量丰富，但维生素B_2不足，胡萝卜素与维生素D缺乏。

豆科籽实含有一些抗营养因子，如抗胰蛋白酶、血凝集素、皂素、产甲状腺肿源、抗维生素因子等，能影响饲料适口性、消化利用及动物的一些生理过程，但经适当加热处理后，可使其失去活性，提高饲料利用率。

①大豆：营养特点：粗蛋白质（35%～40%）和粗脂肪（14%～19%）均较其他豆类高，粗纤维含量不高（15%左右），故消化能值高（15.82～17.40MJ/kg）。大豆蛋白质中

赖氨酸含量高（约6.5%），与动物性蛋白质中的赖氨酸含量相近，但蛋氨酸和胱氨酸含量少。生大豆遇水，在适当pH值和温度条件下会产生脲酶，可将大豆中含氨化合物迅速分解成氨，引起氨中毒。通过加热可使脲酶失去活性，故大豆不宜生喂。我国规定大豆产品脲酶活性不超过0.4（脲酶活性的定义为：在30℃±5℃和pH值等于7的条件下，每克大豆或饼粕分解尿素所释放出的氨态氮的毫克数）。据报道，大豆在100℃下加热10min，可使胰蛋白抑制因子量降到最低点，而使蛋白质效价（蛋白质效率比PER）达到最高点。因此在任何情况下，大豆都应熟饲。大豆的脂肪含量高，不宜多喂，如肥育猪饲喂过量，会使肉质变软。配合日粮中一般用量为10%～20%。在生产上较普遍的是采用提取油脂后的大豆饼（粕）。

②蚕豆：蚕豆品种很多。粗纤维集中在种皮部分。种皮含有较多的单宁类化合物。小粒蚕豆多用作生产密植胡豆苗的种子，利用蚕豆苗作饲料。营养特点：粗蛋白质和粗脂肪较大豆低，分别为25%和1.4%左右，粗纤维较高（8.3%左右），故消化能也较低（12.76MJ/kg）。蛋白质中赖氨酸含量比猪的需要量高1倍多，蛋氨酸则明显不足，总的氨基酸含量不如大豆。我国南方有些省用蚕豆作猪的蛋白质补充料，与其他蛋白质补充料配合使用，其用量为5%～15%。

③豌豆：豌豆总产量仅次于大豆和蚕豆，位列第三。营养特点：粗蛋白质的含量比大豆低，接近或略低于蚕豆；粗纤维比蚕豆低；消化能略高于蚕豆（13.14MJ/kg）；蛋白质中赖氨酸含量较高，色氨酸、蛋氨酸和胱氨酸含量较低，比大豆氨基酸含量显然逊色，矿物质中磷多钙少，碘含量较高（5.91mg/kg）；豌豆中含有单宁、胰蛋白酶抑制剂和氰糖甙等抗营养因子。豌豆宜熟喂，熟喂可提高猪的采食量、日增重及饲料转化率。有些地方习惯用炒熟的整粒豌豆作为哺乳仔猪的诱食饲料。在猪日粮中豌豆用量一般为10%～25%，幼猪不超过15%，生长肥育猪不超过30%，如补充蛋氨酸，则可用到40%。

（2）饼（粕）类饲料

油料籽实经加温压榨或溶剂浸提油脂后的残留物，称油饼或油粕。前者剩油较多（6%～10%），后者剩油很少（1%～3%），而蛋白质含量则粕多于饼。我国常用饼（粕）类饲料有大豆饼（粕）、棉籽饼（粕）、菜籽饼（粕）、花生饼（粕）、芝麻饼（粕）、亚麻饼（粕）、向日葵饼（粕）、玉米胚芽饼（粕）、胡麻饼（粕）等，它们是植物性蛋白质的重要来源。

①大豆饼（粕）：大豆饼（粕）是养猪业中应用最广泛的蛋白质补充料，含粗蛋白质40%～50%，粕高于饼；各种必需氨基酸组成相当好，赖氨酸含量较其他饼（粕）高，是棉仁饼（粕）、菜籽饼（粕）、花生饼（粕）的1倍；蛋氨酸缺乏，为第一限制性氨基酸，消化能为13.18～14.30MJ/kg；钙含量少，磷也不多；胆碱、烟酸的含量多，胡萝卜素、维生素D、维生素B_2含量少。豆饼（粕）适口性很好，但也含胰蛋白酶抑制剂，以熟喂为好。豆饼（粕）在猪日粮中用量：生长猪0%～20%，仔猪0%～25%，肥育猪5%～16%，妊娠母猪0%～25%，哺乳母猪0%～20%。在生长迅速的生长猪的玉米—豆饼型日粮中，宜补充动物性蛋白质或添加合成氨基酸。

②棉籽饼（粕）：粗蛋白质含量（26.1%～42.5%）较大豆饼低；粗纤维含量（9.7%～24.2%）较大豆饼高；赖氨酸含量较大豆饼低，用植酸酶处理棉籽饼，不仅提高磷的利用率，蛋白质亦从植酸纤维糖蛋白结合物中游离出来，从而提高蛋白质消化率、氨

基酸的利用率及代谢能值。棉籽饼总磷与有效磷较豆饼高，去毒棉籽饼可取代猪日粮中50%大豆粕，但饲喂效果低于玉米大豆粕型日粮。高振川等报道：无腺体棉籽饼用作生长肥育猪唯一蛋白质补充饲料，饲养结果明显优于有腺体棉籽饼，而与豆饼相近似。棉籽饼喂猪用量，生长肥育猪不宜超过10%。母猪宜添加更少些，因棉酚有蓄积作用，因此，喂一段应停喂一段。

③花生饼：花生饼是重要的蛋白质补充料。花生提取油脂后平均出饼率为65%。花生饼的粗纤维含量一般为4%～6%，带壳的可高达28%；粗脂肪含量一般为2.0%～7.2%，有的可达11%～12%，残留油脂高的花生饼，易发生脂肪酸酸化而不易保存。经高温（110～140℃）加工榨油的花生饼，赖氨酸、组氨酸利用率降低，氨基酸的利用率一般低于低温（60～100℃）处理的。花生饼蛋白质中蛋氨酸、赖氨酸含量比豆饼、棉籽饼、菜籽饼少，赖氨酸约为豆粕的1/2，精氨酸和组氨酸则相当高，故单一使用花生饼时应补充赖氨酸和蛋氨酸。花生饼中钙少磷多，且一半为植酸磷。胡萝卜素、维生素D少，维生素B_1相当多，尼克酸、泛酸多，维生素B_2少。花生饼的脂肪酸中有53%～78%的油酸，喂量过多会使猪胴体脂肪变软。花生饼含有胰蛋白酶抑制剂，加热（120℃）可除去其活性，提高蛋白质利用率。花生饼的适口性好，自由采食，应限制在日粮的15%以下，或只占猪需要蛋白质的50%。花生饼不耐贮存，在温暖潮湿条件下，黄曲霉菌繁殖快，产生的黄曲霉毒素会引起猪食欲减退，增重速度下降，肝内维生素A水平下降。黄曲霉毒素经蒸煮也不能去掉，故生有黄曲霉的花生饼不能使用。

④菜籽饼：机榨菜籽饼含粗蛋白质34%～39%，平均含35.7%，饼粕的粗纤维含量为9.8%～14.2%；粗脂肪含量为3.8%～10.1%。菜籽饼的赖氨酸含量比豆饼少，含硫氨基酸较豆饼多，蛋氨酸在饼、粕中分别为0.52%、0.64%，胱氨酸分别为0.79%、0.84%，氨基酸的表观消化率较豆饼低，双低菜籽饼的表观消化率比普通菜籽饼低。钙、磷含量比其他油饼高，总磷中植酸磷占70%左右。我国国家标准规定：菜籽饼中ITC（异硫氰酸脂）含量不得大于4 000mg/kg，猪、鸡配合饲料中不得大于500mg/kg。我国菜籽饼中ITC含量，一般在2 000mg/kg以下，按菜籽饼在日粮中最大配合量20%计，菜籽饼含ITC控制在4 000mg/kg以下是安全的。普通菜籽饼含芥子酸，对肠胃有剧烈刺激性，并有强烈的辛辣味，适口性差，不能喂幼猪。用菜籽饼代替高蛋白（15.5%）日粮中部分蛋白质补充料，生长前期用6%，中期用9.5%～12%，后期用12%的菜籽饼，对生产性能无明显不良影响。

⑤向日葵饼：向日葵籽粒的壳占35%～45%，含油脂25%～32%。优质脱壳向日葵饼的蛋白质在45%以上，粗纤维10%以下，粗脂肪5%以下。我国向日葵饼含干物质90%左右，去壳浸提粕含粗蛋白质46%，粗纤维11.8%；机榨的含粗蛋白质35.7%，粗纤维13.5%；带壳及部分带壳的向日葵饼含粗蛋白质22.8%～32.1%，粗纤维13.8%～26.5%，粗脂肪6.1%～8.6%。向日葵饼（粕）的适口性差。赖氨酸的含量少（1.1%～1.2%），仅为豆饼的48%，也低于棉籽饼和花生饼。去壳向日葵饼蛋氨酸含量高于花生饼、棉籽饼和大豆饼，B族维生素一般比豆饼多，烟酸和泛酸含量高，维生素B_1、维生素B_2较多。据报道，以向日葵粗蛋白质取代生长猪日粮20%～30%的蛋白质，或豆粕蛋白质的25%～50%，并占日粮的10%为宜。

2. 动物性蛋白质饲料

动物性蛋白质饲料主要来自畜、禽、鱼类等肉品加工和提取脂肪过程中的副产品及乳制品等。主要包括鱼粉、肉骨粉、骨肉粉、肉粉、血粉、蚕蛹、蚕蛹饼、脱脂乳粉、乳清粉和羽毛粉等。品质优良的动物性蛋白质饲料是补充必需氨基酸和限制性氨基酸的良好来源，同时也是补充维生素、矿物质和某些未知因子的良好来源。营养特点：蛋白质含量高，必需氨基酸组成好，特别是赖氨酸、色氨酸较好；矿物质丰富，特别是钙、磷含量高，磷都是可利用磷，富含微量元素；除含各种维生素外，还含有植物性饲料中没有的维生素 B_{12}；可利用能值比较高；不含粗纤维。但应注意为预防疯牛病等反刍动物的骨肉粉不能用于反刍动物。

（1）鱼粉

鱼粉蛋白质含量高（45%～67%），品质好，赖氨酸、蛋氨酸含量高，而精氨酸含量却较少，氨基酸的组成适合于同其他饲料配伍；鱼粉的消化能含量较高（12.47～13.05MJ/kg）；钙、磷含量丰富，所有的磷都为可利用磷，碘和食盐含量多，硒和锌也较多；鱼粉含有维生素 B_{12}，及其他一些 B 族维生素，以及维生素 A、维生素 E。国产鱼粉粗蛋白质含量较进口鱼粉低，粗灰分含量较高，粗脂肪、钙、磷含量也较高，食盐含量很多，并掺有杂质。有些脂肪含量高的国产鱼粉，若贮存不当或时间过长，脂肪被氧化，产生恶臭味，影响猪的采食量。

关于鱼粉在生长肥育猪日粮中用量，日本规定猪日粮中配合 1%～3%，也有建议用 2%～5%。国产鱼粉蛋白质含量较低，在日粮配方中，母猪用 6%，仔猪用 12%，生长肥育猪用 5.5%～12.0%，若食盐含量高，其用量应减少。

（2）肉骨粉、肉粉

肉骨粉含磷量 4.4% 以上，含粗蛋白质 45%～50%。肉粉含磷量在 4.4% 以下，粗蛋白质 53%～56%。两者钙含量都很高。肉骨粉氨基酸组成不佳，蛋氨酸和色氨酸含量低，赖氨酸含量比植物性饲料高，但比鱼粉、血粉低，接近或低于豆饼（粕）。它们的消化利用率较低，蛋白质营养价值也差，故其生物价值比鱼粉和豆饼低，肉粉和肉骨粉含 B 族维生素较多，但维生素 A、维生素 D 及维生素 B_{12} 含量却低于鱼粉。肉骨粉的适口性差，猪日粮中用量一般为 3%～10%，最好与其他蛋白质补充料配合使用。注意，来自有传染病的动物或疫区的肉骨粉最好不用。

（3）血粉

饲料血粉是由畜禽鲜血经脱水加工而成的一种产品，含有丰富的蛋白质，高达 80%～90%，赖氨酸含量丰富，高达 7%～8%，比鱼粉高近 1 倍；色氨酸含量高，组氨酸含量也好。但血粉中的血纤维蛋白质不易消化。血粉中异亮氨酸很少，蛋氨酸也偏低；氨基酸颇不平衡，故宜与其他蛋白质补充料配合使用。血粉含铁量极高，是谷实类的 20～30 倍，糠麸饼粕类的 4～10 倍；但铜、锌、锰含量很低，与谷实类相近；硒含量较高。血粉味苦，适口性差，影响猪的采食量。据报道，用不同水平血粉代替猪日粮中的鱼粉、豆饼及肉骨粉饲喂生长肥育猪，在日粮中用量为 3%～6%，试验结果猪生长良好；若血粉在日粮中配合量大，则采食量及增重下降；添加异亮氨酸可改善血粉价值。

（4）蚕蛹粉及蚕蛹饼（粕）

蚕蛹是蚕茧制丝后的残留物；蚕蛹粉是蚕蛹经干燥粉碎后而成；蚕蛹饼（粕）是蚕蛹脱脂后的残余物。蚕蛹的蛋白质和脂肪含量高。蚕蛹及蚕蛹饼（粕）的粗蛋白质含量分别为 49%～56% 及 65%～71%；蛋氨酸、赖氨酸和色氨酸的含量高，色氨酸含量相当于进口鱼粉。蚕蛹及蚕蛹饼（粕）是平衡日粮氨基酸组成的很好组分。蚕蛹含粗脂肪 20%～

30%，脂肪中不饱和脂肪酸高，贮存不当容易腐败、变质、发臭，喂猪可使脂肪带黄色。蚕蛹消化能值为12.6MJ/kg左右。用脱脂蚕蛹粕喂猪效果好，可代替鱼粉补充日粮蛋白质，并能提供良好的B族维生素，我国猪日粮中蚕蛹及蚕蛹饼（粕）用量：20～35kg生长肥育猪用5%～10%；36～60kg猪，2%～8%；60～90kg猪，1%～5%；断奶仔猪日粮中用量还可高些。

（5）*脱脂乳粉、干乳清和酪蛋白*

脱脂乳粉和全乳蛋白质品质优于鱼粉、肉骨粉，适口性极好，是仔猪的优良开食饲料，但价格昂贵，用量受限制。

干乳清即乳清粉。是从乳中除去乳脂、酪蛋白后，以乳糖为主要成分的产品，粗蛋白质含量为12%～17%，品质好；含乳糖70%左右；维生素B_2、泛酸等B族维生素丰富，维生素B_2比脱脂乳高，矿物质成分与牛乳类似。1kg干乳清相当于13～14kg乳清。乳清常被用作人工乳和早期断奶仔猪日粮中的原料。很多国家用乳清当作饮水，让生长肥育猪自由采食，并同含17%蛋白质精料配合使用，其效果更好。

酪蛋白：是脱脂乳加热、加酸或加凝乳酶凝固后干燥而成。粗蛋白质含量约80%，蛋白质含量在75%以上。价格便宜，可用作饲料。

（6）*单细胞蛋白（SCP）*

单细胞蛋白是由酵母、霉菌、细菌、小球藻和藻类等微生物生产的蛋白质总称。由于它们的繁殖速度比动植物快几百、几千到几万倍，其发展前景很好。目前，工业生产的单细胞蛋白几乎都是酵母，可作为猪的优良蛋白质饲料。

我国饲料酵母含粗蛋白质41%～59%，蛋白质品质较好，维生素及矿物质含量较多。干酵母粗蛋白质消化率较高，猪对啤酒酵母的消化率可达92%，木糖酵母88%，石油酵母78%～88%。但酵母一般味苦，适口性较差。酵母在猪日粮中的用量一般为饲料的2%～3%。

（五）矿物质饲料

常用于猪饲料中的矿物质饲料以补充钠、氯、钙、磷等常量元素为主。常用的微量元素一般以添加剂形式补充，将在添加剂部分介绍。

1. 食盐

大多数植物性饲料的钠含量较少，而含钾较多。为了保持生理上的平衡，需补充食盐。此外，食盐具有调味作用，能刺激食欲，提高增重和饲料转化率。猪用食盐应全部通过孔径0.78mm（30目）筛，含水量不超过0.5%，氯化钠的纯度应在95%以上。一般占饲料的0.2%～0.5%，过多可发生中毒。工业用盐因含重金属等有害物质，不能在饲料中使用。有专门加碘和加硒的饲用食盐。在缺碘、缺硒地区建议使用。

2. 含钙饲料

主要有石粉、蛋壳粉、贝壳粉、碳酸钙和硫酸钙等。

（1）*石粉*

石粉主要指石灰石粉，为天然的碳酸钙，一般含碳酸钙90%左右，含钙在34%～38%，是补充钙的最廉价、最方便的矿物质原料。天然石灰石，只要铅、汞、砷、氟的含量不超标即可作为饲料。

（2）*贝壳粉*

贝壳包括蚌壳、牡蛎壳、蛤蜊壳等，其主要成分为碳酸钙，含钙33%～38%。鲜贝壳含有一定的有机质，必须经加热、粉碎，以防传播疾病。但海滨堆积多年的贝壳，其有机质已经消失，比较安全，是良好的碳酸钙饲料。只要除去混杂的沙石，粉碎即可使用。

（3）蛋壳粉

是由蛋壳烘干后粉碎制成。主要成分为碳酸钙，含钙约为37.7%，含磷0.18%，只要洗净、加热、粉碎，也是很好的钙源。

3. 含磷饲料

主要有磷酸钙盐和骨粉。

（1）磷酸钙盐

最常用的是磷酸氢钙［$Ca_2HPO_4 \cdot 2H_2O$］、磷酸三钙［$Ca_3(PO_4)_2$］，过磷酸钙［$Ca(H_2PO_4)_2 \cdot H_2O$］和脱氟磷灰石，其质量见表4－4。

表4－4　常用含磷饲料质量表（%）

含磷饲料	磷酸氢钙	磷酸三钙	过磷酸钙	脱氟磷灰石	煮骨粉	蒸骨粉	焙烧骨粉
钙	23	38	15.8	28	22	32	34
磷	18	20	24.6	14	10	15	16
氟	≤0.18	—	—	≤0.18	—	—	—
磷相对生物效价	100	80	80	70	100	100	100

补充含磷饲料时，要注意其中氟等杂质的含量，此外，要与肥料用的磷肥区分开，磷肥中往往含有更多量的氟和其他重金属等有害杂质，不能在饲料中使用。

（2）骨粉

骨粉是一种钙磷比较平衡的且易得的矿物质饲料，分煮骨粉和焙烧骨粉。如表4－4所示：骨粉中虽含氟较高，但因在日粮中用量仅在1%左右，不致导致氟中毒。

骨粉因含一定的有机质，贮存时要防止霉变和被细菌污染。

4. 其他矿物质饲料

主要有天然沸石、膨润土、麦饭石、稀土等，含有多种微量元素、并有较强吸附作用，其中，膨润土也是良好的缓冲剂和饲料黏合剂，有待研究开发。

（六）饲料添加剂

饲料添加剂指的是添加剂日粮中的各种微量成分。对提高增重、饲料转化率和减少疾病有重要作用。饲料添加剂的特点是：在配合饲料中所占比例很小，但作用很大；添加量极微，适量、过量、不足量之间相差很小；化学稳定性差；添加剂之间容易发生化学反应。因此，不具备相当知识和技术的人，不宜自配添加剂，应选购可靠厂家和经销单位出售的符合标准的产品，并严格按说明使用。

饲料添加剂一般分为营养性添加剂（维生素、微量元素、氨基酸）和非营养性添加剂（促长剂、驱虫剂、保存剂、食欲增进剂及产品质量改良剂等）两大类。

1. 氨基酸

猪饲料中添加的主要是赖氨酸和蛋氨酸，色氨酸已有商品，但价格昂贵，很少应用。在仔猪和生长肥育猪的玉米—豆饼基础日粮，一般赖氨酸达不到需要标准。赖氨酸的添加量以占风干饲料的0.2%为宜，如同时添加蛋氨酸，可加0.05%。一些试验结果表明，添加赖氨酸，在日粮蛋白质水平降低 1.5 ~2.0 个百分单位情况下，仍能取得满意的增重和料肉比，可降低饲养成本。选购氨基酸时需注意其含量。

2. 维生素添加剂

分仔猪、生长肥育猪和种猪用，一般为复合维生素添加剂。选购时应注意规格、包装密封情况、使用说明和有效期。维生素添加剂保存期超过 6 个月，则效价降低很多。

3. 微量元素添加剂

同维生素添加剂一样，对不同类别的猪应有不同的规格。选购时应注意含硒量，缺硒地区要注意加硒并保证足够的添加量，高硒地区（极少）则不能使用含硒微量元素添加剂。

4. 促生长添加剂

包括抗生素、激素、酶制剂、抗菌药物、镇静剂、砷制剂、驱虫剂、中草药、益生素等。

（1）抗生素

自 1940 年以来世界广泛应用的已有 60 余种。一类是人、畜共用的抗生素，如青霉素、四环素、土霉素、金霉素、红霉素、链霉素、卡那霉素等；另一类是畜用抗生素，如杆菌肽、维吉尼亚霉素、硫肽霉素、斑伯霉素、潮霉素 B、竹桃霉素、泰乐霉素、新霉素等。多用比少用效果好，由于抗菌谱不同、复合用比单一用效果好（但在一些品种间存在配伍禁忌）。但须注意，抗生素使用存在产生抗药性（包括残留危及人）问题，需慎重从事，在发达国家有严格规定，我国亦需遵守国家有关部门的规定使用。作为促生长应用，抗生素的一般添加剂量为 1t 配合饲料加 30 ~40g，早期断奶仔猪可用到 60 ~100g。

（2）激素

只在少数几个国家作饲料添加剂，许多国家则用法律形式禁止使用。我国目前只限于科学试验，并多限于牛、羊。主要是乙烯雌酚。

（3）酶制剂

酶制剂根据来源，可分为两类，一类为内源性酶，如淀粉酶、蛋白酶、脂肪酶等。一类为外源性酶，如纤维素酶、果胶酶、半乳糖苷酶、β-葡聚糖酶、戊聚糖酶和植酸酶等。根据组成将饲料酶划分为单一酶制剂和复合酶制剂。

目前，已经得到充分肯定的酶制剂主要是戊聚糖酶、β-葡聚糖酶和植酸酶。这 3 种酶制剂是通过消除或钝化日粮中的某些抗营养因子而提高饲料利用率和改善动物生产性能。戊聚糖酶和 β-葡聚糖酶已经应用于猪饲料中，可降低肠道内容物的黏度，提高食糜通过消化道速度，阻止蛋白质、糖类、脂肪等在消化道的过度发酵，使病原菌的繁殖条件不能有效的建立，减轻有害物质对黏膜的损伤，降低猪只腹泻的发生。

近几年，植酸酶在养猪方面取得了很好的应用效果，主要应用于断奶前后的仔猪，特别是早期断奶仔猪。在猪日粮中添加植酸酶制剂可使植酸盐中的磷水解释放出来，使植酸磷消化率提高 60% ~70%，减少粪便磷的排放，减轻对环境的污染，而且还可以提高被结合的蛋白质、矿物质元素的利用，提高消化率。

生长猪适当补充酶制剂可提高采食量和日增重。尤其对小麦、大麦较多的原料配制而成的饲粮添加效果更加明显。

许多研究表明，在仔猪中添加酶制剂，可提高仔猪增重 5% ~15%，料重比下降 3% ~8%，并可减轻仔猪的腹泻率。

为了减少饲料加工与贮存过程中对酶的破坏，应尽量减少参与饲料加工和贮存时间，所以酶制剂最好直接加入配合饲料中。

（4）抗菌药物

包括磺胺类、硝基呋喃类化学药品，多用于临床治疗。作添加剂用存在抗药性和残留问题，不能使用。喹乙醇（HMQ）是欧共体 1976 年批准使用的广谱、高效、低毒化学抗菌促生长添加剂。

（5）镇静剂

常用于长途运输、转群等应激状态的猪，饲料中不许应用。

（6）驱虫剂

对猪常用的广谱驱虫药是丙硫苯咪唑、左旋咪唑、四咪唑等。伊维菌素可同时驱除体内外寄生虫，对常见猪疥螨有显著疗效。

（7）中草药

中草药既是药物又是天然产物，含有多种有效成分，毒副作用小，无耐药性，不宜在肉、蛋、奶等畜产品中产生残留。

我国应用中药作为饲料添加剂具有悠久的历史，早在两千多年前就开始用来促进动物生长，增重和防治疾病。现代研究发现，中草药添加剂有增强免疫、抑菌驱虫、促进生长、催肥增重、促进生殖，改善肉质、改善皮毛，改善饲料营养、刺激动物食欲、延长饲料的保质期等作用。

5. 饲料贮存添加剂

包括抗氧化剂、防霉剂、青贮添加剂。

（1）抗氧化剂

其作用是保护饲料中的维生素、脂肪酸等养分不受氧化破坏。当饲料含脂肪量高和气温高时，有必要添加抗氧化剂，一般添加量为 0.01% ~0.05%。常用品种为乙氧基喹啉（山道喹）、丁基化羟基甲苯（BHT）和丁基化羟基甲氧基苯（BHA）。维生素 C、维生素 E 也都是很有效的抗氧化剂。

（2）防霉剂

其作用是抑制霉菌生长，防止饲料发霉变质。品种很多，多为有机酸和有机酸盐类，如丙酸、丙酸钙、甲酸钙、甲醛、柠檬酸、酒石酸等。

6. 食欲增进添加剂

糖精、香精是最普通的调味剂。目前市售调味剂多为复合的，有甜味、香味、乳香味，主要用于断奶前后的仔猪，能提高采食量，促进生长。

7. 益生素

又称活菌剂或微生态制剂。是用来改善肠道微生态平衡，而对猪施加有利影响的活微生物饲料添加剂。无毒、环保，没有耐药性、药物残留和免疫功能下降等缺陷。其主要机制有：① 产生过氧化氢，对几种潜在的病原微生物有抑制作用。② 合成一些消化酶，提高饲料转化率。③ 合成维生素 B 族，增加营养物质。④ 可能产生某些抗生素类物质。⑤增加机体免疫细胞的免疫功能，提高免疫力。⑥ 产生乳酸，有助于仔猪提高消化功能。益生素应推广使用。

第二节　配合饲料的配制

配合饲料是根据不同体重、不同生理阶段、不同生产水平的营养需求与饲料的可利用性，结合猪的生理特点，把不同饲料原料按一定比例配合在一起，经特定加工工艺制成的均匀一致的饲料产品。

一、配合饲料的种类

目前，我国猪料市场有三类产品，添加剂预混料、浓缩料和营养平衡性配合饲料。它们之间的关系（图4-1）。

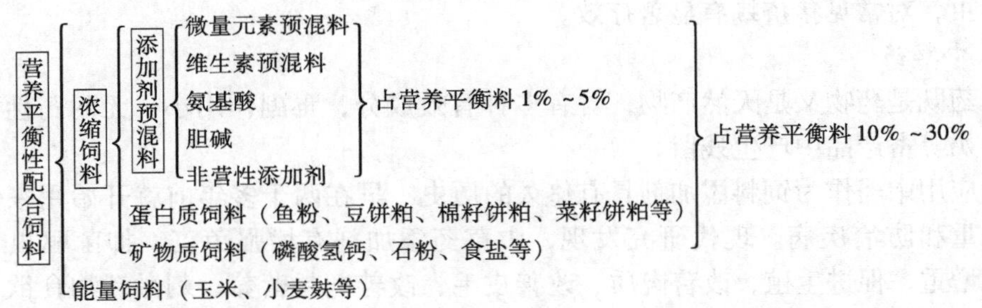

图4-1　三类饲料之间的关系

二、配合饲料配方设计原则和依据

配合饲料配方设计是配合饲料配制的核心和基础。配方的科学性和配制工艺技术，对于养猪成败和效益高低，起着决定性作用。

①依据饲养标准和养猪生产实际需求科学确定营养指标。

②严格执行饲料及饲料添加剂管理条例等法规中的相关规定，以确保配合饲料质量，保障食品安全，维护人民身体健康。

③注意营养的全面与平衡。首先必须满足猪对能量的需求，其次考虑蛋白质、氨基酸、矿物质和维生素的需要。且要注意能量蛋白比例及各种营养物质之间的关系与平衡。

④控制粗纤维含量。粗纤维过多会影响其他营养物质的吸收和利用，必须控制粗纤维在配合饲料中的含量。研究与实践证明，仔猪料中不应超过5%；生长肥育猪在6%～8%；种猪应控制在10%～12%为宜。

⑤体积适宜。猪饲料中青粗饲料过多，则体积过大，影响能量及其他营养的供给，体积过小，没有饱腹感。

⑥饲料原料适口性、品质、营养性要好，无毒害作用，不含异物、不发霉变质，无污染，符合饲料卫生标准和质量标准。

⑦饲料原料易于获得，且要考虑饲料尽可能降低商品价格。

三、预混料配方设计

（一）微量元素添加剂预混料配方设计

猪微量元素的实际用量与理论值相差甚远，尤其是铜、锌。其主要原因是这种添加剂费用低，饲料用量小；高剂量铜、锌与猪体保健促生长有关。在猪饲料中微量元素的添加量见表4－5。另外，还应考虑钙、磷与锌、锰等元素的互相影响。

表4－5　猪饲料中微量元素的添加用量

（单位：mg/kg）

生理阶段	铁	铜	锌	锰	硒	碘	高铜	高锌
仔　猪	100	6	100	40	0.30	0.14	150～250	2 000～3 000
生长肥育猪	60～50	4	60～50	2	0.15	0.14	200～250	
种公猪	50	5	60	2	0.15	0.15		
种母猪	80	5	50	20	0.15	0.14		

猪微量元素预混料所用原料绝大多数是该元素的硫酸盐、碳酸盐及氧化物。硫酸盐由于其结晶水的存在，易吸湿返潮结块，流散性差，给生产加工带来了很大麻烦，应尽量选择含水量小的原料；氧化物元素含量高，价格相对便宜，不易吸湿，流散性、稳定性好，便于加工；碳酸盐溶解性差。此外，在选用原料时还应考虑其实际使用效果即生物学效价，矿物质饲料所用载体一般为石粉、轻质碳酸钙、沸石粉等。猪矿物质预混料配合计算如表4－6所示。

表4－6　猪矿物质预混料配合表

使用阶段：　　生产阶段：　　营养平衡性料中的用量：

添加元素	添加形式	含量（%）	纯度（%）	生物学效价（%）	有效含量（%）	添加水平（mg/kg）	吨用量（mg）	成本（元）	批用量（kg）	备注
铁										
铜										
锌										
锰										
硒										
碘										
载体										
合计										

注：（1）有效含量＝含量×纯度×生物学效价
（2）吨用量＝添加水平÷有效含量
（3）成本价＝用量×单价
（4）批用量＝吨用量×批产量÷配合料中的用量

时间：　年　月　日

在对计算结果审查无误，技术主管签字后，填写配料单，其列出配方见表4－7。

表4－7　微量元素添加剂预混料配料单

使用阶段：　　营养平衡性料中的用量：　　批生产量：

使用原料	规格	有效成分浓度	用量	签字	备注
：					
：					

主管：　　审核：　　配料：

年　月　日

猪微量元素预混料在配合料中的用量一般在0.1%～0.2%，供应给饲养场使用的比例应更高，如0.5%、2.0%（加载体）。载体的用量为配合料中的用量与计算出的元素物质使用量的差。比如，每吨配合料中的用量为0.2%，则计算出的元素物质使用量为1.8kg，则载体用量为0.2kg。

（二）维生素添加剂预混料配方设计

常用的维生素的种类有15种，由于胆碱的强吸湿性，通常在配制维生素预混料时只考虑除胆碱外的14种。猪维生素预混料一般只添加维生素A、维生素D、维生素E、维生素K、维生素B_2、维生素B_{12}、维生素B_5、维生素B_3等8种维生素，其余的维生素C、维生素B_1、维生素B_6、生物素、叶酸等因在猪基础料中一般足够使用而不加。各种维生素的实际添加量由需要量和安全阈量（也称安全系数）两部分组成。猪维生素需要量人们习惯采用NRC的值，事实上，NRC给的现值属最低需要量，数值偏低。张乔等在《饲料添加剂大全》中给出了各种维生素的安全阈量（表4－8）。

表4－8　各种维生素的安全系数建议值

维生素种类	安全系数（%）	维生素种类	安全系数（%）
维生素A	2～3	维生素B_6	5～10
维生素D_3	5～10	维生素B_{12}	5～10
维生素E	1～2	叶酸	10～15
维生素K_3	5～10	烟酸	2～3
维生素B_2	5～10	泛酸	2～2
维生素B_3	2～5	维生素C	2～5

维生素原料选用可靠的原材料来源和完善的贮存条件，计算时按标示值含量进行。为了减少生产失误，要购买具有相同规格的产品。使用规格不一的产品时，要修改配料单并向技术人员、生产人员说明。

在确定添加量、选择出适宜原料后，根据含量计算各种维生素每吨营养平衡性饲料中的添加量（即吨用量）、成本与生产批用量，计算格式见表4－9，方法同微量元素预混料。维生素添加剂预混料在配合料中的用量在0.01%～0.05%。

维生素添加剂预混料的载体种类很多，主要有玉米淀粉、玉米芯粉、小麦淀粉、小麦麸、次粉、豆粉、豆饼粉、稻皮粉、硅藻土、脱脂奶粉、脱脂鱼粉、硬脂酸钙、碳酸钙、马铃薯粉。在选用时要注意载体的容重、黏着性、粒度、酸碱性、吸水性，以使维生素性能均匀稀释，失活慢。载体的用量为配合料中的用量与计算出的各种维生素使用量和的差。维生素添加剂预混料通常还要添加一定量的抗氧化剂，如乙氧基喹啉（商品名为抗氧喹、山道喹）、二丁基羟基甲苯（BHT）、丁基羟基茴香醚（BHA）等（表4－9）。

表 4－9　猪维生素预混料配合计算表

使用阶段：　　　　　　　　　生产阶段：　　　　　　　　　营养平衡性料中用量：

添加物质	添加形式	含量（%）	纯度（%）	有效含量（万 IU/g,%）	添加水平（IU/mg）	吨用量（g）	成本价（元）	批用量（kg）	备注
维生素 A									
维生素 D									
维生素 E									
维生素 K									
维生素 B_3									
维生素 B_2									
维生素 B_5									
维生素 B_6									
维生素 B_7									
维生素 B_{10}									
维生素 B_{12}									
生物素									
叶酸									
载体									
合计									

时间：　　年　　月　　日

在计算出各维生素与载体的用量后，经核实无误时，列出配方表，并计算出预混料中各类物质的百分含量、每千克预混料中有效成分的含量（表 4－10）。

表 4－10　猪维生素添加剂预混料配方

使用阶段：　　　　　　　　　营养平衡性料中用量：

维生素原料	含量（%）	每千克预混料中各有效成分的含量	100kg 产品原料使用量
维生素 A			
维生素 D			
维生素 E			
维生素 K			
维生素 B_2			
维生素 B_5			
维生素 B_{12}			

说明：本品不含胆碱，请用户单独添加。

主管：　　　　　　　　审核：　　　　　　　　配计：

年　　月　　日

（三）复合添加剂预混料配方设计

1. 配方设计

复合预混料指能够按照国家有关饲料产品的标准要求量，全面提供动物饲养相应阶段所需微量元素（4 种或以上）、维生素（8 种或以上），由微量元素、维生素、氨基酸和非营养性添加剂中任何两类或两类以上的组分与载体或稀释剂按一定比例配置的均匀混合物。猪用复合添加剂预混料，一种是用量为1% ~2%的由微量元素预混料、维生素预混料、氨基酸、药物、胆碱等组成；另一种是用量为4% ~5%的在前一种基础上添加钙磷饲料、食盐等组成的预混料。确定用量的预混料中营养物质组成不足部分用载体补充。常用的载体有次粉、小麦麸、芝麻饼粉、玉米麸等。

国外氨基酸利用已达7种，其中，赖氨酸是猪饲料中经常缺乏的氨基酸，其添加量占营养平衡性料中的0.10% ~0.25%（仔猪）、0.05% ~0.12%（生长肥育猪），苏氨酸、色氨酸在猪饲料中也开始添加，但还不普遍。

药物添加十分敏感，尤其是在倡导绿色食品的今天。瑞典政府自1986年禁止在供肉食的动物饲料中添加抗生素，目前欧盟已全面禁止在猪料中使用药物饲料添加剂。药物在饲料中的使用不仅影响产品品质，而且影响产品的消费、销售，因而受到国家高度重视。为了加强兽药使用的监督管理，控制兽药在动物性食品中的残留，农业部以农牧发［2001］20号文件发布了《饲料药物添加剂使用规范》。本规定所指的饲料药物添加剂，是指具有预防动物疾病、促进动物生长作用，可在饲料中长时间添加使用的饲料药物添加剂，其产品批准文号必须用“药添字×××”。生产含有所列品种成分的饲料，必须在产品标签中标明所含兽药成分的名称、含量、适用范围、停药期规定及注意事项等。本规定所列品种是指可用于制成饲料药物添加剂的兽药品种，除所列品种及农业部批准可用于制成饲料药物添加剂的兽药品种外，其他兽药均不得制成饲料药物添加剂，不能添加原料药或其他剂型的兽药。具体参照《饲料药物添加剂使用规范》有关规定。

各种营养素的使用浓度，应为在营养平衡性料中的用量除以复合预混料的使用量。在确定各种营养素与营养素实际使用浓度、选择适宜原料后，按表进行计算，以确定各种原料在1t饲料中的使用量。经核实后填写配方单（表4－11、表4－12）。

表4－11 猪用复合添加剂预混料配合表

添加物质	添加形式	含量	纯度	有效含量	添加水平	吨用量	成本价	备注
赖氨酸								
磷								
钙								
钠、氯								
微矿								
多维								
胆碱								
阿散酸								
喹乙醇								
抗氧化剂								
载体								
合计								

表 4－12　猪用复合预混料配方单

原料名称	规格（%）	每吨营养平衡性料中的添加量（kg）	每千克预混料中的有效成分含量	组成百分比（%）
赖氨酸				
磷				
钙				

技术主管：　　　　　　　　　　　　配方设计：

年　　月　　日

2. 复合预混料配方举例

猪复合预混料配方见表 4－13、表 4－14。

表 4－13　2%仔猪复合预混料配方设计

原料名称	规格（%）	每吨营养平衡性料中的添加量（kg）	每千克预混料中的有效成分含量（g）	组成百分比（%）
多维	华罗	0.30	30	1.50
氯化胆碱	50	0.80	80	4.00
微矿	富思特	0.50	50	2.50
赖氨酸	98.5	1.0	100	5.00
喹乙醇	5	2.0	200	10.00
阿散酸	10	8.0	800	40.00
乙氧基喹啉	25		1	0.05
油脂			2	0.10
次粉			737	36.85
合计			2 000	100

表 4－14　1%生长猪复合预混料配方设计

原料名称	规格（%）	每吨营养平衡性料中的添加量（kg）	每千克预混料中的有效成分含量（g）	组成百分比（%）
多维	华罗	0.250	25	2.5
氯化胆碱	50	0.250	25	2.5
微矿	富思特	0.200	20	2.0
赖氨酸	98.5	0.700	70	7.0
黄霉素	4	0.050	5	0.5
BHT	50		0.25	0.025

（续表）

原料名称	规格（%）	每吨营养平衡性料中的添加量（kg）	每千克预混料中的有效成分含量（g）	组成百分比（%）
油脂			2	0.2
次粉			852.75	85.275
合计			1 000	100

四、浓缩料配方的设计

猪浓缩饲料配方设计，就是在科学使用蛋白质饲料原料的基础上，通过计算确定各种使用原料的配比，前提是原料的科学使用，实质在运算方法。浓缩料的营养指标有两种确定法：①首先规定玉米、小麦麸的使用量与营养供应量，之后用饲养标准相减，确定浓缩料的营养供应量，浓缩料的营养供应量与使用量相除即为浓缩料的营养浓度。通常玉米、小麦麸的使用量分别为60%～65%与15%～20%。②根据国家标准配制。GB 8833—88 规定了仔猪、生长肥育猪浓缩料的营养标准见表4－15。这一标准是在确定使用量基础上制定饲料、不同阶段使用量的办法，需要强调的是，即使是高档浓缩料（粗蛋白38%），其最少使用量肥育猪为15%，生长猪为20%，断奶仔猪为25%。猪浓缩料营养成分指标见表4－15。

表4－15　猪浓缩料营养成分指标（按日粮中添加比例30%计算）（%）

使用阶段	级别	粗蛋白≥	粗纤维≤	粗灰分≤	钙	总磷	食盐	赖氨酸≥
仔猪		35	7	16	2.0～2.5	1.3～1.8	0.83～1.33	2.0
生长肥	一	30	12	14	1.5～2.4	0.8～1.5	0.85～1.33	1.5
育猪	二	25	15	14	1.5～2.4	0.8～1.5	0.83～1.33	1.5

猪饲料设计的计算方法有交叉法（对角线法）、试差法（差补法）、联立方程法、系数法（公式法）和线性规划法五种。目前运用最多的是交叉法、试差法。现就交叉法、试差法作一介绍。

（一）交叉法

交叉法运算简捷明了，通俗易懂，但制约性强，主观性差，一般用于确定1～2个营养指标的原料，使用于无约束配方中（如浓缩料）。其计算方法是对角线的两数相减，把结果放至对角线的另一侧，水平差与所有差的和相除为对应原料的使用量。

1. 确定单一指标

例1：用玉米、豆粕配制粗蛋白（CP）为20%的猪饲料，其中，玉米CP为8.4%，豆粕CP为42.0%。

解：

则玉米用量为：［22÷（22＋11.6）］×100%＝65.5%

豆粕用量为：1－65.5%＝34.5%

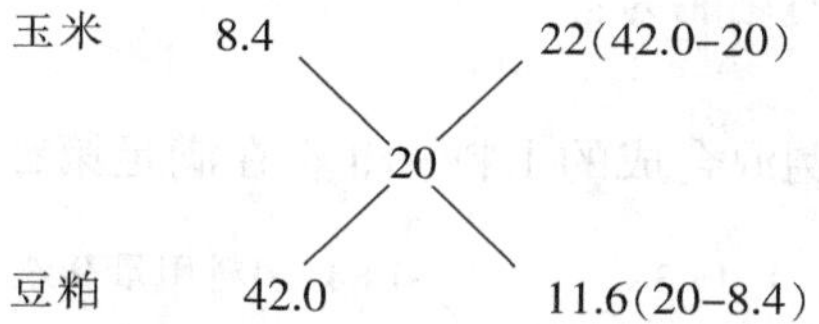

例 2：用棉籽饼、豆粕、菜籽饼配制粗蛋白（CP）为 38% 的猪饲料。其中，棉籽饼 CP 为 40%，豆粕 CP 为 42%，菜籽饼 CP 为 34%。

解：

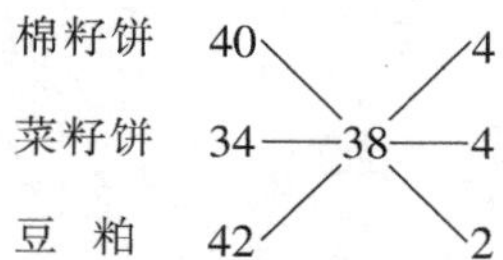

则棉籽饼、菜籽饼用量分别为：4 ÷（4 × 2 + 4 + 2）× 100% = 28.6%

豆粕用量为：1 − 2 × 28.6% = 42.8%

2. 确定 2 个营养指标

用交叉法确定 2 个营养指标时选用原料必须在 4 个以上。

例 3：用玉米、麦麸、豆粕、菜籽粕配制粗蛋白为 20%、消化能为 14MJ/kg 的猪饲料。首先列出选用原料所含主要营养成分（表 4 − 16）。

表 4 − 16 玉米、麦麸、豆粕、菜籽粕粗蛋白和消化能水平

营养指标	玉米	麦麸	豆粕	菜籽粕
粗蛋白（%）	8.4	14.3	42	32.7
消化能（MJ/kg）	14.52	11.10	13.10	113.26

解：第一步：两两配对，首先确定一个指标，这里先确定粗蛋白。

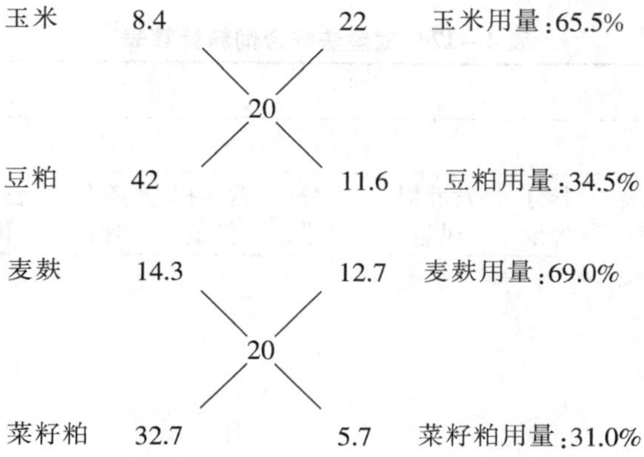

第二步：计算该确定比例混合下的各自饲料的消化能值。由 65.5% 玉米与 34.5% 的豆粕混合料 I 的消化能为：

I 料：65.5% × 14.52 + 34.5% × 13.10 = 14.03MJ/kg

同理可以计算出Ⅱ料的消化能为：

Ⅱ料：12.16 MJ/kg

第三步：确定由特定比例混合成的Ⅰ料、Ⅱ料在满足第二个指标下的比例。

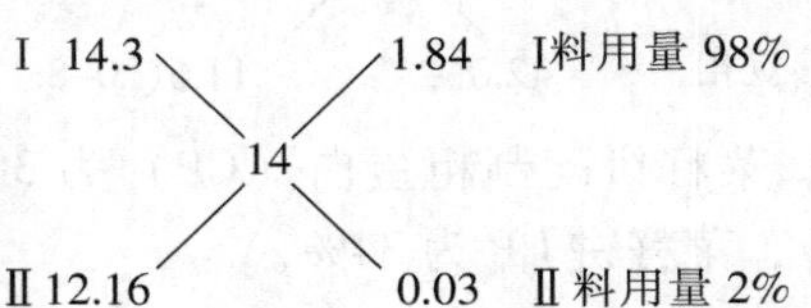

第四步：确定每种原料的使用比例。

玉米：65.5% ×98% =64.19%

豆粕：34.5% ×98% =33.81%

麦麸：69% ×2% =1.38%

菜籽粕：31% ×2% =0.62%

由上可以看出，运用交叉法进行配方计算时必须满足两个条件：对角线左的原料与标准值相比一大一小；选用原料数必须在2种或4种以上；营养指标确定最多为两个。缺点是无法考虑原料的成本与原料的不良因子，主观随意调节性差。

（二）试差法

试差法是在对所选原料设定一比例后逐项计算其营养提供量，最后对各营养指标量相加并与标准需求量相比较，当能量多时，降低能量饲料使用量，加大蛋白饲料使用量，再次计算、比较，直到二者相平衡地接近或等于标准需求量为止。

试差法是一种最基本的猪配合饲料设计方法，具有人为灵活性等优点，缺点是原料比例的确定需有一定经验。猪常用饲料在配合时取值范围：粮谷类为45% ~70%，饼粕类10% ~25%，糠麸类10% ~20%，动物性饲料3% ~8%，矿物质饲料2% ~3%，优质干草粉3% ~15%。供配合时参考。为降低成本，在计算时把价格较低的原料用至最大值，调整时这些原料比例保持不变。由于常规饲料缺乏微量营养成分、钠、氯、钙、磷等，这些原料的总和仅占其中的85%，剩下的15%用于添加其他营养素（表4 -17）。

表4 -17　试差法配合饲料计算表

选用原料										合计
使用比例										85%
	养分含量	营养提供量	养分含量	营养提供量	养分含量	营养提供量	养分含量	营养提供量	营养提供量	营养需求量
消化能（MJ/kg）										
粗蛋白（%）										
赖氨酸（%）										
钙										

（续表）

选用原料										合计
使用比例										85%
	养分含量	营养提供量	养分含量	营养提供量	养分含量	营养提供量	养分含量	营养提供量	营养提供量	营养需求量
(%)										
磷(%)										

目前办公软件中的 Lotus 或 Excel 可以解决计算中的繁琐问题。

表 4－18 是用 Lotus 软件配制饲料一方法，供参考。

表 4－18　用 Lotus 软件进行试差法配方设计

指标	单位	玉米	麦麸	豆粕	菜籽饼	预混料	合计	标准量	诊断值
DE	MJ/kg	14.27	9.37	13.18	10.59				
CP	%	8.70	15.70	43.00	38.60				
CF	%	1.60	8.90	5.10	11.80				
Ca	%	0.02	0.11	0.32	0.65				
TP	%	0.27	0.92	0.61	1.07				
AP	%	0.12	0.24	0.31	0.42				
LYS	%	0.18	0.42	2.13	0.95				
M + A	%	0.31	0.29	1.06	1.18				
饲料配合									
用量	%	65.00	11.00	15.00	5.00	4.00	10.00		
DE	MJ/kg	9.28	1.03	1.98	0.53		12.81	12.85	0.04
CP	%	5.66	1.73	6.45	1.93		15.76	15.76	(0.00)
CF	%	1.04	0.98	0.77	0.59		3.37	3.37	(0.00)
Ca	%	0.01	0.01	0.05	0.03		0.11	0.11	(0.00)
TP	%	0.18	0.10	0.09	0.05		0.42	0.42	(0.00)
AP	%	0.08	0.03	0.05	0.02		0.17	0.17	(0.00)
LYS	%	0.12	0.05	0.32	0.05		0.53	0.50	(0.30)
M + A	%	0.20	0.03	0.16	0.06		0.45	0.53	0.08

五、营养平衡性料配方设计

营养平衡性料是指各种营养素均衡配制的，可满足猪正常生长需要的配合饲料。使用营养平衡性料养猪具有生产效益高、饲料资源利用合理的优点。多利用试差法、对角线法等直接配制；也可利用复合预混料、浓缩料、添加剂预混料进行配置。利用试差法、对角线法等与利用添加剂预混料配制营养平衡性料的方法基本一致。这里仅就利用复合预混料、浓缩料、添加剂预混料等配制营养平衡性料的方法作一介绍。

（一）用复合预混料配制营养平衡性料的方法

当把能量饲料与蛋白质饲料按一定比例配合成可满足猪能量与蛋白质营养需要的配合料后，与一定量的复合预混料均匀混合则成为营养平衡性料。首先，确定一定能量与蛋白质组成的配合料；其次，将一定量的配合料与一定量的预混料均匀混合，其核心是配合料的配制。

尽管生产销售复合预混料的厂商都提供推荐使用配方，在实际生产中却常出现可使用原料不尽一致的情况。需要自己配制。配合料的配制技术与浓缩料完全一致。用配制好的配合料的95%或96%与5%或4%的复合预混料均匀混合，即可配制出营养平衡性料，之后填写营养平衡性料配方单留存备查。配方单设计与猪饲料营养成分指标有效数等见表4－19、表4－20。

表4－19　猪全价饲料配方报表

使用对象　　生理阶段		期望用量　　产量		
使用原料、规格与配比		营养推荐浓度		
原料名称（规格）	配合比例（%）	营养名称	单位	数值
玉米		能量（DE/ME）	MJ/kg	
小麦麸		粗蛋白（CP）	%	
乳清粉（蛋白）		钙（Ca）	%	
豆粕（饼）（蛋白）		磷：总磷（TP）	%	
鱼粉（蛋白）		有效磷（AP）食盐	%	
棉籽饼		蛋氨酸＋胱胺酸	%	
花生饼		苏氨酸	%	
复合预混剂		色氨酸	%	
		异亮氨酸	%	
		半胱氨酸	%	

说明：1. 配方使用国家原料标准，依NRC营养量制定，只对此负责

2. 本配方的生产期望值是在环境适宜条件下，采食本配方营养量的推荐值，仅供参考

主　管：　　　　配方师：

配制单位：　　　　年　月　日

表4－20　饲料营养成分与名称、符号及有效位数

营养成分	缩写符号	标准基本单位（符号）	标准有效数字
干物质	DM	百分含量（%）	0.0
总消化养分	TDN	百分含量（%）	0.0
消化能	DE	兆焦/千克（MJ/kg）	0.00

（续表）

营养成分	缩写符号	标准基本单位（符号）	标准有效数字
粗蛋白	CP	百分含量（%）	0.0
赖氨酸	Lys	百分含量（%）	0.00
蛋氨酸	Met	百分含量（%）	0.00
苏氨酸	Thr	百分含量（%）	0.00
色氨酸	Tyr	百分含量（%）	0.00
粗脂肪	EE	百分含量（%）	0.0
粗纤维	CF	百分含量（%）	0.0
无氮浸出物	NFE	百分含量（%）	0.0
粗灰分	ASH	百分含量（%）	0.0
钙	Ca	百分含量（%）	0.0
磷	P	百分含量（%）	0.0
有效磷	AP	百分含量（%）	0.0
氯化钠	NaCl	百分含量（%）	0.0
铁	Fe	毫克/千克（mg/kg）	0.00
铜	Cu	毫克/千克（mg/kg）	0.00
锌	Zn	毫克/千克（mg/kg）	0.00
锰	Mn	毫克/千克（mg/kg）	0.00
硒	Se	毫克/千克（mg/kg）	0.00
碘	I	毫克/千克（mg/kg）	0.00
维生素 A	VA	国际单位（IU）	0.00
维生素 D_3	VD_3	国际单位（IU）	0.00
其他维生素		毫克/千克（mg/kg）	0.00

（二）用浓缩料配制营养平衡性料的方法

当浓缩料配方所使用的原料相对便宜时，可直接使用推荐配方，否则要重新进行配方设计。使用浓缩料配制营养平衡性料时必须明确浓缩料的蛋白量、消化能浓度。之后，若用无制约性的 3 种以上（含 3 种）原料（如玉米、麦麸、小麦）与之配合时可用对角线法或试差法，否则必须用试差法。用试差法设计营养平衡性料配方时，把浓缩料看作一种原料，只确定能量、粗蛋白两个营养指标，其计算方法与利用试差法设计浓缩料配方相一致。为了满足现阶段的养猪业需求，许多饲料企业纷纷制定了自己的浓缩料产品标准，自己设计配方，这些标准的粗蛋白含量绝大多数在 36% ~38%，在配制营养平衡性料时的利用量也由过去的 30% 改变为 15% ~25% 。

（三）用添加剂预混料配制营养平衡性料的方法

使用添加剂预混料配制营养平衡性料，是将能量饲料、蛋白饲料、常量矿物饲料、胆碱与已经加工的维生素预混料、微量元素预混料、药物添加剂预混料等按比例配合，设计适合猪生长的营养平衡性料。

第一步：必须明确所用添加剂预混料的营养含量、使用量，并计算出所有需要使用的添加剂预混料在100kg营养平衡性料中的总用量。通常添加剂预混料在营养平衡性料中的总使用量为2%。

第二步：确定胆碱在100kg营养平衡性料中的使用量。

第三步：确定能量饲料、蛋白饲料、常量矿物饲料的使用比例，并利用对角线法或试差法确定各自原料的使用量（方法同前）。

第三节 配合饲料质量控制

配合饲料的质量不仅影响猪的生产性能发挥，而且关系到在猪肉脂中残留问题，进而影响人的健康。因此，在生产中一定要注意饲料质量控制。

一、原料质量控制

原料采购在配合饲料生产中是关键环节。生产统计表明，产品营养成分差异的40%～70%来源于原料。因此，采购管理在饲料质量管理中占有举足轻重的地位，必须强化采购工作的职能。为此，要做到以下几点。

①保证采购质量合格的原、副料，采购人员必须掌握和了解原、副料的质量性能和质量标准。

②订立明确的原料质量指标和赔偿责任合同，做到优质优价。合同用语要准确无误，如棉仁饼与棉籽饼、豆饼与豆粕、细糠与统糠、脱脂骨粉与蒸煮骨粉等易混淆的名词，要认真对待。

③在原料产地，要实地检查原料的感观特性、色泽、密度、粗细度及其生产工艺等。尤其对配合饲料的原、副料如添加剂等，还要看其是否具有省级以上主管部门颁发的生产许可证。

④采购人员要了解本厂生产使用的情况，熟知原料的库存、仓容和用量情况，防止造成原料积压或待料停产。

⑤原料进厂，须按批次严格验收，对产地、名称、品种、数量、等级、包装等情况要仔细核对，并根据不同原料确定不同检测项目。一般原料水分不应超过13%。饲料原料不得发霉变质，做到不合格原料不进厂，禁购饲料法规禁止使用的饲料。

二、生产过程质量控制

饲料加工是保证配合饲料产品性能和质量的关键。一套先进的设备和良好的工艺，不仅省去大量的人力、物力，而且能获得优良的产品质量。

1. 清理原、副料都应进行清杂除铁处理

清理标准是：有机物杂质不得超过50mg/kg，直径不大于10mm；磁性杂质不得超过50mg/kg，直径不大于2mm。为了确保安全，在投料坑上应配置条距30～40mm的栅筛以清除大杂质。此外，在原料粉碎、制粒之前，还应进行去杂、除铁。要经常检查清洗设备和磁选设备的工作状况，看有无破损及堵孔等情况。还要定期保养各种机械设备，清理仓斗内的残留料。

2. 粉碎

粉碎过程主要控制粉碎粒度及其均匀性。在饲料生产中，过大和过小颗粒都会导致饲料的离析，从而破坏产品的均匀性，甚至造成猪中毒死亡。不同生长阶段的猪都有一个合适的粉料粒度范围，一般要求0.5～0.5mm，肥育猪0.7～1.0mm。应执行配合饲料质量试行标准，如仔猪、生长肥育猪配合饲料99%通过2.8mm编织筛，但不得有整粒谷物，1.4mm编织筛筛上物不大于15%，该标准尚需进一步验证。在粉碎过程中，要注意检查粉碎机筛板是否破损，筛托固定螺栓有无松动漏料等情况。对预混合饲料的粉碎，最好使用多层重叠筛进行筛分（气流分级）。

3. 配料

配料精度的高低直接影响到饲料产品中各组分的含量，对养猪生产影响极大。其控制要点是：选派责任心强的专职人员把关。每次配料要严格核对且有记录，严格操作规程，搞好交接班；保证配料设备的准确性，对配料秤要定期校验，称药物的秤每天要检查一次。操作时一旦发现问题，应及时检查；做好对配料设备的维修和保养；每次换料时，要对配料设备进行认真清洗，防止交叉污染；加强对微量添加剂、预混料，尤其是药物添加剂的管理，要明确标记，单独存放，添加时要仔细核对。

4. 混合

混合在饲料生产中起着保证饲料加工质量的作用。其控制要点如下。

（1）选择适合的混合机

一般卧式螺带混合机使用较多，这种机型生产效率较高，卸料速度快。锥形混合机虽然价格较高，但设备性能好，物料残留量少，混合均匀度较高，并可添加油脂等液体原料，是一种较为适用的预混合设备。

（2）操作要正确

在进料顺序上，应把配比量大的组分先投入或大部分投入机内后，再将少量或微量组分置于易分散处，以保证混合质量。

（3）定时检查混合均匀度和最佳混合时间

时间过长过短，都会影响物料混合的均匀度。及时调整螺带与底壳的间隙（对可调的混合机）和混合时间。要定期保养、维修混合机，消除漏料现象，清理残留物料。

（4）防止交叉污染

当更换配方时，必须对混合机彻底清洗，防止交叉污染，这对预混合饲料的生产尤为重要。对于清理出的加药性饲料，通常是埋入地下或烧毁。吸尘器回收料不得直接送入混合机，待化验成分后再作处理。预混合作业与主混合作业要分开，以防交叉污染。应尽量减少混合成品的输送距离，防止饲料分级。预混饲料混合后，最好直接装袋。

（5）成形

成形饲料生产率的高低和质量的好坏，除与成形设备性能有关外，很大程度取决于原料的成形性能和调质工艺。原料的“成形性能”是指原料压制成形的难易程度，以成形的生产率高低为主要指标，它与物料的容重、粒度、脂肪、蛋白质、纤维、淀粉含量、含水量、摩擦性、腐蚀性等因素有关。制粒原料的粒度比例要适当，其中，粗、中粒度的物料所占比例不得超过20%，因为细粒物料可以增加粉体间润滑及热和水的渗透力，其黏结性也有利于使颗粒变硬。研究表明，猪用饲料随着压力和温度升高，其颗粒料粉化率增加。按不同的原料和饲喂要求调制，可提高成形料的硬度，减少粉化率，并对饲料起到一定的消毒作用。

三、仓储过程的质量控制

原料入库要填写《原料接收报告》，写明原料的品名、入厂日期、时间和检验的各项情况结果，并保留一定的接收样品。不同品种、不同营养成分含量、不同入库期的原料或成品都应分开存放，分门别类挂上标签，建立库存卡，保证做到先进先出。

成品都要包装，都应带有产品标签，注明产品名称、商标名称、饲料成分的保证值、每种组分的常用名称、净重、生产日期、产品有效期、使用说明等条目。对于加药饲料，还要有加药目的，所有活性药物原料的名称、用量，停药期的注意事项以及防止滥用的警告等内容。

仓库应有料温自动记录仪、报警装置、恒温设备和湿度检测计等仪器设备，注意仓库温度和湿度的控制，防止因饲料中水分含量高和空气相对湿度大而引起霉菌繁殖。如玉米粉在环境温度为25℃、相对湿度为85%时，贮存两周就开始霉变。因此，成品贮藏期尽可能缩短。如发现霉变现象，应及时采取措施，如为筒仓，就可及时倒仓。

建立安全防护措施，防止老鼠、昆虫的啮咬。仓库要定期清扫，尤其对散装物料存放的仓库，换装物料时一定要清扫干净。

定期检查，每月大检查，每周小检查。主要检查项目为饲料原料与成品的质量、包装是否完整、有效贮存期等。

四、饲料使用过程的质量管理

配合饲料好坏最终要依据使用效果。使用过程的质量管理也十分重要。一般包括产品运输、销售、服务、信息反馈、及时处理使用中出现的问题等一系列技术和管理活动。

配合饲料运输做到“及时、准确、安全、经济”，采用科学方法制定合理的运输计划。运输中要注意防暴晒和雨淋，并防止包装损坏。运输既要经济合理，又要安全可靠。

产品销售是体现产品经济效益的中心环节，要密切注意、重视产品质量，不出售劣质产品，树立良好企业形象。

饲料厂的技术人员要深入到饲养场和养殖专业户中具体指导和售后服务，掌握正确的饲养方法和用量，使配合饲料发挥出最佳效能。也可采取把用户请进来进行技术培训的办法，提高他们对产品的了解和熟悉程度。

要随时掌握用户对饲喂效果的反映，及时总结经验和改进配方，以便促进饲料质量不断提高。必须建立和坚持访问用户、站柜台或定期召开用户座谈会等制度，通过搜集、分析、处理产品使用阶段的各种质量信息，在与国内外同类产品的比较下，了解本厂产品的缺陷和问题，及时反馈到设计、生产等各个环节中去，不断改善产品质量。

认真处理出厂产品的质量问题和用户意见是全面质量管理的一项重要内容，它直接涉及厂家和用户的利益。对用户因使用不当或其他原因造成的损失，要耐心解释和热情指导；因质量问题造成动物的生产、生长受到影响或发生死亡时，应在调查核实的基础上，做好经济赔偿工作，以保证企业的信誉。

复习思考题

1. 查阅饲料营养成分表，将下列的饲料分类并说明分类的依据。

青菜、鲜甘薯秧、玉米、豆粕、食盐、贝壳粉、骨粉、柠檬酸、苜蓿干草粉、啤酒糟、马铃薯。

2. 植物性蛋白质饲料中哪些属于杂粕类？试简单作一评价。

3. 添加剂饲料中为什么要限用或禁用抗生素、抗菌药物、激素、砷制剂、镇定剂？

4. 配合饲料配方设计与保障食品安全及维护人民身体健康有什么关系？

5. 简述饲料配方设计的几个步骤。

6. 若发现饲料有质量问题，已确认影响了猪的生长发育，应如何处理？为什么？

第五章

猪场建设及环境控制

养猪生产的效果与猪只本身的遗传潜力、健康状况和生产性能有关，同时又受到饲料的数量和质量、饲养管理技术和猪只所处的环境条件的影响。生产效果的好坏既取决于猪只本身的健康状况、遗传潜力和生产性能，又取决于所饲喂饲料的数量和质量，饲养管理技术和猪只所处的环境条件。环境因素对猪的作用和影响愈来愈被人们所重视，了解其基本规律，目的在于为猪只创造良好的生存和生产环境，保持猪群的健康，提高生产力，增加经济效益。为猪只创造良好的生存和生产环境，是保持猪群健康，提高生产力，增加经济效益的有效途径。

第一节　环境因素对猪的影响

环境是猪只的生存条件，环境因素非常复杂，包括空气、水域、土壤和群体四个方面。其中又有物理、化学和生物的因素。物理因素包括温度、湿度、光照、噪声、地形、地势、畜舍等；化学因素包括空气、有害气体、水以及土壤中的化学成分等；生物因素包括环境中的寄生虫、微生物等；群体关系包括人们对猪只的饲养管理、调教、利用，以及猪场、猪舍和猪只群体内的相互关系等。

随着现代科学技术的发展，环境因素对猪只的作用和影响愈来愈受到重视。了解其基本规律，研究环境因素对猪只的作用和影响，为猪只创造良好的生存和生产条件，达到保持健康、提高生产力和降低生产成本的目的，以较少投入，换取数量多质量好的畜产品。影响猪只的环境因素主要有以下几个方面。

一、温度

空气温度是影响猪只健康和生产力的重要因素。猪属于恒温动物，在一定范围内的环境温度下，通过自身的调节作用来保持体温的恒定。在高温的环境条件下，猪只通过加速外周血液循环，提高皮肤和呼吸道的蒸发散热以及减少产热量来维持体温恒定。在低温的环境条件下，猪只通过自身的调节作用，依靠从饲料中得到的能量和减少散热量来维持体温恒定，消耗热量增加，既增加了饲料的消耗量，又影响猪的营养状况，使日增重下降，严重时可导致疾病或死亡。

（一）猪的适宜环境温度

1. 猪的体温调节

猪体的产热与散热是对环境适应的一种调节手段，因此，当环境温度适宜时，猪体产热量少，散热量也最少，最容易保持体温正常。猪和其他动物一样，也存在一个感到舒适的温度范围，在这个范围内，猪与所处的环境完全协调，其各项生理机能最为正常，它只要通过血液循环、血管收缩和舒张等物理性调节，就能保持正常体温的平衡状态，因而猪体放散的热量最少，所摄取的营养物质能够最有效地用于形成产品，饲料的利用也最为经济。在生理上把这个温度范围叫“等热区”。

等热区是指恒温动物主要依靠物理调节维持体温正常的环境温度范围。在这个范围内，猪只毋需动用化学调节机能，因而产热量处于最低水平。等热区的下限温度叫临界温度，低于这个温度，猪只散热量增多，通过物理调节无法使猪只保持体温正常，必须提高代谢率（化学调节）以增加产热量。等热区上限叫“过高温度”，高于这个温度机体散热受阻，物理调节不能维持体温恒定，体内蓄热，体温升高，按范特荷甫（Van't Hoff）定律，温度每升高10℃，化学反应增强1~2倍，亦即体温每升高1℃，代谢率可提高约10%~20%。由此可见临界温度和过高温度之间的环境温度范围，也就是等热区（图5-1）。

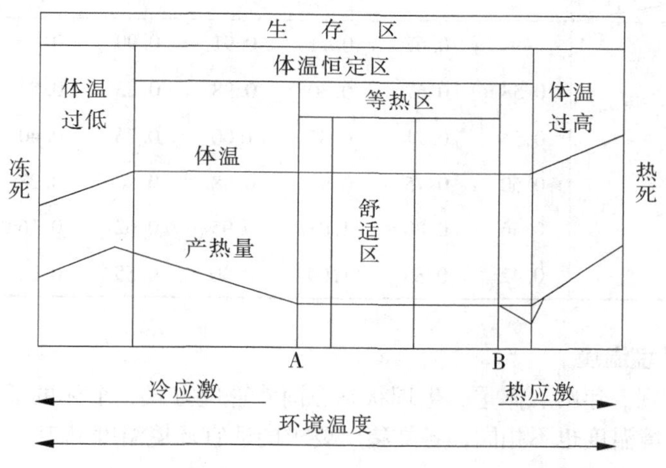

图5-1　等热区与临界温度

等热区中间有一舒适区，在此区内猪只代谢产热正好等于散热，不需要物理调节而维持体温正常，猪只最为舒适。舒适区以上开始受热应激，表现为皮肤血管扩张，皮肤温度升高，呼吸加快和出汗等热调节过程；舒适区以下开始受冷应激，表现为皮肤血管收缩，被毛竖立和肢体蜷缩等。在一般饲养管理条件下，要将环境温度精确控制在等热区范围内，绝非容易。因此，应当提出一个比等热区稍宽一些，即在一般饲养管理条件下对猪只的生活与生产不致产生明显不良影响的环境温度范围，通常称为生产环境界限，这样不仅在生产技术上比较切实可行，而且符合经济要求。猪只临界温度的高低，取决于产热的多少和散热的难易，所以凡能影响产热和散热的一切内外因素，都可以影响到猪的等热区，即临界温度和过高温度。

将环境温度控制在最适于猪只生存和生产的范围之内，是少用饲料并能得到更多产品的有效措施。随着猪只体重和日龄的增长，所需要的环境温度逐渐降低。试验研究表明：猪只生长速度最快所需要的气温与其体重的关系，可用公式计算出某一体重的猪只所要求的适宜环境温度。

$$T = -0.06W + 26$$

式中：T—猪生长最快所需要的最适宜的环境温度（℃）

W—猪的体重（kg）

例如，体重 30kg 猪要求的适宜温度如下：

$$T = -0.06 \times 30 + 26 = -1.8 + 26 = 24.2\ (℃)$$

体重 90kg 猪要求的适宜温度如下：

$$T = -0.06 \times 90 + 26 = -5.4 + 26 = 20.6\ (℃)$$

从上式可以推算出：猪只每增重 10kg，需要的气温相应下降 0.6℃。在最适宜的气温以下时，每下降 1℃，日增重减少 10～17.3g。若高于最适宜气温则日增重下降的更多。如果气温超过 37℃时，体重 45kg 以上的全部减重。气温对猪日增重的影响见表 5－1。

表 5－1　气温对猪日增重的影响

日增重（kg）／气温（℃）／体重（kg）	4	10	15	21	26	32	37	43
45	—	0.67	0.71	0.91	0.90	0.64	－0.13	－0.66
68	0.58	0.67	0.80	0.98	0.83	0.52	－0.09	－1.18
90	0.54	0.71	0.87	1.00	0.76	0.40	－0.35	—
113	0.50	0.75	0.95	0.98	0.70	0.28	－0.62	—
135	0.46	0.80	1.01	0.95	0.62	0.16	－0.90	—
158	0.42	0.85	1.09	0.90	0.55	0.04	－1.15	—

2. 猪的适宜环境温度

由于品种、性别、年龄、体重、生理状态、饲养管理方式、个体的适应能力等方面的差异，猪所要求的环境温度也不相同，各类猪所要求的适宜环境温度见表 5－2。

表 5－2　各种类型猪的适宜温度　（℃）

猪群类别	空气温度
种公猪	10～25
成年母猪	10～27
哺乳母猪	16～27
哺乳仔猪	28～34
培育仔猪	16～30
肥育猪	10～27

（二）气温对猪的影响

猪所采食的能量首先用于维持消耗，剩余部分才能用于生产产品。过低或过高的环境温度，都会使猪只的耗料量增加和生产力下降。

1. 对增重和饲料利用率的影响

初生仔猪由于大脑皮层发育不完善，体温调节机能差，皮下脂肪薄，被毛稀少，造血机能差，体脂和糖原贮存量少，因而抵抗寒冷的能力差，故有仔猪怕冷，大猪怕热之说。

气温对生长肥育猪的增重产生显著影响。猪在不同气温下的增重和饲料利用情况见图5－2。

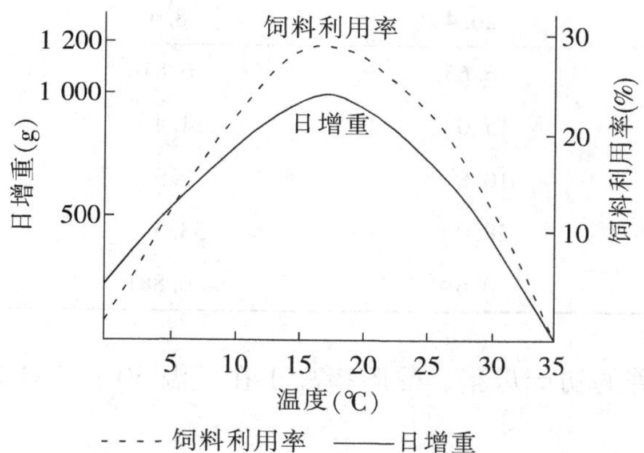

图5－2　100kg猪在不同温度下的增重比较

可见，在气温17～18℃的情况下，猪的的日增重高达1 000g，饲料利用率为30%，即每千克增重需要3.3kg的饲料。如低于或高于这样的气温，猪的日增重和饲料利用率都会降低。

不同体重猪，在不同气温下，其日增重不同，获得最高日增重的气温，同样能获得最好的饲料利用率，见表5－3。

表5－3　气温对增重和饲料利用率的影响

气温（℃）	45kg的猪		90kg的猪	
	日增重（g）	每千克增重耗料（kg）	日增重（g）	每千克增重耗料（kg）
5	420	5.20	540	6.00
10	610	4.10	712	5.00
16	716	3.20	866	3.60
21	907	2.56	966	4.00
27	893	3.11	757	5.00
32	635	4.70	400	6.50

对于45kg体重的猪来说，在气温21℃情况下，不仅日增重最高，而且饲料利用率也最高。

2. 对繁殖的影响

气温季节性变化对猪的繁殖产生一定的影响，尤其是在过高的气温下，对种猪的繁殖力造成不良影响，公母猪性激素分泌减少，精、卵细胞发育受阻。

（1）对后备母猪影响

气温26.4℃下饲养的后备母猪，出现发情的月龄较饲养在5.1℃下的母猪有所提前，活胚胎数有所增加（表5－4）。

表 5-4　气温对后备母猪的影响

项　目	气温（℃）		
	26.4	8.4	5.1
发现发情的月龄	6.65	6.81	6.85
每头母猪的黄体数	15.0	14.4	13.3
活胚数	10.8	9.9	8.8
胚胎死亡率（%）	28.0	33.5	33.6
胚胎平均重（g）	0.684	0.881	0.885

气温 26.7℃下饲养的初产母猪，受胎率高于在气温 30～33℃下饲养的母猪（表 5-5）。

表 5-5　气温对初产母猪的影响

项　目	温度（℃）		
	26.7	30.0	33.3
初产母猪头数	74.0	80.0	80.0
配种头数	74.0	78.0	73.0
怀孕头数	67.0	67.0	62.0
受胎率（%）	90.5	85.9	84.6

（2）对成年母猪的影响

在气温过高的情况下，对母猪的配种、妊娠、产仔均有不良的影响（表 5-6）。

表 5-6　气温对母猪受胎率的影响

项　目	气温（℃）		
	26.6	30.0	33.3
受胎率（%）	90.5	84.8	76.7
每头母猪排卵数	14.2	13.6	13.2
活胚胎数	10.3	9.7	9.6

妊娠母猪对高气温很敏感，在气温超过 39℃以上，连续几天就会引起母猪的流产。

高气温对母猪繁殖的不良作用，主要在配种前后的一段时间内，特别是在配种后受精卵未着床前的时间内，是引起胚胎死亡的关键时期。

（3）对精液品质的影响

正常情况下，公猪的睾丸温度比体温低 4～7℃。公猪的阴囊同其他哺乳动物一样，有特殊热调节能力。而高温环境引起睾丸温度的升高，会导致精液品质和繁殖力下降（表 5-7）。

表 5-7　不同温度下公猪的配种成绩

试验组别		10~5月份			6~9月份		
		输精头数	母猪分娩（%）	平均产仔数	输精头数	母猪分娩（%）	平均产仔数
经产母猪	舍外饲养	6 475	58.2	10.41	3 013	48.0	9.72
	舍内控制温度	6 890	61.1	10.61	2 829	56.3	10.30
初产母猪	舍外饲养	2 882	49.41	8.29	1 253	43.2	7.84
	舍内控制温度	2 568	52.25	8.48	1 159	46.3	8.66

由上表可见，公猪饲养在温度偏低的环境下（10~5月份），其配种成绩优于饲养在温度偏高的环境下（6~9月份）的公猪。

在气温35℃与15℃下饲养的公猪相比，前者射精量下降8.6%，精子数量下降11.5%，受胎率下降13.3%（表5-8）。

表 5-8　气温对公猪射精量和受胎率的影响

气温（℃）	射精量（ml）	精子数量（10^9）	母猪分娩（%）
15	290	67.7	57.0
35	265	59.9	49.4

二、湿　度

空气中含有水气的数量叫空气湿度。在生产中多以相对湿度来表示空气潮湿的程度，相对湿度是指空气中实际水气压与同温度下饱和水气压之比，用百分率来表示。

$$相对湿度（\%）=\frac{实际水气压}{饱和水气压}\times 100$$

空气中水气达到饱和时的相对湿度为100%，因此，百分比越高，表明空气的湿度越大。

（一）猪舍气湿的来源与猪热体温调节

猪舍内湿气主要来自于猪呼吸和排泄粪尿所排出的水汽，以及由地面、潮湿的垫草、墙壁和设备表面蒸发的水分以及随空气进入猪舍的外界水汽。水分蒸发过程决定于空气的温度、湿度和气体流动速度，同时与大气压力和饲养密度有关。

当猪舍内温度高而又潮湿的情况下，水分容易蒸发，猪舍内相对湿度增加。当相对湿度达90%以上时，地面的水分就难以蒸发，相对湿度降到70%时，地面水分蒸发加快。

当气温处于适宜范围时，舍内空气湿度对猪体热调节的影响不大。在高温的环境中，猪体主要靠蒸发散热，如处在高温高湿情况下，因空气湿度大而妨碍了水分蒸发，猪体散热就更为困难。在低湿的环境中，猪体主要通过辐射、传导和对流方式散热，如果处在高湿的情况下，降低了体表的阻热作用，导致猪体外蒸发散热量显著增加。低温高湿较低温低湿发散的热量显著增加，使猪体感到更寒冷。无论环境温度偏高或是过低，湿度过高对猪的体热调节都不利。

(二) 气湿对猪的影响

高湿和低湿对猪的健康和生产力都会产生不良的影响。

根据在气温相同而湿度不同猪舍中的试验，在相对湿度高的情况下，试验仔猪30日龄体重比在相对湿度低的情况下低2.46kg，增重速度低34.1%。中等体重的猪，饲养在温度相同而湿度不同的圈舍中，经4个月的试验，相对湿度75%～85%的试验猪，较相对湿度95%～98%的试验猪平均日增重高4.3%，每千克增重消耗饲料减少5.0%。

在干燥猪舍中饲养的母猪，比在阴暗潮湿猪舍中饲养的母猪产仔数提高23.1%，仔猪断奶窝重提高18.1%。

猪舍内湿度过大，可降低猪的抵抗力，使发病率提高。高湿有利于各种病原菌的生存和繁殖，仔猪副伤寒、仔猪下痢、疥癣和其他寄生虫都很容易蔓延。

猪舍中湿度大，致使猪血液中血红素减少，饲料利用率和氮沉积能力下降，健康状况变差，在高湿条件下，易使饲料、垫草发霉。

在低温高湿情况下，猪易患呼吸道疾病、感冒和风湿疾病等。高温低湿情况下，空气干燥，易使猪皮肤和外露黏膜干裂，患呼吸道疾病。

潮湿空气的导热能力约为干燥空气的10倍，猪舍湿度越大，保温性能越差，猪体散失的热量越多，猪就会感到寒冷，因此气湿还会影响到圈舍的保温性能。

(三) 猪舍对环境湿度要求

湿度和温度是一对重要的环境因素，不仅互相影响，而且同时作用于猪体。密闭式无采暖设备猪舍适宜的相对湿度见表5-9。有采暖设备的猪舍，其适宜的相对湿度应比以上标准低5%～8%。

表5-9　猪舍适宜的相对湿度

猪群类别	相对湿度（%）
种公猪	40～80
成年母猪	40～80
哺乳母猪	40～80
哺乳仔猪	40～80
培育仔猪	40～80
肥育猪	40～85

三、光　照

光照对猪的生长发育、健康和生产力有一定影响。在猪舍中，适宜的光照无论是对猪只生理机能的调节，还是对工作人员进行生产操作均很重要。

(一) 光照对猪的影响

适度的太阳光照对猪只有良好作用，可使辐射能变为热能，使皮肤温暖，毛细管扩张，加速血液循环，促进皮肤的代谢过程，改善皮肤的营养。紫外线能使皮肤中的7-脱氢胆固醇转变成维生素D_3，促进钙、磷的代谢，增强机体组织的代谢过程和提高抗病能力。但过度的太阳光照，可破坏组织细胞，使皮肤损伤，影响机体热调节，使体温升高，患日射病，对眼睛有伤害作用。

（二）光照方式

光照按照光源分为自然光照和人工照明。以太阳为光源，通过猪舍的门、窗采光，称为自然光照；以人工光源采光，称为人工照明。自然光照节约能源，但光照强度和时间随季节和天气而变化，难以控制，猪舍内照度也不均匀，特别是跨度较大的猪舍，中央地带和北侧照度更差。在无窗式猪舍中或自然光照不能满足猪舍内的照度要求时，则需采用人工照明或人工光照补充。人工照明的强度和时间，可以根据猪群要求进行控制。

1. 自然采光

自然采光常用窗地比（门窗等透光构件和有效透光面积与猪舍地面面积之比，亦称采光系数）来表示。一般情况下，成年母猪、肥育猪窗地比为1：（12～15），培育仔猪为1：10，哺乳母猪、哺乳仔猪、种公猪为1：（10～12）。根据这些参数即可确定猪舍窗户的面积。窗户数量、形状和位置。在窗户总面积一定时，酌情多设窗户，并沿纵墙均匀设置，合理确定窗户上、下沿的位置。窗户位置根据窗户的入射角、透光角的要求，并考虑纵墙高度等来确定。入射角是指窗户上沿到猪舍跨度中央一点的连线与地面水平线之间的夹角。透光角是指窗户上、下沿分别至猪舍跨度点的连线之间的夹角。自然采光猪舍入射角要求不小于25°，透光角要求不小于5°（图5－3）。

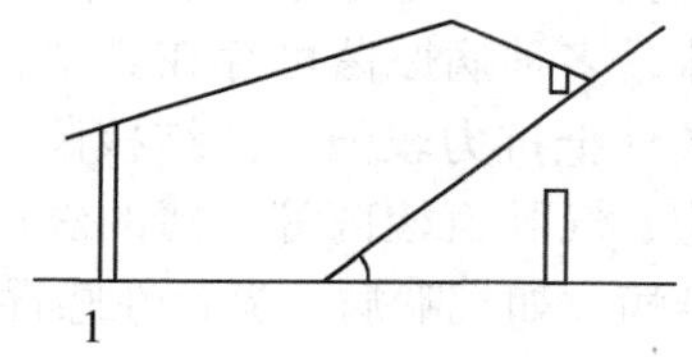

1. 入射角示意图　　2. 透光角示意图

图5－3　入射角和透光角

窗户的形状对采光也有明显影响。“立式窗”在进深方向光照均匀，纵向方向较差；“卧式窗”在猪舍纵向光照均匀，进深方向光照较差；方形窗居中。猪舍建筑时可根据猪舍跨度大小酌情确定。

2. 人工照明

无窗式猪舍必须靠人工光源照明，自然光照猪舍也需设人工照明，作为晚间工作照明和短日照季节的补充光照。人工照明设计应保证猪床照度均匀，满足猪群的光照需要。一般情况下，各类猪在饲养管理操作面上的照度要求如下：肥育猪为30～50lx，其他猪群为50～100lx。无窗式猪舍的人工照明时间，肥育猪为8～12h，其他猪群为14～18h，光源一般采用白炽灯或荧光灯，作为人工照明的光源。

四、灰尘与微生物

猪舍中的灰尘与微生物除由舍外带入外，由于猪只在舍内活动、吃食、排泄以及饲养管理过程，会有大量灰尘和微生物产生，特别是在密闭式猪舍采取干粉料喂猪的情况下，舍内的灰尘和微生物更易于产生和存活，由于紫外线在舍内的作用已消失，故微生物不易死亡。据测定，母猪产圈内每升空气中有菌落800～1 000个，肥猪舍有300～500个。

灰尘对猪的健康会有不良影响。灰尘上常常有病原微生物，会使猪只感染疾病。因此，应重视减少舍内空气中的灰尘。

灰尘颗粒的大小、空气湿度和流动速度对灰尘的沉降有一定的影响。灰尘颗粒小于5μm很难下沉，会长时间飘浮在空气中。空气湿度稍高时，灰尘易相互黏结而下沉，湿度低时则相反。空气流动速度慢时，灰尘易下沉，速度快时则相反。

灰尘主要对猪的呼吸系统造成危害。直径大于10μm的灰尘颗粒，一般多停留在猪的鼻腔内；直径在5~10μm的颗粒可进入猪的支气管；直径小于5μm的颗粒可到达细支气管和肺泡。因此灰尘对鼻黏膜、气管和支气管产生刺激，使猪患呼吸道疾病。同时由于灰尘中含有有机物使微生物附着在上面繁殖，增加猪患病的概率。

猪舍空气中，除了灰尘之外，还有大量飞沫，这是猪只咳嗽、喷嚏、鸣叫时喷出的小液滴，病原微生物易附着在上面。猪气喘病、流行性感冒等主要是通过飞沫传播的。在封闭式猪舍里，饲养密度大，通风换气差，就更容易造成传染病的传播。

空气中微生物含量一般春夏季比秋冬季高，刮风时比雨天时高。猪舍内比大气高，不同猪舍微生物含量因其通风换气状况、舍内猪的种类、密度等的不同而变异较大。

空气中微生物类群是不固定的，一般情况下大多为腐生菌，还有球菌、霉菌、放线菌、酵母菌等，在有疫病流行的地区，空气中还会存在病原微生物。空气中病原微生物可附在尘埃上进行传播，称为粉尘传染；也可附着在猪只喷出的飞沫上传播，称为飞沫传染，猪只打喷嚏、咳嗽、鸣叫时可喷出大量飞沫，多种病原菌可存在其中，引起病原菌传播。通过粉尘传播的病原体，一般对外界环境条件抵抗力较强，如结核菌、链球菌、绿脓球菌、葡萄球菌、丹毒和破伤风杆菌、炭疽芽胞、气肿疽梭菌等，猪的炭疽病就是通过粉尘传播的。通过飞沫传播的，主要是呼吸道传染病，如气喘病、流行性感冒等。

五、有害气体

猪舍内对猪的健康和生产，以及对工作人员的健康和工作产生不良影响的气体统称为有害气体。大气中的化学组成是比较稳定的。猪舍内空气，由于猪的呼吸、排泄以及排泄物的腐败分解，不仅使空气中的氧气减少，二氧化碳增加，而且产生了氨、硫化氢和甲烷等有害气体及臭味。猪舍中有害气体含量增高，对猪的健康和生产力都会产生不良影响。

猪舍的有害气体通常包括NH_3、H_2S、CO_2、CH_4、CO等。有害气体在猪舍内的产生和积累，取决于猪舍的封闭程度、通风条件、粪尿处理和圈养密度等因素。

（一）氨气（NH_3）

氨气为无色、易挥发、具有刺激性气味的气体，比空气密度小，易溶于水。在猪舍里通常是由含氮有机物分解产生。氨气对人、畜的黏膜和结膜有严重的刺激和破坏作用，常易溶解在猪只呼吸道黏膜和眼结膜上，使黏膜充血、水肿，引起结膜炎、支气管炎、肺炎、肺水肿；氨亦可通过肺泡进入血液。

高浓度氨气可引起中枢神经麻痹、心肌损伤等。低浓度的氨气长期作用于猪，可导致猪的抵抗力降低，发病率和死亡率升高，生产力下降。一般产仔母猪舍氨气的浓度要求不超过15mg/m^3，其余猪舍要求不超过20mg/m^3。

（二）硫化氢（H_2S）

硫化氢为无色、易挥发，具有臭鸡蛋气味的恶臭气体，易溶于水，比空气的密度大，因此接近地面的浓度高。猪舍中的硫化氢多由含硫有机物分解而来。当猪采食富含蛋白质的饲料而且消化机能紊乱时，可由肠道排出大量硫化氢。硫化氢的毒性很强，在高浓度时毒性不亚于氢氰酸。硫化氢易吸附在呼吸道黏膜和眼结膜上，并与钠离子结合成硫化钠，对黏膜产生强烈刺激，引起眼部和呼吸道炎症。在高浓度硫化氢的影响下，猪只表现为畏光、眼睛流泪，发生结膜炎、角膜溃疡，并造成咽部灼伤，咳嗽，支气管炎、气管炎，发病率增高，严重时引起中毒性肺炎、肺水肿等。长期处于低浓度硫化氢环境中，猪的体质变弱、抵抗力下降，增重缓慢，对生产危害很大。硫化氢浓度为30mg/m^{3}时，猪变得怕光、丧失食欲、神经质，高于80mg/m^3，可引起呕吐、恶心、腹泻等。

硫化氢中毒过程很快，在650～800mg/m^{3}时，猪会突然呕吐，失去知觉，接着因呼吸中枢及血管运动中枢麻痹而死亡。

一般要求猪舍的硫化氢含量不超过10mg/m^3。

（三）二氧化碳（CO_2）

二氧化碳是无色、无臭、无毒、略带酸味的气体，是猪只进行气体代谢的产物。由猪的呼吸过程产生。虽然二氧化碳无毒，但如果猪舍内的二氧化碳含量过高，表明空气污浊，氧气的含量就会相对不足，可能有其他有害气体存在。猪舍内二氧化碳增多，会使猪只出现慢性缺氧，精神委靡、食欲下降、日增重下降、体质虚弱，易感染慢性传染病。猪舍内的二氧化碳含量一般要求不超过0.15%～0.2%。

（四）一氧化碳（CO）

一氧化碳是无色无味的气体，难溶于水，冬季在封闭式猪舍内用火炉采暖时，常因煤炭的燃烧不充分或生火炉时常会出现一氧化碳。一氧化碳极易与血液中运输氧气的血红蛋白结合，它与血红蛋白的结合力比氧气和血红蛋白的结合力高200～300倍。一氧化碳较多地吸入体内后，可使机体缺氧，引起呼吸、循环和神经系统病变，导致中毒。妊娠及带仔母猪舍、哺乳及断奶仔猪舍一氧化碳的浓度不得超过5mg/m^3，种公猪、空怀母猪及育成猪舍的一氧化碳不得超过15mg/m^3，肥育猪舍不得超过20mg/m^3。

有害气体在猪舍内的产生和积累，取决于猪舍的封闭程度、通风条件、粪尿处理和圈养密度等因素。以上有害气体在浓度较低时，不会使猪出现明显的不良症状，但长期处于低浓度有害气体的环境中，猪的体质变差、抵抗力降低，发病率和死亡率升高，采食量和增重降低，引起慢性中毒。这种影响不易觉察，常使生产蒙受损失，氨和硫化氢易溶于水，在潮湿的猪舍，氨和硫化氢常吸附在潮湿的地面、墙壁和顶棚上，舍内温度升高时又挥发出来，很难通过通风而排出，氨和硫化氢等有害气体浓度很高时，可引起猪中毒，甚至死亡。一般情况下，虽达不到中毒程度，但对猪的健康和生产力有不良的影响。使猪的发病率增加，生产率下降。

生产中，冬季不能单纯追求保温而关严门窗，必须保证适量的通风换气，使有害气体及时排出。猪舍内做好防潮和保暖可以适当减少舍内有害气体含量。此外，垫草具有较强的吸收有害气体的能力，猪床铺设垫草也可减少有害气体。

六、噪　声

噪声是指能引起不愉快和不安感觉或引起有害作用的声音。噪声的强弱一般以声压级来表示，单位为分贝（dB）。随着现代养猪生产规模的日益扩大和生产过程中机械化程度的提高，噪声的危害也愈严重。噪声对家畜的不良影响日益引起人们的重视。

猪舍的噪声有多种来源，一是从外界传入，如外界工厂传来的噪声，飞机、车辆产生的噪声等；二是舍内机械产生，如风机、清粪机械等；三是人的操作和猪自身产生，如清扫圈舍、加料、猪的采食、饮水、走动、哼叫等产生。

猪遇到突然的噪声会受惊、狂奔，发生撞伤、跌伤或碰坏某些设备。猪对重复的噪声能较快地适应，因此，噪声对猪的食欲、增重和饲料转化率没有明显影响，但突然的高强度噪声使猪的死亡率增高，母猪受胎率下降，流产、早产现象增多。饲养管理的各环节应尽量减少噪声的产生。猪舍噪声不能超过 80 ~ 85dB。

七、有害生物

猪舍中的有害生物主要包括媒介生物和有害动物等。

1. 媒介生物

媒介生物是指传播疾病的节肢动物和啮齿动物。传播疾病的节肢动物称病媒昆虫，包括蚊、蝇、白蛉、蚤、虱、虻、蚋、蠓、蜱和螨等。由媒介生物传播的疾病，包括由病毒、立克次体、细菌、螺旋体、原虫及蠕虫等病原体所引起的疾病。

2. 啮齿动物

啮齿动物中对人类和养猪场危害最大的是鼠。鼠的种类多、分布广、密度高，与人类的关系紧密，接触频繁；而且鼠和人均为温血动物，存在着较多的共患病。

啮齿动物是鼠疫、野兔热、恙虫病、蜱传斑点热、钩端螺旋体病、黑热病、流行性出血热等多种疾病病原体的贮存宿主，也是蚤、蜱、螨等多种媒介昆虫的咬血宿主。通过老鼠体外寄生虫叮咬等方式，可传播猪瘟、口蹄疫、伪狂犬、萎缩性鼻炎、弓形虫、鼠疫、钩端螺旋体病、地方性斑疹、伤寒、流行性出血热、弓浆虫病、野兔热、蜱传回归热、恙虫病、森林脑炎、吸血虫病、鼠咬热和肠道传染病等 30 多种疫病。因此，媒介生物和啮齿动物是养猪场重要的有害生物。

第二节　猪场规划与建设

正确选择场址并进行合理的建筑规划和布局，既可方便生产管理，也为严格执行防疫制度打下良好的基础，关系到养猪场的投资和经营成果。

一、猪场选址

猪场选址应根据猪场的性质、规模、地形、地势、水源、土壤、当地气候条件，饲料及能源供应、交通运输、产品销售，与周围工厂、居民点及其他畜禽场的距离，当地农业生产、猪场粪污消纳能力等条件，进行全面调查，周密计划，综合分析后才能选好场址。

（一）面积与地势

猪场地形要求开阔整齐，有足够面积。面积不足会造成建筑物拥挤，给饲养管理及猪只防疫造成不便，不利于改善场区和猪舍环境。

猪场地势要求高燥、地下水位低、平坦、背风向阳、有缓坡、排水良好。地势低洼的场地易积水潮湿，夏季通风不良，空气闷热，易孳生蚊蝇和微生物，而冬季则阴冷。有缓坡的场地便于排水，但坡度不宜大于25°，以免造成场内运输不便。

建场土地面积依猪场的任务、性质、规模和场地的具体情况而定，一般猪场生产区面积，按照繁殖母猪45～50m²/头，商品肥育猪3～4m²/头规划。生活区、行政管理区、隔离区另行考虑。

（二）水源水质

猪场水源要求水量充足，水质良好，便于取用和进行卫生防护，并易于净化和消毒。水源水量必须满足场内生活用水、猪只饮用及饲养管理用水的要求。水质要符合饮用水标准。各类猪每头每天的总需水量与饮用量，见表5－10；畜禽饮用水水质标准，见表5－11，供选择水源时参考。

表5－10 各类猪每日需水量

（L/头）

类别	总需水量	饮用量
种公猪	40	10
空怀及妊娠母猪	40	12
泌乳母猪	75	20
断奶仔猪	5	2
生长猪	15	6
肥育猪	25	6

表5－11 畜禽饮用水水质标准

项 目		标 准 值		
			畜	禽
感官性状及一般化学指标	色，（°）	≤	色度不超过30°	
	浑浊度，（°）	≤	不超过20°	
	臭和味	≤	不得有异臭、异味	
	肉眼可见物	≤	不得含有	
	总硬度（以 $CaCO_3$ 计），mg/L	≤	1 500	
	pH 值	≤	5.5～9.0	6.8～8.0
	溶解性总固体，mg/L	≤	4 000	2 000
	氯化物（以 Cl^- 计），mg/L	≤	1 000	250
	硫酸盐（以 SO_2 计），mg/L	≤	500	250
细菌学指标≤	总大肠菌群，个/100ml	≤	成年畜10，幼畜和禽1	
毒理学指标	氟化物（以 F^- 计），mg/L	≤	2.0	2.0
	氰化物，mg/L	≤	0.2	0.05
	总砷，mg/L	≤	0.2	0.2
	总汞，mg/L	≤	0.01	0.001
	铅，mg/L	≤	0.1	0.1
	铬（六价），mg/L	≤	0.1	0.05
	镉，mg/L	≤	0.05	0.01
	硝酸盐（以N计），mg/L	≤	30	30

（三）土壤特性

土壤的物理、化学和生物学特性，都会影响猪的健康和生产力。猪场土壤要求透气性好，易渗水，热容量大，这样可抑制微生物、寄生虫和蚊蝇的孳生，场区昼夜温差较小。土壤虽有一定的自净能力，但许多病原微生物可存活多年，而土壤又难以彻底进行消毒，所以土壤一旦被污染，则多年具有危害性，选择场址时应选择土质坚实、渗水性强、未被病原体污染的沙质土壤为好。避免在旧猪场场址或其他畜禽养殖场场址上重建或改建。

（四）周围环境

确定猪场的位置，首先应考虑居民的环境卫生，应选择距离村庄较远的地方，位于住宅区的下风方向和饮用水水源的下方。养猪场饲料、产品、粪污、废弃物等运输量很大，应选择交通方便的地方建场，以降低生产成本和防止污染周围环境，但交通干线的噪声对猪会产生不良影响，而且容易引起疫病传播。因此，选择场址时既要求交通方便，又要避开交通干线。猪场距铁路、国家一二级公路一般应在 300～500m，距三级公路应在 150～200m，距四级公路应在 50～100m。

猪场与居民点间的距离，一般猪场应在 500m，大型猪场应在 1 000m 以上。与其他畜禽场间距离，一般畜禽场应在 500m，大型畜禽场应在 1 000～1 500m。周围 1 000m 内无化工厂、屠宰场、制革厂、造纸厂、矿山等易造成环境污染的企业。

（五）排水与环保

猪场周围有农田、果园，并便于自流，就地消耗大部分或全部粪水是最理想的。否则需把排污处理和环境保护作为重要问题规划，特别是不能污染地下水和地上水源、河流。猪群粪尿排泄量可参考表 5－12。

表 5－12　猪群平均日粪尿排泄量

	粪尿混合（L）	粪（kg）
种猪	10.0	3.0
后备种猪	9.0	3.0
哺乳母猪	14.0	2.5
仔猪	1.5	1.0
幼猪	3.0	1.0
肥猪	6.0	2.5

二、猪场规划布局

根据有利防疫、方便饲养管理、节约用地等原则，考虑当地气候、风向、地形地势、猪场建筑物和设施的大小，合理规划全场的道路、排水系统、场区绿化等，安排各功能区的位置及每种建筑物和设施的位置和朝向。布局应整齐紧凑，节约土地，运输距离短，便于经营，利于生产。

（一）场地规划

大型猪场一般可分为 4 个功能区，即生活区、生产管理区、生产区、隔离区。为便于防疫和生产，应根据当地全年主导风向与地势，有秩序地安排以上各功能区（图 5－4）。

1. 生活区

包括职工宿舍、食堂及其他用房。此区应设在猪场大门外面，独成一院。为保证良好

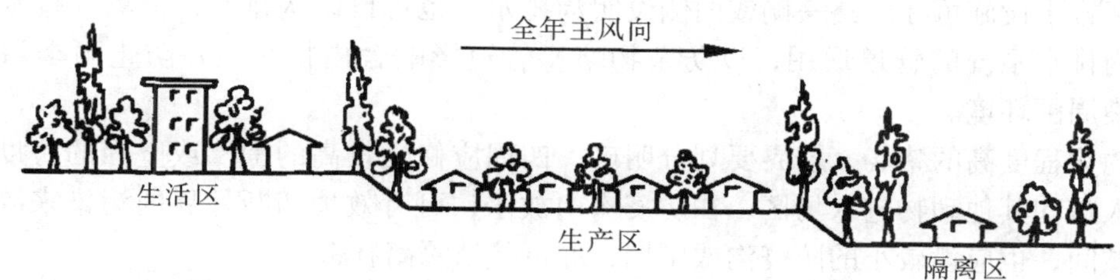

图 5－4 猪场各区依地势、风向规划图

的卫生条件，避免生产区臭气、尘埃和污水的污染，生活区要设在上风向或偏风方向和地势较高的地方。

2. 生产管理区

包括办公室、接待室、饲料加工调配车间、饲料储存库、水电供应设施、车库、杂品库、消毒池、更衣消毒间和洗澡间等。该区与饲养管理工作关系密切，故距饲养生产区距离不宜太远。应该按照有利于防疫和便于与生产区配合布置饲料库，应靠近进场道路处；消毒、更衣、洗澡间应设在猪场大门一侧。

3. 生产区

生产区是猪场的主体部分。包括各类猪群的猪舍、饲料库、青贮窖、饲料加工车间和人工授精室等生产设施，是猪场的最主要区域。饲养生产区严禁外来车辆进入，也禁止饲养生产区车辆外出。在靠围墙处设装猪台，禁止外来车辆进入猪场。

（1）饲料加工车间

饲料加工车间宜安排在猪场的中间位置，既考虑缩短饲喂时的运输距离，又要考虑向场内运料方便。饲料库和青贮窖应靠近饲料加工车间。

（2）猪舍安排

猪舍的安排一定要考虑各类猪群的生物学特性和生产利用特点。公猪舍应建在猪场的上风区，与母猪舍保持20m以上距离，依次安排育成猪舍、哺乳母猪舍、妊娠母猪舍。后备猪舍、肥育猪舍应建在距场门口近一些的地方，以便于运输。

（3）人工授精室

人工授精室应安排在公猪的一侧，如同时承担场外母猪的配种任务，场内、场外应双重开门。

4. 隔离区

包括新购入种猪的饲养观察室、兽医室和隔离猪舍、尸体剖检和处理设施、积肥场及贮存设施等。该区是卫生防疫和环境保护的重点，应设在猪场的下风或偏风方向、地势低处，以防止疫病传播和对环境造成污染。

（二）场内道路与场内的防护设施规划

道路是猪场总体布局中一个重要组成部分，它与猪场生产、防疫有重要关系。场内道路应分设净道、污道，互不交叉。净道用于运送饲料、产品等，污道则专运粪污、病猪、死猪等。场内道路要求防水防滑，生产区不宜设直通场外的道路，生产区和生产管理区大门平时应关闭，以利于卫生防疫。

场区排水设施可在道路一侧或两侧设明沟排水，也可设暗沟排水，但场区排水管道不宜与舍内排水系统的管道通用，以防杂物堵塞管道影响舍内排污，并防止雨季污水池满溢，污染周围环境。

集约化程度高的猪场，场界要划分明确，四周应修建较高的围墙或坚固的防疫沟，防止场外人员和其他动物进入场区，在防疫沟内放水，可有效地切断外界的污染来源。在场内各区域间，也应设较小的防疫沟或围墙，亦可栽植隔离林带。

在猪场大门及各区域和各排猪舍入口处，应设消毒设施，如车辆消毒池、脚踏消毒槽、喷雾消毒室、更衣换鞋间，装设紫外线灯，紫外线灯消毒应强调安全时间，以5~10min为宜，确保效果。

（三）场区绿化

植树、种草，搞好绿化，对改善场区小气候有重要意义。绿化可以吸尘灭菌、降低噪声、净化空气、防疫隔离、防暑防寒、美化环境。场区绿化可按冬季主导风向的上风向设防风林，在猪场周围设隔离林，猪舍之间、道路两旁进行遮阴绿化。场区绿化植树时宜多栽植高大的落叶乔木，但需考虑其树干高低和树冠大小，防止夏季阻碍通风和冬季遮挡阳光。

（四）建筑物布局

猪场建筑物的布局在于正确安排各种建筑物的位置、朝向、间距。布局时需考虑各建筑物间的功能关系、卫生防疫、通风、采光、防火、用地等。

生活区和生产管理区与场外联系密切，为保障猪群防疫，宜设在猪场大门附近，门口分设行人和车辆消毒池，两侧设值班室和更衣室。生产区各猪舍的位置需考虑配种、转群等联系方便，并注意卫生防疫。

1. 猪舍布局

种猪、仔猪应置于上风向和地势高燥处。妊娠猪舍、分娩猪舍应安排在较好的位置，分娩猪舍要靠近妊娠猪舍，又要接近仔猪培育舍，育成猪舍靠近肥育猪舍，肥育猪舍设在下风向。商品猪置于离场门或围墙近处，围墙内侧设装猪台，运输车辆停在围墙外装车。商品猪场可按种公猪舍、空怀母猪舍、妊娠母猪舍、产房、断奶仔猪舍、肥猪舍、装猪台等建筑物顺序靠近排列。病猪和粪污处理应置于全场最下风向和地势最低处，距生产区宜保持至少50m的距离。

2. 猪舍朝向

猪舍的朝向关系到猪舍的通风、采光和排污效果，根据当地主导风向和日照情况确定。一般要求猪舍在夏季少接受太阳辐射、通风量大而均匀，冬季应多接受太阳辐射，冷风渗透少。因此，炎热地区，应根据当地夏季主导风向安排猪舍朝向，以加强通风效果，避免太阳辐射。寒冷地区，应根据当地冬季主导风向确定朝向，减少冷风渗透量，增加热辐射，一般以冬季或夏季主导风向与猪舍长轴有30°~60°夹角为宜，应避免主导风向与猪舍长轴垂直或平行，以利防暑和防寒。猪舍一般以南向或南偏东、南偏西45°以内为宜。

猪舍是猪只生存和生产的场所，建造的是否合理，直接影响猪生产潜力的发挥和经济效益的高低。合理的猪舍应该是冬暖、夏凉、通风、向阳、干燥、空气新鲜。我国北部地区高燥寒冷，建造猪舍应注意保暖；南部地区雨多天热，建造猪舍应注意防潮防暑；沿海地区多风，建造猪舍应坚固结实；山高、风大、多雪的地区，猪舍的屋顶应坚固结实。

3. 猪舍间距

猪场内建筑物排列整齐、合理，既要利于道路、给排水管道、绿化、电线等的布置，同时便于生产和管理工作。猪舍之间的距离以能满足光照、通风、卫生防疫的要求为原则。距离过大则猪场占地过多，间距过小则南排猪舍会影响北排猪舍的光照，同时也影响其通风效果，也不利于防疫。根据光照、通风、卫生防疫等各种要求，猪舍间距一般以 3～5H（H 为南排猪舍檐高）为宜。一般两排之间的距离以 10～20m 为宜。猪场的总体布局如图 5－5 所示。

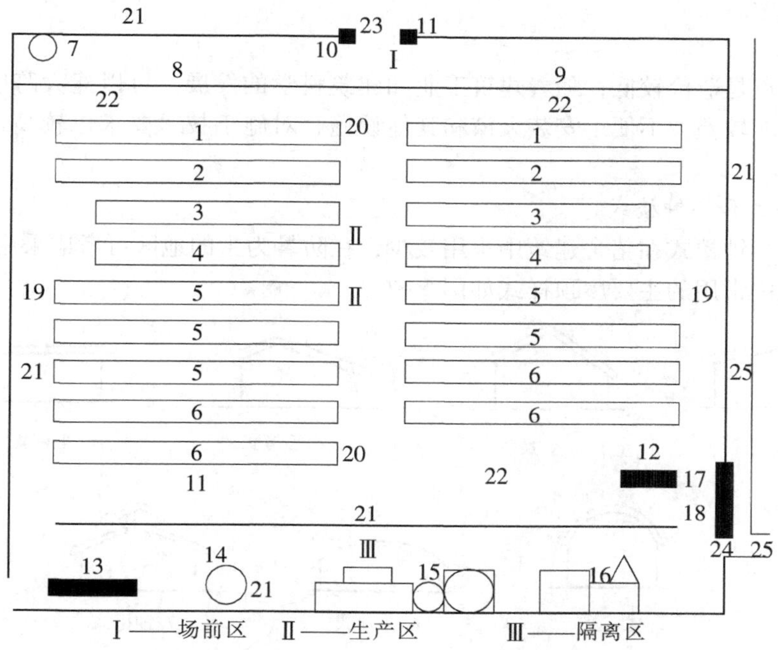

1. 配种舍　2. 妊娠舍　3. 产房　4. 保育舍　5. 生长舍　6. 肥育舍
7. 水泵房　8. 生活、办公用房　9. 生产附属用房　10. 门卫　11. 消毒室
12. 厕所　13. 隔离舍及剖检室　14. 死猪处理设施　15. 污水处理设施
16. 粪污处理设施　17. 选猪间　18. 装猪台　19. 污道　20. 净道
21. 围墙　22. 绿化隔离带　23. 场大门　24. 粪污出口　25. 场外污道

图 5－5　600 头基础母猪养猪场总平面简图

第三节　猪舍建筑及设施配置

一、不同类型猪舍的建设

（一）猪舍的型式

猪舍按屋顶形式、墙壁结构与窗户以及猪栏排列等形式分为多种。

1. 按屋顶形式划分

按屋顶的形式分为坡式、平顶式、拱式、钟楼式和半钟楼式猪舍。

（1）坡式

又分为单坡式、不等坡式和双坡式 3 种。单坡式猪舍跨度较小，结构简单、通风透光，排水好，投资少，节省建筑材料。舍内光照、通风较好，但冬季保温性差，较适合于小型猪场使用。不等坡式猪舍的优点与单坡式相同，其保温性能良好，但投资较多。双坡式猪舍可用于各种跨度，一般跨度大的双列式、多列式猪舍常采用这种屋顶。双坡式猪舍保温性好，若设吊顶则保温隔热性能更好，但其对建筑材料要求较高，投资较多。

（2）平顶式

平顶式的优点是可以充分利用屋顶平台，保温防水可一体完成，不需要再设天棚，缺点是防水较难做。

（3）拱式

拱式的优点是造价较低，随着建筑工业和建筑科学的发展，可以建大跨度猪舍。缺点是屋顶保温性能较差，不便于安装天窗和其他设施，对施工技术要求也较高。拱式多用于肥育猪舍。

（4）钟楼式和半钟楼式

钟楼式和半钟楼式在猪舍建筑中采用较少，在防暑为主的地区可考虑采用此种形式。

猪舍建筑中常用的主要屋顶样式如图 5－6。

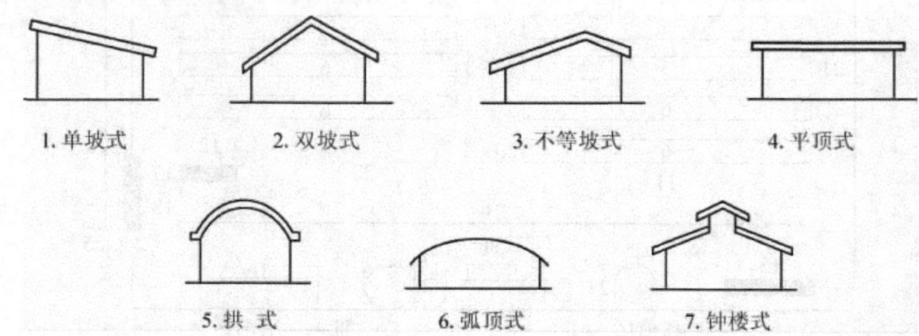

图 5－6　不同样式的猪舍屋顶

2. 按猪舍封闭程度划分

按猪舍封闭程度可分为开放式、半开放式和密闭式 3 种。密闭式猪舍又可分为有窗式和无窗式。

（1）开放式

猪舍三面设墙，前面无墙，通常敞开部分朝南，开放式猪舍通风采光好，结构简单，造价低，但受外界影响大，较难解决冬季防寒。

（2）半开放式

猪舍三面设墙，前面设半截墙，其保温性能略优于开放式，开敞部分在冬季可加以遮挡形成封闭状态，从而改善舍内小气候。我国北方地区为改善开放式猪舍冬季保温性能差的缺点，采用塑料薄膜覆盖的办法，使猪舍形成一个密封的整体，有效地改善了冬季猪舍的环境条件。

大棚式猪舍是一种投资少、效果好的猪舍。根据建筑上扣塑料布层数，可分为单层塑料棚舍、双层塑料棚舍。根据猪舍排列，可分为单列塑料棚舍和双列塑料棚舍。另外还有半地下塑料棚舍和种养结合塑料棚舍。

单层塑料棚舍比无棚舍的平均温度可提高 13.5℃，由于舍温的提高，使猪的增重也有很大提高。据试验，有棚舍比无棚舍日增重可增加 238g，每增重 1kg 可节省饲料 0.55kg。双层塑料棚舍比单层塑料棚舍温度高，保温性能好。如黑龙江省试验，在冬季 11 月份至翌年 3 月份，双层塑料棚舍比单层塑料棚舍温度提高 3℃以上，肉猪的日增重可提高 50g 以上，每增重 1kg 节省饲料 0.3kg。这种塑料大棚猪舍建造简单，投资少，见效快，在农村小型猪场和养猪户中很受欢迎。

（3）封闭式

分为有窗式封闭猪舍和无窗式封闭猪舍。有窗式封闭猪舍四面设墙，窗户设在纵墙上；寒冷地区，猪舍南窗大，北窗小，以利于保温。夏季炎热的地区，可在两纵墙上设地窗，或在屋顶设风管、通风屋脊等。有窗式猪舍保温隔热性能较好；根据不同季节启闭窗扇，调节通风和保温隔热。无窗式猪舍与外界自然环境隔绝程度较高，墙上只设应急窗，供停电时应急用，不作采光和通风用。舍内的通风、光照、舍温全靠人工设备调控，能够较好地给猪只提供适宜的环境条件，有利于猪的生长发育，提高生产率，但这种猪舍土建、设备投资大，耗能高，维修费用高，在外界气候适宜时，仍需要人工调控通风和采光。采用这种猪舍的多为对环境条件要求较高的猪；如母猪产房，仔猪培育舍。常见猪舍类型如图 5－7、图 5－8、图 5－9。

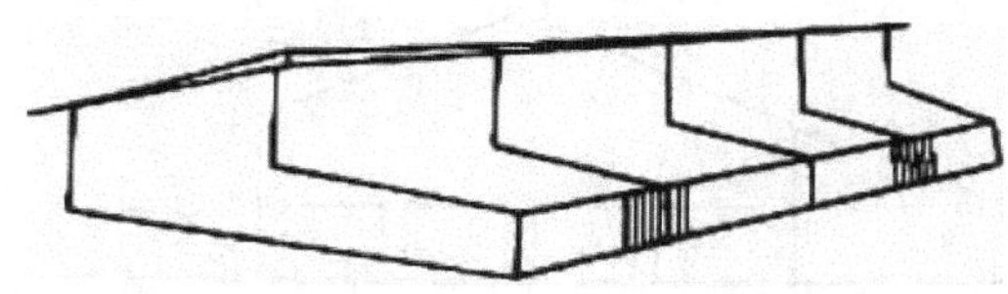

图 5－7　敞开式猪舍

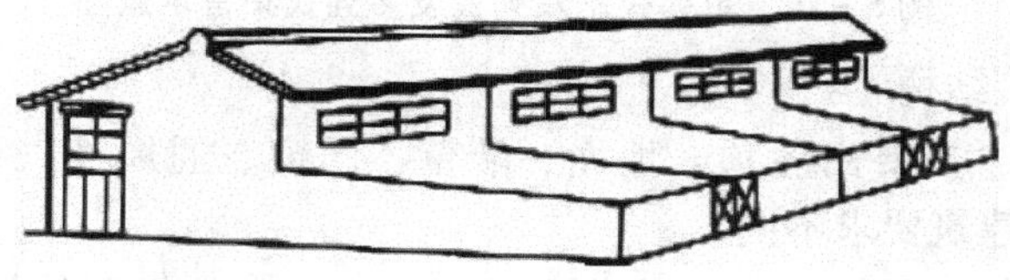

图 5－8　封闭式猪舍

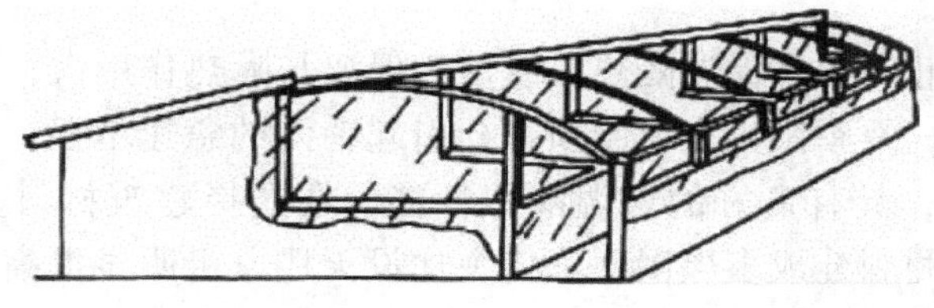

图 5－9　塑料大棚简易猪舍

3. 按猪栏排列分

按猪栏排列形式可分为单列式、双列式、多列式。

（1）单列式

猪舍中猪栏排成一列，靠北墙一般设饲喂走廊，舍外可设或不设运动场。优点是跨度较小，结构简单，利于采光、通风、保温、防潮，空气新鲜，建筑材料要求低，省工、省料，造价低，但建筑面积利用率低，这种猪舍适宜养种猪。

(2) 双列式

猪舍中猪栏排成两列，中间设一通道，有的还在两边设清粪通道。这种猪舍多为封闭舍，主要优点是管理方便，建筑面积利用率较高，保温性能好。但北侧猪栏采光性较差，舍内易潮湿。

(3) 多列式

猪舍中猪栏排成三列或四列，其跨度多在10m以上。这种猪舍主要优点是建筑面积利用率高，猪栏集中，容纳猪只多，运输路线短，散热面积小，管理方便，冬季保温性能好。缺点是建筑材料要求高，采光差，舍内阴暗潮湿，通风不良，必须辅以机械通风，人工控制光照及温、湿度。多列式猪舍多用于肥育猪舍（图5－10）。

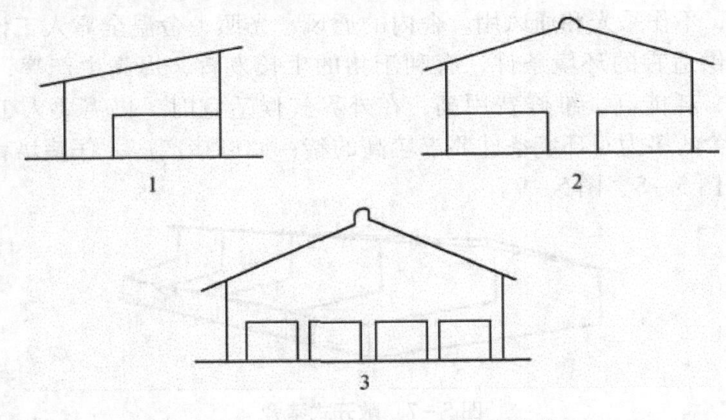

1. 单列式　2. 双列式　3. 多列式

图5－10　单列式、双列式及多列式猪舍示意图

（二）猪舍的建筑结构

一个完整的猪舍，主要由屋顶、地面、墙壁、门窗、通风换气装置和隔栏等部分构成。不同结构部位的建筑要求不同。

猪舍的基本结构包括屋顶、地面、墙壁、门、窗户。这些又统称为猪舍的“外围护结构”。猪舍的小气候状况，在很大程度上取决于围护结构的性能。

1. 屋顶

屋顶的作用是防止降水和保温隔热。屋顶的保温与隔热作用大，是猪舍散热最多的部位。冬季屋顶失热多，夏季阳光直射屋顶，会引起舍内的急速增温。因此，要求屋顶的结构必须严密、不透气，具有良好的保温隔热性能。在选择建筑材料上要根据要求科学选择，必要时综合几种材料建成多层屋顶。猪舍加设天棚，可明显提高其保温隔热性能，所以，为了保持适宜的舍温，加强屋顶的保温隔热具有重要的意义。

2. 墙壁

墙壁是猪舍的主要外围护结构，是猪舍建筑结构的重要部分。按墙所处位置可分为外墙、内墙。按墙长短又可分为纵墙和山墙（或叫端墙），沿猪舍长轴方向的墙称为纵墙；两端沿短轴方向的墙称为山墙。猪舍一般为纵墙承重，山墙设通风口和安装风机。

承重墙的承载力和稳定性必须满足结构设计要求。墙内表面要便于清洗和消毒，地面以上1.0～1.5m高的墙面应设水泥墙裙。同时，墙壁应具有良好的保温隔热性能。据报道，猪舍总失热量的35%～40%是通过墙壁散失的。

对墙壁的要求是坚固耐久和保暖性能良好。我国墙体的材料多采用黏土砖。墙壁的厚度应根据当地的气候条件和所选墙体材料的热工性能来确定，既要满足墙的保温要求，同时尽量降低成本，避免造成浪费。

3. 地面

猪只直接在地面上活动、采食、躺卧和排泄粪尿。地面对猪舍的保温性能及猪的生产性能有较大的影响。猪舍地面要求保温、坚实、不透水、平整、不滑，便于清扫和清洗消毒。地面应保持2%～3%的坡度，以利排水，保持地面干燥。砖地面保温性能好，但不坚固、易渗水、不便于清洗和消毒。水泥地面坚固耐用、平整，易于清洗消毒，但保温性能差。石料水泥地面，具有坚固平整、易于清扫消毒等优点。但质地过硬，导热系数大。目前猪舍多采用水泥地面和水泥漏缝地板。小型猪场可选用碎砖铺底，水泥抹平地面的方式建造地面。

4. 门

门是供人、猪出入猪舍及运送饲料、清粪等的通道。要求门坚固耐用，能保持舍内温度和便于出入。门通常设在猪舍两端墙，正对中央通道，便于运送饲料。双列式猪舍门的宽度一般1.2～1.5m，高度2.0～2.4m；单列式猪舍要求宽度不小于1.0m，高度1.8～2.0m。猪舍门应向外打开。在寒冷地区，通常设门斗以加强保温性能，防止冷空气侵入，并缓和舍内热能的外流。门斗的深度应不小2.0m，宽度应比门大出1.0～1.2m。

5. 窗户

窗户主要用于采光和通风换气。封闭式猪舍，均应设窗户，以保证舍内光照充足，通风良好。窗户面积大，采光、换气好，但冬季散热和夏季向舍内传热多，不利于冬季保温和夏季防暑。窗户距地面高度1.1～1.3m，窗顶距屋槽0.4～0.5m，两窗间隔为固定宽度的2倍左右。在寒冷地区，在保证采光系数的前提下，猪舍南北墙均应设置窗户，尽量多设南窗，少设北窗。同时为利于冬季保暖防寒，常使南窗面积大、北窗面积小，并确定合理的南北窗面比，炎热地区南北窗户面积比为（1～2）：1，夏热冬冷地区和寒冷地区面积比为（2～4）：1。在窗户总面积一定时，酌情多设窗户，并沿纵墙均匀设置，使舍内光照分布均匀。

窗户的形状对采光也有明显影响。“立式窗”在进深方向光照均匀，在纵向方向较差；“卧式窗”在纵向方向光照均匀，在进深方向光照较差；方形窗居中。设计时可根据猪舍跨度大小酌情确定。

二、猪场主要设施

不同性别、不同生理阶段的猪对环境及设备的要求不同，设计猪舍内部结构时应根据猪的生理特点和生物学特性，合理布置猪栏、走廊和饲料、粪便运送路线，选择适宜的生产工艺和饲养管理方式，提高劳动效率。

（一）猪舍类型

1. 公猪舍

多采用带运动场的单列式，保证公猪充足的运动，可防止公猪过肥，对种公猪健康和提高精液品质、延长公猪使用年限等均有好处。公猪栏要求比母猪栏和肥育猪栏宽，隔栏高度为1.2m，公猪栏面积一般为5.5～7.5m^2，其运动场也较大。种公猪一般为单圈饲养，公猪舍和母猪舍通常建造成矮墙形式避免彼此互相干扰。配种栏的设置有多种方式，可以专门设配种栏，也可以利用公猪栏和母猪栏。

2. 空怀与妊娠母猪舍

空怀、妊娠母猪可群养，也可单养。群养时，空怀母猪每圈 4～5 头，妊娠母猪每圈 2～4 头。群养方式节约圈舍，提高了猪舍的利用率；可使空怀母猪相互诱导发情，但发情不易检查；妊娠母猪群养，常因为争食、咬架而导致死胎、流产。空怀、妊娠母猪单养（单体限位栏饲养）时易进行发情鉴定，便于配种，利于妊娠母猪的保胎和定量饲喂，但母猪运动量小，母猪受胎率有降低趋势，肢蹄病也增多，影响母猪的利用年限。群养妊娠母猪，饲喂时亦可采用隔栏定位采食，采食时猪只进入小隔栏，平时则在大栏内自由活动，妊娠期间有一定活动量，可减少母猪肢蹄病和难产，延长母猪使用年限，猪栏占地面积较少，利用率高。但大栏饲养时，猪只间咬斗、碰撞机会多，易导致死胎和流产。

3. 泌乳母猪舍

多为三通道双列式。泌乳母猪舍供母猪分娩、哺育仔猪用，其设计既要满足母猪需要，同时要兼顾仔猪的要求。泌乳母猪舍的分娩栏应设母猪限位区和仔猪活动栏两部分，中间部位为母猪限位区，宽为 0.60～0.65m，两侧为仔猪栏。仔猪活动栏内一侧设仔猪补饲槽，另一侧设保温箱，保温箱采用加热地板、红外灯等给仔猪局部供暖。

4. 仔猪培育舍

仔猪断奶后就转入仔猪培育舍，断奶仔猪体温调节能力差，怕冷，机体抵抗力、免疫力差，易感染疾病。因此，应给仔猪提供一个温暖、清洁的环境。仔猪培育舍及上述的泌乳母猪舍在冬季一般需有供暖设备。

仔猪培育可采用地面或网上群养，每圈 8～12 头，仔猪断奶后转入培育舍一般应原窝饲养，每窝占一圈，这样可减少因重新建立群内的优胜序列而造成的应激。网上群养时，仔猪培育舍每列 8 个栏，每栏长 1.8m，宽 1.7m，高 0.7m，料箱装在栏内靠走道端，料箱底部两侧装食槽，一个料箱供 2 个猪栏用料，猪栏距地面 0.4m，猪栏底为全漏缝地板，每个栏靠走道侧留一个长 0.6m，高 0.7m 的门。

5. 生长肥育猪舍

为减少猪群周转次数，往往把育成和肥育两个阶段合并成一个阶段饲养，生长肥育猪多采用地面群养，每圈 8～10 头。

生长肥育猪身体各机能发育均趋于完善，对不良环境条件具有较强的抵抗力。因此，对环境条件的要求不太严格，可采用多种形式的圈舍饲养。

每头猪的占栏面积和采食宽度见表 5－13。

表 5－13　各类猪的圈养头数及每头猪的占栏面积和采食宽度

猪群类别	大栏群养头数	每圈适宜头数	面积（m^2/头）	采食宽度（cm/头）
断奶仔猪	20～30	8～12	0.3～0.4	18～22
后备猪	20～30	4～5	1.0	30～35
空怀母猪	12～15	4～5	2.0～2.5	35～40
妊娠前期母猪	12～15	2～4	2.5～3.0	35～40

（续表）

猪群类别	大栏群养头数	每圈适宜头数	面积（m^2/头）	采食宽度（cm/头）
妊娠后期母猪	12～5	1～2	3.0～3.5	40～50
设防压架的母猪	—	1	4.0	40～50
泌乳母猪	1～2	1～2	6.0～9.0	40～50
生长肥育猪	10～15	8～12	0.8～1.0	35～40
公猪	1～2	1	6.0～8.0	35～45

表5－13列出了各种类型猪群养时每圈的适宜头数、每头猪的占栏面积、采食宽度等。参照这些参数，并考虑不同类型猪舍所采用的生产工艺、饲养管理措施及饲养人员的劳动定额等，即可确定每种猪舍的内部结构和尺寸、猪舍的跨度和长度等。

（二）养猪设备

猪因不同的生理阶段和生产目的，需要不同的生活环境条件，给猪创造良好的生存环境，充分发挥猪只的生产潜力，合理配置猪场的设备，是建好猪场的一项十分重要的任务。

现代化猪场的设备主要包括各种限位饲养栏、漏缝地板、供水系统、饲料加工、贮存、运送及饲养设备、供暖通风设备、粪尿处理设备，卫生防疫、检测器具和运输工具等。现介绍几种猪场常用主要设备。

1. 猪栏

现代化猪场均采用固定栏式饲养，猪栏一般分为公猪栏、配种栏、妊娠栏、分娩栏、保育栏、生长肥育栏等。

（1）公猪栏和配种栏

集约化猪场，多采用每周分娩日程安排，并按全进全出的要求充分利用猪栏，管理人员必须安排好猪的配种、分娩和生产管理，提高猪栏的利用率，获得较高的受胎率、产仔数和成活率。

公猪栏一般每栏面积为7～9m^2。公猪栏每栏饲养1头公猪，栏长、宽可根据舍内栏架布置来确定，栏高一般为1.2m，栏栅结构可以是金属的，也可以是混凝土结构，栏门均采用金属结构。

集约化猪舍公猪栏的构造有实体、栏栅式和综合式三种。在大中型集约化养猪场中，设有专门的配种栏（小型猪场可以不设配种栏，而直接将公母猪驱赶至空旷场地进行配种），这样便于安排猪的配种工作。

配种栏的结构形式有两种：一种是结构和尺寸与公猪栏相同，配种时将公、母猪驱赶到配种栏中进行配种。另一种是由4头空怀期母猪与1头公猪组成一个配种单元，空怀母猪采用单体限位栏饲养，与公猪饲养在一起，4个待配母猪栏对应一个公猪栏，4头母猪分别饲养在4个单体限位栏中，公猪饲养在母猪后面的栏中，如图5－11。

图5－11　配种栏

空怀母猪达到适配期后，打开后栏门在公猪栏内进行配种，配种结束后将母猪转到空怀母猪栏进行观察，确定妊娠后再转入妊娠栏。这种配种栏的优点是利用公猪诱导空怀母猪提前发情，缩短了空怀期，同时也便于配种，不必专设配种栏。

（2）母猪栏

现代化猪场繁殖母猪的饲养方式，有大栏分组群饲、单栏个体饲养和大单栏与单栏相结合群养三种方式。其中单体限位饲养，具有占地面积少，便于观察母猪发情和及时配种，母猪不争食，不打架，避免互相干扰，减少机械性流产等优点，但单体限位饲养栏投资大，母猪运动量小，繁殖母猪利用年限短。

母猪大栏高一般为0.9～1.0m，隔栏多为水泥板或金属制造单体栏一般长2.0m、宽0.65m、高为1.0m。栅栏结构多为金属制造（图5－12）。

图5－12　普通型单体栏

（3）分娩栏

现代化猪场分娩栏是采用单体栏，供母猪分娩和哺乳。分娩栏的中间为母猪限位架，供母猪分娩和仔猪哺乳的，两侧是仔猪采食、饮水、取暖和活动的地方。母猪限位架一般采用圆钢管和铝合金制成，后部安装漏缝地板以清除粪便和污物，两侧是仔猪活动栏，分娩栏一侧装有仔猪保温箱，用于隔离仔猪。

分娩栏尺寸一般长2.0～2.1m、宽1.65～2.00m，母猪限位栏宽0.55～0.65m，高1m；母猪限位栅栏，离地高度为30cm，并每隔30cm焊一孤脚。

分娩栏的栅栏多用钢管焊接而成，采用螺栓、插销等组装而成。母猪限位区前方为饲料槽和饮水器，供母猪饮水用，槽体分为两部分。饲料槽上部装有铰链，可从下往上转动整个饲料槽翻转，便于清洗。分娩栏后部为金属漏缝地板、粪尿漏至下面的粪尿沟。栏的前面为水泥地板，并预埋加热水管，通过热水循环使地面加热，保证小猪活动区的温暖小环境。母猪限位区设有前后栏门，母猪可从后门进前门出，移动方便。装有分娩式防压杆和耙齿式防压装置（图5－13、图5－14）。

图 5－13　高床分娩栏

图 5－14　仔猪玻璃钢保温箱

这种分娩栏是母猪分娩和仔猪哺乳在网上，母猪和仔猪的粪尿通过漏缝地板掉入粪沟，使仔猪和母猪脱离了粪尿污物和地面的低温潮湿，改善了饲养环境，减少了仔猪下痢等疾病，提高了仔猪的成活率、生长速度和饲料转化率。高床分娩栏是当前饲养分娩、泌乳母猪和哺乳仔猪的理想设备。这种分娩栏适用于全封闭式猪舍，有较好的效果。

（4）仔猪保育栏

仔猪断奶后转入仔猪保育栏，断奶仔猪适应能力差，抗病力弱，而这段时间又是仔猪生长最强烈的时期。因此，保育栏要求清洁、干燥、温暖、空气新鲜。现代化猪场多采用高床网上保育栏，主要由金属编织漏缝地板网、围栏、自动食槽，连接卡、支腿等部分组成，金属编织网通过支架设在粪尿沟上或水泥地面上，围栏由连接卡固定在金属漏缝地板网上，相邻两栏在间隔处设有一个双面自动食槽，供两栏仔猪自由采食，每栏安装一个自动饮水器。网上饲养仔猪，粪尿通过漏缝地板落入粪沟中，保持网床上干燥、清洁，使仔猪避免粪便污染，减少疾病发生，提高仔猪的成活率，是一种较为理想的仔猪保育设备。

仔猪保育栏的长、宽、高尺寸，视猪舍结构不同而定。常用的有栏长 2m，宽 1.7m，高 0.7m，侧栏间隙 5.5cm，离地面高度 25～30cm，可养 10～25kg 的仔猪 10～12 头（图 5－15）。

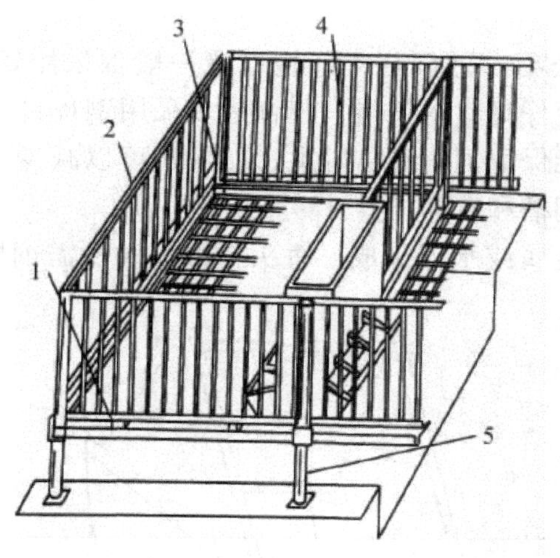

1. 连接板　2. 围栏　3. 漏缝地板
4. 自动落料饲槽　5. 支腿

图 5－15　仔猪保育栏

保育栏也有采用金属和水泥混合结构，东西面隔栏用水泥结构，南北面栅栏用金属，既可节省一些金属材料，又可保持良好通风。保育栏也可全部采用水泥结构，既可节省金属材料，又可降低造价。

(5) 生长肥育猪栏

现代化猪场的生长肥育猪栏均采用大栏饲养，其结构类似，只是面积大小稍有差异。生长猪栏与肥育猪栏有实体、栅栏和综合三种结构。常用的有以下几种：一种是采用全金属栅栏和全水泥漏缝地板条，金属栅栏安装在钢筋混凝土板条地面上，相邻两栏在间隔栏处设有一个双面自动饲槽。供两栏内的生长猪或肥育猪自由采食，每栏安装一个自动饮水器供自由饮水。另一种是采用水泥隔墙及金属大栏门，地面为水泥地面，后部有 0.8 ~ 1.0m 宽的水泥漏缝地板，下面为粪尿沟。生长肥育猪的栅栏也可以全部采用水泥或砖砌墙体结构，只留一金属小门。

2. 饲喂设备

大型现代化猪场饲料供给和饲喂的最好办法是，经饲料厂加工好的全价配合饲料，直接用专用车运输到猪场，送入饲料塔中，然后用螺旋输送机将饲料输入猪舍内的自动落料饲槽或食槽内进行饲喂。这种工艺流程，能保证饲料新鲜，不受污染，减少装卸和散漏损失，而且还可以实现机械化、自动化作业，节省劳动力，提高劳动生产率。但这种供料饲喂设备投资大，需要电，目前只在少数有条件的猪场应用，而我国大多数猪场还是采用袋装，饲料由汽车运送到猪场，卸入饲料库，再用饲料车人工运送到猪舍，进行人工喂饲。人工运送喂饲劳动强度大，劳动生产率低，饲料装卸、运送损失大，又易污染，但这种方式机动性好、设备简单、投资少、故障少，不需要电力，各种类型的猪场均可采用。

饲槽。饲槽可分为单槽和通槽，有固定式和活动式两类。有水泥饲槽、钢制饲槽和自动落料饲槽等。因饲槽设计不完善，可损失约10%的饲料，因此必须科学设计饲槽。要求饲槽构造简单严密，便于饲喂、采食，坚固耐用，便于洗刷，容量为每次饲喂量的 1 ~ 2 倍。

对于限量饲喂的种公猪、种母猪、分娩母猪一般都采用钢板饲槽或混凝土地面饲槽；对于自由采食的保育仔猪、生长猪、肥育猪多采用钢板自动落料饲槽或水泥自动落料饲槽，这种饲槽不仅能保证饲料清洁卫生，而且还可以减少饲料浪费，满足猪的自由采食。饲槽可分为固定饲槽和自动饲槽。

① 限量饲槽。采用金属或水泥制成，每头猪喂饲时所需饲槽的长度大约等于猪肩宽(图5-16)。

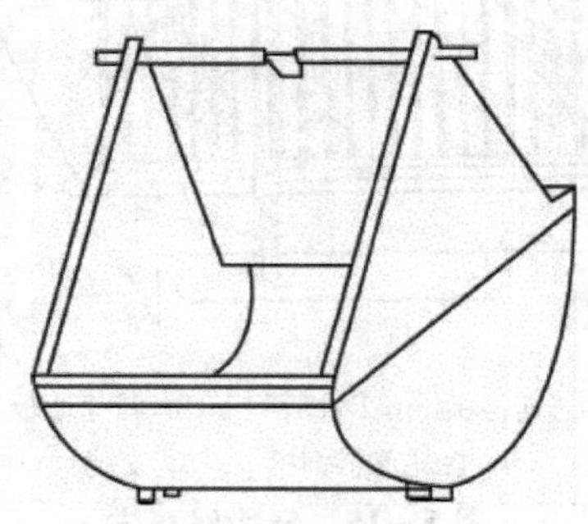

图5-16 限量饲槽

② 自动饲槽。在保育、生长、肥育猪群中，大多采用自动饲槽让猪自由采食。自动饲槽的顶部装有饲料贮存箱，贮存一定量的饲料，当猪吃完饲槽中的饲料时，料箱中的饲料在重力的作用下不断落入饲槽内。因此，自动饲槽可以隔较长时间加一次料，减少了喂饲工作量，提高了劳动生产率，同时也便于实现机械化、自动化喂饲。但进入饲槽口的饲料不能过多，否则容易流出造成浪费。

自动饲槽可以用钢板制造，也可以用水泥预制板拼装。自动饲槽有长方形、圆形等多种形状。分双面、单面两种形式。双面自动饲槽供两个猪栏共用，单面自动饲槽供一个猪栏用。每面可同时供 4 头猪吃料（图 5－17）。

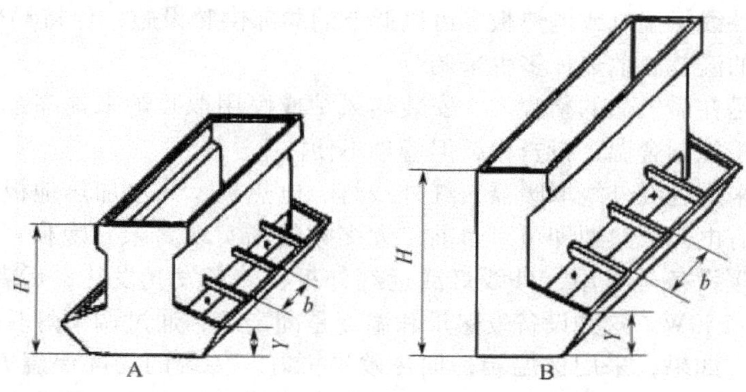

A 双面饲槽　　B 单面饲槽

图 5－17　长方形自动饲槽

各类猪占用饲槽的规格和自动饲槽主要结构参数见表 5－14 和表 5－15。

表 5－14　各类猪占用饲槽的规格　（cm/头）

类别	长度	宽度	高度
母猪	40～45	35～45	12～22
仔猪	15～20	15～20	8～10
肥育猪	40～50	30～35	12～22
公猪	50～60	35～45	12～22

表 5－15　钢板制造自动落料饲槽主要结构参数　（cm）

类别		高 度（H）	前缘高度（Y）	最大宽度（B）	采食间隔（b）
双面	保育猪	70	12	52	15
	生长猪	80	15	65	20
	肥育猪	80	18	69	25
单面	保育猪	70	12	27	15
	生长猪	80	15	33	20
	肥育猪	80	18	35	25

3. 降温与采暖设备

(1) 供热保暖设备

猪场中公、母猪和肥育猪，由于抗寒能力强，饲养密度大，自身散热能够保持所需的舍温，一般不予供暖。哺乳仔猪和断奶仔猪，由于热调节机能发育不全，对寒冷抵抗力差，要求较高的舍温，在寒冷的冬季必须供暖。

猪舍的供暖，分集中供暖、分散供暖和局部供暖 3 种方法。集中供暖是由一个集中供热锅炉，通过管道将热水输送到猪舍内的散热片，加热猪舍的空气，保持舍内适宜的温度。在分娩舍为了满足母猪和仔猪的不同温度要求，常采用集中供暖，维持舍温 18℃，在仔猪栏内设置红外线保温灯或电热板等可以调节的局部供暖设施，保持局部温度达到 30～32℃。各类猪舍的温差由散热片多少来调节。

分散供热就是在需供热的猪舍内，安装热风炉或民用取暖炉来提高舍温，这种供热方式灵活性大，便于控制舍温，投资少，但管理不便。

局部保温可采用远红外线取暖器、红外线灯、电热板、热水加热地板等，这种方法简便、灵活，只需有电源或热源即可。目前，大多数猪场实现高床分娩和育仔。因此，最常用的局部环境供暖设备是采用红外线灯或远红外板，前者发光发热，后者只发热不发光，功率规格为 175～250W。这种设备发热量和温度是固定的，通过调节灯具的吊挂高度来调节仔猪群的温度。如果，采用保温箱，加热效果更好。传统的局部保温方法采用厚垫草、生火炉、搭火墙、热水袋等方法，这些方法目前多被规模较小的猪场和农户采用，效果不甚理想，且费时费力，但费用低。电热保温板可直接放在栏内地面适当位置，也可放在保温箱的底板上。在分娩栏或保育栏也可采用热水加热地板，利用热水循环加热地面。加热温度的高低，由通入的热水温度来控制。

(2) 通风降温设备

通风降温是排除猪舍内的有害气体，降低舍内温度，在猪体周围形成适宜的气流，加强猪体散热的有效方法。在猪舍面积小、跨度小，而门窗较多的猪场，可设置地脚窗、天窗、通风屋脊等方式，利用自然通风。如果猪舍跨度大、饲养密度高，应采用风机强制通风。

适合猪场使用的通风机多为大直径、小功率、低速的通风机。这种风机通风量大、噪声小、耗电少、可靠耐用，适宜长期使用。

在生产中猪舍采用制冷设备降温常采用水蒸发式冷风机、湿帘降温系统、降温喷头等，利用水蒸发吸收舍内热量以降低舍内温度。在干燥的气候条件下降温效果好。

在母猪分娩舍内，可采用滴水降温法，冷却水在母猪的头颌部和背部下滴，在母猪背部体表蒸发，吸热降温，未等水滴流到地面上已全部蒸发掉，不易使地面潮湿。

4. 饮水设备

现代化猪场需要大量饮用水和用于生产的清洁用水。因此，供水、饮水设备是猪场不可缺少的设备。

(1) 供水设备

猪场供水设备主要由水井提取、水塔贮存和输送管道等部分组成。现代化猪场的供水一般都是采用压力供水，其供水系统主要包括供水管路、过滤器、减压阀、自动饮水器等。

(2) 自动饮水器

猪用自动饮水器的种类很多，有鸭嘴式、乳头式、杯式等，应用最为普遍的是鸭嘴式自动饮水器。主要介绍鸭嘴式自动饮水器。

鸭嘴式自动饮水器采用纯铜或不锈钢制成，主要由阀体、阀芯、密封圈、回位弹簧、塞盖、滤网等组成。阀体、阀芯选用黄铜或不锈钢材料，弹簧、滤网为不锈钢材料，塞盖用工程塑料制造。整体结构简单，耐腐蚀，工作可靠，不漏水，寿命长，猪饮水时，嘴含饮水器，咬压下阀杆，水从阀芯和密封圈的出水间隙流出，当猪嘴松开后，靠回位弹簧的张力，阀杆复位，出水间隙被封闭，水停止流出，鸭嘴式饮水器密封性能好，流速较低，符合猪只饮水要求。

鸭嘴式自动饮水器，流量1 000～3 000ml/min。安装这种饮水器的角度有水平的和45°角两种，离地高度随猪体重变化而不同。

饮水器要安装在远离猪只休息区的排粪区内。单体限位饲养栏安装在猪前方的上部或下部。使用期间应定期检查饮水器的工作状态，清除泥垢，调节和紧固螺钉，发现故障及时修理。

5. 漏缝地板

为了保持栏内的清洁卫生，改善环境条件，普遍采用粪尿沟上铺设漏缝地板。漏缝地板有钢筋混凝土板条、板块、钢筋编织网、钢筋焊接网、铸铁、塑料板块等。漏缝地板要求耐腐蚀，不变形，表面平整，防滑，导热性小，坚固耐用，漏粪效果好，易冲洗消毒，适应各种日龄猪的行走站立，不卡猪蹄。漏缝断面呈梯形，上宽下窄，其主要结构参数见表5－16。

表5－16　各种猪栏漏缝地板间隙宽度

漏缝地板主要参数	公猪栏	母猪栏	分娩栏	培育栏	育成栏	肥育栏
漏缝间隙宽度（mm）	20～25	20～25	10	10	15～20	20～25

金属编织地板网，由直径5mm的冷拔圆钢编织成1cm宽、4～5cm长的缝隙网片，再与角钢、扁钢焊接而成。圆钢编织网漏粪效果好，猪只行走不滑，适宜分娩母猪的高床产仔栏及断乳仔猪的高床育仔栏。

塑料漏缝地板，由工程塑料模压制而成，可将小块连接组合成大块。可用于高床产仔栏、高床育仔网及母猪、生长肥育猪的粪沟上铺设，热工性能上优于金属编织网，使用效果好，但造价较高。

铸铁漏缝地板与钢筋混凝土板条、板块相比，使用效果好，但造价高，适用于高床产仔栏母猪限位架下及公猪、妊娠母猪、生长肥育猪的粪沟上铺设。

6. 消毒设备

集约化养猪场，必须有完善严格的卫生防疫制度，对进场的人员、车辆、种猪和猪舍内环境都要进行严格的消毒。

（1）车辆、人员清洁消毒设施

集约化猪场要求场内车辆不出场，场外车辆不进场。必须进场的车辆，经过大门口车辆消毒池，消毒池与大门等宽，长度为机动车轮胎周长的2.5倍以上。车身经过冲洗喷淋消毒方可进场。

进场人员都必须经过温水冲洗、更换工作服，通过消毒间、消毒池，经过紫外线消毒灯，进行双重消毒。

(2) 环境清洁消毒设备

常用的清洁消毒设备有以下两种。

① 电动清洗消毒车　该机工作压力为15～20kg/cm^2，流量为20L/min，冲洗射程12～15m，是工厂化猪场较好的清洗消毒设备。

② 火焰消毒器　火焰消毒器是利用液化气或煤油高温雾化，剧烈燃烧产生高温火焰对舍内的猪栏、饲槽等设备及建筑物表面进行瞬间高温燃烧，达到杀灭细菌、病毒、虫卵等消毒净化的目的。火焰消毒杀菌率高达97%以上，避免了用消毒药物造成的药液残留。

第四节　猪舍环境控制

通过不同类型的猪舍克服气候因素对猪产生的不良影响，建立有利于猪只生存和生产环境的设施，叫做猪舍的环境控制。猪舍环境的控制主要有以下几个方面。

一、猪舍内温度控制

猪舍依靠外围护结构不同程度地与外界隔绝，形成舍内小气候。通过合理设计猪舍的保温隔热性能，采取有效的供暖、降温、通风、换气、采光、排水、防潮等措施，建立满足猪只生理需要和行为习性的条件，为猪只创造适宜的生活环境。

(一) 保温隔热要求

保温就是在寒冷的季节，通过猪舍将猪体产生的热和用热源（暖气、红外线灯、远红外线取暖器、电热板等）发散的热能保存下来，防止和减少向舍外散失，从而形成温暖的环境。隔热，就是在炎热的季节，通过猪舍和其他设施（凉棚、遮阳、保温层等），以隔断或减少太阳辐射热传入舍内，防止舍内的气温升高，形成较凉爽的环境。

猪舍的保温隔热性能取决于猪舍样式、尺寸、外围护结构和厚度等。设计猪舍时，必须根据当地的气候特点和规定的环境参数进行设计，根据当地气候条件选择猪舍的型式和各部位尺寸。

导热性小的材料热阻大，保温性能好；导热性大的材料热阻小，保温差。同一种材料，也因其容重不同或含水分不同，导热能力也有性能差别。容重大的和潮湿的建筑材料导热系数大，而潮湿材料导热性增强。因为，空气的导热性很小，仅为水的1/25。所以，轻体材料、疏松的纤维材料、颗粒材料，因空隙多且充满空气，具有良好的保温隔热能力。连通的、粗孔的材料其保温能力低于封闭的、微孔的材料。

导热性小的材料虽然利于保温，但吸水能力强，因此，在建造猪舍时，把隔潮防水和保温综合考虑。选择保温性好的建筑材料，同时猪舍外围护结构要有足够的厚度。

我国北方，冬季气温低，持续时间长，昼夜温差大，冬春两季风多，影响了猪的正常生长和生产性能。防寒就是通过良好的保温隔热，把舍内产生的热充分加以利用，使之形成适于猪只要求的温度环境。

(二) 保温防寒措施

1. 保温

加强猪舍外围护结构的保温性能，是提高猪舍保温能力的根本措施。开放式、半开放式猪舍的温度状况受外界气温影响大，冬季一般稍高于舍外。密闭式猪舍冬季的温度状况，取决于舍内温度空气对流状况和通过围护结构散失热量的多少。

猪舍内的热能向外散失，主要通过屋顶、天棚，其次是墙壁、地面和门窗。

屋顶面积大，又因热空气轻而上浮，容易通过屋顶散失。因此，必须选用保温性能好的材料修造屋顶，而且要求有一定的厚度，以增强保温效果。我国多采用加气混凝土板、玻璃棉、保温板、传统的草屋顶或在屋顶铺锯末、炉灰作为保温层，可取得良好效果。在寒冷地区可适当降低猪舍的净高或进行吊顶，对猪舍的保温具有良好效果。

墙壁设计时一定要注意保温性能，确定合理的结构。应选用导热性小的材料，利用空心砖或空心墙体，并在其中充满隔热材料，可明显地提高热阻，取得更好的保温效果。据试验，用空心砖代替普通红砖，热阻可提高41%，用加气混凝土块，热阻可提高6倍。

门窗设置及其构造影响猪舍的保温，门窗失热量大，在寒冷地区应在能满足采光或夏季通风的前提下，尽量少设门窗。地窗、通风孔应能够启闭，冬季封闭保温，夏季打开通风。在寒冷地区，猪舍门应加门斗，窗户设双层，冬季迎风面不设门，少设窗户，气温低的月份应挂草帘保温。

地面的保温性能取决于所选用的材料，应采用导热性小、不透水、坚固、有弹性、易于消毒的地面。导热性强的地板（如水泥地面）在冬季传导散热很多，影响生产和饲料转化率，仔猪常因此造成肠炎、下痢。为减少从地面的失热，可采用保温地板，哺乳仔猪还可采用电热或水暖供热地板，或在地板上铺垫草，既保温又可防潮。采用漏缝地板水冲清粪工艺的猪舍，舍内比较潮湿，空气污浊。因此，更要注意舍内的换气和保温。

建造猪舍时为了节约建筑材料和降低建筑成本，可在猪舍不同部位采用不同建筑材料修建符合要求的地面，猪床用保温好、柔软、富有弹性的建筑材料，其他部位用坚实、不透水、易消毒、导热性小、不透水的建筑材料，以提高保温效果。

在以防寒为主的地区，应尽量减小外围护结构的面积，以利保温。在不影响饲养管理的前提下，适当降低猪舍的高度。冬冷夏热地区，檐高应在2.4～3.0m。跨度大的猪舍外围护结构面积相对较小，有利于保温。但跨度大，不利于自然通风和光照，跨度超过8～9m，必须设置机械通风。

2. 防寒

猪舍的温度状况不能满足要求时，需进行必要的人工供暖。我国一般采用暖气、热风炉、电暖气、烟道、火墙、火炉等设备供暖。仔猪要求温度高，一般采用红外线灯、电热板、火炕、热水袋等局部供暖。

在冬季，适当加大猪的饲养密度，可以提高猪舍的环境温度。舍内防潮可减少机体热能的损失，在猪床铺垫草可以缓和冷地面对猪的刺激，减少猪体失热。

猪舍在冬季不能达到所要求的适宜温度时，对产房和幼猪舍采用人工供暖。

初生仔猪活动范围小对低温反应敏感，采用红外线灯进行局部采暖，既经济又实用。也可利用太阳能、沼气和工厂的余热供猪舍采暖。

近年来，在母猪分娩舍采用红外线灯照射仔猪，既保证仔猪所需的较高温度，又不影响母猪。红外线灯的功率和悬挂高度见表5－17。

表 5－17 红外线灯的温度

灯下水平距离（cm）		0	10	20	30	40	50
灯泡瓦数（W）	高度（cm）	温度（℃）					
250	50	34	30	25	20	18	17
	40	38	34	21	17	17	17
125	50	19	26	18	17	16	15
	40	23	28	19	15	14	14

（三）防暑降温

炎热季节舍外高温和强烈的太阳辐射会使猪舍温度升高，加之猪只散发大量体热，在白天舍内温度往往高于舍外，影响猪只的正常生产。外围护结构内表面温度升高，也会对猪只造成热辐射。为搞好猪舍夏季防暑，除绿化遮阴、降低饲养密度外，还需加强猪舍的隔热设计，必要时采取降温措施。

在夏热冬暖地区，可在屋面的最下层用导热系数小的材料建造，中间用蓄热系数大的材料，上层用导热系数大的材料，这样可缓和热量向舍内的传递。在夏热冬冷的地区，上层以导热系数小的材料为宜。

为了提高屋顶的隔热性能，在以防暑为主的地区可采用通风屋顶。屋顶建成两层，冷空气由进气口流进，被晒热的空气，从排气口流出，如此不断循环，减少了传至里层热量，降低了屋顶内表面和舍内的空气温度。

炎热地区应适当加大窗户面积，但须注意窗户的遮阳，并适当减小窗户之间墙的宽度，以减少舍内的涡风区。

在夏季，大多数地区猪舍内环境温度偏高，当大气温度接近或超过猪的体温，只有采取降温的办法来缓解高温对猪只健康和生产力的影响。

猪舍降温方法很多，常用方法如下。

1. 通风降温

自然通风猪舍空气流动靠热压和风压，在猪舍设地窗、天窗可形成“扫地风”、“穿堂风”直接吹向猪体，并可加强热压通风，明显提高防暑效果。夏季自然通风的气流速度较低，一般采用机械通风来形成较强气流，进行降温。

2. 蒸发降温

向地面、屋顶、猪体上洒水，靠水分蒸发吸热而降温。在猪场中，将水喷成雾状，使水迅速汽化，在蒸发时从周围空气中吸收大量热，从而降低舍内温度。这种降温系统设备简单，蒸发降温效率较高，但使舍内湿度增大，因而一般须间歇工作。在高湿气候条件下，水分蒸发速度慢，故降温效果不佳。

3. 滴水降温

适合于单体限位饲养栏的公猪和分娩母猪。在这些猪的颈部上方安装滴水降温头，水滴间隔性地滴到猪的颈部、背部，水滴在猪背部体表散开、蒸发，对猪进行了吸热降温。滴水降温不是针对舍内气温降温，而是直接降低猪的体温。

4. 湿帘风机降温系统

是一种生产性降温设备，由湿帘、风机、循环水路及控制装置组成。主要是靠蒸发降温，也辅以通风降温的作用。在干热地区的降温效果十分明显。湿帘降温系统既可将湿帘安装在一侧纵墙，风机安装在另一侧纵墙，使气流在舍内横向流动。也可将湿帘、风机各安装在两侧端墙上，使气流在舍内纵向流动。

以上四种冷却方法，气流越大，水温越低，空气越干燥，降温效果越好。

二、舍内有害气体的控制

在封闭式饲养的情况下，通风换气可改善猪舍的空气环境，通风既可排除舍内的热量，又能排除舍内污浊的空气和多余的水汽，降低舍内湿度，防止围护结构内表面结露，同时可排除空气中的尘埃、微生物、有毒有害气体，改善猪舍空气的卫生状况。

猪舍通风分自然通风和机械通风两种方式。

1. 自然通风

自然通风是靠舍外刮风和舍内外的温差实现的。风从迎风面的门、窗户或洞口进入舍内，从背风面和两侧墙的门、窗户或洞口穿过，即利用“风压通风”。舍内气温高于舍外时，舍外空气从猪舍下部的窗户、通风口和墙壁缝隙进入舍内，而舍内的热空气从猪舍上部的屋面经自然通风器、通风窗、窗户、洞口和缝隙压出舍外为“热压通风”。舍外有风时，热压和风压共同起通风作用，舍外无风时，仅热压起通风作用。

2. 机械通风

在炎热地区的夏季单独利用自然通风往往起不到降温的作用，需进行机械通风。机械通风分为以下 3 种方式。

（1）负压通风

负压通风又叫排风。即用风机把猪舍内污浊的空气抽到舍外，使舍内的气压低于舍外而形成负压，舍外的空气从屋顶或对面墙上的进风口被压入舍内。

（2）正压通风

正压通风又叫送风。即将风机安装在侧墙上部或屋顶，强制将风送入猪舍，使舍内气压高于舍外，舍内污浊空气被压出舍外。

（3）联合通风

同时利用风机送风和利用风机排风，可分为两种形式：第一种形式适用于比较炎热的地区，即进气口设在低处，排气口设在猪舍的上部，此种形式有助于通风降温；第二种形式应用范围较广，在寒冷和炎热地区均可采用，将进气口设在猪舍的上部，排气口设在较低处，便于进行空气的预热，可避免冷空气直接吹向猪体。

无论是自然通风还是机械通风，设置进排风口及确定风机的位置和数量时，必须考虑到满足猪舍的排污要求，使舍内气流分布均匀，无通风死角，无涡风区，避免产生通风短路，此外，要有利于夏季防暑和冬季保暖；如在自然通风中可通过设地窗或屋顶风管，增大进排风口间的垂直距离，从而增大通风量，并可使气流流经猪体，加强气体对流和蒸发散热，在冬季可关闭地窗以利保温。在进风口总面积确定后，可酌情缩小每个进风口的面积，增加进风口的数量，使舍内气流分布均匀。在冬季，进风口不宜设置过低，避免冷风直接吹向猪床。机械通风中，一侧排风对侧进风时，排风口宜设于墙的下部，而对侧墙上的进风口宜设在上部，并尽量使进风口与排风口错开设置。将风机设在屋顶风管中排风时，设在墙上的进风口位置不宜过低，或装导向板，以防冬季冷风直接吹向猪床。为兼顾不同季节的通风需求，可将风机开关分组并相间设置，根据季节确定开启的组数。以保证开启任何一组都能使舍内通风均匀。猪舍通风量（每千克体重每小时所需空气立方米数）和风速见表5－18。

表5－18　猪舍通风换气量参数

猪群类别	通风量［m^3/（h·kg）］			风速（m/s）	
	冬季	春秋季	夏季	冬季	夏季
种公猪	0.45	0.60	0.70	0.20	1.00
成年母猪	0.35	0.45	0.60	0.30	1.00
哺乳母猪	0.35	0.45	0.60	0.15	0.40
哺乳仔猪	0.35	0.45	0.60	0.15	0.40
培育仔猪	0.35	0.45	0.60	0.20	0.60
肥育猪	0.35	0.45	0.65	0.30	1.00

注：表中风速指猪所在位置猪体高度的夏季适宜值和冬季最大值。在最热月份平均温度≥28℃的地区，猪舍夏季风速可酌情加大，但不宜超过2m/s，哺乳仔猪不得超过1m/s

三、生物侵害控制

猪群疫病主要是由病原微生物的传播所造成的，而猪舍又是病原微生物理想的栖息地。病原微生物存在于养猪生产的各个角落，如场地、饮水、空气、饲料、猪舍等。因此，如何控制病原微生物的生长繁殖及传播是猪群保健措施的关键。良好的环境卫生和消毒措施能够有效控制病原微生物的传入和传播，从而显著降低猪只生长环境中的病原微生物数量，为猪群健康提供良好的环境保证。

生物侵害控制的有效方法是建立生物安全体系。生物安全体系是指能以某些方式减少新病原体进入猪场的各种措施，以及能避免这些病原体在猪场中持久存在的所有措施，是经济有效的疫病控制手段。通过建立生物安全体系，采取严格的隔离、消毒和防疫措施，降低和消除猪场内的病原微生物，减少或杜绝猪群的外源性继发感染，为猪只生长提供一个舒适的生活环境，同时尽可能使猪只远离病原体的攻击，从根本上减少和依赖用疫苗和药物实现预防和控制疫病的目的。

生物安全是一个系统工程，涉及生产过程的每一个环节，忽视任何一个环节都可能造成整个系统的失败。

规模化猪场必须实施非常严格的生物安全措施才能有效预防疾病的传入，并且最大限度降低猪场内的病原微生物，从而能提高猪群的整体健康水平，减少疫病的发生。有些养猪生产者对生物安全的重要性认识不足，不能充分认识猪群疾病发生的原因、传播途径和疾病防制的原则。最基本的生物侵害控制措施如下。

（一）猪场的卫生管理

1. 清扫圈舍

保持猪舍干燥清洁，每天打扫卫生，清理生产垃圾，打扫清理粪便，尽可能做到猪、粪分离。清扫后进行必要的清洗。

2. 猪舍消毒

猪只转群后的空栏舍，用清洗消毒机彻底清理，包括栏舍、墙面、食槽、地板等，清洗后用广谱消毒药消毒备用。繁殖舍每月彻底打扫冲洗一次，产房断奶后彻底打扫冲洗，保育仔猪 50 日龄后冲洗地板 1 次，育成、肥育舍每月打扫冲洗 1 次。

3. 通风换气

在保持温暖干燥的同时，适时通风换气，排出猪舍内有害气体，保持舍内空气新鲜。

（二）猪场的消毒措施

严格消毒是防止动物疫病侵入和流行的一项重要防疫措施，是当前养猪生产中不可忽视的重要环节。消毒可分终端消毒和经常性的卫生保护消毒，前者指空舍或空栏后的消毒，后者指舍内及四周的经常性消毒（定期带猪消毒、场区消毒和人员入场消毒等）。

1. 栏舍、设备和用具的消毒

使用广谱消毒药彻底消毒栏舍内所有表面及设备、用具。必要时，可先用 2% ~3% 氢氧化钠溶液对猪栏、地面、粪沟等喷洒浸泡，30 ~60min 后低压冲洗；然后用 0.5% 过氧乙酸喷雾消毒。消毒后栏舍保持通风、干燥，空置5 ~7d。入猪前 1d 再次喷雾消毒。

2. 人员消毒

进入猪场的一切人员，须经“踩、照、洗、换”四步消毒程序（踩氢氧化钠消毒垫，照射紫外线 5 ~10min/次，消毒液洗手，更换场区工作服、鞋等并经过消毒通道）方能进入场区，进入猪场须穿专用胶鞋，用具在入场前需喷洒消毒。

3. 车辆消毒

种猪场建立门口消毒池，可用 2% ~3% 氢氧化钠溶液作为消毒液，每周更换一次，保持消毒池内消毒药液的有效性。

4. 场区消毒

猪舍内外、猪场道路每周定期消毒。舍内带猪消毒，可用对人、畜无害的消毒液，如百毒杀或 0.3% 过氧乙酸溶液等。运动场及场内道路可用 2% ~3% 氢氧化钠溶液消毒。在进行消毒前必须彻底清扫、冲洗，用氢氧化钠溶液消毒后亦须彻底冲洗，除去消毒液，以免腐蚀皮肤和用具。

5. 猪体消毒

种母猪在分娩前需对体表进行冲洗，用百毒杀或 0.1% ~0.3% 过氧乙酸溶液喷雾消毒，乳头、阴户用 0.1% 高锰酸钾溶液擦洗消毒后送入消毒过的产房待产。

（三）消灭老鼠、蚊蝇和昆虫

野生动物、昆虫是将新疾病引入猪场的最重要的危险因素之一。如老鼠、犬、猫、鸟等。并且要尽可能消灭老鼠，防止咬坏麻袋、水管、电线、保温材料等。

1. 消灭蚊、蝇、蠓等病媒昆虫

猪场中节肢动物如疥螨、虱子、虻、刺蝇、蚊子、蜱、蠓等能够携带附红细胞体传染给猪，蚊子在猪附红细胞体病的传播中是最主要的传播途径。蚊、蝇、蠓等吸血昆虫促进了猪疫病的发生和流行。由媒介生物传播的疾病，包括由病毒、立克次体、细菌、螺旋体、原虫及蠕虫等病原体所引起的疾病。注意消灭吸血昆虫。除用药物驱杀外，在猪舍上安装纱网，防止蚊、蝇、蠓的叮咬，减少疫病传播。

2. 灭鼠

老鼠是许多疫源性疾病的贮存宿主。通过老鼠体外寄生虫叮咬等方式，可传播猪瘟、口蹄疫、伪狂犬、萎缩性鼻炎、弓形虫、鼠疫、钩端螺旋体病、地方性斑疹、伤寒、流行性出血热、羌虫病、吸血虫病、鼠咬热和肠道传染病等三十多种疫病。因此，一定要做好灭蚊防蝇灭鼠工作。灭鼠药要选择诸如敌鼠钠盐、安妥等对人、畜毒性低的毒鼠药。蚊蝇多发季节，至少每周灭蚊蝇 1 次，可选用敌百虫、敌敌畏、倍硫磷等杀虫药，应注意对人、畜的毒性。老鼠除自身体内感染携带病原传播外，还将病菌带入洁净环境造成污染。因此，老鼠是猪场中最为可恨的动物，也是人们最厌恶的有害动物。

3. 控制野生动物和飞鸟

经常性的卫生保护还要对野鸟进行控制。猫可造成弓形虫病多种传染病的传播。因此，猪场内不宜养犬猫。控制猪场的啮齿动物、昆虫、鸟类以及野兽等动物。

复习思考题

1. 名词解释：

环境因素　外围护结构　有害气体　生物安全体系　机械通风

2. 简述温度对猪生产性能的影响？
3. 猪场场址选择的原则？
4. 简述畜舍的主要结构及卫生要求？
5. 猪舍的保温防寒有哪些措施？
6. 猪舍自然采光应考虑哪些因素？
7. 猪舍的防暑降温有哪些措施？
8. 控制猪舍环境的主要途径和方法？

第六章

种猪生产技术

饲养种猪的目的是为了获得数量多、质量好的仔猪。种猪生产性能的好坏，直接影响整个猪群的数量和品质，对猪场的效益影响很大。因此，必须重视种猪的选择和培育，这是保持和提高种猪优良特性的重要手段，也是保证猪群有较高生产水平不可忽视的环节。

第一节　后备猪生产技术

后备猪是指育仔阶段结束初步留作种用到初次配种前的青年公母猪。后备猪培育的目标是获得发育良好、体格健壮、具有品种典型特征和高度种用价值的种猪。后备猪分为纯种后备猪和二元杂种后备猪。纯种后备猪是准备替代原种猪场纯种猪的后备力量，二元杂种后备猪是准备替代商品猪场繁殖母猪群的生力军。后备猪一般占保种猪场或商品猪场猪群的25%～30%，是保持种猪群以青壮年种猪为主体结构比例的新生力量。因此，培育出优秀的后备猪是提高保种能力、养猪生产水平和提高经济效益的基础。

一、后备猪的选留

选择后备猪应根据品种类型特征、生长发育状况、体型外貌及仔猪的健康状况等进行。后备猪的选留对后备猪群质量的优劣有直接关系。因此，要严格把关，选择符合标准的优良个体作为后备猪。

（一）体型外貌选择

后备猪应具备品种的典型特征，如毛色，耳型，头型，背腰长短，体躯宽窄，四肢粗细、高矮等。后备猪毛色要有光泽，无卷毛、散毛、皮垢，四肢健壮，后臀丰满，体躯长而平直。过于肥胖、瘦弱的猪不能留作后备猪。

（二）健康状况选择

应选择体格健康、无遗传疾病的个体作为后备猪。健康的仔猪往往表现为食欲旺盛，动作灵活，贪食，好强。后备猪应来源于高繁殖力的家系，外生殖器官发育良好，无疝气、隐睾、单睾、乳头内翻等遗传疾病，以免影响其繁殖性能的充分发挥。

（三）生长表现选择

一般后备猪的生长速度不宜过快，否则对其繁殖性能有不良影响；由于生长过快，猪的骨骼发育跟不上肌肉、脂肪等组织的生长，导致四肢发生变形。一般到初次配种前，平均日增重应控制在550～650g范围内，后备公猪的平均日增重宜控制在650～750g范围内。所以从这个意义上讲，后备猪的选择主要是选择那些骨骼发育良好，肌肉发达，特别是四肢健壮的个体。

后备猪选择的时期，可在仔猪断奶后到初次配种前这一阶段进行。开始选留时可以多留些，随着月龄增长和生长发育的进行，某些生长发育不良或具有生理缺陷的个体开始暴露出来，这时就可以适时淘汰这些个体。后备猪在初次配种前还要作最后一次选择，主要是淘汰那些性器官发育不理想、性欲低下、精液品质差的后备公猪和发情周期没有规律性、不发情或发情症状不明显的后备母猪。

如能严格执行后备猪选择的内容并坚持多选少留的原则，就一定能选留出优秀的后备猪群。

我国目前规模化养猪生产中断奶多为28d，可结合断奶后的转群进行选留，尽量满足下列要求。

1. 尽可能从大窝中选留

虽然产仔数的遗传力低，表型选择没有什么进展，但作为一种保险措施，还是从产仔数多的窝中选留更好，以防繁殖力下降，一般不要选头窝猪，以免影响其生产力。产仔数最好以3胎的平均数为代表，不要只看某胎多，就从该窝中选。

2. 尽可能从优良的父母亲的后代中选留后备猪

按场内生产记录对公、母猪作出评价。生产性能突出，成绩高，所产后代中无遗传缺陷，这样的种猪其后代比较可靠。

3. 同窝出现遗传缺陷的个体

该窝的仔猪及其父母所产的其他仔猪原则上不能留作后备猪，因为它们可能是隐性有害基因的携带者。

4. 选留时先进行窝选

即以窝的平均值为准选留一定的窝数，然后在窝选的基础上再选出优秀个体，以个体的表现为主，要求：体重大、发育好、肢蹄健壮、特征明显，有6对以上发育良好的排列整齐的乳头。公猪睾丸紧凑、匀称，体质外形基本符合品种要求。

5. 后备母猪此时选留应按预留数的3~5倍选留，公猪应按5~8倍选留

二、后备猪的培育

(一) 后备猪的生长发育特点

1. 体重的增长

体重是身体各部位及组织生长的综合度量指标，并能体现品种特性。在正常的饲养管理条件下，后备猪体重的绝对值随月龄的增加而增大，其相对生长强度则随月龄的增长而降低，到成年时，稳定在一定的水平。荣昌猪体重和长白猪体重的变化见表6－1、表6－2。

表6－1　荣昌猪增长特点

性别	性　能	月　龄								
		初生	2	4	6	8	10	12	18	24
公猪	体重（kg）	0.83	9.69	23.50	41.60	56.90	64.17	81.50	103.0	116.0
	日增重（g）	148.0	230.0	302.0	255.0	121.0	289.0	120.0	72.0	117.0
	生长强度	100.0	1 068.0	142.5	77.0	36.8	12.8	27.0	8.7	4.2

（续表）

性别	性　能	月　龄								
		初生	2	4	6	8	10	12	18	24
母猪	体重（kg）	0.83	9.69	25.85	43.84	60.18	81.82	82.3	107.1	115.1
	日增重（g）	148.0	269.0	300.0	272.0	361.0	80.0	131.0	45.0	81.0
	生长强度	100.0	1 068.0	167.0	69.6	37.3	35.9	0.58	1.0	2.5

表 6－2　长白猪体重的增长

性别	性　能	月龄									
		初生	1	2	4	6	8	10	12	14	成年
公猪	体重（kg）	1.5	10.0	22.0	57.0	100.0	140.0	170.0	200.0	200.0	250.0
	日增重（g）	283.0	400.0	567.0	767.0	667.0	500.0	500.0	333.0	300.0	—
	生长强度	100.0	567.0	120.0	46.0	25.0	17.0	10.0	8.0	5.0	6.0
母猪	体重（kg）	1.5	9.0	20.0	55.0	95.0	130.0	160.0	190.0	—	300.0
	日增重（g）	250.0	367.0	567.0	667.0	600.0	500.0	500.0	306.0	—	—
	生长强度	100.0	500.0	122.0	49.0	27.0	15.0	10.0	9.0	—	6.0

体重是衡量后备猪各组织器官综合生长状况的指标，随月龄呈现一定的变化规律。地方猪种 4 月龄以前相对生长强度最高，8 月龄以前生长速度最快；瘦肉型猪在 2 月龄以前生长强度最大，6 月龄以前增重速度最快。猪的体重变化和生长发育，还受饲养方式、饲料营养、环境条件等多种因素的影响。后备猪培育期的饲养水平，要根据后备猪的种用目的来确定，把眼前利益与长远目标结合起来。日增重的快慢只能间接地作为种猪发育的依据，生长发育过快，使销售体重提前到生理上的早期阶段，会导致初产母猪的配种困难。因为在整个培育期过度消耗遗传生长潜力，则对以后繁殖力有不利影响。所以，后备猪培育期的生长速度要适度加以控制。

2. 体组织的增长

猪体内的骨骼、肌肉、脂肪的生长顺序和强度不平衡，随月龄的增长，表现出一定的规律性。从骨骼、肌肉和脂肪的发育过程来看，骨骼发育最早，肌肉居中，脂肪前期沉积很少，后期加快，直到成年。在这一规律中，三种组织发育高峰出现的时间及持续期的长短与品种类型和营养水平有关。在正常的饲养管理条件下，早熟易肥的品种生长发育期较短，特别是脂肪沉积高峰期出现的较早，而瘦肉型品种生长发育期较长，脂肪大量沉积较晚，肌肉生长强度大且持续时间较长。

在猪的生长过程中，各种组织生长率不同，导致身体各部位发育早晚顺序的不一致和体型呈现年龄变化，出现两个生长波。第一个生长波是从颅骨开始分为两支，向下伸向颅面，向后移至腰部；第二个生长波由四肢下部开始，向上移行到躯干和腰部，两个生长波在腰部汇合。因此，仔猪初生时头大、四肢长，躯干相对短而浅，后腿发育较差。随着年龄和体重的增长，体高和身长首先增加，其后是深度和宽度增加，腰部生长期长，其生长高峰出现最迟，也是猪体最晚熟的部位。

各组织器官和身体成分生长早晚的顺序是神经、器官、骨骼、肌肉和脂肪。实践中，养猪的最终目标是生产猪肉，即肌肉和数量有限的脂肪。因此，对组织生长规律的了解，将有助于管理决策，培育出优秀的后备种猪。组织生长是一个与时间有关的现象，每一组织都有最快发育时期，然后生长速度降低，另一组织的生长速度增高并达到最大。因此，会有一个瘦肉生长最快的时期；之后瘦肉生长下降而脂肪生长提高。现代瘦肉型猪种的肌肉生长高峰期在体重 50 ~ 70kg 之间，而脂肪型猪的肌肉生长高峰则在体重较小时发生。脂肪生长高峰期是猪最终达到的生长期，脂肪的生长速度取决于达到其他组织所需能量之后的剩余能量。因此，可以在猪采食能力的范围内，通过改变能量供应来显著提高或降低脂肪的沉积量。

3. 猪体各部位的生长规律

仔猪出生后，头和四肢发育强烈，随后尤其是后备猪阶段，体躯骨骼发育强烈。体躯先是向长度方向发展，后向粗宽方向发展。如果 6 月龄前提高营养水平，可以得到长腰条的猪。反之，则只是得到较短、较粗的猪。

4. 化学成分的变化

随着猪的体重和体组织的增长，猪体化学成分的变化也呈现一定的规律性，即随着年龄和体重的增长，猪体的水分、蛋白质和灰分相对含量降低，而脂肪相对含量则迅速增高。

猪在生长过程中，增重所含成分随年龄和体重的增加而变化，幼猪增重中水分所占比例高达 50%，90kg 以上的猪增重以脂肪为主，占 65% 以上。蛋白质的增长，幼龄时所占比例稍高，体重达 90kg 以上时，蛋白质占增重比例降至 10% 以下。灰分的增长则变化不大（表 6 - 3）。

表 6 - 3　猪体化学成分

猪体体重	水分（%）	蛋白质（%）	灰分（%）	脂肪（%）
初生	79.95	16.25	4.06	2.45
25kg	70.67	16.56	3.06	9.74
45kg	66.76	14.94	3.12	16.16
68kg	56.07	14.03	2.85	29.08
90kg	53.99	14.48	2.66	28.54
114kg	51.28	13.37	2.75	32.14
136kg	42.48	11.63	2.06	42.64

（二）后备公猪的饲养管理

①2 月龄小公猪留作后备公猪后，应按相应的饲养标准配制营养全面的日粮，保证后备公猪正常的生长发育，特别是骨骼、肌肉的充分发育。当体重达 70 ~ 80kg 以后，应进行限制饲养，控制脂肪的沉积，防止公猪过肥。

②应控制日粮体积，以防止形成垂腹而影响公猪的配种能力。

③后备公猪在性成熟前可合群饲养，但应保证个体间采食均匀。达到性成熟后应单圈饲养，以防互相爬跨，损伤阴茎。

④后备公猪应保持适度的运动，以增强体质提高配种能力。运动可在运动场合群自由运动，也可放牧运动。但合群应从小开始并应保持稳定，防止合群造成的咬架。

⑤后备公猪达到配种年龄和体重后应开始进行配种调教或采精训练。配种调教宜在早晚凉爽时间、空腹进行。调教时，应尽量使用体重大小相近的母猪。调教训练应有耐心。新购入的后备公猪应在购入半个月以后再进行调教，以便适应新的环境。

（三）后备母猪的饲养管理

1. 后备母猪的饲养

（1）饲喂全价日粮

后备母猪还处于生长发育阶段，因此，饲养中要重视蛋白质的供给，同时要注意各种矿物质元素和维生素，如钙、磷、维生素等的供应。最好按照后备母猪不同的生长发育阶段配合饲料。注意能量和蛋白质的比例，特别是矿物质、维生素和必需氨基酸的补充。一般采取前高后低的营养水平。配合饲料的原料要多样化，至少要有5种以上，而且原料的种类尽可能稳定不变。倘若非变更不可时也要采取逐渐变换的方法，防止引起食欲不振或消化器官疾病。饲料原料种类多，既可保持营养全面，又可保持酸碱平衡。

（2）限量饲喂

后备母猪最好采用限量饲喂，育成阶段饲料的日喂量占其体重的2.5%～3.0%，体重达到80kg以后占体重的2.0%～2.5%。适宜的饲喂量既可保证后备母猪良好的生长发育，又可控制体重的高速度增长，保证各器官系统的充分发育。

2. 后备母猪的管理

（1）合理分群

后备母猪一般为群养，每栏4～6头，饲养密度适当。小群饲养有两种方式：一是小群合槽饲喂，这种方法的优点是操作简便，缺点是易造成强夺弱食，特别是后期限饲阶段；二是单槽饲喂，小群趴卧或运动，这种方法的优点是采食均匀，生长发育整齐，但需一定的设备。

（2）定期称重

定期称重既可作为后备猪选择的依据，又可根据体重适时调整日粮的营养水平和饲喂量，从而达到控制后备猪生长发育的目的。

（3）调教

对后备母猪进行适宜的调教，可以为繁殖母猪提供许多管理上的方便。调教的主要方面是训练猪只养成良好的生活规律，如定时饲喂、定点排泄等。调教中，严禁粗暴对待猪只，要建立人与猪的和睦关系，从而有利于以后的配种、接产、产后护理等管理工作。

（4）运动

为强健体质，促使猪体发育匀称，特别是增强四肢的灵活性和坚实性，应安排后备母猪适当运动。运动可在运动场自由进行，也可放牧运动。

（5）发情识别与配种

后备母猪往往发情特征不明显而且发情时间长，一般从阴户开始潮红肿大至发情结束，历经4.5～6d，不易掌握配种适期，致使产仔数不多。配种的适宜时间是在母猪排卵前2～3h，即发情开始后20～30h。实践中，可根据以下情况来判断适期进行配种。

① 注意发情开始日期，从阴户潮红开始，推后4.5～5d配种。

② 用手压其背部不动，再过6～12h可进行配种，隔8～12h再配一次，若母猪不安定，可赶公猪诱情。

③ 在外阴皱褶稍红而不亮、阴门紫色或淡红色时进行配种。

④ 对瘦肉型后备母猪第1次配种用本交方式以提高受胎率和产仔数。

三、后备猪的利用

（一）性成熟

后备猪达到性成熟的月龄和体重，随品种类型、饲养管理水平和气候条件等不同。我国地方品种特别是南方地方品种猪性成熟早，培育品种和国外引进良种性成熟晚；后备公猪比后备母猪性成熟早；营养水平高、气候温暖的地区性成熟早，相反则较晚。后备公猪，地方早熟品种2～3月龄达到性成熟；培育品种和引进品种4～5月龄达到性成熟。后备母猪，地方早熟品种3～4月龄、体重30～50kg时即可达到性成熟，而培育的大型品种要到5～6月龄、体重60～80kg时才能达到性成熟。

（二）初配月龄和体重

如果过早配种利用，不仅影响第1胎的繁殖成绩，还将影响身体的生长发育，常会降低成年体重和终生的繁殖力；配种过晚，体内会沉积大量脂肪，身躯肥胖，体内及生殖器官周围蓄积脂肪过多，会造成内分泌失调等一系列繁殖障碍。后备公猪，早熟的地方品种6～7月龄、体重60～70kg时开始配种；晚熟的培育品种8～10月龄、110～130kg时开始配种。后备母猪，早熟的地方品种6～8月龄、体重50～60kg配种较合适；晚熟的大型品种及其杂种8～9月龄、体重100～120kg配种为好。最好是使繁殖年龄和体重同时达到适合的要求标准。

第二节　种公猪生产技术

种公猪与其他家畜公畜比较，有精液量大（200ml/次）、总精子数目多（1.5亿/ml）、交配时间长等特点，需要消耗较多的营养物质，特别是蛋白质，所以，必须给予足够的氨基酸平衡的动物性蛋白质。种公猪良好的繁殖性能具有重要的价值，为了提高母猪的生产力，要对种公猪进行科学的饲养管理。

一、种公猪在生产中的重要性

种公猪是专门种用，即与母猪配种繁殖的公猪，可分为纯种公猪和杂种公猪两类。目前，我国所饲养利用的种公猪绝大多数是纯种公猪。纯种公猪除用于纯种生产以外，还广泛用于杂交生产，即与其他品种杂交，生产杂种猪。杂种公猪是指有计划的杂优组合所生产的公猪。近年来，由于科学技术的发展，杂种公猪广泛用于配套系的生产，它和杂种母猪一样，本身具有杂种优势，表现生活力强、性欲高、精液品质好等特点。

俗话说，“母好好一窝，公好好一坡”。养好种公猪、做好母猪的配种工作是实现多胎高产的第一关。饲养种公猪的目的是用来配种，以此提高母猪受胎率，并获得数量多、质量好的仔猪。猪场内种公猪的数量很少，但作用很大。公猪的好坏，对整个猪群影响很大。本交时，1头种公猪每年可配母猪20～40头，每头母猪产仔20头左右，共产仔400～800头；如采用人工授精技术时，1头种公猪每年可配母猪600～1 000头，共产仔1万～2万头。遗传学知识告诉我们，对每头仔猪的影响，父母双方各占50%，仔猪的遗传物质一半来自母猪，另一半来自公猪。母猪在一次产仔中，只对本窝的十几头仔猪起作用；而公猪则对与它交配的几百头甚至上千头母猪的后代发生影响。可见公猪对猪群的影响远远超过母猪。公猪的好坏，不仅影响后代品质，而且还直接影响母猪的受胎率，这就直接关系到养猪生产的成绩。因此说，公猪在猪群中十分重要，必须养好。养好公猪的标准是：使其有强健的体质，充沛的精力，旺盛的性欲，有密度大、活力强、品质好的精子，具有良好的配种性能和不肥不瘦七八成膘的种用体况。

二、种公猪的选育

（一）猪的重要经济性状的遗传与选择

1. 繁殖性状

猪的繁殖性状主要有产仔数、泌乳力、仔猪初生重和初生窝重、仔猪断奶重和断奶窝重、断奶仔猪数等。总的来说，繁殖性状的遗传力估值是低的，选种时以家系选择为好。

（1）产仔数

产仔数有两个指标，即窝产仔数和窝产活仔数。窝产仔数是包括木乃伊和死胎等在内的初生时仔猪总头数，而窝产活仔数是指初生时活的仔猪数。产仔数的遗传力较低，一般为0.05～0.10。所以，表型选择不会有多大改进，应以家系选择为主。产仔数为一复合性状，受母猪的排卵数、受精率和胚胎成活率诸多因素影响。即产仔数的高低实质上受这三个因素的影响。

在一个发情周期内，母猪排出的卵子均多于产仔数，可达14～20枚之多。我们将猪在一个发情周期内的排卵数称为猪的潜在繁殖力。据研究，排卵数的遗传力较高，为0.4～0.5。因此，通过系统的表型选择可以提高母猪的排卵数，但尽管排卵数有所增加，而产仔数却未必增加，其主要原因是虽然提高了排卵数，胚胎死亡率却提高了。因此，提高产仔数不能单纯只选择排卵数，而应当采取综合措施，尤其是提高胚胎成活率。猪的胚胎成活率一般较低，这是导致实际繁殖力与潜在繁殖力之间有明显差距的主要原因。猪胚胎的死亡大部分发生在受精后25～30d内。死亡的主要原因，在着床以前主要取决于合子的生活力，而在此以后则取决于子宫内环境条件。

（2）初生重和初生窝重

初生重是指仔猪在出生后12h内所称得的个体重。初生窝重是指仔猪在出生后12h内所称得全窝重。初生重与仔猪哺育率、仔猪哺乳期增重以及仔猪断奶体重呈正相关，与产仔数呈负相关。

仔猪初生重的遗传力较低，为0.10左右，仔猪初生窝重的遗传力为0.24～0.42。

（3）泌乳力

母猪泌乳力的高低直接影响哺乳仔猪的生长发育情况。属重要的繁殖性状之一。母猪泌乳力一般用20日龄的仔猪窝重来表示，其中，也包括带养仔猪，不包括已寄养出去的仔猪。泌乳力的遗传力较低，为0.1左右。

（4）断奶个体重和断奶窝重

断奶个体重指断奶时仔猪的个体重量。断奶窝重指断奶时全窝仔猪的总重量，包括寄养仔猪在内。一般都在早晨空腹时称重。

断奶窝重的遗传力较低，为0.17左右。断奶个体重的遗传力低于断奶窝重，在实践中一般把断奶窝重作为选择性状，它与产仔数、初生重、哺育率、哺乳期增重和断奶个体重等主要繁殖性状均呈正相关。

(5) 断奶仔猪数

断奶仔猪数指仔猪断奶时成活的仔猪数。

2. 生长性状

也称肥育性状。产肉是养猪生产的最终目标之一，而肉及其他产品的形成唯有在生长肥育过程中完成。所以生长肥育性状是十分重要的经济性状和遗传改良的主要目标。在生长性状中以生长速度和饲料转化率为最重要。近年来对猪的采食量日益重视起来。多数研究表明，生长性状的遗传力属中等范畴，平均估值0.30，表型选择有效。

(1) 生长速度

通常以平均日增重来表示，平均日增重是指在一定的生长肥育期内，猪平均每日活重的增长量。一般用克表示，其计算公式为：

平均日增重 = 终重 - 始重/肥育天数

对肥育期的划分，一般是从断奶后15d开始到90kg活重时结束；或者从20～25kg体重开始，达90kg体重时结束。也有用达到一定活重（通常为90kg）时的日龄作为衡量生长速度的指标，虽然可以反映从出生到屠宰的全期生长速度，但结束期需要多次称量体重，不便实际应用。

(2) 饲料转化率或饲料效率

一般是按生长肥育期或性能测验期每单位活重增长所消耗的饲料量来表示，即消耗饲料（kg）与增长活重（kg）之比值。个体的饲料转化率在生产和选择实践中常难测定，多利用饲料转化率与生长速度有密切的遗传相关($r = -0.7$）对它实行间接选择，即对生长速度实行直接选择以取得饲料转化率的相关反应。国内关于饲料转化率的遗传力估值报道很少。国外报道平均估值为0.30。

(3) 采食量

猪的采食量是度量食欲的性状。在不限食条件下，猪的平均日采食饲料量称为饲料采食能力（FIC）或随意采食量（VFl)，是近年来育种方案中日益受到重视的性状。但是准确度量采食量并非易事。文献中关于采食量的遗传力估值变动在0.20～0.45，平均为0.30。采食量与日增重呈强相关（$r = 0.7$)，与背膘厚呈中等相关（$r = 0.3$)，与胴体瘦肉量呈负相关（$r = -0.2$)。

3. 胴体性状

猪的胴体性状主要有背膘厚度、胴体长度、眼肌面积、腿臀比例、胴体瘦肉率等。大量文献报道表明，胴体性状的遗传力估值为0.40～0.60，个体表型选择有效。但胴体是在屠宰后才能直接度量的性状，在先进仪器设备和测试技术应用之前，唯有依靠后裔和同胞的屠宰资料。由于超声波和电子仪器测量背膘仪、眼肌扫描仪、X射线照相等现代高新技术设备的应用，为实现活体度量提供了可能性，也为胴体性状的遗传改良开辟了个体表型选择的捷径。

(1) 背膘厚度

一般是指背部皮下脂肪厚度。在国外是测量皮膘厚，其主要原因是国外猪种皮肤普遍较薄。测量的部位有两种，一种是测定左侧胴体第6和第7胸椎结合处，垂直于背部的皮下脂肪厚度和皮肤的厚度。这一方法简便易行，是我国习惯采用的方法；另一种测量方法是测平均膘厚，即以肩部最厚处、胸腰椎结合处和腰荐结合处三点平均膘厚。

膘厚的遗传力高，为0.6左右。背膘厚反映猪的脂肪沉积能力强，它与肌肉生长存在强的表型和遗传相关。背中部膘厚与胴体重、瘦肉重、剥离脂肪重、皮下脂肪重和肌间脂肪重的遗传相关分别为0.35、-0.82、0.96、0.96和0.66。

随着活体测膘技术的进一步完善和普及，更加方便了测定和选择。国外对大约克夏和杜洛克猪进行膘厚和膘薄两个方向的选择，经13个世代，平均每世代可增减0.12cm。

（2）胴体长度

胴体长度的测量有两种方法：一种是由耻骨联合前缘至第1肋骨与胸骨结合处的斜长，国内一般称胴体斜长；另一种是从耻骨联合前缘至第1颈椎前缘的直长，国内称胴体直长。胴体长与瘦肉率呈正相关。所以该性状是反映胴体品质的重要指标之一。胴体长的遗传力高达0.62，表型选择有效。

（3）眼肌面积

眼肌面积指背最长肌的横断面积。国内一般在最后肋骨处而国外多在第10肋骨处测定。胴体测定时可用游标卡尺测量眼肌的宽度和厚度，然后用公式求眼肌面积 = 宽度（cm）×厚度（cm）×0.7。这仅仅是近似值，但方便易行。也可以用硫酸纸贴在眼肌上面描绘其轮廓后用求积仪测定或用坐标纸统计面积。

眼肌面积的遗传力较高，约0.48。此外眼肌面积与胴体瘦肉率呈强的正相关（$r=0.7$），与膘厚和饲料利用率呈中强负相关（$r=-0.35$，$r=-0.45$）。因此，国内外多利用眼肌面积作为主选性状。

（4）腿臀比例

指腿臀部重量占胴体重量的百分率，一般用左半胴体计算。腿臀部分的切割方法，国外多在腰荐结合处垂直背线切下，我国是在最后一对腰椎间垂直于背线切开。腿臀比例的遗传力平均估值0.58，表型选择有效。

（5）胴体瘦肉率

指瘦肉（肌肉组织）占所有胴体组成成分总重的百分率。这是反映胴体产肉量高低的关键性状。瘦肉率测定方法是左侧胴体去除板油和肾脏后，将剖析为骨、皮、肉、脂4种组分，然后求算肌肉重量占4种成分总重量的百分率。

瘦肉率的遗传力为0.31。由于该性状必须屠宰后才能测得，且测定程序繁琐，所以在选种上一般是用其他相关性状进行间接选择。

（二）猪的选种方法

选种是选育工作的核心，是当前育种工作者提高猪的生产性能的主要手段。选种首先是从现有群体内筛选出最佳个体，然后通过这些个体的再繁殖，获得一批超过原有群体水平的个体，如此逐代进行。其实质是改变猪群固有的遗传平衡和选择最佳基因型。

近20年来，国内外主要采用的选种方法有个体表型选择、同胞选择、系谱选择、后裔测定和综合指数选择等。

1. 个体表型选择

根据猪本身性状的表型值进行的选择，称为个体表型选择。这是最朴素而简易的选种形式。由于个体表型选择是对表型值的选择，所以，其选择效果的大小和被选择性状的遗传力极为密切，只有遗传力高的性状，个体表型选择才可取得良好的效果，而遗传力低的性状进行个体表型选择，收效甚微。

2. 系谱选择

系谱是一个体各代祖先的记录资料。系谱选择就是根据个体的双亲以及其他有亲缘关系的祖先的表型值进行的选择。总的来讲，个体亲本或祖先的表型值与后代的表型值之间的相关性并不太大，尤其是亲缘关系较远的祖先，其资料的可参考性就更小。因此，系谱选择的效率不太高。在实际选种中，一般不单独使用系谱选择，而是与其他方法（如个体表型选择）结合使用。

3. 同胞选择

根据同胞或半同胞的表型值进行选种称之为同胞选择。同胞选择在鉴定时间上可以大大缩短，这样可以缩小世代间隔，提高选种效率，所以，同胞选择在猪的选种上的应用日益受到重视。同胞选择适用于遗传力低的性状和一些限性性状以及必须屠宰才能获得测定值的性状。

4. 后裔测定

根据后代的表型值进行选种的方法称为后裔测定。它是准确性较高的选种方法。用后裔测定进行猪的选种，已有很长的历史。丹麦在 1907 年建起了世界上第一个猪后裔测定站，经系统的实施，取得了很好的选择效果。丹麦长白猪从 1907 年开始到 1970 年，平均日增重由 560g 增至 625g，饲料利用率由 3. 74 提高至 3. 21。此后基本保持这一水平而转向提高肉质。至此后裔测定风行一时，欧美各国纷纷效仿，建立了集中测定后裔的中心测定站。但近年来形势有所改变，主要是后裔测定改良的速度较慢，同一头公猪要等有后裔测定结果后才能大量使用，需有 1. 5 ~ 2 年的时间，延长了世代间隔，影响了选种效率。同时，由于建立集中的后裔测定站需大量的投资，且测定的猪数有限。此外，优良种猪的后代肥育测定后，虽然可提供肥育和胴体及肉质性能的测定结果，作为选种的依据，但利用的良种后代数因此而减少。所以，后裔测定仅在以下情况下采用：

① 被选性状的遗传力低或是一些限性性状。

② 被测公猪所涉及的母猪数量非常大，为采用人工授精的公猪。

5. 综合指数选择法

猪常用综合指数选择法。即把几个性状的表型值综合成一个使个体间可以相互比较的选择指数，然后根据选择指数进行选种的方法。此方法可解决以上选种方法的每次只能针对一个性状进行选种的不足。

在设计指数时，往往将全群平均水平个体的指数定为 100，便于选种时应用。凡指数大于 100 的个体，则表示其综合育种值超过平均水平之上，低于 100 者，则处于平均水平之下。这样，按照每年或每季的淘汰与更新计划，选留各个测验期指数较高的部分，初选时一般应该比更新数多留一些，以便按指数预选后，再对预选猪进行体质、外形、类型的鉴别，从中淘汰那些有四肢病、体质不良、乳头数及其排列不符合规定标准以及有其他严重外形损征的个体。

（三）种猪各阶段的选择方法

1. 后备猪的选留

断奶时，小母猪可按预留数的 3 ~ 5 倍、小公猪按预留数的 5 ~ 8 倍选留。以自身表现为主，亲代成绩为辅。先进行窝选，然后在其中选择。作种用的仔猪应长得快，体重大，发育好，肢蹄健壮，特征明显，有6对以上发育良好、排列整齐的乳头，公猪睾丸紧凑、匀称，体质外形基本符合本品种要求，没有遗传缺陷。4月龄时，再结合本身发育，以2~4月龄的平均日增重为主，当时的体重为辅，再结合其同胞的日增重及体重（要高于全群均值），参考亲代表现，留下50%个体。6月龄时，按4月龄原则根据4~6月龄发育情况，淘汰一部分。8月龄时，按4月龄原则根据6~8月龄平均日增重，结合体长与生产性能发挥有关的外形及健康状况，再选留一次。此时体重应达到100kg以上。于配种前按8月龄的办法，按预留数作最后选留。

2. 已参加繁殖种母猪的选留

主要根据其繁殖成绩，结合同胞表现，参考亲代和后裔的表现等决定取舍。头两产的生产性能与以后各产次的表现有很强的相关关系。因此，以1~2产的鉴定成绩，即可确定取舍。

3. 已参加繁殖公猪的选留

一般以该公猪的生长速度为主，繁殖成绩为辅的原则，结合活体测膘材料，进行选留。种公猪的繁殖成绩可用它的全部同胞姐妹和这头公猪的全部女儿繁殖成绩的均值代表。

这样从断奶到参加繁殖，按上述原则与方法，经过多次筛选，将优异个体选留下来，可使整个猪群生产力水平不断得到提高。

（四）猪的选配方法

在实际的选配工作中，常见一头优良的种母猪和一头优良公猪交配能产生优良后代，而和另一头优良公猪交配所生后代并不理想，可见选种是不能代替选配的。因此应在选种的基础上，还要进一步研究优良种猪的选配问题，才能获得理想的优良后代。

1. 表型选配

根据表型性状、不考虑其是否有血缘关系而进行的选配方法。表型选配有两种：一种是同质选配；另一种是异质选配。同质和异质选配是现场工作中最普遍、最一般的选配方法。

（1）同质选配

用性能或外形相似的优秀公母猪配种，要求在下一代中获得与公、母猪相似的后代。同质选配具有增加纯合基因频率和减少杂合基因频率的效应，能够加速群体的同质化。这种交配方法长期以来称之为“相似与相似”的交配，但表型相似并不意味着基因型完全相同。因此，同质选配达到基因型纯合的程度比近亲交配达到的效果要慢得多。而相似的公、母猪交配，也可能产生很不相似的个体，使其优点得不到巩固。要使亲本的优良性状巩固地遗传给后代，就必须考虑各种性状的遗传规律和遗传力，以保证达到较好的效果。

同质选配一般是为了巩固优良性状时才应用，如杂交改良到一定阶段，为使理想的类型及性状出现理想个体时，多采用同质选配法，固定下来。

（2）异质选配

异质选配可分为两种情况：一种是选择性状不同的优秀公母猪配种，以获得兼得双亲不同优点的后代。如一头猪或一个群体躯体表现较长，另一头猪或一个群体腿臀围相对地丰满，交配后，其后代有可能出现躯体长、腿臀围较大的个体；另一种是选择同一性状或同一品质而表现优劣程度不同的公、母猪配种（一般是公猪优于母猪），希望把后代性能提高一步。在实际工作中，利用异质选配，可以创造新的类型。

同质选配与异质选配在工作中是互为条件的，如较长期地采用同质选配，可导致群体中出现清晰的类型，为异质选配提供良好的基础；同样在异质选配所得的后代群体中，可及时转入同质选配，以稳定新的性状。

2. 亲缘选配

亲缘选配是根据交配双方的亲缘关系远近程度进行选配的方法。亲缘选配可相对地划分近交和远缘交配。当猪群中出现个别或少数特别优秀的个体时，为了尽量保持这些优秀个体的特性，固定其优良性状，提高群内纯合型（理想型）的基因频率，或者为揭露群内劣性基因，多采用近交。

在采用近交时，为防止出现遗传缺陷，必须事先对亲本进行严格选择，还可采取控制亲缘程度克服近交衰退。

（五）猪的选育工作要点

1. 我国优良地方猪种的选育要点

（1）我国地方猪种的优良种质特性

一是地方猪比任何引进品种猪能更好地适应当地的饲养管理条件和环境。表现有良好的抗寒能力、耐热能力、抗病力、对较低营养水平的耐受能力及对粗纤维的适应能力；二是繁殖力高。中国地方猪种性成熟早，发情明显，排卵数多，受胎率高，胚胎成活率高，产后疾患少，母性强，乳头数多，奶好，仔猪育成率高；三是肉质好。肉色鲜红，肉质细嫩多汁，肌纤维较细、密度大，肌肉大理石纹分布适中，没有 PSE 肉。肌纤维之间脂肪颗粒分布均匀、良好，烹调时肉味香浓。上述特性都是引进品种猪所不能比拟的，并将成为我国猪肉竞争国际市场的优势条件之一。

（2）选育要点

应划定选育区域，建立健全选育组织，拟定选育目标和计划，加强选种选配及杂交利用工作，保持和提高我国地方优良种质特性；划分地方猪种的保种区域，进行必要的保种工作。

2. 国外引进品种猪的选育

国外引进品种猪，在杂交利用和提高我国肉猪生产性能上起了很大的作用。但引进后，应建立原种场和种猪测定站，加强选育提高工作，否则如逆水行舟不进则退。对国外品种，要避免盲目引进，不能维新是好。尤其是对应激综合征较重的一些品种，如皮特兰、比利时长白猪等要慎重使用。在引进的同时，要注意加强检疫，严防一些新病的引入。引进后，在创造一定饲养管理条件的同时，也要努力提高引进猪种的适应性，以便在我国养猪生产中发挥更好的作用。

（六）猪的繁育体系建设

完整的繁育体系是指以育种场为核心，繁殖场为中介和商品场为基础的金字塔式繁育体系。这种金字塔式繁育体系，能够按照统一的育种计划把核心群的遗传改良成果迅速传递到商品生产有机地联系起来，构成一个统一的运营系统，称为完整的繁育体系。繁育体系健全与否和完善程度已成为现代养猪集约化水平的重要标志。

在商品猪生产中，多采用经筛选确定的 2～4 品种（系）的经济杂交的方式来进行。为了最大限度地保持杂种优势，防止乱交滥配，从总体上固定选配形式，最大限度地利用优秀种公、母猪这一种猪资源，使生产猪群保持更高的生产水平，获得更高的经济效益，必须有相应的原种猪场、杂种父母代猪群。它们之间按着一定程序保持适宜的比例和必然的联系，加大其中的科技含量，形成层次清楚、结构合理、分工明确、各司其职金字塔式的猪繁育体系。

完整的繁育体系要求建立不同性质和任务的猪场，并在统一的繁育计划指导下，依靠它们之间的密切协作来完成猪群不断改良、生产力迅速提高和创造最大经济效益的共同任务。各个国家依据其社会经济条件和养猪生产力水平组建不同类型的猪场，一般可划分为以下三种类型，即育种场、繁殖场和商品场。

1. 育种场

育种场在金字塔式繁育体系中处于塔尖的位置，它在完整体系内猪群的遗传改良上起到核心和主导作用，因此又称这部分猪群为核心群。在专门化品系的配套繁育体系中又把核心群拥有的曾祖代猪群称为原种猪群。尽管不同国家对繁育体系内这一最高层次的猪群有不同的命名，但育种场的共同特点是集中拥有不同品种和品系的遗传素材，以及丰富而优良的基因资源，成为完整繁育体系的基因库。核心群的主要任务是从事纯种的选育提高和按照不断变化的市场需求培育新品系。为此，它必须建立自己的测验设施，或与专门的测验站相结合，开展精细的测验和严格的选择，以期获得最大的遗传进展。经过选择的幼猪除了保证本群的更新替补以外，主要是向下一阶层（繁殖场）提供优良的后备公、母猪以更新替补原有猪群。同时，它也向商品场提供优良的终端父本品种（系）或向人工授精站提供经严格测验和选择的优良种公猪，以便通过人工授精网扩大优良基因的遗传影响。这种由育种场直接为商品场提供种公猪或精液，而不必经过繁殖场的基因流动方式，可以大大缩短遗传改良的时间滞差，即从核心群所获得的选择反应全部传递到商品生产群内，基因的流动方向是自上而下的，不允许基因的逆向流动。这要求在核心群实行精细的测验、准确的评定和高强度的选择，以保证种猪的质量和促进以下两个层次猪群的遗传改良和性能的提高。核心群对繁殖群和生产群的遗传改良所起的作用是“水涨船高”的关系。正是因为这样，发达国家和私人育种公司都在建设育种场上不惜投入巨额资金，而后从商品生产场获得“一本万利”的回报。

2. 繁殖场

繁殖场在金字塔繁育体系中处于中间阶层，起着承上启下（商品场）的重要作用。它的基本任务是将育种场所培育的纯种（系）猪进行扩大繁殖，或按照统一的育种计划进行品种（系）间杂交而生产杂种幼母猪，以提供商品场补充猪群所需要的后备幼母猪。因此，有的国家根据育种方案将繁殖群划分为纯种繁殖群和杂种繁殖群两部分。对繁殖群的选择不要求像核心群那样精细，只需要做好系谱登记和性能记录，组织好农场测验，选择强度也较低。它接受核心群提供的后备公母猪以更新替补猪群，但不向育种场提供种猪，也不允许接受商品场的后备猪。

3. 商品场

商品场处于金字塔体系的底层，构成繁育体系的基础，它的母猪数量占完整体系母猪总头数的最大份额。它的基本任务是组织好父母代的杂交以生产有计划杂交的商品世代肉猪。在商品场内不做细致的测验和选择，主要是保证猪群的健康和高产性能，及时淘汰体质健康不良、肢蹄病、无乳症、外伤、繁殖障碍、老龄和性能低下的母猪。它按照统一的育种计划接受育种场提供的终端父本猪，或由人工授精站取得指定的品种（系）公猪的精液，组织好配种工作。育种场和繁殖场所做的严格测验和精心选择工作归根到底都是为商品场服务的。从这个意义上说，它是享受遗传改良成果的受益单位。明确认识这一点有现实重要意义。一些大型商品场拥有表现型相对一致的高产母猪群和肥育猪群，于是企图进行所谓的“横交固定”以培育新品种（系），不再按统一的育种计划接受繁殖场提供的优良后备猪。事实证明，这种“另起炉灶”的做法是错误的。商品场猪群的表现型相对一致化并具有高产性能，而它们的基因型是杂合体，进行“横交”必然会遭受到基因重组的损失，而对所产生的多种多样的性状分离的后裔群体，商品场不具备严格的、完善的和足够的测验设施，以及进行新品种（系）培育所必需的基因资源、技术人员和经济实力，其结果只能是事与愿违，不但搞不出更好的新品种（系），反而破坏了统一的育种计划和动摇了繁育体系的基础，遭受到重大经济损失。所以，商品场的任务是利用它们生产表现型一致的高产优质的最终产品，而不是把它们当作搞新品种的遗传素材。

三、种公猪的生产

（一）种公猪的选择

品种来源：应选择来自种猪场、有档案记录，经过选育、生长速度快、饲料利用率高的优良纯种或杂种公猪。

生产性能：要求生长快，一般瘦肉型公猪体重达100kg的日龄在170d以下；耗料省，生长育肥期每千克增重的耗料量在2.8kg以下；背膘薄，100kg体重测量时，倒数第三到第四肋骨离背中线6cm处的超声波背膘厚在15mm以下。注意猪的生长速度、饲料利用率和背膘厚度因品种不同有一定差异，选种时根据该品种的具体标准而定，不可一概而论。

体型外貌：肌肉丰满，骨骼粗壮，四肢有力，体质强健，肩部和臀部发达；头和颈较轻细，占身体的比例小，胸宽深，背宽平，体躯要长，腹部平直；生殖器官发育正常，睾丸发育良好，两侧对称一致，无单睾、隐睾或疝气，有缺陷的公猪要淘汰；对公猪精液的品质进行检查，精液质量优良，性欲良好，配种能力强。

健康状况：应注意有没有影响繁殖的传染性疾病，如伪狂犬病、日本乙型脑炎、细小病毒病、繁殖和呼吸综合症等。

（二）种公猪的饲养

1. 种公猪的生理特点

射精量大：成年公猪一次射精量平均250ml，高的可达500ml。交配时间长：交配时间为5~10min，多的可达20min以上，消耗体力大。公猪的精液组成：干物质2%~10%，其中蛋白质占60%以上，其他的为脂肪、矿物质等。

2. 营养需要

粗蛋白：蛋白质是构成精液的重要成分。在公猪的日粮中如能给一定数量的蛋白质（根据不同猪种粗蛋白为14%~16%），对增加精液数量，提高精液质量以及延长精子寿命都有很大作用。因此，在公猪的日粮中一般应含有不低于14%的粗蛋白质。还要注意各种氨基酸平衡，特别是必需氨基酸。有试验表明，用低于标准定额20%~30%蛋白质日粮饲喂公猪，其射精量可减少10%~13%，精子活力降低22%~25%，畸形精子增加60%~65%。蛋白质品质也同样影响公猪的繁殖机能。如日粮中缺乏赖氨酸可使精子活力明显降低，甚至引起不育。缺乏色氨酸则可使公猪睾丸发育不良，甚至出现睾丸萎缩，缺乏苏氨酸和异亮氨酸则导致公猪食欲减退和体重减轻，使配种能力明显减弱。

能量：能量不足可影响公猪的性成熟，亦可造成种公猪的配种能力降低；而能量过高又会导致种公猪体况过肥，降低了公猪的性欲和配种能力。一般要求日粮中消化能不低于12.97MJ/kg。注意供给要适当，不可过多或过少，防止公猪过肥或过瘦，影响配种。

矿物质：矿物质元素需要的量虽然不大，但对于精液品质具有很大影响。如钙和磷可促进公猪的性腺发育，缺乏钙、磷，可使精子活力降低，并出现大量畸形精子和死精子。而锰、碘、钴、锌等对提高公猪精液品质也有明显的效果。

维生素：维生素 A、维生素 D_3、维生素 E 和 B 族维生素，如硫胺素、核黄素、尼克酸、泛酸和维生素 B_{12} 对维持公猪健康和正常繁殖机能均是必需的。当日粮中缺乏维生素 A 时，公猪的睾丸会发生肿胀或萎缩，不能产生精子；缺乏维生素 D_3、维生素 E 时，则会引起精液的品质下降，但在以青饲料为主的日粮中，常不会缺乏。一般每千克日粮应供给维生素 A4 100IU、维生素 $D_3$177IU、维生素 E11mg。此外，烟酸、泛酸也是公猪不可缺少的维生素，也要注意添加。

此外，种公猪的饲料中严禁有发霉变质和有毒的饲料混入，饲料应有良好的适口性，保持公猪每天一定的采食量。配种期间补充饲喂一些动物性蛋白质饲料，如每天加喂每头公猪 2～3 个鸡蛋，对提高精液品质有很大作用。此外，每天供给公猪鲜嫩青绿饲料1.25～2.5kg 也很有好处。

防止过肥

如果公猪配种采精次数不多，往往导致公猪过于肥胖，性欲减退，逐渐失去种用价值。如采用高能高蛋白饲料，无限量地饲喂，也使公猪肥胖，造成采精或配种困难。为解决这一问题，当公猪肥胖时，可减少精饲料 15% 左右，同时加喂青粗饲料，并增加公猪的运动量，每天自由活动 1～2h 或驱赶运动 1h，以锻炼公猪四肢的结实性。

饲养方式

根据公猪全年内配种任务的集中和分散，分为两种饲养方式。

一贯加强的饲养方式：猪场实行流水式的生产工艺，母猪实行全年分娩时，公猪需负担常年的配种任务。因此，全年都要均衡地保持公猪配种所需的高度营养水平。

配种季节加强的饲养方式：母猪如实行季节性分娩时，在配种季节前一个月，对公猪逐渐增加营养水平，在配种季节保持较高的营养水平。配种季节过后，逐步减低营养水平，但仍然需供给维持公猪种用体况的营养需要。

（三）种公猪的管理

种公猪除与其他猪一样应该生活在清洁、干燥、空气新鲜、舒适的生活环境条件中以外，还应做好以下工作。

1. 建立良好的生活制度

饲喂、采精或配种、运动、刷拭等各项作业都应在大体固定的时间内进行，利用条件反射养成规律性的生活制度，便于管理操作。

2. 分群

种公猪可分为单圈和小群两种饲养方式。单圈饲养单独运动的种公猪，可减少相互爬跨干扰而造成的精液损失，节省饲料。小群饲养种公猪必须是从小合群，一般 2 头一圈，最多不能超过 3 头，小群饲养合群运动，可充分利用圈舍、节省人力，但利用年限较短。

3. 运动

加强种公猪的运动，可以促进食欲、增强体质、避免肥胖、提高性欲和精液品质。运动不足，会使公猪贪睡、肥胖、性欲低、四肢软弱且多肢蹄病，影响配种效果，所以，每天应坚持运动种公猪。种公猪除在运动场自由运动外，每天还应进行驱赶运动，上下午各运动一次，每次行程 2km。夏季可在早晚凉爽时进行，冬季可在中午运动一次，如果有条件可利用放牧代替运动。目前，在一些工厂化猪场没有运动条件，不进行驱赶运动，所以，淘汰率增加，缩短了种用年限，一般只利用两年左右。

4. 刷拭和修蹄

每天定时用刷子刷拭猪体，热天结合淋浴冲洗，可保持皮肤清洁卫生，促进血液循环，少患皮肤病和外寄生虫病。这也是饲养员调教公猪的机会。使种公猪温驯听从管教，便于采精和辅助配种。

要注意保护猪的肢蹄，对不良的蹄形进行修蹄，蹄不正常会影响活动和配种。

5. 定期检查精液品质和称量体重

实行人工授精的公猪，每次采精都要检查精液品质。如果采用本交，每月也要检查 1～2 次精液品质，特别是后备公猪开始使用前和由非配种期转入配种期之前，都要检查精液2～3 次，严防死精公猪配种。种公猪应定期称量体重，可检查其生长发育和体况。根据种公猪的精液品质和体重变化，调整日粮的营养水平和饲料喂量。

6. 防止公猪咬架

公猪好斗，如偶尔相遇就会咬架。公猪咬架时应迅速放出发情母猪将公猪引走，或者用木板将公猪隔离开，也可用水猛冲公猪将其撵走。最主要的是应预防咬架，如不能及时平息，会造成严重的伤亡事故。

7. 防寒防暑

种公猪最适宜的温度为 18～20℃。冬季猪舍要防寒保温，以减少饲料的消耗和疾病发生。夏季高温时要防暑降温，高温对种公猪的影响尤为严重，轻者食欲下降、性欲降低，重者精液品质下降，甚至会中暑死亡。防暑降温的措施很多，有通风、洒水、洗澡、遮阴等方法，各地可因地制宜进行操作。

8. 避免异性刺激

公猪圈应建在场内的上风向，否则公猪容易闻到母猪气味而兴奋不安、爬圈和乱闹，这样会过度地消耗公猪的体力和精液，造成公猪未老先衰，降低公猪的使用年限；有时会造成公猪的自淫现象，大大降低精液品质，严重影响母猪受胎率。公猪最好单圈饲养，圈墙要高而严密，让其看不见外面的事情，这样可以使公猪安静，减少外界干扰，特别是杜绝母猪的干扰刺激，保持正常的食欲与性欲，避免发生自淫现象。

（四）配种方式及利用

1. 种公猪的配种方式和方法

（1）配种方式

母猪的配种方式有单次配、重复配、双重配、多次配等。

单次配：就是在母猪的一个发情期内，只用 1 头公猪交配 1 次。这种方式在有经验的饲养人员掌握下，抓住配种适期，也能获得较高的受胎率，并能减轻公猪的负担，提高公猪的利用率。缺点是一旦适宜配种时间没掌握好，受胎率和产仔率都要受到影响。

重复配：在母猪的一个发情期内，用1头公猪先后配种2次。即在第1次交配后，间隔8~12h再用同一头公猪配第2次。这种方式比单次配种的受胎率和产仔数都高。因为这种方式使先后排出的卵子都能受精。在生产中，对经产母猪都采取这种方式。

双重配：在母猪的一个发情期内，用同一品种或不同品种的2头公猪，先后间隔10~15min各配1次。这种方式可提高受胎率、产仔数及仔猪的整齐度和健壮程度。生产商品肉猪的猪场可采用这种方式，专门生产纯种猪的猪场不宜采用这种方式，以免造成血统混乱。

多次配：在母猪的一个发情期内，用同一头公猪交配3次或3次以上。3次交配适合于初配母猪或某些刚引入的国外品种。试验证明，在母猪的一个发情期内配种1~3次，产仔数随配种次数的增加而增加；配种4次，产仔数开始下降；配种5次以上，产仔数急剧下降。因为配种次数过多，造成公、母猪过于劳累，从而影响性欲和精液品质（精液变稀，精子发育不成熟、活力差）。

总之，在生产中，初配母猪在一个发情期内配种3次，经产母猪配种2次，受胎率和产仔数较高。

（2）配种方法

猪的配种方法有自然交配（本交）和人工授精两种。人工授精要求卫生条件较高，需要受专门训练的人员操作，小型猪场应请专门技术人员操作。本交又分为自由配种和人工辅助配种。生产中多采用人工辅助配种。人工辅助配种的交配场所应选在离公母猪圈较远，且安静而平坦的地方。交配应在公母猪饲喂前后2h进行。配种时先将母猪赶入交配地点，用毛巾蘸0.1%的高锰酸钾溶液擦母猪臀部、肛门和阴户，然后赶入配种计划规定的公猪；当公猪爬上母猪背部后，用毛巾蘸上述消毒水擦公猪的包皮周围和阴茎，这样可减少阴道或子宫感染，从而减少死胎。然后把母猪的尾巴拉向一侧，使公猪的阴茎顺利地插入母猪阴道中，必要时可用手握住公猪包皮引导阴茎插入阴道。母猪配种后要立即将其赶回原圈休息，但不要驱赶过急，以防精液倒流。配种后要及时做好配种记录，以作为饲养人员进行正确饲养管理的依据。

2. 种公猪的利用

种公猪的合理利用有助于延长种用年限，充分发挥其种用性能。

（1）掌握好适宜的配种年龄及体重，不可过早或过晚

我国地方品种：7~9月龄，体重大约60~70kg；培育及引入品种：8~10月龄，体重110~120kg。对初配公猪还要进行调教，公猪初次配种时，应使用体型相似、易接受爬跨的经产母猪按一定的程序进行调教训练，用已被其他公猪配过种、仍处于静立发情的母猪是较理想的，这样经过几次训练，以后就可以正常使用。

（2）掌握适宜的配种强度

初配公猪每周配种2~3次；2~4岁的壮年公猪每天配种1次，或1d2次（间隔8h以上），连用1周，休息1~2d。射精次数一般以控制在两次为好，公猪射精时间累计起来是6min左右，可是一次交配全部精子的80%是在开始射精的头2min内射出，所以，只要让公猪射精2次，是能保证母猪正常受胎的。

（3）合适的公母比例

一般用本交进行季节性配种的猪场，公与母的比例为1：（15~20）；分散配种的猪

场：公与母的比例为1：（20～30）；人工授精的猪场公猪尽量少养、精养。可根据需要确定饲养品种和数量，一头公猪可配600～1 000头母猪，1：500较为适宜。除此之外还要选择适宜的配种时间一般是夏季安排在早晨与傍晚凉爽时进行，冬季安排在上午和下午天气暖和时进行。配种前后1h不要喂食。配种后不要立即给公猪饮凉水和冷水冲洗。配种时最好有专门的场地地面要求平坦而不滑，以利配种进行。公猪一次交配的时间很长，为3～25min，所以，交配时切不可有任何干扰。每次配种完毕，应让公猪自由活动十几分钟，然后再赶回圈内，并给些温水让其自饮。

（4）利用年限

一般的繁殖场可饲养到4～5岁，种用年限3～4年。老龄公猪应及时淘汰更换。

种公猪可能会出现的异常状态：一是公猪发生自淫。解决的方法：公、母圈远离，相互听不见声音；公猪圈要严密，不让其看到外面的事情；单圈饲养，圈墙要高，使其爬不上圈墙；加强运动，让其有一种劳累感；建立正常的饲养管理制度。二是公猪打架。特别注意避免两头公猪相遇，一旦发现打架要采取措施及时拉开。三是公猪血尿。解决办法：立即停止配种，休息1个月，休息期间饲喂较好的蛋白质饲料和青绿多汁饲料，恢复健康后严格控制配种次数，否则再发生尿血就不好调理了。

公猪还可能出现性欲低下的问题。可能的原因是由于使用过度，运动不足，饲料中长期缺乏维生素E或维生素A，引起性腺退化、睾丸炎、肾炎、膀胱炎等许多疾病所致。

公猪性欲低下主要表现在它见到发情母猪不爬跨，性欲迟钝，厌配或拒配，即使爬跨母猪也阳痿不举，或交配时间短，射精不足。

对性欲低下的公猪可以采取如下措施：过肥减料撤膘，加强运动，加喂青绿多汁饲料；公猪过瘦加强营养，尽快恢复膘情；初配公猪，配种不要过晚；用发情好的母猪，逗引公猪，增强其性欲；使用药物治疗，注射脑垂体前叶激素、维生素E，提高其性欲。

对于疾病而继发的种公猪性欲低下，应针对原发病进行治疗。对性欲不强，射精不足的种公猪，精液严禁使用。

第三节　妊娠母猪生产技术

妊娠母猪是指从配种怀孕至分娩期间的母猪。妊娠母猪的主要产品是仔猪，对其饲养管理的好坏直接影响到胚胎的成活率、仔猪的初生重和生活力、母猪的泌乳能力和返情日期等。因此，妊娠期的饲养管理，对母猪的繁殖成绩将产生重大的影响。妊娠母猪饲养管理的中心任务是保证胎儿能在母体内得到充分的生长发育，防止流产和死胎现象的发生，使妊娠母猪每窝产出数量多、初生体重大、体质健壮和均匀整齐的仔猪。并使母猪有适度的膘情，为哺乳期的泌乳进行储备。对初产青年母猪还要保证其本身的生长发育。

一、妊娠诊断

早期判断母猪是否怀孕，有很高的生产和经济价值。对已经怀孕的母猪可做好安胎、保胎工作；如果未妊娠，应注意观察其再次发情，及时补配，也可进行药物催情，促进母猪发情再配种，以防空怀。母猪怀孕的早期诊断方法有以下几种。

1. 根据发情周期和妊娠征状诊断

如果母猪配种后约经过 3 周未再出现发情，并且有食欲渐增、被毛光亮、增膘明显、性情温驯、行动稳重、贪睡、尾巴自然下垂、阴户缩成一条线、驱赶时夹着尾巴走路等现象，则初步断定已经妊娠。采用此种方法诊断妊娠需要有一定的生产经验。

2. 手掐判断法

母猪配种 20d 左右，在母猪 9 ~ 12 腰椎两侧，用手轻轻一掐来判断母猪是否怀孕。如果母猪没怀孕，则拱脊嚎叫，甚至逃跑，而怀孕母猪则无任何反应。

3. 指压判断法

将拇指和食指从母猪第 7 ~ 9 胸椎两侧，用由弱渐强的力压至第 2 腰椎。出现背脊的凹曲，表示未怀孕。不见背脊的凹曲或见拱背，说明已经怀孕。此法适用于检查配种 2 周后的母猪是否妊娠，尤以检查经产母猪为佳。

4. 检查乳头法

经产母猪配种后 3 ~ 4d，用手轻捏母猪最后第 2 对乳头，发现有一根较硬的乳管，即表示已受孕。

5. 弓张反射法

在早上饲喂前，于母猪鬐甲部或后腰部先作轻而短的按压，后抓、捏，如有弓张反射，即未孕；若怀孕，这种反射于孕后 8 ~ 10d 就消失。直到产后 7 ~ 9d 才出现，对反射不明显的可隔 2 ~ 3min 再推 1 次。

6. 直肠检查法

一般是指体型较大的经产母猪，通过直肠用手触摸子宫动脉，如果有明显波动则认为妊娠，一般妊娠后 30d 可以检出。但由于该方法只适用于体型较大的母猪，有一定的局限性，所以使用不多。

7. 超声波测定法

采用超声波妊娠诊断仪对母猪腹部进行扫描，观察胚胞液或心动的变化，这种方法 28d 时有较高的检出率，可直接观察到胎儿的心动。因此，不仅可确定妊娠，而且还可以确定胎儿的数目以及胎儿的性别。试验证明配种后20 ~ 29d 诊断的准确率约为 80%，40d 以后的准确率为 100%。

8. 激素测定法

母畜妊娠后尿中雌激素含量增加，特别是猪和马更明显。孕酮与硫酸接触会出现美观的豆绿色荧光化合物，此种反应随妊娠期延长而增强。此种方法准确率可高达 95%，对母猪无任何危害。测定母猪血浆中孕酮或胎膜中硫酸雌酮的浓度来判断母猪是否妊娠，一般可在 19 ~ 23d 采集血样测定，如果测定的值较低则说明没有妊娠，如果明显高则说明已经妊娠。

二、妊娠母猪的变化及胚胎的生长发育和死亡规律

（一）妊娠母猪的变化

妊娠前期，母猪的代谢增强，对饲料的利用率提高，蛋白质合成增强。在喂等量饲料的条件下，妊娠母猪比空怀母猪增重较多。这是由于妊娠母猪体内某些激素分泌增加所致。如甲状腺素、三碘甲状腺氨酸、肾上腺皮质激素以及胰岛素等，促使了妊娠母猪对饲

料营养物质的同化作用，即代谢效率上升，表现为比空怀时沉积的脂肪和肌肉增多。脂肪大部分沉积在背膘，而肌肉大部分沉积在腹壁。据 Heap 等（1967）报道，妊娠母猪比空怀母猪子宫外所增重的部分，脂肪占 48%，肌肉占 31%，其余 21% 为乳腺，这就是所谓“妊娠合成代谢”过程（表 6－4）。

表 6－4　妊娠母猪与空怀母猪的体重变化

项目	采食量 (kg)	配种体重 (kg)	临产体重 (kg)	产后体重 (kg)	净增 (kg)	相差 (kg)
妊娠	225	230	274*	250**	20	16
空怀	224	231	235	235	4	
妊娠	418	230	308*	284**	54	15
空怀	419	231	270	270	39	
妊娠	233	197	233*	211**	14	9
空怀	233	196	201	201	5	

*妊娠第 110d 屠宰前体重；**最终体重减去胎衣、胎水和胎儿

妊娠中、后期，胎儿发育迅速，由于腹腔容积渐小而降低采食量，妊娠母猪合成代谢的效率降低（仅为 7%～13%），胎儿对能量的要求日益超过母猪，由于妊娠基础需要的能量降低，有人认为此时胎儿的代谢增量为母体的 3 倍以上，结果使脂肪沉积的合成代谢反而为脂肪分解的降解代谢所代替。由母猪组成分解以及胎儿组成的所耗费的能量，构成了妊娠后期排热增多，增加量超过了体重增长的应增量，即为“妊娠增热”（表 6－5）。

表 6－5　妊娠期各阶段的内容变化

妊娠期（d）	0～30	31～60	61～90	90～114
日增重(g)	647	622	456	408
骨和肌肉(g)	290	278	253	239
皮下脂肪(g)	162	122	－23	－69
子宫(g)	33	30	38	39
板油(g)	10	－4	－6	－22
子宫内容物(g)	62	148	156	217

总之，后备母猪妊娠期的增重是由 3 个部分组成：子宫及其内容物（胎衣、胎水和胎儿）的增长；母猪正常生长发育的增重；母猪本身营养物质的贮存。

初产母猪妊娠全程增重为 36～50kg，而经产母猪只须增重 27～39kg。因为经产母猪本身不再生长发育，上述增重已足以弥补分娩与泌乳时的失重，使母猪的断乳重与配种时原重相当。当然，初产母猪和经产母猪的增重与起初的体况有关，饲料类型不同也会改变所需的增重，而泌乳期失重因仔猪头数、母猪体况、营养水平、母猪的泌乳力和仔猪的断乳日龄而异。Purdue 大学 15 年积累的初产和经产母猪妊娠、分娩及哺乳过程的体重变化的资料见表 6－6。

表 6－6 初产与经产母猪从配种到断奶母猪体重的变化

项目	初产母猪	经产母猪
头数	248.0	445.0
配种体重（kg）	118.4	183.7
分娩前平均体重（kg）	161.2	224.1
妊娠期平均增重（kg）	42.8	40.4
妊娠期（d）	113.6	113.4
妊娠期平均日增重（g）	377.0	335.0
分娩后平均体重（kg）	148.7	206.9
分娩后平均失重（kg）	12.5	17.2
断奶时平均体重（kg）	135.9	192.5
哺乳期平均失重（kg）*	12.8	14.4
分娩与哺乳共失重（kg）	25.3	31.6

* 个别年度哺乳母猪有增重情况

（二）胚胎的生长发育和死亡规律

卵子在输卵管的壶腹部受精（在受胎的猪中，大约只有5%的卵子未受精），合子在输卵管部位呈游离状态，借助输卵管上皮层的纤毛细胞所形成的纤毛转向子宫方向的颤动，加之输卵管的分节收缩，使合子不断地向子宫移动，从卵子排出到达子宫需24～28h；合子到达子宫时，通过孕酮的作用，将合子附植在子宫角的子宫系膜侧的对侧上，并在它周围形成胎盘，这个过程大约需要12～24d。合子在第9～13d内的附植初期易受各种因素的影响而死亡，这是胚胎死亡的第一高峰时期，虽然大量产前损失出现于发育早期，但在器官形成期，即妊娠后大约第3周，还有一个第二次较小高峰。这两个时期，胚胎死亡约共占合子的30%～40%。妊娠较后期也有些胎儿死亡，特别是在交配后60～70d，胎盘停止生长，而胎儿迅速生长时，可能由于胎盘不健全，循环失常，影响营养通过胎盘，不足以支持胎儿发育，以致死亡。这是胎儿死亡的第三高峰，据分娩时的活仔猪数来看，此期减少15%。由于这些损失，一般母猪群所排出的卵子，大约只有一半能在分娩时成为活的仔猪（图6－1）。

随母猪妊娠日龄的增加，胎儿生长发育速度加快，妊娠30d时，每个胚胎重量只有2g，仅占初生重的0.15%，80d时每个胎儿的重量为400g，占初生体重的29%。如果每头仔猪的初生重按1 400g计算，在妊娠80d以后的34d时间里，每个胎儿增重为1 000g，占初生体重的71%之多，是前80d每个胎儿总重量的2.5倍。由此可见，妊娠最后34d是胎儿体重增加的关键时期见表6－7。所以，加强母猪妊娠后期的饲养管理，是保证胎儿生长发育的关键。

表 6-7 猪胎儿的发育变化

胎龄（d）	胎重（g）	占初生重（%）
30	2.0	0.15
40	13.0	0.90
50	40.0	3.00
60	110.0	8.00
70	263.0	19.00
80	400.0	29.00
90	550.0	39.00
100	1 060.0	76.00
110	1 150.0	82.00
初生	1 300~1 500	100.00

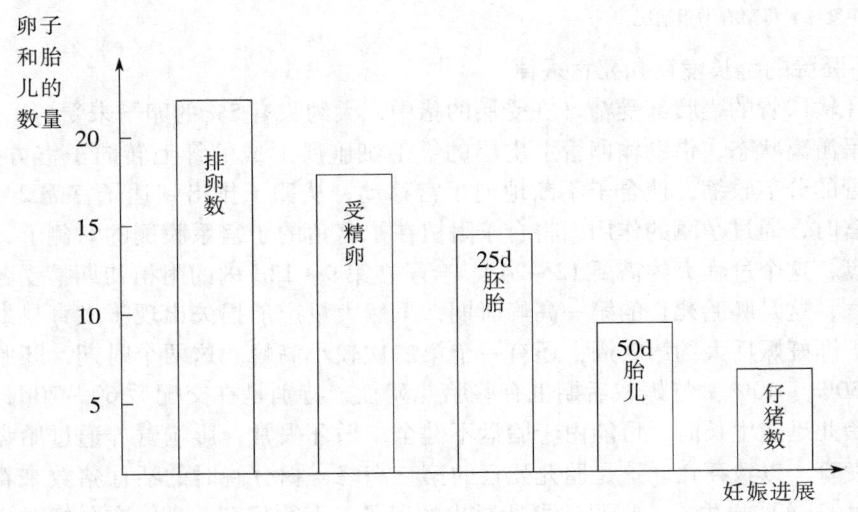

图 6-1 妊娠期胎儿和胚胎损失

三、妊娠母猪的营养需要

妊娠前期母猪对营养的需要主要用于自身维持生命和复膘，初产母猪主要用于自身生长发育，胚胎发育所需极少。妊娠后期胎儿生长发育迅速，对营养要求增加。同时，根据前述妊娠母猪的营养利用特点和增重规律加以综合考虑，对妊娠母猪饲养水平的控制，应采取前低后高的饲养方式，即妊娠前期在一定限度内降低营养水平，到妊娠后期再适当提高营养水平。整个妊娠期内，经产母猪增重保持 30~35kg 为宜，初产母猪增重保持 35~45kg 为宜（均包括子宫内容物）。母猪在妊娠初期采食的能量水平过高，会导致胚胎死亡率增高。试验表明，按不同体重，在消化能基础上，每提高 6.28MJ 消化能，产仔数减少

0.5头。前期能量水平过高，体内沉积脂肪过多，则导致母猪在哺乳期内食欲不振，采食量减少，既影响泌乳力发挥，又使母猪失重过多，见表6－8，还将推迟下次发情配种的时间。

表6－8　妊娠期母猪的采食量、增重与哺乳期采食量、失重的关系

妊娠采食量（kg）	0.9	1.4	1.9	2.4	3.0
妊娠期共增重（kg）	5.9	30.3	51.2	62.8	74.4
哺乳期日采食量（kg）	4.3	4.3	4.6	3.9	3.4
哺乳期体重变化（kg）	+6.1	+0.9	-4.4	-7.6	-8.5

国外对妊娠母猪营养需要的研究认为，妊娠期营养水平过高，母猪体脂贮存较多，是一种很不经济的饲养方式。因为母猪将日粮蛋白合成体蛋白，又利用饲料中的淀粉合成体脂肪，需消耗大量的能量，到了哺乳期再把体蛋白、体脂肪转化为猪乳成分，又要消耗能量。因此，主张降低或取消泌乳贮备，采取“低妊娠高哺乳”的饲养方式。近20～30年来，对母猪妊娠的饲养标准一再降低，美国营养研究会（NRC）推荐的妊娠母猪能量指标从第一版（1950）的37.66～46.86MJ/d，不断削减到第七版（1973）的27.61MJ/d，下降幅度达30%左右，到第八版时再度减到21.6MJ/d。20世纪80年代的一些试验进一步证实，妊娠期的能量指标还可减少。据试验，以苜蓿干草为唯一饲料（消化能20.92MJ/d）与精料对比，产仔数与初生重并无显著差别。Pond（1986）甚至从配种到分娩，每天仅喂消化能8.37MJ，产仔数依然正常，仅初生重略低（0.99～1.04kg）。

妊娠母猪的蛋白质需要量，也不像过去要求那么多，原因是母猪在一定范围内具有较强的蛋白质缓冲调节能力。一般认为妊娠期母猪日粮中的粗蛋白质最低可降至12%。蛋白质需要与能量的需要是平行发展的。钙、磷、锰、碘等矿物质和维生素A、维生素D、维生素E也都是妊娠期不可缺少的营养素。妊娠后期的矿物质需要量增大，不足时会导致分娩时间延长，死胎和骨骼疾病发生率增加。缺乏维生素A，胚胎可能被吸收、早死或早产，并多产畸形和弱仔。目前一般的猪场多用优质草粉和各种青绿饲料来满足妊娠母猪对维生素的需要，在缺少草粉和青绿饲料时，应在日粮中添加矿物质和维生素预混合饲料。

妊娠母猪的日粮中应搭配适量的粗饲料，最好搭配品质优良的青绿饲料或粗饲料，使母猪有饱感，防止异癖行为和便秘，还可降低饲养成本。许多动物营养学家认为，母猪饲料可含10%～20%的粗纤维。

四、妊娠母猪的饲养

（一）妊娠母猪的饲养方式

妊娠期饲养的原则是保证母猪正常的体况和胎儿的正常生长发育。饲养妊娠母猪要根据母猪的膘情与生理特点，以及胚胎的生长发育情况确定合理的饲养方式，决不能按统一模式来饲养。常用的饲养方式如下。

1. 抓两头带中间的饲养方式

这种方式适合配种时较瘦弱的经产母猪。妊娠前期，一般在妊娠后的20～40d，可适当增加含蛋白质较多的精饲料，使母猪尽快恢复体力与膘情。妊娠中期，由于胚胎的生长发育和母猪的体重增加都较慢，适当增加一些品质好的青绿多汁饲料与粗饲料不会有什么影响。妊娠后期，胎儿生长十分迅速，母猪体重也增加较快，此时应把精料量加到最大。这样，在整个妊娠期形成了一个高—低—高的营养水平。精料给量为：妊娠前期（1～40d）每日每头给精料1.25kg，妊娠中期（41～90d）给精料1kg，妊娠后期(91～114d)给精料2kg。

2. 前低后高方式

这种方式主要适合于配种前膘情较好的经产母猪。因为妊娠前期胚胎发育较慢，母猪膘情又好，就不需要另外增加营养，可按一般的饲养水平来饲喂，青粗饲料可适当多些。妊娠后期，为了满足胎儿生长发育的需要，再适当增加部分精料。精料给量为：妊娠前期（1～60d）每日每头给精料0.75kg，妊娠后期（61～114d）每日每头给精料1.25～1.5kg。

3. 步步登高方式

这种方式适合于初产母猪与繁殖力特别高的母猪，因为初产母猪不仅需要维持胚胎生长发育的营养，而且还要供给本身生长发育的营养需要。另外，繁殖力特别高的母猪不仅胚胎需要营养较多，而且还要为泌乳做必要的贮备。为此，整个妊娠期内的营养水平，是根据胚胎增重与母猪体重的增长而逐步提高的，到妊娠后期增加到最高水平。精料给量为：妊娠前期（1～60d）每日每头给精料1.25kg，妊娠中期（61～90d）每日每头给精料1.5kg，妊娠后期（90～114d）每日每头给精料2kg。

（二）饲养技术要点

1. 日粮营养要全面、多样化且适口性强

从日粮的营养构成上来看，一般说来，在一定限度内妊娠能量水平对产仔数无影响，但高能量水平，特别是妊娠初期高能量水平会导致胚胎死亡率增加，妊娠初期降低能量水平有利于胚胎成活。如果能量水平足够，蛋白质水平对产仔数影响较小，但可降低仔猪的初生重，并降低母猪产后的泌乳力。而产仔数的减少或死胎、木乃伊、畸形仔猪、弱仔猪数增加的主要原因之一是妊娠日粮中维生素和矿物质缺乏。在饲料中添加一定量的青粗饲料，可以部分弥补这一问题。同时，适当增加轻泻性饲料如麸皮，以防便秘。

2. 适当供给青粗饲料

在满足日粮能量、蛋白质的情况下，供给适当的青粗饲料，可获得良好的繁殖成绩。青饲料可补充精饲料中维生素、矿物质的不足，并可降低饲料成本。若用青粗饲料代替部分精料时，可按每日营养需要量及日采食量来确定青粗饲料比例。一般在妊娠母猪的日粮中，精料和青粗料的比例可按1:（3～4）投给。妊娠3个月后，应限制青粗饲料的给量，否则压迫胎儿容易引起流产。

3. 适当的日粮体积

适当的日粮体积使母猪既有饱腹感，又不致压迫胎儿。更重要的是青粗饲料所提供的氨基酸、维生素与微量元素丰富，有利于胚胎发育，同时可防止母猪的卵巢、子宫和乳房发生脂肪浸润，有利于提高母猪的繁殖力和泌乳力。但青饲料含水多，体积大，与妊娠母猪需大量营养物质而且容积有限是一个矛盾。粗饲料含纤维多，适口性差，这与妊娠母猪的生理特点和营养需要又是一个矛盾。因此，要注意青粗饲料的加工调制（如打浆、切碎、青贮等）和增加饲喂次数。

4. 供给充足的饮水

在整个妊娠期间应保证供给充足的饮水，特别是在用生干料饲喂的情况下更应如此。

五、妊娠母猪的管理

1. 小群饲养和单栏饲养

小群饲养就是将配种期相近、体重大小和性情强弱相近的3~5头母猪放在一圈饲养，到妊娠后期每圈饲养2~3头。小群饲养的优点是妊娠母猪可以自由运动（有的舍外还设小运动场），吃食时由于争抢可促进食欲，缺点是如果分群不当，胆小的母猪吃食少，影响胎儿的生长发育。单栏饲养也称禁闭式饲养，妊娠母猪从空怀阶段开始到妊娠产仔前，均饲养在宽60~70cm、长2.1m的栏内。单栏饲养的优点是吃食量均匀，没有相互间碰撞，缺点是不能自由运动，肢蹄病较多。实践中可根据具体情况而定，最好按妊娠顺序单栏饲养，这样既便于施行个体管理，及时增加给料量以保证母猪分娩前体况良好，又可避免打架、爬墙、滑跌及互相爬跨等而引起流产。

2. 良好的环境条件

保持猪舍的清洁卫生，注意防寒防暑，有良好的通风换气设备。

3. 保证饲料质量

严禁饲喂发霉、腐败、变质、冰冻及带有毒性和强烈刺激性的饲料，菜籽饼、棉籽饼等不脱毒不能喂，酒糟内有酒精残留，会对妊娠母猪产生一定的危害。同时注意食槽的清洁卫生，一定要在清除变质的剩料后，才投喂新料。

4. 适当加强运动

加强运动可以减少难产和发病机会，且小猪健壮。

5. 耐心管理

对妊娠母猪态度要温和，不要打骂惊吓，经常触摸腹部，可便于将来接产管理。每天都要观察母猪吃食、饮水、粪尿和精神状态，做到防病治病，特别要注意消灭易传染给仔猪的内外寄生虫病。

6. 注意环境调控和疫病防治

在气候炎热的夏季，应做好防暑降温工作，减少驱赶运动。高温不仅引起部分母猪不孕，还易引起胚胎死亡和流产。母猪妊娠初期，尤其是第1周遭高温（32~39℃），即使只有24h也可增加胚胎死亡，第3周以后母猪的耐热性增加，因此在盛夏酷热季节应采取防暑降温措施，如洒水、搭凉棚、运动场边植树等，以防止热应激造成胚胎死亡，提高产仔数。冬季则应加强防寒保温工作，防止母猪感冒发烧引起胚胎的死亡或流产。同时，要预防疾病性流产和死产，特别是猪流行性乙型脑炎、细小病毒病、流行性感冒等疾病均可引起流产或死产，应按合理的免疫程序进行免疫注射，预防疾病发生。

六、防止母猪流产的措施

研究表明，母猪一次发情排卵20多枚，但每窝断奶育成的仔猪只有8头左右，其损失率超过了50%，其中产前死亡占有相当一部分。因此，胎儿死亡、流产是影响产仔数和产活仔猪数目的一个重要原因。为增加产仔数，确保丰产丰收，除加强妊娠母猪饲养管理以外，应特别注意防止母猪流产，确保胎儿正常生长发育。

1. 保证母猪日粮的营养水平

全价饲料能确保子宫乳的质与量，维持内分泌的正常水平，防止胎儿因营养不足或不全价而中途死亡，维持正常妊娠。应当指出，在妊娠前期能量不可过高，不然会增加胚胎死亡，影响产仔数。同时，严禁喂给发霉变质、冰冻的饲料，以防胚胎受毒素或受冰冷刺激而引起流产。

2. 加强管理

避免一些机械性伤害，例如，拥挤、压迫、鞭打、咬斗等，均易引起流产。规模化养猪场，母猪怀孕后进入定位栏饲养，机械损伤相对要少得多。

3. 搞好疾病防治工作

防止热应激，平时应重视卫生消毒和疾病防治工作。尤其是一些热性病，如布鲁氏菌病、细小病毒病、伪狂犬病、钩端螺旋体病、乙型脑炎、弓形体病、生殖道炎症、中暑等极易引起流产。要密切注视妊娠母猪群，做到尽早预防及时诊治。在炎热的夏季，尤其在高温天气，要特别注意给妊娠母猪防暑降温，防止热应激造成胚胎死亡。

需要指出的是，必须采取正确饲养，细致管理等综合措施，才能有效地防止妊娠母猪流产，确保胎儿正常生长发育。

第四节 哺乳母猪生产技术

母乳是仔猪产后 10～15d 内唯一的食物，在 30d 之内通常也是最主要的营养来源；仔猪的健康水平和断奶重在相当大的程度上都取决于哺乳母猪的饲养是否成功。哺乳母猪饲养管理的最大目标，一是保证母猪健康，没有母猪健康其他无从谈起；二是促使母猪尽量多产奶汁，以使仔猪在以乳为主的营养需要阶段有充足的乳汁享用；三是保持母猪断奶时尚有好的体况，断奶之后能在较短的时间内发情，并能保质保量的产卵排卵，顺利进入下一个繁殖周期。

一、分娩预兆

母猪的怀孕期平均是 114d，一般只要登记配种的确切日期，就可推算预产期，但是产仔日期不一定这样准确，有的母猪可能提前 4～6d，也有的可能推迟 5～6d。因此，除了根据预产期推算外，还要根据临产前的表现，安排接产工作就更加准确了。

随着胎儿的发育成熟，母猪在生理上会发生一系列的变化，如乳房膨大、产道松弛、阴门红肿和行动异常等，都是要分娩的表现。

总的临产表现可归纳为三看一挤一听方法。

一看乳房：在母猪产前 15～20d 时乳房从后面逐渐向前膨大下垂，乳房基部与腹部之间的界限明显。到产前 1 周左右，乳房膨胀得更加厉害，两排乳头呈八字形向外分开，色泽红润，经产母猪比初产母猪明显。这就像群众所说的“奶头炸，不久就要下”。

二看尾根：产前 3～5d，阴门开始红肿，骨盆开张，阴门松大，皱纹展平，尾根两侧逐渐下降，但较肥的母猪不太明显。

三看行动：产前 6～8h，母猪会叨草做窝（引进纯种无此表现，只是把草拱来拱去），这是母猪临产前的特有行为。观察表明，初产母猪比经产母猪做窝早，冷天比热天做窝早，同时，食欲减退。

一挤是挤乳头：产前 2～3d，乳头可挤出乳汁。一般来说，当前部乳头能挤出乳汁，产仔时间不会超过 1d；如最后一对乳头能挤出乳汁，初乳较黏、透明、稍黄，则产仔只有 10～12h 或 4～6h 即可产仔。

一听呼吸：如发现母猪精神极度不安，呼吸急促、挥尾、流泪、来回走动，时而伏坐，频频排尿、排粪，则 6～12h 内就要产仔。

若发现母猪躺卧，呼吸低沉而短促，呼吸次数增加，并发出声响，四肢伸直，每隔 1h 阵缩一次，而且时间越来越短，皮肤干燥，腹部起伏变大，全身努责用力，开始阵痛，阴门流出稀薄黏液（羊水），这时很快就要产出第 1 头小猪。

归纳起来为：行动不安，起卧不定，食欲减退，衔草做窝，乳房膨胀，具有光泽，挤出奶水，频频排尿。有了这些征兆，一定要有人看管，做好接产准备工作。产前的 1～3d 夜间要设值班人员，避免发生意外事故。

二、母猪分娩前后的饲养管理

（一）分娩前的准备

1. 产房的准备

准备的重点是保温与消毒。首先应对供暖或保温设备进行检修，尤其是在北方冬季分娩时显得更为重要。若没有保温产房，必须有仔猪保温小圈。小圈内设有红外线灯或电热板等电热设备。

若没有专用产房，应想办法找个空闲的屋子或密闭圈舍作为临时产房，以确保安全分娩。冬季尤其是北方最好在密闭圈分娩。

产前消毒事关重要。众所周知，腹泻是育仔中的难题之一，而腹泻发生主要由病原微生物侵入消化道而引起。另外由于母猪分娩后体力下降，各种病原微生物也乘虚而入，常引起母猪产后发烧拒食。因此，为确保母仔产后平安，减少仔猪腹泻，防止母猪产后感染，搞好产前消毒是关键环节之一。关于消毒药物及消毒方法的选用，必须按照《无公害食品　生猪饲养管理准则》（NY5033）中的规定执行。一般于产前 10～15d 进行全场大清扫、大消毒。对环境、圈舍、过道、墙壁、地面、围栏、饲槽、饮水器具等要先用高压水枪冲洗，再用 2%～3% 的火碱水喷洒消毒。24h 后再用高压水枪冲洗。墙壁最好用 20% 石灰乳粉刷。地面若潮湿，可洒些生石灰。应加强通风，以保持产房干燥。产房温度以 15～18℃为宜。

在没有采暖设备的产房，入冬前应备好干燥、柔软、铡短的（20cm 左右）垫草备用。

2. 产前的物品准备

可根据需要准备好毛巾、抹布、水桶、水盆、消毒药品、5% 的碘酊、催产药物、剪刀、缝合针和缝合线，备用保险丝、灯泡及风灯（产房内禁点明火）。若冬季分娩，还应准备好防寒用品，最好再预备些 25% 的葡萄糖液，以做抢救仔猪用。若是种猪场还应准备好记录本、秤、耳号钳子或耳标钳子和耳标。

3. 准确计算预产期

母猪的妊娠期为 111～117d，平均为 114d。推算预产期，知道什么时候怀孕，什么时间产仔，对于一个养殖场和饲养员至关重要，对做好接产前的准备，减少仔猪损失是必不可少的一项工作。母猪配种后，即行登记、算出预产期。然后通知饲养员，以便责任到人。确定预产期的方法有以下 3 种。

(1) 三、三、三法

即母猪妊娠期为 3 个月 3 周零 3d。计算方法：用公历计算，口决：月份加 4，日期减 6，再减大月数，过 2 月加 2d，闰 2 月份加 1d。如 3 月 15 日配种，月加 4 是 7，日减 6 是 9，再减大月数是 2，这头母猪预产期为 7 月 7 日。

(2) 八、七法

母猪的配种日期月上减 8，日上减 7。如果 10 月 12 日配种，10 减 8 是 2，12 减 7 是 5，这头母猪预产是第二年 2 月 5 日。

如果配种的月上不够减，或日上不够减 7，可在月上加 11，或在日上加 30，再分别减，得出的时间就是母猪的预产期。如 4 月 6 日配种，即在 4 上加 11 是 15，然后 15 -8 是 7（月），6 上加 30 是 36 减 7 是 29（日），这头母猪的预产期为 7 月 29 日。

母猪的妊娠期变化范围较大，因此只靠推算预产期来安排生产还不可靠。随着胎儿的发育成熟，母猪在生理上会发生一系列变化，这些变化称为临产表现，根据临产表现来安排生产是比较准确的。

(3) 查表法（表 6 -9）

表 6 -9　简易分娩、离乳日期计算表

每月日序	1 月	2 月	3 月	4 月	5 月	6 月	7 月	8 月	9 月	10 月	11 月	12 月	每月日序
1	1	32	60	91	121	152	182	213	244	274	305	335	1
2	2	33	61	92	122	153	183	214	245	275	306	336	2
3	3	34	62	93	123	154	184	215	246	276	307	337	3
4	4	35	63	94	124	155	185	216	247	277	308	338	4
5	5	36	64	95	125	156	186	217	248	278	39	339	5
6	6	37	65	96	126	157	187	218	249	279	310	340	6
7	7	38	66	97	127	158	188	219	250	280	311	341	7
8	8	39	67	98	128	159	189	220	251	281	312	342	8
9	9	40	68	99	129	160	190	221	252	282	313	343	9
10	10	41	69	100	130	161	191	222	253	283	314	344	10
11	11	42	70	101	131	162	192	223	254	284	315	345	11
12	12	43	71	102	132	163	193	224	255	285	316	346	12
13	13	44	72	103	133	164	194	225	256	286	317	347	13
14	14	45	73	104	134	165	195	226	257	287	318	348	14
15	15	46	74	105	135	166	196	227	258	288	319	349	15
16	16	47	75	106	136	167	197	228	259	289	320	350	16
17	17	48	76	107	137	168	198	229	260	290	321	351	17

（续表）

每月日序	1月	2月	3月	4月	5月	6月	7月	8月	9月	10月	11月	12月	每月日序
18	18	49	77	108	138	169	199	230	261	291	322	352	18
19	19	50	78	109	139	170	200	231	262	292	323	353	19
20	20	51	79	110	140	171	201	232	263	293	324	354	20
21	21	52	80	111	141	172	202	233	264	294	325	355	21
22	22	53	81	112	142	173	203	234	265	295	326	356	22
23	23	54	82	113	143	174	204	235	266	296	327	357	23
24	24	55	83	114	144	175	205	236	267	297	328	358	24
25	25	56	84	115	145	176	206	237	268	298	329	359	25
26	26	56	85	116	146	177	206	238	269	299	330	360	26
27	27	58	86	117	147	178	208	239	270	300	331	361	27
28	28	59	87	118	148	179	209	240	271	301	332	362	28
29	29	*	88	119	149	180	210	241	272	302	333	363	29
30	—	—	89	120	150	181	211	242	273	303	334	364	30
31	31	—	90	—	151	—	212	243	—	304	—	365	31

注：1. * 闰2月时，加1d；

2. 例如某猪于4月16日配种，应于何日分娩。计算方法是，查4月16日是一年的第106d，加114d为220d，则就在8月8日分娩，因为该日是1年的第220d；

3. 如计算时所得数超过365d时，则应减去365d，就可得到换算之数；

4. 可以计算分娩、断乳日期

4. 搞好母猪的产前管理

在母猪临产前15～20d，用1%～2%的敌百虫溶液，对猪和垫草进行喷雾灭虱，并更换垫草。为彻底消灭新孵出的小虱子，隔周再喷一次。这样可有效地灭掉猪虱，防止传给仔猪。若母猪膘情好，于产前5～7d应逐渐减料，至临产前1～2d，日粮可减到一半，临产停喂。并尽量不用高纤维的粗硬饲料，而用精料、糠麸等配成全价日粮，可适当掺入些青饲料。对膘情不好，乳房膨起不明显的母猪，不仅不减料，反而应多喂些易消化、富含蛋白质的催乳饲料。一般于产前十多天开始抓好母猪产前的饲料过渡，防止因饲料骤变引起母猪产后消化不良和仔猪下痢。要精心护理，与此同时，应安排好昼夜值班人员，密切注视、仔细观察母猪的分娩征兆，做好随时接产的准备。

（二）分娩过程

1. 胎儿的产式

在正常分娩开始之前，不同家畜其胎儿在子宫内持特有的位置，也就是说，在分娩时表现出一种胎位，以便以最小的困难通过骨盆带。猪有两个子宫角，产出的每头仔猪是从子宫颈端开始有顺序进行的，其产式无论是头位或尾位均是同样顺产，不至于造成难产。

2. 分娩阶段

分娩可分为准备阶段、产出胎儿、排出胎盘及子宫复原4个阶段。

(1) 准备阶段

在准备阶段之前，子宫相对稳定，这时能量储备达到最高水平，临近分娩，肌肉的伸缩性蛋白质即肌动球蛋白，开始增加数量和改进质量，这样就使子宫能够提供排出胎儿需要的能量和蛋白质。

由于血浆中孕酮的浓度在分娩前几天下降，而雌激素的浓度上升很快，雌激素活化而促使卵巢及胎盘分泌松弛激素，结果导致耻骨韧带松弛，产道加宽，子宫颈扩张。由于子宫和阴道受刺激，由离心神经传导到下丘脑的视上核和旁室核合成催产素。通过下丘脑的神经纤维直接释放到垂体后叶，经血液输送刺激子宫平滑肌收缩；子宫开始收缩，迫使胎儿推向已松弛的子宫颈，促进子宫颈再扩张。在准备初期，子宫以每15min左右周期性地收缩，每次收缩维持时间约20s。随着时间的推移，收缩的频率、强度和持续时间增加，一直到最后以每隔几分钟重复地收缩，这种间歇性收缩并非在整个子宫均匀地进行，而是由蠕动和分节收缩组成，在多胎动物，收缩开始于靠近子宫颈的胎儿的紧后方，压迫胎儿推向子宫颈，而子宫的其余部分保持静止状态，其机制是由于胎儿的活动增加，引起植物性神经反射增加和平滑肌特有的自动收缩（肌动球蛋白）以及催产素的综合作用所致。在准备阶段开始后不久，大部分胎盘和子宫的联系被破坏而脱离。

准备阶段结束时，由于子宫颈扩张，使子宫和阴道形成一个开放性的通道，从而促使胎儿被迫进入骨盆入口，尿囊绒毛就在此处破裂，尿囊液顺着阴道流出体外，整个准备阶段需2～6h，超过6h，会造成分娩困难。

(2) 产出胎儿

当胎儿进入骨盆入口时，引起膈肌和腹肌的反射性和随意性收缩，使腹腔内压升高，导致羊膜囊破裂。这种压力的升高伴随着子宫的收缩，迫使胎儿通过阴户排出体外。从排出第1头仔猪到最后一头仔猪，正常分娩时，需1～4h（每头仔猪排出的间隔时间为5～25min），超过5h，说明有难产迹象。

(3) 排出胎盘

胎盘的排出与子宫的收缩有关，由于子宫角顶端的蠕动性收缩引起了尿囊绒毛膜内翻，这有助于胎盘的排出。一般正常分娩结束10～30min内胎盘排出。

母猪每个胎膜附着胎儿，在出生时个别胎膜未能破裂，完全包住胎儿，如果不及时将它撕裂，胎儿就会窒息而死亡。

(4) 子宫复原

胎儿和胎盘排出之后，子宫恢复到正常未妊娠时的大小，称为子宫复原。产后的几周内，子宫的收缩比正常更为频繁，在第1d内大约每3min收缩一次，以后3～4d期间子宫收缩逐渐减少到10～12min收缩一次，收缩结束，引起子宫肌细胞的距离缩短，子宫体复原约需10d左右，但子宫颈的回缩比子宫体慢，到第3周末才完成复原。子宫的组成部分并非都能恢复到妊娠前的大小，对发情配种而未孕的子宫角，几乎完全回缩到原状，而孕后的子宫角和子宫颈即便完成了复原过程，仍比原来要大。

(三) 分娩与接产技术

安静的环境对正常的分娩是很重要的。整个接产过程要求保持安静，动作迅速而准确。接产人员最好由饲养该母猪的饲养员来担任，这样母猪比较安静，产仔迅速。接产人员的手臂应洗净，并用2%的来苏尔消毒。

1. 仔猪出生后应连脐带尽快带到比较安全的地方

用洁净的毛巾将口、鼻内的黏液擦除干净，然后再用毛巾或垫草迅速擦干皮肤。这对促进血液循环、防止仔猪体温过多散失和预防感冒非常重要。

2. 断脐带

仔猪离开母体时，一般脐带会自行扯断，但仔猪端仍拖着20～40cm长的脐带，此时应及时人工断脐带，其正确方法是先将脐带内的血液向仔猪腹部方向挤压，然后在距脐部4～5cm处用手钝性掐断，连接仔猪的一端用5%的碘酒消毒。钝性掐断可使血管因受到压迫而迅速闭合止血，不必结扎，以便尽快干燥脱落，避免细菌感染。但生产中有些场家习惯用线结扎，结果造成脐带中的少量血液和渗出液无法及时排出，使干燥时间大大延长，这样反而容易感染发炎。若断脐时流血过多，可用手指捏住断头，直到不出血为止。

3. 仔猪编号

编号便于记载和鉴定，对种猪具有重大意义，可以分清每头猪的血统、发育和生产性能。编号的标记方法很多，目前，常用剪耳号法，即利用耳号钳在猪耳朵上打缺口。每剪一个缺口，代表一个数字，把几个数字相加，即得其号数。编号时，最末一个号数是单号（1、3、5、7、9……）的一般为公猪，双号（0、2、4、6……）的为母猪，其原则是用最少的缺口来代表一个猪的耳号，比较通用的剪耳方法为："左大右小，上一下三"，左耳尖缺口为200，右耳为100；左耳小圆洞800，右耳400。每头猪实际耳号就是所有缺口代表数字之和（图6－2）。

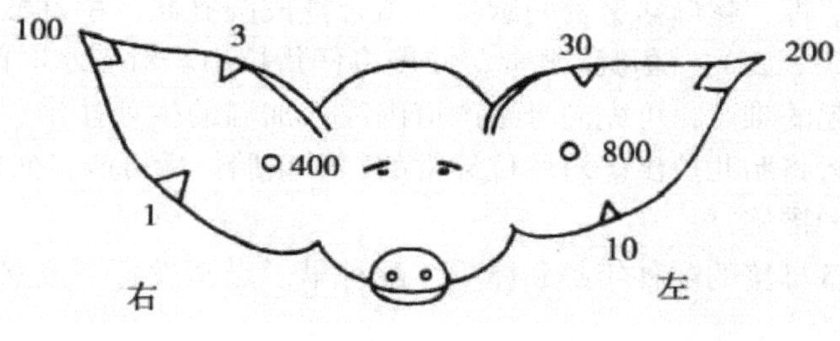

图6－2 仔猪耳号

4. 称重并登记分娩卡片

5. 后续工作

处理完上述工作后，立即将仔猪送到母猪身边固定奶头吃奶，有个别仔猪生后不会吃奶，需进行人工辅助，寒冷季节，无供暖设备的圈舍要生火保温，或用红外线灯泡提高局部温度。

6. 假死仔猪的急救

有的仔猪出生后全身发软，奄奄一息，甚至停止呼吸，但心脏仍有微弱跳动，这种情况称为仔猪假死。造成仔猪假死的原因：有的是母猪分娩时间过长，子宫收缩无力，仔猪在产道内脐带过早扯断而失去氧气来源，造成仔猪窒息；有的是黏液堵塞气管，造成仔猪呼吸障碍；有的是仔猪胎位不正，在产道内停留时间过长。遇到此类情况应立即进行抢救，救活一头仔猪就相当于挽回经济损失百余元。急救的方法是：接产人员迅速将仔猪口腔内的黏液掏出，擦干净口鼻部，手握仔猪嘴鼻，对准其鼻孔适度用力吹气，反复吹20次左右；或用酒精（白酒）等擦拭仔猪的口鼻周围，刺激其复苏；或提起仔猪后脚，用手连续拍打其胸部，直至发出叫声为止；也可将假死仔猪仰卧在垫草上，且两手握住其前后肢反复做腹部侧屈伸，直至其恢复自主呼吸。近年来，采用“捋脐法”抢救仔猪效果很好，救活率可达95%以上。具体操作方法是：擦干仔猪口腔内的黏液，将头部稍抬高置于软垫草上，在距腹部20～30cm处剪断脐带，术者一手捏紧脐带末端，另一手自脐带末端向仔猪体内捋动，每秒钟1次，反复进行，不得间断，直到救活。一般情况下，捋30次假死仔猪出现深呼吸，捋40次时仔猪发出叫声，60次左右仔猪可正常呼吸。但在特殊情况下，要增加时间和次数才能取得好的效果。

7. 难产处理

难产在生产中较为常见，多由母猪骨盆发育不全、产道狭窄（早配初产母猪多见）、死胎多、分娩时间拖长、子宫迟缓（老龄、过肥、过瘦母猪多见）、胎位异常或胎儿过大等原因所致。如不及时救治，可能造成母仔双亡。

母猪破水半小时后仍不产出仔猪，就可能是难产。难产也可能发生于分娩过程的中间，即顺产几头仔猪后，却长时间不再产出仔猪。如果母猪长时间剧烈阵痛，反复努责不见产仔，呼吸急促，心跳加快，皮肤发绀，即应立即实行人工助产。对老龄体弱、娩力不足的母猪，可肌肉注射催产素（脑垂体后叶素）10～20单位，促进子宫收缩，必要时同时注射强心剂。如注射药物后半小时仍不能产出仔猪，即应手术掏出。具体操作方法是：术者剪短、磨光指甲，先用肥皂水洗净手和手臂，后用2%的来苏尔或1%的高锰酸钾水溶液消毒，再用70%的酒精消毒，然后涂以清洁的灭菌润滑剂（凡士林、石蜡油或植物油）；将母猪阴部也清洗消毒；趁母猪努责间歇将手指合拢成圆锥状，手臂慢慢伸入产道，抓住胎儿适当部位（下颌、腿），随母猪努责，慢慢将仔猪拉出。对破水时间过长，产道干燥、狭窄或胎儿过大引起的难产，可先向母猪产道内注入加温的生理盐水、肥皂水或其他润滑剂，然后按上述方法将胎儿拉出。对胎位异常的，矫正胎位后可能自然产出。

预防母猪难产的措施：

①严格控制后备母猪的配种年龄和体重，配种早了母猪发育不成熟，产仔时容易因骨盆狭窄而发生难产。

②妊娠母猪必须适量运动。运动不仅可提高母猪的体力和健康，还可锻炼子宫肌肉的紧张性，有利于胎儿的娩出，可减少难产的发生。

③妊娠期合理饲养。妊娠母猪摄入的营养，一方面是维持本身代谢需要；另一方面是供应胎儿发育的需要。因此，对妊娠母猪要使用全价饲料。合理的饲养既保证需要，又不营养过剩，使妊娠母猪始终维持中等膘情，这样可以减少难产的发生。

④年龄大、胎次多、体质弱、膘肥的、产道狭窄的母猪，应及时淘汰。

8. 及时清理产圈

产仔结束后，应及时将产床、产圈打扫干净，排出的胎衣随时清理，以防母猪由吃胎衣养成吃仔猪的恶癖。

在整个助产过程中，要尽量避免产道损伤和感染。母猪产仔结束后，要用来苏尔或高锰酸钾溶液擦洗母猪阴门周围及乳房，并注射一针抗生素，以免发生阴道炎、乳房炎与子宫炎。产后母猪若出现不吃或脱水症状，应经耳静脉滴注5%的葡萄糖生理盐水500～1 000ml、维生素C 0.2～0.5g。同时，打扫产房，垫干土，换干净的垫草，并训练仔猪固定乳头吃奶，这时接产工作才算全部结束。

（四）分娩前后的饲养管理技术

1. 分娩前后的饲养

临产前5～7d应按日粮的10%～20%减少精料，并调配容积较大而带轻泻性饲料，可防止便秘。便秘常常是引起子宫炎、乳房炎、无乳症的重要因素。便秘母猪采食量严重下降，产后无乳，仔猪瘦弱，易拉稀、死亡。为此，给母猪适当喂一些粗纤维日粮（如麸皮汤等），并保证充足的饮水，或在日粮中加入适量的泻剂，如硫酸钠、硫酸镁等，可有效防治母猪便秘。分娩前10～12h最好不再喂料，但应满足饮水，冷天水要加温。

母猪分娩当天不喂料，只喂给热的麸皮盐水。分娩后第1天上午喂0.5kg，第2天上午喂1.0kg，下午喂1.0～1.5kg（如果需要），第3天上午喂1.5kg，下午喂1.5kg（如果需要），以后逐渐增加，5～7d后按哺乳母猪的饲养标准饲喂。刚分娩不久的母猪，如果喂料太多，易造成消化不良、便秘或下痢，同时，也会发生乳房炎、乳房结块，仔猪由于吃过稠过量母乳而下痢。因此，适当掌握分娩前后的喂料量非常重要。

在母猪增料阶段，应注意母猪乳房的变化和仔猪的粪便，从这些现象就能断定加料是否合理。当前有些养猪场在母猪分娩前7～10d内饲喂一定剂量抗生素，认为既可防病（包括仔猪）又可防止分娩期间及以后出现疾病。

2. 分娩前后的管理

母猪在临产前3～7d内，一般只在圈内自由运动；分娩后，应随时注意母猪的呼吸、体温、排泄和乳房的状况，经常保持产房安静，让母猪充分休息。传统养猪方法，在产后3d，如天气良好，可让母猪在舍外自由活动，并训练母猪和仔猪养成在舍外固定地点排粪尿的习惯。

三、哺乳母猪的饲养管理

（一）哺乳母猪的泌乳特点及规律

1. 乳腺结构特殊

母猪有6～7对乳头，多者可达8对。猪的乳房构造特殊，乳池退化，不能蓄积乳汁。因此，仔猪不能随时吃到母乳。据测定，母猪每昼夜平均泌乳22～24次，每次相隔大约1h。猪乳的排放受神经体液的调节与控制：仔猪鸣叫、拱乳等刺激，通过向心神经传导，到达泌乳中枢，由脑垂体后叶分泌催乳素等排乳激素，随血液循环到达乳腺泡，使其同时收缩，则开始放奶。母猪放奶前先发出"哼哼"叫声，俗称"唤奶"。仔猪闻声而至，拱摩乳房，待来奶后就可以吃到乳汁了。不过，排乳激素在血液中大约经过十几秒到几十秒的工夫就消失了，乳腺泡也就停止了收缩，则放奶停止。因此，母猪放奶时间很短，也只有十几秒到几十秒的时间。生产中必须保证仔猪在这么短的时间里吃到奶，不然过了放奶时间，不到下次放奶仔猪不可能吃到乳汁。

2. 猪乳的成分

猪乳与其他家畜的乳相比，含水分少而含干物质多，蛋白质含量高，适合仔猪快速生长发育的需要（表6－10）。

表 6－10　猪初乳和常乳成分比较

成分	初乳（%）	常乳（%）
干物质	22.21	20.52
蛋白质	13.34	5.26
脂　肪	6.23	9.97
乳　糖	1.97	4.18
灰　分	0.68	0.94
钙	0.05	0.25
磷	0.08	0.17

3. 初乳和常乳

猪乳分为初乳和常乳两种。初乳是产仔 3d 之内所分泌的乳，主要是产后头 12h 之内的乳。常乳是产仔 3d 后所分泌的乳。初乳和常乳成分不同，见表 6－10。同一头母猪的初乳和常乳的成分相比较，初乳含水分低，干物质高。初乳蛋白质含量比常乳蛋白质含量高 2 倍以上。初乳中脂肪和乳糖的含量均比常乳低。初乳中还含有大量抗体和维生素，这可保证仔猪有较强的抗病力和良好的生长发育。由此可见，初乳完全适合刚出生仔猪生长发育快、消化能力低、抗病力差等特点。

4. 母猪的泌乳量

母猪泌乳量的高低与仔猪的成活率和生长发育速度有着密切的关系。仔猪生后 21 日龄前几乎完全依靠母乳为生。35 日龄母乳营养仍占 66%　如实行早期断奶（小于 35 日龄），对仔猪进行强制补料，可降低母乳所占比例。试验表明，母猪产后 60d 的泌乳总量约 400kg，平均每昼夜泌乳 6.5kg。

在整个泌乳期内母猪的日泌乳量不均衡，母猪的日泌乳量从产后 4～5d 开始上升，一般产后 20～30d 达到泌乳高峰期，之后则逐渐下降。

5. 不同乳头的泌乳量

哺乳母猪的不同乳头，泌乳量也不相同。一般靠近前胸部的几对乳头泌乳量比后边的高。有试验表明，前 3 对乳头的泌乳量多，约占总泌乳量的 67%，而后 4 对乳头泌乳量较少，约占总泌乳量的 33%。

6. 泌乳次数

由于母猪的乳房没有乳池，每次放乳的时间又短，所以，每天的哺乳次数较多。母猪的泌乳次数与猪的品种、泌乳性能的高低、泌乳期的长短和饲养管理条件等因素有关。一般来说是哺乳前期泌乳次数多、间隔时间短，哺乳后期泌乳次数少、间隔时间长。

（二）猪的泌乳量及影响因素

1. 泌乳量

母猪的泌乳量是指哺乳母猪在一个泌乳期内的泌乳量。泌乳量的高低与仔猪的成活率和生长发育速度有着密切关系。

母猪的泌乳量无法直接测定，只能间接估测，常用方法有两种：

①仔猪哺乳前后全窝重之差代表 1 次（一个泌乳过程）泌乳量，一昼夜按固定时间测

定4次泌乳量，以4次平均值乘以一昼夜的泌乳次数即为一昼夜的泌乳量。然后用一昼夜的泌乳量乘以5，代表5d的泌乳量。每隔5d观测1d，如泌乳期为35d，则需观测7d，并以累积全期泌乳量，若除以泌乳天数即得每天平均泌乳量。

②以20日龄仔猪增重推算母猪的泌乳量。20日龄前仔猪每千克增重约需母乳3kg，一般地方猪种及杂种猪20d泌乳量约占全期（60d）泌乳量的35%，引入猪种20d泌乳量约占全期（60d）泌乳量的40%。因此：

20d泌乳量 =（20日龄全窝仔猪重 - 全窝仔猪初生重）×3

全期泌乳量 = 20d泌乳量/35%

2. 影响泌乳量的因素

影响母猪泌乳量的因素很多，有品种、胎次、带仔数、饲养管理等。

（1）品种

一般规律是大型肉用或兼用型猪种的泌乳力高，小型或产仔较少的脂用型猪种的泌乳力较低。杂种母猪泌乳量也表现一定的杂种优势。

（2）胎次

一般情况，初产母猪的泌乳力低于经产母猪。初产母猪的乳腺发育尚不完善，缺乏哺育仔猪的经验，对仔猪哺乳的刺激，经常处于兴奋或紧张状态，排乳较慢，第2~4胎泌乳量上升，以后保持一定水平，6~7胎之后呈下降趋势。

（3）带仔数

母猪一窝带仔数多少与其泌乳量关系密切。

据英国农业研究会（ARC，1981）的观测，窝仔数少的泌乳量低，窝仔数多的泌乳量高（表6-11）。日产乳量（Y，kg）与产仔数（X）的回归关系为：$Y = 1.81 + 0.58X$，根据这一公式可推算出，带仔数每增加1头，母猪60d的泌乳量可相应增加34.8kg。带仔数多，全部有效乳头都能充分利用，吸出的乳量也多。据此，调整母猪产后的带仔数，使其带满全部有效乳头的做法，可以挖掘母猪泌乳潜力。产仔少的母猪，仔猪被寄养出去后可以促使其很快发情配种，从而提高母猪的利用率。

表6-11 产仔数对母猪泌乳量的影响

产仔数	母猪产乳量（kg/d）	仔猪吸乳量［kg/（头·d）］
6	5~6	1.0
8	6~7	0.9
10	7~8	0.8
12	8~9	0.7

（4）饲养管理

营养水平和饲料品质是影响泌乳量的主要因素，特别是在妊娠期间给予较高的营养水平，反而会降低哺乳母猪的泌乳量；若给予较低的营养水平，母猪的失重较多，但对断乳仔猪头数和窝重影响并不大，见表6-12。在哺乳期内如不能满足母猪的营养需要，亦不能充分发挥母猪的泌乳潜力。哺乳期母猪饲料的营养水平、饲喂量、环境条件和管理措施，均可影响母猪泌乳量。

表 6－12 不同营养水平的妊娠母猪在哺乳期的生产情况

胎次	妊娠期营养水平	平均哺乳期日获消化能（kJ）	泌乳量（kg）	断奶时		母猪失重（kg）
				仔猪数	窝重（kg）	
二胎	高　组	57.73	427.64	12.50	205.98	－20.38
	低　组	59.82	439.69	13.00	244.88	－13.83
三胎	高　组	57.55	470.64	12.33	219.05	－16.42
	低　组	60.02	523.77	12.00	212.13	－11.50

管理工作的好坏，对泌乳也有较大的影响，安静舒适的环境有利于母猪的泌乳。故夜间的泌乳量高于白天，粗暴地对待母猪，轻易变动工作日程以及气候条件的变化等，均会影响泌乳量。

3. 提高泌乳量的措施

①对初产母猪，在产前 15d 进行乳房按摩，或产后用 40℃左右温水浸湿抹布，按摩乳房 1 个月左右，可收到良好效果。

②在饲料搭配上，对哺乳期母猪应多喂些青绿多汁饲料及根茎类饲料，以增加泌乳量并防止便秘。

③要为哺乳母猪供给充足、清洁的饮水。

④要使哺乳母猪适当增加运动和多晒太阳，产后 3～4d 开始，良好天气可让母猪每天运动几十分钟，半个月以后可让母猪带仔猪一起运动。

⑤要保持环境清洁、安静。每天应清除圈内的积粪和被污染的垫草并打扫干净，定期消毒。食槽也必须经常清洗和消毒。

⑥充分利用母猪乳头，如母猪产仔较少可安排寄养。

（三）哺乳母猪的饲养管理

1. 哺乳母猪的营养需要

母猪在哺乳期间，要分泌大量乳汁，一般在 60d 内能分泌 200～300kg，优良母猪能达 450kg 左右。因此，母猪在哺乳期间，尤其是在泌乳旺期（哺乳期前 30d）其物质代谢比空怀母猪要高得多，所需要的饲料量，也就显著增加。

由于猪乳乳脂率较高，每千克乳含热能约 5.225MJ 消化能，猪利用消化能转化为产乳净能的利用率为 60% 左右，所以每千克猪乳需消化能 2.083MJ。也可按空怀母猪的基础日粮，每增加一头仔猪，提供 1.19MJ 消化能。这相当于每千克含有 12.983 1MJ 消化能的日粮 0.4kg。据试验，使用每千克含有 12.983 1MJ 消化能的日粮，对哺育 5 头仔猪的母猪，可饲喂 4kg 日粮，一窝仔猪超过 5 头时，每多一头仔猪，需多喂 0.4kg 日粮，带 10 头仔猪，每天应喂给 6kg 的日粮。

根据猪乳成分，可计算其含能量，每千克乳含热量可通过公式计算：

$$\text{乳的热能值（MJ/kg）} = \text{乳脂（kg）} \times 38.5856 + \text{乳蛋白（kg）} \times 24.361 + \text{乳糖（kg）} \times 16.5194$$

哺乳母猪每天需要消化粗蛋白质约为 594g，维持需要按能朊比为 40∶1 计算，若一头哺乳母猪体重为 140kg，产仔 10 头，每天维持需要消化粗蛋白质为（90×140）/40＝92g；

另外，每头仔猪需可消化粗蛋白质为47g，产仔10头则共需470g，所以该哺乳母猪共需562g粗蛋白质。

猪乳含蛋白质约6%，而饲料中消化粗蛋白质的利用率为70%左右。故每千克猪乳需可消化粗蛋白质86g，乳中蛋白质含赖氨酸7.59%、色氨酸1.30%、蛋氨酸1.36%。因此，要保证必需氨基酸的需要，在日粮不限量的情况下，粗蛋白质水平达14%，并不降低育成数、泌乳量、乳蛋白质，也不影响仔猪的发育。

2. 哺乳母猪的饲养

（1）哺乳母猪体重的变化

母猪妊娠期增加体重，哺乳期减少体重是正常现象。失重的主要原因是，泌乳母猪哺育照料仔猪，活动量增大，精力消耗较多，从而增加了母猪的维持需要量。而且哺乳母猪泌乳需要大量的营养物质，即使按照其所需的营养水平来配合饲料，也常因采食量有限，而不能满足泌乳和维持需要，母猪便动用体内的储备来补充，以保证泌乳需要，所以，往往引起哺乳母猪减重。减重的程度与母猪的泌乳量、饲料营养水平和采食量有关。对于泌乳量高的母猪，应千方百计地增加营养物质的供给量，否则母猪减重过多，体力消耗过大，易造成极度衰弱，营养不良，轻者影响下次发情配种，重者会患病死亡。在正常的饲养条件下，哺乳母猪体重下降应为产后体重的15%～20%，主要集中在前一个月。

（2）适当补喂动物性蛋白饲料和青绿多汁饲料

前者主要是为了满足母猪蛋白质和必需氨基酸的需要；后者则由于青绿饲料中维生素、水分含量丰富，并含有多酚氧化酶，可以增加泌乳能力。

（3）合理确定饲料的种类

哺乳母猪要饲喂优质饲料，在配合日粮时原料要多样化，尽量选择营养丰富、保存良好、无毒的饲料。还要注意配合饲料的体积不能太大，适口性好，这样可增加采食量。

（4）注意供足饮水

母猪分娩后饮水量逐渐增加，分娩后16～20d达到高峰，此时的饮水量每日每头可达到25～26L。如饮水量不足，则会导致采食量减少，泌乳不足。产房内最好设置自动饮水器和储水装置，保证母猪随时都能饮水。

（5）饲喂技术

哺乳母猪的饲料应按其饲养标准配合，保证适宜的营养水平。母猪产后几天，体质较弱，消化力不强，所以，应给予稀料。2～3d后，饲料喂量逐渐增多。5～7d改喂湿拌料，按标准规定量饲喂。哺乳母猪应增加饲喂次数，每次要少喂勤添，一般日喂3～4次，每次间隔时间要均匀，做到定时、定量。一般以6～7时、10～11时、15～16时、22～23时为宜，如果晚餐过早，不仅影响母猪的泌乳力，而且母猪无饱腹感，后半夜常起来觅食，母猪不安静，从而增加压死、踩死仔猪的机会。如果日粮中有青绿饲料，应增加饲喂次数。哺乳母猪的饲料切忌突然改变，以免引起消化不良，影响乳的产量及质量。断奶前3～5d，逐渐减少饲料量，并经常检查母猪乳房的膨胀情况，以防发生乳房炎。

（6）人工催乳

母猪在哺乳期内可能发生泌乳不足或缺乳情况，尤其是初产母猪常发生泌乳不足现象。造成这种情况的原因很多，如初产母猪乳腺发育不全，促进泌乳的激素和神经机能失调，妊娠期间饲养管理不当，或是其他疾患所致。催乳的基本途径是全面分析原因，在改进饲养管理的基础上，增喂含蛋白质丰富而又易于消化的饲料。常用的有豆类、鱼粉（或小鱼、小虾）、青绿饲料等。必要时采用催产素或血管加压素催乳，但其催乳作用是短暂的，在生产实践中不易大量推广。有的喂给煮熟的胎衣或中药，均得到良好效果。

3. 哺乳母猪的管理

对哺乳母猪实行正确的管理，可保证母猪健康，对提高泌乳量极为重要。其中包括环境控制、保护乳头、认真观察及合理运动几个方面。

（1）保护良好的环境条件

粪便要随时清扫，保持清洁干燥。如果栏圈肮脏潮湿，会影响仔猪的生长发育，严重者会患病。冬季应注意防寒保暖。哺乳母猪的产房应有取暖设备，防止贼风侵袭。在夏季要做好防暑降温工作，防止母猪中暑。

（2）保护母猪的乳房及乳头

母猪乳腺的发育与仔猪的吮吸有很大关系，特别是头胎母猪，一定要使所有乳头都能均匀利用，以免未被利用的乳头萎缩。在带仔数少于乳头数时，应训练仔猪吮吸几个乳头，特别是要训练仔猪吮吸母猪乳房后部的乳头。必要时可采取并窝措施。圈栏应平坦，特别是产床不能有尖锐物，以防止刷伤、刺伤乳头。

（3）加强观察

饲养员要注意观察母猪吃食、粪便、精神状态，以便判断母猪的健康状态。如有异常，及时报告兽医，查出原因，采取措施。

（4）合理运动

为使哺乳母猪尽早恢复体况，除加强营养外，还要在泌乳后期适当加强运动。在阳光较好、天气温和的情况下，让母猪带仔到舍外活动 0.5～2.0h。网栏产仔母猪不进行此项管理。

4. 哺乳母猪异常情况的处理

（1）乳房炎

一种是乳房肿胀，体温上升，乳汁停止分泌，多出现于分娩之后。由于精料过多，缺乏青绿饲料引起便秘、难产、发高烧等疾病，引起乳房炎；另一种是部分乳房肿胀。由于哺乳期仔猪中途死亡。个别乳房没有仔猪吮乳，或母猪断奶过急使个别乳房肿胀，乳头损伤，细菌侵入便可引起乳房炎，治疗时可用手或湿布按摩乳房，将残存乳汁挤出，每天挤 4～5 次，2～3d 乳房出现皱褶，逐渐上缩。如乳房已变硬，挤出的乳汁呈脓状，可注射抗生素或磺胺类药物进行治疗。

（2）产褥热

母猪产后感染，体温上升到 41℃，全身痉挛，停止泌乳。该病多发生在炎热季节。为预防此病的发生，母猪产前要减少饲料喂量，分娩前最初几天喂一些轻泻性饲料，减轻母猪消化道的负担。如患病母猪停止泌乳，必须把全窝仔猪进行寄养，并对母猪及时治疗。

（3）产后奶少或无奶

最常见的有以下 4 种情况：① 母猪妊娠期间饲养管理不善，特别是妊娠后期饲养水平太低，母猪消瘦，乳腺发育不良；② 母猪年老体弱，食欲不振，消化不良，营养不足；③ 母猪妊娠期间喂给大量碳水化合物饲料，而蛋白质、维生素和矿物质供给不足；④ 母猪过肥，内分泌失调；母猪体质差，产圈未消毒，分娩时容易发生产道和子宫感染。为克服以上情况，必须搞好母猪的饲养管理，及时淘汰老龄母猪，做好产圈消毒和接产护理。对消瘦和乳房干瘪的母猪，可喂给催乳饲料，如豆浆、麸皮汤、小米粥、小鱼汤等；亦可用中药催乳（药方：木通 30g，茴香 30g，加水煎煮，拌少量稀粥，分 2 次喂给）；因母猪过肥，无奶，可减少饲料喂量，适当加强运动；母猪产后感染，可用 2% 的温盐水灌洗子宫，同时注射抗生素治疗。

第五节 空怀母猪生产技术

带仔母猪断奶后至下一胎怀孕前这段时间叫空怀期，处于这一时期的母猪称为空怀母猪。空怀母猪虽不像妊娠母猪或哺乳母猪那样直接对后代产生影响，但对其饲养管理的好坏直接决定了年产仔窝数，从而影响母猪的年繁殖配种。空怀期延长，说明饲养管理不当。空怀期饲养管理的目的就是要缩短空怀期，促进发情排卵。

一、空怀期的饲养管理

（一）空怀母猪的饲养

在正常的饲养管理条件下，仔猪断奶时哺乳母猪应有七八成膘，断奶后 7 ~ 10d 就能再发情配种，开始下一个繁殖周期。有些人错误地认为空怀母猪既不妊娠又不带仔，随便喂喂就可以了。其实不然，许多试验证明，对空怀母猪配种前的短期优饲，有促进发情排卵和容易受胎的良好作用。空怀母猪的饲养方法为：为了防止断奶后母猪患乳房炎，在断奶前后各 3d 要减少配合饲料喂量，给一些青粗饲料充饥，使母猪尽快干乳。断奶母猪干乳后，多供给营养丰富的饲料，并保证充分休息，营养水平及给量要和妊娠后期相同，如能增喂动物性饲料和优质青绿饲料更好，可促进空怀母猪发情排卵，为提高受胎率和产仔数奠定物质基础。

对那些哺乳后期膘情不好、过度消瘦的母猪，由于它们泌乳期间消耗很多营养，体重减轻很多，特别是那些泌乳力高的个体减重更多。这些母猪在断奶前已经相当消瘦，奶量不多，断奶前后可少减料或不减料，干乳后适当多增加营养，使其尽快恢复体况，及时发情配种。

对于膘情好的母猪，断奶前 3 ~ 5d 开始减料，恢复到空怀期日粮水平，以防止乳房炎的产生。注意降低饲料中能量和蛋白质含量（粗蛋白 12% ~ 14%，消化能 11.7MJ），日喂 2kg。可以同时补充一些青粗饲料充饥，使母猪尽快干乳。断奶母猪干乳后，由于负担减轻，食欲旺盛，多供给营养丰富的饲料和保证充分休息，可使母猪迅速恢复体力。

（二）空怀母猪的管理

1. 适时断奶

泌乳可以控制母猪卵泡行动，延长卵泡成熟时间，推迟再发情，但断奶过早也不利于生殖系统的再恢复。仔猪分批断奶（大体重猪先断，小体重猪后断）、减少哺乳次数均有利于缩短断奶至配种间隔。

2. 单圈和合群

空怀母猪有单栏饲养和群养两种方式。单栏饲养空怀母猪是工厂化养猪生产中采用的一种形式，即将母猪固定在栏内实行禁闭式饲养，活动范围很小，母猪后侧（尾侧）养种公猪，以促进发情。小群饲养就是将4～6头同时（或相近）断奶的母猪养在同一栏（圈）内，可以自由运动，特别是设有舍外运动场的圈舍，运动的范围较大。实践证明，群饲空怀母猪可促进发情，特别是群内出现发情母猪后，由于爬跨和外激素的刺激，可以诱导其他空怀母猪发情，同时便于管理人员观察和发现发情母猪，也便于用试情公猪试情。

3. 按摩乳房

对不发情的母猪，可采用按摩乳房促进发情。方法是每天早晨喂食后，用手掌进行表层按摩每个乳房10min左右，经过几天母猪有了发情征状后，再每天进行表层和深层按摩乳房各5min。配种当天深层按摩约10min。表层按摩的作用是加强脑垂体前叶机能，使卵泡成熟，促进发情。深层按摩是用手指尖端放在乳头周围皮肤上，不要触到乳头，做圆周运动，按摩乳腺层，依次按摩每个乳房，主要是加强脑垂体作用，促使分泌黄体生成素，促进排卵。

4. 并窝

把产仔少和泌乳力差的母猪所生的仔猪待吃完初乳后全部寄养给同期产仔的其他母猪哺育，这样母猪可提前回乳，提早发情配种利用，增加年产窝数和年产仔头数。

5. 加强运动

对不发情母猪进行驱赶运动，可促进新陈代谢，改善膘情；接受日光的照射，呼吸新鲜空气，可促使母猪发情排卵。如能与放牧相结合则效果会更好。

6. 尽早接触公猪

断奶后的母猪若采用单栏定位饲养，不利于返情。最好的方法是小群饲养，并从断奶后第2d起每天早晚两次接触公猪，每次10min，这样断奶7d后的返情率可达50%，如单栏饲养仅为23%。如没有条件群饲，则可在空怀母猪栏对面设公猪栏，一般4个母猪栏位对一个公猪栏，这样也可以达到与群饲同样的效果。

7. 加强选种

对于那些生殖器官有病又不易医治好的母猪和繁殖力低下的老龄母猪应及时淘汰，补充优秀后备母猪。

8. 提供舒适的环境

空怀母猪同样需要干燥、清洁、温湿度适宜、空气新鲜等环境条件。空怀母猪如果得不到良好的饲养管理条件，将影响发情排卵和配种受胎。

（三）产后发情和发情异常

产后发情是指母猪在分娩后的第1次发情。母猪一般在分娩后的3～6d出现发情，但发情征状不规则，并不排卵。在仔猪断奶后1周左右，母猪再次出现发情，这次为正常发情，可以配种受孕。在因母猪所哺育的仔猪死亡或寄养给其他母猪哺育而提前断奶时，母猪亦可在断奶后的数天内正常发情。

母猪的异常发情是安静发情和孕后发情。安静发情又称隐性发情，这种个体在引入的外国品种和杂种母猪中多见。所谓安静发情是指母猪在一个发情周期内，卵泡能正常发育而排卵，但无发情征状或发情征状不明显，因而失掉配种机会。对隐性发情的母猪，要加强在日常饲养管理中的观察、凭借经验观察，或借助试情公猪试情鉴定。孕后发情是指母猪在妊娠后的相当于一个发情周期的时间内又发情，这种发情的征状不规则，亦不排卵，故又称“假发情”。假发情的母猪一般不接受交配，如果强行配种，可造成早期流产。

（四）促进发情排卵的措施

为使母猪达到多胎高产，提高母猪年产仔窝数，或使不发情的母猪正常发情排卵，在加强饲养管理的基础上，可采取措施促进发情，促进母猪发情的方法如下。

1. 公猪诱情

用试情公猪追逐不发情的空怀母猪，或把公、母猪关在同一圈舍。由于公猪的接触、爬跨等刺激，通过公猪分泌的外激素气味和接触刺激，能通过神经反射作用引起母猪脑垂体产生促卵泡激素，以促进发情排卵；或播放公猪求偶声录音磁带，利用条件反射作用试情，连日播放，生物模拟效果亦佳（表6－13）。

表6－13 饲养环境与发情的关系

环境条件	发情出现率（%）
从20kg到180日龄同窝小公母猪混养	0
改变猪栏，与不同窝小母猪混群，相邻猪栏养公猪	31
改变猪栏，与不同窝小母猪混群，每天放入公猪30min	62
甲、乙两窝小母猪混群，放入异胎公猪	88

2. 仔猪提前断奶

为减轻母猪的负担，将仔猪提前断奶，母猪可提前发情。工厂化养猪一般将哺乳期缩短至28d或更短，传统法养猪也应将断奶日龄缩至40d以内。

3. 并窝

如实行季节性分娩，较多的母猪可在较集中的时间内产仔，把产仔少的母猪或泌乳力差的母猪所生的仔猪待其吃完初乳后将其两窝合并，让一头母猪哺养，这头不带仔猪的母猪，就可以提前发情。

4. 合群并圈

把不发情的空怀母猪合并到发情母猪的圈内饲养，通过爬跨等刺激，促进空怀母猪发情排卵。

5. 按摩乳房

对不发情母猪，可采用按摩乳房促进发情。

6. 激素催情

在实践中使用的激素有孕马血清促性腺激素（PMSG）、绒毛膜促性腺激素（HCG）和合成雌激素等。孕马血清促性腺激素对激发卵巢的活动有特殊的作用，每次皮下注射5ml，4～5d后可发情。据141头母猪的资料，发情率为89.4%。绒毛膜促性腺激素对催情和促进排卵效果良好，体况良好的中型母猪（100kg左右）肌肉注射1 000IU为宜。

7. 药物冲洗

由于子宫炎引起的配后不孕，可在发情前1～2d，用1%的食盐水或1%的高锰酸钾，或1%的雷夫奴尔冲洗子宫，再用1g金霉素（或四环素、土霉素）加100ml蒸馏水注入子宫，隔1～3d再进行一次，同时口服或注射磺胺类药物或抗生素，可得到良好效果。

（五）增加母猪排卵数，提高卵子质量

研究与实践证明：充足的营养、平衡的日粮，是保证卵子发育和成熟的物质基础。尤其是日粮中搭配充足的优质青饲料更有意义。据报道，在青年母猪日粮中加喂18%的苜蓿干草粉，能使每次排卵数由11.9枚增加到13.5枚。实践证明，配种前加强运动，使母猪采食嫩草、野菜，接触阳光、土壤、新鲜空气等，能促进母猪的发情和卵子成熟。

国内外试验证明，实行短期优厚饲养，即实行“短期优饲”，对增加排卵数、提高卵子质量有良好影响。一般在配种前10～14d开始，到配种日结束，在原日粮的基础上，加喂2kg左右的混合精料，能增加排卵数2枚左右，这对青年母猪有明显效果，对经产母猪虽无明显效果，但可以提高卵子质量，也有利于受胎。

需要指出的是，配种后，应立即减去增加的那部分混合精料，否则，可能会导致胚胎死亡的增加。

无论采取什么措施，发情只是第一步，关键是促使母猪排卵和多排卵，只发情不排卵达不到受胎的目的。因此，生产上不能将注意力只集中在促使母猪发情的一些措施上，关键是调整母猪饲养管理，促使母猪发情排卵，这样才能提高母猪受胎率。

（六）同期发情

同期发情就是改变猪的性周期，控制母猪在比较集中的时间内发情。随着规模经营的发展，养猪业逐渐趋向于集中生产，即猪场的规模较大且采用机械化、自动化生产，要求对繁殖猪群实行整批管理，使整批母猪同期发情排卵、同期配种、同期产仔。由于发情配种较为集中，产仔时间也较为一致，适合于现代工厂化养猪的需要，扩大优良公猪的利用，便于开展人工授精，可成批提供商品猪。

同期发情的要点，是抑制或诱发母猪发情，即让该发情的母猪推迟发情，让不该发情的母猪提前发情，使这些母猪都能在预期的时间内发情。当前多用米他布乐来抑制发情，注射促性腺激素诱发母猪同期发情。据报道，泌乳母猪120头，仔猪于5～7周龄断奶，断奶后立刻给母猪肌肉注射1 200～2 000IU孕马血清，3～5d内的发情率为90.8%。

二、发情及适时配种

要提高母猪的受胎率和增加胚胎的数量，不仅要求公猪提供品质优良的精子，母猪多排出能够受精的卵子，还要使公母猪在适宜的时间内交配，使卵子大部分或全部有机会受精。这是决定受胎率高低和产仔数多少的关键。为此，首先应掌握母猪发情排卵规律，然后根据精子和卵子两性生殖细胞在母猪生殖道内保持受精能力的时间来全面考虑。

（一）发情征状

猪的发情周期为18～23d，平均21d。每次发情持续期为3～5d，必须在这段时间内完成配种，否则就得21d后再发情时才能配种。这不仅影响受胎率，而且这头母猪也就白白养了21d，加大了饲养成本。母猪发情征状的强弱随品种类型而异。我国许多地方品种发情征状明显，高度培育品种和它们的杂种母猪发情征状不如地方良种明显。母猪发情后，由于生殖激素的作用，表现出一系列的生理变化。在发情的最初阶段，母猪可能吸引公猪，并对公猪产生兴趣，但拒绝与公猪交配。阴门肿胀，变为粉红色，并排出有云雾状的少量黏液，随着发情的持续母猪主动寻找公猪，表现出兴奋、极度不安，对外界的刺激十分敏感。当母猪进入发情盛期时，在圈舍内来回走动、爬圈，除阴门红肿外，背部僵硬，并发出特征性的鸣叫。在没有公猪时，母猪也接受其他母猪的爬跨；当有公猪时立刻站立不动。若按压其背腰部时，出现“静立反射”或“压背反射”，这是准确确定母猪发情的一种方法。

（二）发情母猪的排卵规律

前已述及母猪达到性成熟后，就会有规律地出现性周期，在性周期中，发情期是性周期的高潮期，此期母猪接受公猪的爬跨和交配，也是母猪排卵的持续期。在这段时间内，母猪才接受配种或输精，所以，母猪接受公猪爬跨时期是配种的重要时期。至于其他发情症状，都是发情的辅助症状。发情的母猪什么时间接受公猪爬跨及接受爬跨持续时间的长短，与猪的品种类型、年龄、饲养管理条件等因素有关。北京黑猪青年母猪发情排卵情况见表6－14。

表6－14 北京黑猪青年母猪1～3发情期特点

		情期		
		1	2	3
接受公猪爬跨	平均数（d）	52.3	53.8	54.3
	试猪头数（头）	39.0	29.0	19.0
外阴肿胀	平均数（d）	5.2	4.8	5.0
	试猪头数（头）	39.0	27.0	19.0
排卵数	平均数（枚）	12.0	13.9	14.7
	试猪头数（头）	4.0	16.0	13.0

从表6－14可以看出，母猪在发情期内外阴部肿胀时间为5d左右，接受公猪爬跨时间只有2.5d（平均52～54h）左右，发情期内平均排卵数为12～14枚。每个发情期所排的卵子并不是同时排出的，而是有规律地在一定持续的时间内陆续排出的。北京黑猪青年母猪的排卵规律见表6－15。

表6－15 北京黑猪青年母猪排卵规律

接受公猪跨爬（h）	0	0～12	12～24	24～36	36～48	48以后
占排卵总数（%）	0	1.59	17.38	65.57	13.90	1.56

由表6－15中可以看出，发情母猪接受公猪爬跨时期为排卵的持续期，卵子排出并非均衡，是有高峰的。发情母猪在接受公猪爬跨后24～36h为排卵高峰阶段，此阶段的排卵数占排卵总数的65.57%。所以，配种必须在排卵高峰出现之前数小时内进行。

（三）适时配种

经观察，精子在母猪生殖道内的存活时间，最长为42h，但精子具有受精能力的时间仅25～30h，精子在母猪生殖道内经过2～4h后才有受精能力。这就是通常所说的“精子获能”，只有获得受精能力后的精子才能与卵子结合。

卵子从卵巢排出，通过伞部进入输卵管膨大部。精子和卵子只有在这一部分输卵管内相遇才能受精。卵子通过这部分输卵管的时间，也就是卵子保持受精能力的时间，为8～10h，最长可达15h左右。如果卵子在输卵管膨大部没有受精，则继续沿输卵管向子宫角移行，卵子会逐渐衰老并被输卵管分泌物所包裹，结果阻碍精子进入而失去受精能力。

试验证明，精子到达母猪输卵管内的时间很短，经过获能作用后，具有受精能力的时间比卵子具有受精能力的时间长得多。所以，必须在母猪排卵前，特别要在排卵高峰阶段前数小时配种或输精，即在母猪排卵前2～3h，或发情开始后的24～36h开始配种或输精，使精子等待卵子的到来。

由于不同品种、年龄及个体排卵时间有差异，因此，在确定配种时间时，应灵活掌握。从品种来看，我国地方猪种发情持续期较短，排卵较早，可在发情的第2d配种；引入品种发情持续期较长，排卵较晚，可在发情的第3～4d配种；杂种猪可在发情后第2d下午或第3d配种。从年龄来看，引入猪种青年母猪发情期比老龄母猪短；而我国地方品种则相反。由此可见，"老配早，小配晚，不老不少配中间"的配种经验，符合我国猪种的发情排卵规律。

从发情表现来看，母猪精神状态从不安到发呆（手按压腰臀部不动），阴户由红肿到淡白有皱褶，黏液由水样变黏稠时，表示已达到适配期。当阴户黏膜干燥，拒绝配种时，表示适配时间已过。

目前，最好采取一个发情期内配种或输精两次的办法，这样可使母猪在排卵期间，总会有精力旺盛的精子在受精部位等候卵子的到来。一个发情期内的两次配种或输精的准确时间，因猪的品种类型、年龄和饲养管理条件不同而稍有变化。一般认为，发情母猪在接受公猪爬跨后8～12h第1次配种，隔12h进行第2次配种，受胎率和产仔成绩都比较好。

（四）配种实施

母猪发情后，不是一次性将成熟卵子全部排出，而是在一定时间里分批排出。因此，必须设法使精子能和分批排出的卵子如期相遇，才能形成更多的受精卵，才有可能多怀胎。所以，在一个发情期内，要配2～3次才好。为使精子充分成熟，每2次间隔时间以11～12h为宜。

由于母猪年龄上的原因，其代谢水平不同，激素分泌量也不尽相同，发情表现程度也有差异，一般老龄母猪表现轻微，一不注意，很容易错过配种适期；而青年母猪表现激烈，很容易识别。因此，在掌握配种时间上，应是"老配早、小配晚，不老不小配中间"。配种时，要给以人工辅助。稳住母猪，将尾巴轻轻拉向一侧，用手托着公猪的包皮，帮助公猪阴茎导入，使之顺利完成配种。交配时，若公、母猪体重、高低相差较大时，应采取一些临时措施：公猪体大，母猪体小体弱时，可让母猪靠墙站立，再令公猪爬跨交配，或者作一个配种架让公猪配种。公猪身高高于母猪时，可令母猪顺坡站立（站在前高后低处），让公猪在低地势往上进行爬跨交配，群众叫"顺坡爬"。反之，母猪高于公猪时，可让母猪站在前低后高处，公猪从高地势往下爬跨交配，群众叫"就高上"。配种完成后，应轻赶母猪向前行进，这样公猪就自然地下来了。然后用手按住母猪腰部，以防精液倒流。严禁将公猪打下，否则，影响公猪正常性反射，易造成公猪咬人的恶癖。

交配完毕，应让公猪充分休息一段时间，不得立即饮水或进食。

母猪配种后，经一个发情周期不再发情，并有食欲增加、行动稳重、被毛有光泽、较为贪睡等表现，基本上可以判定为妊娠。必要时用多普勒超声诊断仪测定是否妊娠，一般配种30d后测一次，50d左右再测一次。

这样，养好公猪和待配母猪，适时配种，采取综合措施，一定能达到母猪全配多怀的目的，为高产打下良好基础。

第六节 种猪繁殖障碍及防治

猪的繁殖障碍是养猪生产中最难解决和直接影响养猪效率的难题。由于遗传因素如染色体的畸变，而导致生殖道畸形或不全、后天的疾病、长期的营养严重缺乏等因素，可能造成生殖器官受损甚至使猪永久不育。猪的繁殖障碍主要表现如下。

一、乏情

乏情俗称不发情，是指青年母猪6～8月龄或经产母猪断奶15d后仍不发情，其卵巢处于静止状态，非病理性的无周期活动的生理现象。

（一）乏情的类型

1. 后备母猪乏情

有些后备母猪初情期推迟而被认为是乏情，80%～85%后备母猪7～8月龄发情。但有些品种初情期较迟，如英国父系大白猪，后备母猪初情期一般在9月龄以后，公猪11月龄才能配种。有些后备母猪出现安静发情，很难鉴别，容易错过发情期，后备母猪几次安静发情后就不再发情。

后备母猪乏情控制考虑以下几个方面：① 8月龄后备母猪没出现初情期时应淘汰，因为在一般情况下9月龄出现初情期的比例不高，个别品种除外；② 乏情后备母猪小群体放牧饲养，并让成年公猪在运动场里追赶，也可以将乏情后备母猪赶到公猪旁边接受刺激；③乏情后备母猪注射PMSG和HCG能收到理想效果，据有人试验，5头大×长杂交后备母猪注射激素后都能正常发情，平均产仔10.25头±1.5头。

2. 断奶母猪乏情

断奶母猪乏情主要原因是哺乳期间营养成分不平衡，采食量不足，造成过分失重，断奶时体况不良。断奶母猪乏情控制主要是保证哺乳母猪每天的营养需要，采食量最低时应提高哺乳料的蛋白质水平和能量浓度；哺乳期最好不少于21d，断奶时体况差的母猪加强饲养，每天至少喂3.5kg哺乳料，配种后恢复正常饲喂量；断奶后成年公猪刺激能提高母猪发情比例，缩短断奶至发情的时间间隔。

（二）防止措施和治疗

（1）首先要找出乏情的原因

常见的由于品种、公猪的刺激、季节、天气、哺乳时间、哺乳头数、膘情、营养和管理等因素关系，发情情况也不相同。尤其对哺乳母猪的饲养管理特别重要；如常见营养差瘦弱或营养水平太好造成过肥。针对病因采取相应的防止措施。

（2）对青年母猪初情期延迟

采用将其转移到其他的圈舍或地方，增加与公猪的接触，增大其生存空间或喂些青绿菜草，还可一次皮下或肌注孕马血液（怀孕40～80d马的血）10～20ml或PMSG（孕马血清促性腺激素）生物制剂400～600单位，诱导发情和排卵。另外，也可静脉或肌肉注射HCG（绒毛膜促性腺激素）300～500单位。

（3）对断奶母猪

皮下或肌肉注射孕马血清或全血 15 ~ 25ml，或者是肌注 PMSG 制剂1 000 ~ 1 500 单位 1 ~ 2 次。另外，也可静脉或肌肉注射 HCG 500 ~ 1 000 单位，间隔 1 ~ 2d 重复一次。

（4）静脉或肌肉注射

注射 FSH（促卵泡激素）100 ~ 300 单位，隔日 1 次，一般 3 ~ 4 次，不仅促进母猪发情和排卵，并且有提高受胎率产仔率的作用。

（5）肌肉注射

三合激素注射液 3 ~ 5ml，间隔 2d 重复一次。

二、母猪不孕和公猪不育

（一）母猪不孕

母猪不孕症是母猪生殖机能发生障碍，以致暂时或永久的不能繁殖后代的病理现象。母猪不孕症的原因较多，主要的有生殖器官发育不全、生殖器官疾病及饲养不当等。

1. 母猪不孕的类型

（1）生殖器官发育不全造成的不孕

生殖器官发育不全是指母猪达到配种年龄而生殖器官尚未发育完全，临床叫做幼稚病。幼稚病主要是由于脑下垂体前叶激素分泌不足，或者甲状腺及其他内分泌腺机能紊乱引起。

（2）生殖器官疾病造成的不孕

常见于卵巢和子宫的疾病，引起发情异常，或者导致精子、卵子或胚胎早期死亡。主要的原因有卵巢机能减退、卵泡囊肿、持久黄体及子宫内膜炎等疾病。这些疾病多为饲养管理不当或内分泌紊乱所引起，有时子宫疾病也可继发卵巢疾病。

（3）饲养管理不当造成的不孕

此类不孕症最多见。主要由于饲料量不足或饲料中养分不足，尤其是缺乏蛋白质时，母猪多瘦弱，使生殖机能发生障碍。饲料中缺乏维生素和无机盐，精料过多而运动不足，造成母猪肥胖，导致卵巢内脂肪浸润，卵泡上皮脂肪变性，卵泡往往萎缩，因而不发情，有时即使发情、交配和受孕，也常常导致少胎。饲料品质不良、管理不当等也可引起本病。往往引起卵巢机能减退及障碍。

2. 防止措施和治疗

根据不孕的类型和原因采取不同的治疗方法，对生殖器官发育不全造成不孕的母猪一般要淘汰。对生殖器官疾病造成的母猪，首先应改善饲养管理，适当增加精料，喂给足够的无机盐和维生素饲料，增加运动和放牧时间，并配合药物治疗，可望收到效果。卵巢机能减退的治疗可参照饲养管理不当所造成的不孕。卵泡囊肿时，可肌肉注射黄体酮 15 ~ 25mg，每日或隔日 1 次，连用 2 ~ 7 次。也可肌肉注射绒毛膜促腺激素 500 ~ 1 000 单位，或促黄体素 50 ~ 100 单位。持久黄体时，可肌肉注射前列腺素类似物 $PGF_1\alpha$ 甲脂针剂 3 ~ 4mg。也可应用孕马血清进行治疗。

对饲养管理不当造成不孕的母猪，根据不孕的原因和性质，改善饲养管理是治疗此类不孕症的根本措施。在此基础上，根据具体情况和条件，可选用下述方法催情：

① 调整母猪营养。因过肥而不孕时，首先要减少精料，增加青绿多汁饲料的喂给量。

相反，如营养不足，躯体消瘦，性机能减退，则应调节精料比例，加喂含蛋白质、无机盐和维生素较丰富的饲料来促进母猪发情。

② 公猪催情。利用公猪来刺激母猪的生殖机能。通过试情公猪与母猪经常接触，以及公猪爬跨等刺激，作用于母猪神经系统，使脑下垂体产生促卵泡成熟素，从而促使发情和排卵。

③ 按摩乳房。此法不仅能刺激母猪乳腺和生殖器官的发育，而且能促使母猪发情和排卵。按摩方法可分表面按摩和深层按摩两种。

④ 隔离仔猪。母猪产仔后，如果需要在断乳前提早配种，可将仔猪隔离，隔离后3～5d母猪即能发情。

⑤ 注射促卵泡素（FSH）它有促使卵泡发育、成熟的作用。对于母猪无卵泡发育、卵泡发育停滞、卵泡萎缩等，可肌肉注射50万～100万单位促卵泡素。

⑥ 注射前列腺素类似物（$PGF_1\alpha$ 甲脂）。母猪1次可肌肉注射3～4mg，一般可于注射后1～3d内出现发情。

⑦ 注射孕马血清。妊娠后50～100d的母马血中，含有大量的胎盘所产生的促性腺激素，其主要作用类似促卵泡素，可促使卵泡发育和排卵，同时还可提高母猪的产仔数。肌肉注射200～1 000单位即可。

⑧ 注射雌激素制剂。己烯雌酚，每次皮下注射3～10mg。

（二）公猪的不育

公猪在猪群中的数量虽少，但影响较大，特别是集约化饲养条件下，更应重视此问题。

1. 阴茎的缺陷

如阴茎偏向一侧，或射精的开口位置不正。这些公猪虽可以表现为正常的性行为，但往往因有关肌肉在插入时扭曲或由于阴茎位置不正不能插入，或插入后不能拔出，因此，不能正常射精，因而出现不育或低繁殖率的现象。有这类缺陷可以通过手术得到改善，但一般这类公猪应淘汰。

另一类情况是由于交配时阴茎受损而导致不育或繁殖力下降，如母猪交配时跌倒或扭转，造成公猪阴茎受伤，但不多见。

2. 隐睾

是指睾丸未降至阴囊，致使睾丸在体内高温下受损，细精管上皮受到破坏，造成无精症。这种损伤不可逆，隐睾有时是单侧也有双侧。双侧隐睾尽管公猪也表现性欲及完整的性行为链，但无精子产生。单侧隐睾虽可育但精液产量明显少，往往造成繁殖力较低。公猪隐睾如果外观不能确定可通过触摸进行检查。一般公猪隐睾发生率高于其他家畜，且多数为双侧，应引起注意，这样的公猪一旦发现应立刻淘汰。寒冷季节检查时应格外注意，因为此时公猪会提高睾丸位置。

三、母猪化胎、流产、死胎及产仔数少

（一）母猪化胎、流产、死胎

1. 母猪产生化胎、死胎和流产的主要原因

导致母猪化胎、死胎和流产的原因很多，情况十分复杂。管理不善、营养不良、环境因素、遗传因素、繁殖障碍因素、细菌和病毒等，而且其隐蔽性强，不易发现，很难控

制，后果严重，是养猪业很难解决的棘手问题。造成死胎、化胎、流产，往往互相牵连、相互影响、互为因果。

发生化胎主要是母猪过肥或长期便秘，或者是营养不足、饲料质量太差，或者卵子质量不好，配种时间赶前或拖后，卵子过于衰老，虽然免强受精，胎儿发育受阻所造成的。因为母猪在一次发情期所排出的卵子中，除了10%的卵子不能受精外，约有20%～25%是在受精后到产前死亡。而在产前死亡总数中，2/3集中在妊娠早期特别是胚胎附植前后，1/3发生在怀孕后期。如果胚胎死亡发生在早期，则不见任何东西排出而被子宫吸收，称为化胎。

发生死胎主要是母猪繁殖障碍引起，不仅集约化养猪场易发生，农村养殖户也因此受害不浅。

造成大批死胎主要是由于猪乙型脑炎病毒和猪细小病毒，在猪体内形成隐性感染所致。上述两种病毒目前已成为各地普遍存在的病源。其流行与布氏杆菌不尽相同。如引起流产、早产现象不多，大都能在预产期分娩。发生主要集中在第1胎或第2胎的母猪身上，经产母猪发生较少，所生死胎猪大小不均，其中，有的呈干酪状，称之为“木乃伊”，有的不足月死亡变紫，部分全窝胎猪死亡的母猪，还可能推迟分娩1～2周等。这两种病源虽几乎同时存在于各地，但流行特点有所不同。猪细小病毒的抵抗力特强，一般常用的消毒药品对其不起作用，对温度的耐受能力也很高，不易致死，成为一年四季均可发生感染、传播的病源。乙型脑炎病毒在自然环境下不易存在，猪也不能直接感染，只在蚊、蝇大量活动期间，通过蚊、蝇的吸血活动而发生传染，乙型脑炎传播具有严格的季节性。因此，对这两种疾病的预防措施不完全一样。

另外，近亲繁殖也会使死胎数、畸形胎增加；怀孕母猪饲料营养不全，缺乏必要的蛋白质、矿物质和维生素，特别是钙和磷、以及维生素A和维生素D，也会引起胎儿死亡。

流产主要原因是母猪过肥或过瘦，影响胎儿正常发育；母猪吃了发霉、变质、带有毒性和强烈刺激性的饲料，而引起中毒；管理不善，如运动场结冰或高低不平，致使母猪滑倒；圈门狭小，进出拥挤，鞭打、惊吓、追赶过急等；患乙型脑炎、呼吸道综合征、伪狂犬病、猪瘟、沙门氏菌、钩端螺旋体病等；发高烧、流感、布氏杆菌病等；孕期预防注射或治病用药不当，如投大量泻剂、利尿剂、子宫收缩剂及强烈性药物等，使胎儿发育受到影响，也会造成流产。

2. 防治措施

（1）对怀孕母猪精心管理

特别是怀孕后期母猪最好单圈饲养，避免各种机械性碰撞，防止急迫猛赶，猪舍的上下坡道不能太陡，猪舍要勤起常垫、清洁消毒、保持温暖干燥。

（2）认真做好乙型脑炎、细小病毒和流行性感冒等疫病的预防

发现疾病及时治疗。同时投药时，要十分注意，防止投错药或用药剂量过大，造成不良后果。

（3）母猪饲料营养要全面

维持母猪膘情，保证胎儿能获得生长发育所必需的一切营养，特别要注意怀孕母猪后期，要消耗大量营养，饲喂含粗蛋白质不低于15%的饲料，还要添加2%～3%的骨粉，保证矿物质和维生素A、维生素E和维生素D的供应。

（4）防止饲料中毒

不要喂霉烂变质及刺激性大的饲料，应尽量喂些豆科青粗饲料、豆饼、玉米、胡萝卜等优质饲料，喂酒糟不能过多，用少量与其他饲料搭配喂，棉籽饼及菜籽饼要经脱毒处理后喂给，马铃薯芽、蓖麻叶和含有农药或有毒的饲料，酸性过大的青贮饲料、粉浆和粉渣等禁止饲喂。

（5）如已到达产期

并有产仔表现，乳房膨胀且分泌乳汁，但既无胎动也不见胎儿产出，时间一久腹部逐渐收缩，则可能是死胎残存在子宫内，对这样的母猪应及早采取人工流产的方法，促进死胎完全排出。最简单的方法是硭硝 250～500g，用开水溶化过滤除渣，加童子尿 500ml（取早上的新尿液）调匀，再拌入饲料喂给或用胃管投服，一般 1～2 次见效；或注射脑下垂体后叶激素 3～6ml，一般就可能排出死胎。

（6）为解决母猪化胎这一难题，必须加强母猪受孕前的管理

在配种前 3～15d 增加蛋白质饲料和能量饲料，同时添加矿物质和多种维生素，使母猪较快进入配种最佳状态，在适时配种后 1 周，调节内分泌，每头母猪肌肉注射孕酮 30mg，可有效减少胚胎死亡，防止母猪化胎。同时，环境温度控制在 15～25℃。此外，怀孕母猪应适当运动，如长期不运动，胚胎死亡率比经常运动的母猪高 0.5% 左右，母猪运动方式应以自由运动为主。

（7）禁止近亲繁殖

（8）对母猪有流产症状的中药防治措施

① 对有习惯流产史的母猪，在妊娠 50～60d 时，取黄体酮 3～5ml 1 次肌肉注射，间隔 10d 重复注射 1 次。同时用中药当归、白术、黄岑、茯苓、白芍、艾叶、川朴、枳壳各 20g，加水煎汁。连渣拌入少量饲料，让母猪空腹取食，每天 1 剂，连服 2d，可防流产。

② 对胎动不安的母猪，取川芎、甘草、白术、当归、人参、砂仁、熟地黄各 9g，陈皮、紫苏、黄芩各 3g，白芍、阿胶各 2g，共研细末，每次取 45g 药末，加生姜 5 片，水 200ml，共同煎沸，候温灌服。效果不明显，可加大剂量。

③ 对母猪体质虚弱有流产前兆的，取熟地、杭白芍、当归、川芎、焦白术、阿胶、陈皮、党参、茯苓、炙甘草各 30g，大枣 60g，水煎取汁，候温灌服。

④ 对发生流产后的母猪，也需用药物调理，用川芎、当归、桃仁、益母草各 60g，龟板、血竭、红花、甘草各 30g，水煎取汁，候温灌服。促进早发情、早配种。

（二）母猪产仔数少

目前在养猪生产中，困扰养猪者的难题为产仔数少，造成猪场的繁殖力下降，猪群补充困难。如果加大母猪存栏，提高产仔窝数，势必增加母猪的饲养成本，而且还造成母猪舍的栏位紧张，不加大母猪的存栏，育仔、育成、肥育栏位相对空置，造成浪费及增加成本。在生产实际中，要分析造成产仔数少的原因，以便在生产中加以防范。

1. 品种原因

①有些品种的繁殖能力低。产仔数少如：皮特兰、杜洛克等，由于品种的原因，产仔数提高非常困难，在商品猪生产的母系中，尽量避免有产仔数少的品种的血缘。

②品系原因。有些品系如：英系大白、比利时长白，在培育过程中为了适应市场的需要，选育过程中只注重猪种的瘦肉率，而没有注意其他指标，造成产仔数指标下降。

③遗传原因。同一品种，由于家系和个体的差异，也会造成产仔数的减少。

2. 年龄原因

猪的年龄及胎次影响产仔数的多少，同时影响活产仔数的多少。

①胎次 1 ~2 胎的母猪繁殖性能低、排卵数少、产仔数少，3 ~5 胎繁殖性能最好，产仔数及产活仔数最高，6 胎以后的母猪繁殖性能有所下降，产仔数及产活仔数下降。

②猪的年龄 1 ~2 胎、6 胎以上母猪，由于体力的影响，产仔过程易产生疲劳，时间过长，造成死胎比例过大，在生产中应加强低胎次和高胎次猪的助产，减少产仔的间隔时间。

3. 饲养管理不当

母猪群的饲养管理为猪场的关键，很多产仔数少和产活仔数少都是由于饲养管理不当造成的，如驱赶、鞭打、咬架。

（1）饲料的原因

① 没有给母猪营养、全价的配合饲料。有的生产者认为母猪不用或少用添加剂是不正确的，必须加以纠正，有些饲料公司也认为母猪的饲料不重要，做配方不认真，不全价，偷工减料，造成养猪者加不加添加剂效果不明显，造成思想误区。

② 喂给发霉变质的饲料。原料中，玉米的黄曲霉素超标；豆粕的尿素酶偏高；麸皮的质量不重视；矿物质的消化力不强，钙、磷无法吸收，氟含量超标；均影响母猪的产仔数及产活仔数。

（2）管理上的问题

① 配种前的管理。后备母猪配种体重及月龄过低，由于现在猪的品种生长速度太快，配种过早，没有达到体成熟，造成产仔数减少，后备母猪的配种月龄应该在 7 月龄以上。

② 没有控制配种前的膘情。后备母猪没有限饲，造成配种时体重过大过肥，产仔数减少。基本母猪断奶后过瘦，流产和返情母猪过肥，影响母猪的排卵数，从而影响产仔数。

③ 配种前没有短期优饲。为了增加排卵数，后备和断奶母猪配种前 4 ~5d 要短期优饲，喂给优质全价的饲料，增加饲喂量，以提高排卵数。

④ 妊娠期间饲喂量不合理。妊娠前期 1 个月内要每天少喂 1 ~1.5kg，中期适量 2kg，后期 2.5 ~3kg，同时要视母猪的个体体况随时调整饲喂量。

⑤ 减少并群、追赶和咬架等问题。

⑥ 疫苗接种时间不合理。母猪在妊娠期间，尽量减少疫苗的注射，除大肠杆菌、红痢外，其他疫苗都应在配种前注射，减少因疫苗注射对胎儿的影响。

4. 疫病的影响

很多疫病都能造成繁殖障碍，造成产仔数下降，死胎、木乃伊比例增加，如蓝耳病、猪瘟、伪狂犬、细小病毒、乙脑、口蹄疫、猪丹毒、链球菌病和猪流感等。对于传染病造成的母猪产仔数及产活仔数减少的原因复杂，症状相互重合，不做血清学检查很难判断，有的症状作血清学检查也难判断。

为了避免母猪产仔数少，在母猪的饲养管理过程中，应注意以下几点。

① 加强防疫工作，减少外来野毒的感染。

② 减少外引种猪的地区，因为各地区的种猪健康状况不同，减少地区就减少感染的机会。减少引种次数。不要从疫区引种。引种后要隔离检查，防止传染病的引入。

③ 对母猪群进行血清学检查，针对猪群的健康状况进行各种疫苗的免疫工作。

④ 加强饲养管理，减少由于管理的原因造成产仔数的减少。

⑤ 引种时选择繁殖性能高的猪种，提高母猪的生产效率。

四、分娩率、哺育率低

（一）分娩率低的原因分析及预防措施

1. 公猪因素

（1）使用过度

公猪使用过度的直接后果是公猪的精液变稀，不成熟精子比例升高，精子密度降低。从而获能精子减少，降低受精能力，造成配种失败。因此，公猪每周使用次数应在 3 ~4 次或更少一些，具体情况视公猪的月龄而定。

（2）繁殖障碍

公猪繁殖障碍主要体现在公猪生殖器官异常发育。虽然在公猪选择时，隐睾、单睾已被淘汰，但是，阴茎短小等因素往往不容易发现。从而配种时精液不能到达受精部位，造成母猪不能受胎。有些皮特兰公猪就很容易发生此类现象。解决这类问题的办法是通过检查精液发现并淘汰不能产生正常精液的公猪，对阴茎短小、精液质量正常的公猪采用人工授精的方式配种。

（3）疾病

有很多疾病可危害公猪的精液质量和性欲。细小病毒病、乙脑病毒病、蓝耳病等均可严重影响公猪的精液质量。

（4）温度

环境温度过高（ >30℃）会降低公猪的性欲和精液质量。夏天，高温对公猪的影响是人所共知的，其直接后果是公猪精液中死精子的百分率提高，从而使受胎率降低，还会影响到窝产仔数。因此早晚凉爽时配种是较好的选择，一般在早晨 6 点前，晚 16 点以后进行比较合适。

（5）营养

公猪营养不良会降低性欲、精子质量和射精量。精子的形成需要一个过程，此过程大致需要 60d 的时间，所以，精液中精子的质量与 60d 时公猪的营养和此后的营养情况有较大的关系。因此，准备 60d 以后使用的公猪，从现在起就必须加强饲养。

2. 母猪因素

（1）疾病方面

有多种疾病会降低母猪的繁殖力和受胎率，如钩端螺旋体病、猪细小病毒病、猪繁殖和呼吸综合征以及尿生殖道感染（大肠杆菌感染、链球菌感染、棒状杆菌感染）。因此，预防和控制这些疾病是提高分娩率的重要措施之一。

（2）哺乳期营养

哺乳期的重要任务是哺育仔猪，营养供应是非常重要的。这时的营养不仅会对仔猪的发育有很大的影响，而且直接关系到断奶后母猪的配种成功率。如果哺乳期营养不良，母猪过瘦，发情会出现异常，从而显著降低分娩率和下一胎的窝产仔数。

（3）断奶后母猪营养

断奶后母猪能量供应要充足，其营养不平衡或不足会使母猪排卵数降低，从而降低受胎率，进一步影响到分娩率。

(4) 环境温度

配种时和妊娠早期环境温度高（>30℃）会降低分娩率。所以，气温超过 30℃时，一定要给母猪增加降温措施。

(5) 配种管理

发情鉴定的效率、配种时间的确定以及配种质量，都会影响分娩率。每天早晚两次的发情检查，确定适当的发情时间，从而保证配种的质量。后备母猪配种日龄、配种体重、配种时的发情期都是必须关心的事情。一般来说，后备母猪配种日龄要在 225d 以后进行，配种体重要超过 110kg，在第三发情期进行配种。这 3 个条件应全部具备。因此，对后备猪来说，进行发情检查是提高后备母猪分娩率的有力措施。据试验，后备母猪在 165 日龄以后就应进行发情观察记录，保证后备母猪在第三情期配种会有较高的分娩率。

(6) 断奶到发情的间隔天数

母猪断奶后 1d 和 2d 就发情，或者 7d 或更久以后发情，分娩率通常都较低。建议母猪断奶后 1d 和 2d 发情的错后一个发情期配种。对于在断奶后 7d 或更长时间之后才发情的母猪来说，也应考虑在下一个发情期对其进行配种。

(7) 胎次

一般来说，低胎次母猪的分娩率较低，胎次分布可影响猪群的分娩率（应有 45% 以上的母猪为第 3 胎至第 5 胎）。因此母猪群应保持合理的胎次分布。

(8) 基因型

遗传（纯种或杂种）和基因型可影响分娩率。并非各种基因型的分娩率都相同。

(9) 内分泌功能紊乱

有时候，母猪的激素分泌会出现原因不明的问题。

3. 管理

(1) 泌乳天数

泌乳天数少于 12d，通常会显著降低其后的分娩率。泌乳天数为 14～21d，则对分娩率的影响较轻，并且如果泌乳期采食量高于每天 5.5kg，则分娩率所受的影响会轻得多。

(2) 房舍

在管理良好的前提下，房舍（个体限位栏饲养或群养）对分娩率没有多大的影响，但限位栏会影响母猪的蹄肢，从而造成母猪淘汰率提高。

(3) 温度和光照

母猪在高温（>30℃）和长光照（>16h 光照）的情况下配种，分娩率会降低。

(4) 营养

必须最大限度地提高泌乳期的采食量。尽可能使母猪在刚一分娩后就立刻能充分采食（自由采食）。要提高泌乳期采食量，就必须严格控制母猪分娩时的背膘厚（分娩时背膘厚应大于 20mm），对食欲差的母猪应每天饲喂 3 次，对于食欲差的或者哺乳仔猪多的母猪应进行湿喂，应使产房气温保持低于 20℃，应充分供应洁净饮水，日粮应平衡全价。在断奶前 4d 将 4 头或 5 头最大的仔猪先行断奶，对于任何体况差的母猪或哺乳仔猪多的母猪会有帮助。

(5) 配种质量

应该用一头结扎了输精管的成熟公猪每天两次进行发情检查。发情可开始于一天中的任何时间，但大约60%的发情开始于下午4时到早晨6时之间。对于这些母猪来说，在上午检查到它们发情的时候，它们的发情可能已经开始了有10h了。对上午检查到发情的母猪，则常规采用下午—上午配种方案；对于在下午检查到发情的母猪，则常规采用上午—上午配种方案。

总之，影响母猪分娩率的因素较多，但如果能够认真分析生产情况，分娩率低的猪群通过采取切实的措施和积极的努力可以变成分娩率高的猪群。某种猪场母猪分娩率曾经在很长时间内徘徊在70%上下，但是通过对以上因素的分析，在发情观察、公猪精液检查、人工授精等多方面做了大量的认真仔细的工作，结果在一年内把母猪分娩率提高到了85%，并保持了这一成绩。所以，要认真地分析和诊断生产问题，提出可行的解决措施。

（二）哺育率低的原因及预防

造成哺育率低的因素有遗传、细菌、病毒感染、营养、仔猪和母猪的管理。有些品种如杜洛克猪的泌乳性能较差，仔猪哺育率较低，肛门闭锁、脑积水等是由于近交造成的，应避免近亲交配。仔猪下痢是哺乳率低的主要原因，提供防压、保温设备，实行“全进全出”制度，常规清洁消毒，栏舍暂停使用，为母猪提供良好的环境，保证足够的乳汁，产前母猪彻底清洁，体外驱虫，高锰酸钾溶液消毒乳房，仔猪定期检查，及时治疗等措施都能减少仔猪下痢。细菌感染，乳汁不够，不供给足够的乳猪饲料，仔猪出生后不补充足够的铁质将降低仔猪对细菌的抵抗力，造成死亡。

五、猪繁殖障碍疾病的防治

猪繁殖障碍性疾病的防治必须树立多学科共同协作的观念，应用全面的分析方法，对猪繁殖障碍产生原因进行综合分析，一方面必须从猪场所处的位置，栏舍的结构、种猪的引进等方面考虑对猪繁殖障碍性疾病的防治问题；另一方面，还必须从饲养学、营养学、生态学以及经营管理等方面进行剖析，不断地总结经验和教训，不断控制繁殖障碍疾病的蔓延和扩散，最终逐步达到缩小甚至消灭繁殖障碍性疾病的发生。具体来说，应从以下8个方面加以防治。

（一）建立健全合理的免疫程序

猪患繁殖障碍疾病的主要病因是病原性因素。目前，已知的病毒、细菌、衣原体、寄生虫有数十种，虽不可能也没有必要全部列入免疫等程序中，但应把危害较重的乙型脑炎、细小病毒、伪狂犬病、蓝耳病和布氏杆菌病等纳入猪场整体免疫程序中。应根据该类病的发病季节、疫（菌）苗产生抗体时间和免疫期的长短，实行有计划、有步骤的程序化免疫。

（二）严格执行疫（菌）苗接种操作规程，确保其接种密度和质量

给猪接种疫（菌）苗，是提高其机体特异性抵抗力，降低易感性的有效措施。规模化猪场应注意预防接种的重要性和必要性，特别是初产母猪在配种前这段时期（接种乙型脑炎疫苗应在3月份蚊蝇未出现前），应高密度，高质量坚持连续3~5年的预防接种，就有可能达到控制和净化该病。

（三）加强母源抗体监测

仔猪体内母源抗体水平的高低，直接影响和干扰抗体滴度，甚至完全抑制抗体的产

生。为防止母源抗体对疫苗免疫效果的影响，对某些传染病定期进行母源抗体监测，选择无母源抗体或母源抗体滴度较低的时间接种疫苗，提高对疾病的抵抗能力。规模猪场应每年至少进行一次母源抗体监测，以便随时了解和掌握本场猪群母源抗体水平，确定初免时间，适时进行预防接种。让初生乳猪吃足含有较高浓度母源抗体的初乳，对防止此病的发生起着十分重要的作用。

（四）严把引种检疫关

引种隔离观察检疫，严防带毒种猪进入猪场是防止疫病发生的重要措施，因此，各地在引种时应认真了解供种单位的免疫程序和疫情，严禁到疫区引种。引进后应在场外隔离观察检疫两周，并进行相关的监测，结果阴性、临床观察无症状出现，接种有关疫（菌）苗产生免疫力后，才可入场饲养。发生可疑病猪应及时送检。规模猪场一旦发生可疑病猪，兽医人员不能确诊时，应迅速采集病料或将未经治疗的病猪，送兽医部门进行检验，待确诊后，对症按规定防制，才能收到事半功倍的效果。

（五）加强饲养管理

在使用饲料过程中，必须根据种猪的各阶段营养需要进行合理配置饲料，提高日粮中的维生素和矿物质等营养成分，饲喂高能量饲料。特别要确保矿物质元素钙、磷、铁、铜、锌、锰、碘、铬、硒和维生素 E 的正常供应，确保限制性氨基酸，特别是赖氨酸的平衡。

（六）搞好环境卫生，加强生物安全措施

一是建立严格的消毒制度。定期对猪舍地面、墙壁、设施及用具进行消毒，并保持舍内空气流通，加强冬季保温、夏季防暑降温；二是加强粪尿、病死猪管理。对正常猪的粪、尿发酵或沼气处理，对患病猪的粪尿、乳、流产的胎儿、胎衣、羊水及病死猪进行焚烧等无害化处理。

复习思考题

1. 名词解释

产仔数　初生窝重　泌乳力　断奶窝重　日增重　饲料转化率　胴体直长　胴体斜长　眼肌面积　腿臀比例　胴体瘦肉率

2. 在猪的不同阶段如何运用各种选种方法？

3. 一群基础母猪，有它们的个体及同胞的繁殖性能、生长发育等有关资料，有活体测膘仪。利用什么程序，依据什么方法，选出其中的高产母猪？

4. 在养猪现场如何判定母猪发情？如何判定母猪即将分娩？

5. 如何正确地利用种公猪？并阐述其理由。

6. 结合校内或校外实习基地的生产实际，拟定出种公猪、妊娠母猪、哺乳母猪的饲养管理操作规程。

第七章

仔猪生产技术

仔猪是现代化、集约化养猪生产成功的必备基础。在猪的一生中，它是生长发育最快，可塑性最大、饲料利用效率最高、抗病力弱，受环境改变影响最大的，最有利于定向发育的时期，也是影响选育效果的决定性阶段。仔猪培育的成败，既关系着养猪生产水平的高低，又对提高养猪生产经济效益，加速猪群周转起着十分重要的作用。如仔猪养育得好，成活头数多，母猪的年生产量就高；仔猪断乳时体重大，肥育猪的生长速度就快，肥育期就会缩短，出栏率就会得到提高，商品猪生产成本就低。因此，培育出大量品质优良的仔猪，是增加养猪数量、提高猪群质量、巩固育种效果、降低生产成本的关键。

第一节　哺乳仔猪生产技术

哺乳仔猪是指从初生到断奶前的仔猪。仔猪出生后的生存环境发生了根本性的改变，从恒温到常温，从被动获取氧气和营养到主动吮乳和呼吸来维持生命，生理上发育不完善，导致哺乳期死亡率明显高于其他生理阶段。因此，这一阶段是幼猪培育的关键环节，而减少仔猪死亡率和增加仔猪体重就成为养好哺乳仔猪的重中之重。

一、哺乳仔猪的生理特点

（一）消化器官不发达，消化机能不完善

初生仔猪的消化器官相对重量和容积较小，如胃重量仅6～8g，占体重的0.44%，容积为20～30ml，但其生长发育很快，到20日龄时，胃重增长到35g左右，容积扩大3～4倍，60日龄时胃重达到150g左右，容积增加了25～30倍；小肠在哺乳期内也强烈生长，长度约增5倍，容积扩大50～60倍，消化器官的这种强烈生长可持续到6～8月龄，之后才开始降低，直到13～15月龄才接近成年猪的水平。

消化器官发育的晚熟，导致消化酶系统发育较差，消化机制不完善。如初生仔猪口腔中唾液淀粉酶含量仅为成年猪的30%～50%，且酶活性较低。随着生长发育的进行，唾液淀粉酶的含量和活性也随之提高，至3月龄时可达到成年猪的水平。由于初生仔猪胃与神经系统尚未建立完全的机能联系，缺乏反射性胃液分泌能力，所以，仔猪进食后1h内胃液分泌并不急剧增多，需由饲料直接刺激胃壁才分泌少量胃液，一般到1.5月龄左右才开始形成胃液的反射性分泌。仔猪胃液中主要有胃蛋白酶和凝乳酶，胃脂肪酶少或没有，不分泌淀粉酶。仔猪胃中凝乳酶分泌较多，主要功能是凝固并消化乳汁中的酪蛋白。酪蛋白凝固可使母乳在胃中受胃蛋白酶作用时间延长。20日龄前，胃蛋白酶因缺乏盐酸而不能被激活。因此，给哺乳仔猪尽早补饲精料和青绿饲料，可刺激胃壁的胃腺发育。初生仔猪胃消化功能不完善且作用较弱，食物主要靠小肠内胰液和肠液来消化。初生仔猪分泌肠液的机能旺盛，且其中的淀粉酶和乳糖酶活性很高，淀粉酶活性约在1周龄时开始下降，至4～5周龄时趋于稳定；乳糖酶活性在初生时就较高，1～2周内还有所增加，以后逐渐下降，到断奶时其含量已很低。

初生仔猪的胆汁分泌量很少，胆汁中的胆酸盐（硫胆酸钠）是胰脂肪酶的激活剂，并能乳化脂肪，促进食物中脂肪的分解和吸收，故初生仔猪对脂肪的消化吸收能力很低。仔猪出生3周内，胆汁分泌增加缓慢，体重达7kg左右时分泌量才迅速增加，仔猪对脂肪的消化率也相应提高。

初生仔猪胃底腺不发达，不能分泌盐酸，胃内缺乏游离的盐酸，所以胃蛋白酶原没有活性，不能消化蛋白质，特别是植物性蛋白质。由于胃中缺乏盐酸，因而不能有效地抑制或杀死进入胃中的病原微生物，这是仔猪易发生黄、白痢的重要原因之一。随着日龄的增长和食物对胃壁的刺激，盐酸的分泌不断增加，20日龄时分泌量少，仅占胃液的0.05%～0.15%；60日龄时盐酸分泌量才接近成年猪的水平，达0.27%～0.40%。胃液中盐酸浓度还受食物组成、性质、消化阶段和胃中唾液量等因素的影响。虽然初生仔猪胃中盐酸分泌量很少，但是含有少量的有机酸（如乳酸等）可部分代替盐酸激活蛋白酶原，所以仔猪吮入的蛋白质并非完全不被消化，如4日龄仔猪胃液已能水解少量动物蛋白；9日龄时可水解少量植物蛋白。

新生仔猪的消化道只适用于消化母乳中简单的脂肪、蛋白质和碳水化合物，而其利用饲料中复杂分子的能力则还有待于进一步发育。仔猪对营养物质的消化吸收取决于消化道中酶系的发育，消化酶活性与猪龄的关系见图7－1。

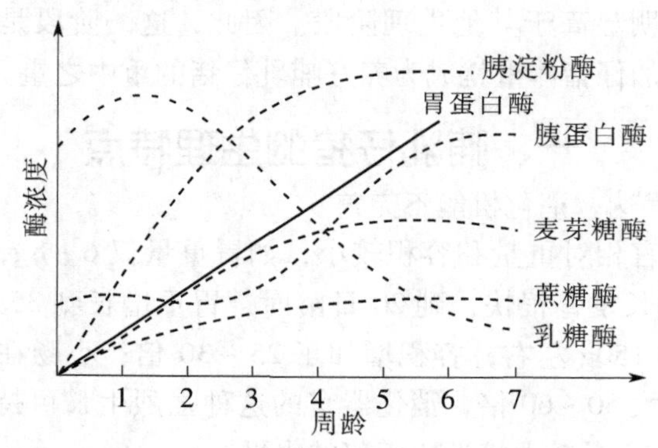

图7－1 猪龄与消化酶活性的关系

仔猪从第1周龄开始就能很好地利用乳脂肪，而且对其他脂肪只要能够很好地乳化，仔猪的消化吸收几乎与成年猪相似，健康的仔猪对脂肪的消化没有特殊的要求。

哺乳仔猪消化机能不完善的另一表现是食物通过消化道的速度较快，食物进入胃中到完全排空的时间，15日龄时约为1.5h，30日龄为3～5h，60日龄为16～19h。由于哺乳仔猪胃的容积小，食物排入十二指肠的时间较短，所以应适当增加饲喂次数，以保证仔猪获得足够的营养。

如上所述，由于初生仔猪消化器官与消化机能不完善，势必构成仔猪对饲料质量、形态、饲喂方式和次数等的特殊要求。要养好仔猪，必须采用适合于仔猪生理特点的日粮和饲养技术，满足仔猪对各种营养物质的需要。

（二）体温调节机能不完善，体内能量贮备有限

初生仔猪出生时大脑皮层发育不全，依靠神经系统调节体温来适应环境的能力很差。再者，初生仔猪被毛稀疏，皮下脂肪很少，脂肪还不到体重的1%，保温隔热能力很差。据研究，初生仔猪若置于13～24℃环境中，体温在生后1h内可下降1.7～7.2℃，尤其在出生后20min内，由于羊水的蒸发，体温降低更快。另外初生仔猪体内能量贮备有限，体脂仅占体重的1%，血糖浓度为70～100mg/100ml，若不能及时吃到初乳，出生后2d内血糖浓度可降至10mg/100ml以下，导致低血糖而出现昏迷甚至死亡。

初生仔猪体温较成年猪高1～2℃，其临界温度为35℃，为保证其体温的恒定，须保持较高的环境温度。当环境温度低于临界值时，机体已不能靠物理调节来维持正常体温，就需要靠化学调节以提高物质代谢来增加产热，若化学调节也不能维持正常体温时，才出现体温下降，当体温下降至一定幅度时，仔猪会冻僵、冻昏甚至会冻死。仔猪适宜的环境温度见表7－1。

表7－1　仔猪适宜的环境温度　（℃）

周龄	环境温度	周龄	环境温度
1	30～35	4	22～24
2	24～28	5	20～24
3	24～26		

冷应激还会造成初生仔猪吸吮初乳量不足，摄入初乳量不到正常仔猪的2/3，其后果是仔猪体质虚弱，无活力，加之胃中缺乏盐酸，因而会明显降低免疫力，致使腹泻等疾病的发病率升高。随饲料和饮水进入胃中的病原微生物不能被抑制或杀灭，因而这段时期哺乳仔猪最易得病，常见的是仔猪黄痢、白痢和红痢。总之，哺乳仔猪调节机制不完善，体内能源储备有限，因此让仔猪尽早吃到足够的初乳，创造适宜的环境温度，是养好仔猪的重要措施。

（三）生长发育迅速，新陈代谢旺盛，利用养分能力强

仔猪初生时体重不到成年体重的1%，与其他动物相比，比例是最小的。但仔猪出生后生长发育迅速，一般仔猪初生重1kg左右，10日龄体重可达初生重的2倍以上，30日龄达4～5倍，60日龄达12～13倍。其生长发育迅速，是其他动物所不能相比的。

仔猪出生后的快速生长是以旺盛的物质代谢为基础的，特别是能量、蛋白质、钙和磷代谢比成年猪高得多。如20日龄仔猪每千克体重可沉积蛋白质9～14g，而成年猪只能沉积0.3～0.4g，相当于成年猪的30～35倍，仔猪每增重1kg需钙7.9g，磷4～5g，也高于成年猪；每千克体重所需代谢净能为成年猪的3倍。所以，哺乳仔猪生长发育快是体内旺盛的物质代谢的结果，对营养物质需要的数量多，质量要求高，对营养物质不全反应敏感。因此，在供给仔猪足够营养物质的同时，要保证各种营养物质的均衡供应。

在猪的一生中，猪体水分、蛋白质和矿物质的相对含量随年龄的增长而降低，而脂肪沉积能力则随年龄增长而升高。由于形成蛋白质所需能量比形成脂肪所需能量少40%（形成1kg蛋白质需23.63MJ能量，形成1kg脂肪需要39.33MJ能量），所以，仔猪比大猪长得

快，能更经济有效地利用饲料。

（四）缺乏先天免疫力，抵抗疾病能力差

猪的胎盘构造十分复杂，母体血管与胎儿脐带血管间有胎盘血液屏障，而抗体为一种大分子的γ-球蛋白，所以母体抗体无法通过母猪血管与胎儿脐血管传递给仔猪，所以初生仔猪没有先天免疫力。仔猪应及时吃到初乳以获得母体免疫抗体，以后逐渐过渡到自体产生抗体而获得免疫力。

母猪初乳中的蛋白质尤其是免疫球蛋白含量明显高于常乳。但免疫球蛋白含量下降很快，母猪分娩后12h，球蛋白含量比分娩时下降75%，随着分娩后乳汁分泌的增加，免疫球蛋白浓度被稀释。初乳维持的时间较短，3d后即变成常乳，初乳与常乳中的营养成分组成，见表7－2。因此，仔猪出生后吃到初乳越晚，得到球蛋白越少，只有让仔猪出生后尽可能早地吃到初乳（这样不仅初乳中γ-球蛋白数量多，且吸收率高），仔猪才能得到有效的保护力。

表7－2　初乳与常乳中的营养成分

项　目	出生后的时间（h）					常　乳
	出生	3	6	12	24	
脂　肪（%）	7.2	7.3	7.8	7.2	8.7	7～9
蛋白质（%）	18.9	17.5	15.2	9.2	7.3	5～6
乳　糖（%）	2.5	2.7	2.9	3.4	3.9	5

从仔猪方面考虑，仔猪出生后24h内，肠道上皮处于原始状态，具有很高的通透性，可完整地吸收初乳中的免疫球蛋白从而获得被动免疫。随着仔猪肠道的发育，其通透性发生改变，肠壁对大分子γ-球蛋白的吸收率迅速降低。若以出生后3h内肠道上皮对抗体的吸收率为100%，则生后3～9h内降为50%，9～12h降为5%～10%。再者，初乳中的抗蛋白分解酶可以保护免疫球蛋白不被分解，该酶存在时间短，若该酶不存在，则缺乏对免疫球蛋白的保护作用，仔猪不能完全吸收免疫球蛋白。另外，初乳中维生素含量较常乳高。

免疫球蛋白分为IgG、IgA和IgM三种，其分布、来源及作用各异。初乳和常乳中免疫球蛋白含量，见表7－3。初乳中以IgG为主，约占80%，IgA占15%，IgM占5%；常乳中以IgA为主，约占70%，IgG占27%。IgG来自于母猪血清，主要有杀菌和防止败血病发生的作用。IgA有40%来自于母猪血清，其余在乳腺中合成，耐酶分解，附着于小肠内壁可达12h以上，具有抑制大肠杆菌活动和抵抗胃肠道疾病的功能。IgM大多来自于母体血清，有抑制革兰氏阴性菌的功能。

表7－3　初乳和常乳中免疫球蛋白浓度比较

免疫球蛋白	初　乳		常　乳	
	浓度（mg/ml）	占球蛋白总量（%）	浓度（mg/ml）	占球蛋白总量（%）
IgG	58	80	3	27
IgA	11	15	8	71
IgM	3	5	0.3	2

一般仔猪10日龄后才开始自体产生抗体，至30~35日龄前数量还很少，直到5~6月龄才达到成年猪的水平。所以3周龄以内是免疫球蛋白不足的阶段，加之胃内游离盐酸浓度低，对进入胃内的微生物不能有效地抑制或杀灭，这个阶段的仔猪易患消化道疾病。因此，除让仔猪尽早吃上初乳外，还应保持猪舍环境清洁、干燥，保暖和通风良好，防止贼风侵入，并要注意饲料和饮水卫生。如果仔猪出现黄痢、白痢和红痢等消化道疾病应及时治疗。

（五）体内铁贮备少，易患缺铁性贫血

铁是形成血红素和肌红蛋白所必需的元素，又是细胞色素酶类和多种氧化酶的成分。仔猪出生时含铁很少，仅45~50mg，只能够其1周需要。母乳是哺乳仔猪获得铁源的唯一来源，但母乳中铁含量很低，所以仔猪从8~12d就应开始有缺铁现象。仔猪生长发育迅速，每天至少需要6~8mg铁才能满足正常的生理需要，若不及时补铁，仔猪易出现贫血，若同时伴有拉稀，则贫血更为明显。因此，仔猪应早期补铁，以满足其快速生长发育的需要，以后仔猪可从补料中获得所需的铁元素。

二、哺乳仔猪死亡的原因

哺乳仔猪死亡历来是养猪生产中的一大损失。死亡率的高低与饲养方式有密切关系，其主要影响因素有分娩栏和育仔栏的设计，分娩舍内的温湿度控制，仔猪保温箱的加热方式，疾病的控制，母猪的营养和卫生条件等。在传统养猪条件下，哺乳仔猪的死亡还与垫草量关系较大。

正常饲养管理条件下，仔猪死亡与仔猪日龄有关。据Kurz和Ernst（1987）调查，在死亡仔猪中，第1周龄死亡占82%，第2周龄占10%，第3周龄占4%，第4周龄以上占4%。死亡原因主要是：压、踩死占47.7%，弱仔死亡占18.6%，发育不良死亡占11.7%，下痢死亡占4.1%，其他如畸形、冻死、咬死、饿死等造成的死亡占17.9%。初生重对仔猪死亡率也有重要影响，引入瘦肉型品种猪初生重不足1kg的仔猪存活希望很小，并且在以后的生长发育过程中，落后于全窝平均水平。据Dammert等对1 000多头仔猪试验数据的分析，初生重每增加0.1kg，28日龄前（1 013头）日增重提高11.7%，到肥育开始（771头）日增重提高7.5g，肥育期限食饲养（280头）提高13.6g，自由采食提高（85头）10.2g。初生重不足1kg的仔猪，死亡率在44%~100%，随仔猪初生体重的增加，死亡率下降。

仔猪初生重与母猪妊娠后期的能量摄入直接相关，胎儿体重50%左右是临产前的20d沉积的，因而增加能量摄入可提高初生仔猪体重。在妊娠后期母猪日粮中添加脂肪，能提高仔猪的初生重，增加能源储备，提高初乳中脂肪含量，并能降低断奶前仔猪的死亡率（表7-4）。

表 7－4　初生重对仔猪死亡率和日增重的影响

初生重（kg）	死亡率（%）	平均日增重（g）			
		初生～28 日龄	28 日龄～肥育开始	限饲肥育期	不限饲肥育期
0.4～0.7	100～65	—	—	—	—
～0.8	64	139	362	—	—
～0.9	49	148	323	—	—
～1.0	44	156	368	615	698
～1.1	35	168	373	613	704
～1.2	16	185	395	639	726
～1.3	15	188	405	650	720
～1.4	14	200	412	683	747
～1.5	12	220	415	685	744
～1.6	—	221	432	716	—
～1.7	—	245	407	689	—
～1.8	7	240	410	706	—
～1.9	—	266	453	—	—
～2.0	—	271	450	—	—

仔猪初生重受窝产仔数的影响比较大，随着窝产仔数的上升，仔猪初生重下降，分娩时仔猪死亡数上升。中国地方猪种繁殖力高，产仔数多，仔猪初生重普遍低，据许振英统计，民猪等 7 个地方猪种平均窝产仔数 13.01 头，平均初生重只有 0.83kg，而哺乳仔猪的成活率明显高于瘦肉型猪相同仔猪初生重的成活率，达到 80%，哺乳仔猪死亡率不足 20%，这是中国地方猪种的特点，是现代瘦肉型猪种所没有的。哺乳仔猪的死亡与其生理特点有密切的关系。据陈清明（1997）对某猪场多年死亡仔猪的统计分析，死亡率较高的是患白痢病死亡，占死亡总数的 31.3%，肺炎病死亡占 14.3%，冻死、压死占 12.8%，其他死亡占 41.6%（表 7－5）。

表 7－5　哺乳仔猪死亡原因分析

死亡原因	出生～20 日龄		20～60 日龄		合计	
	死亡头数	%	死亡头数	%	死亡头数	%
压死、冻死	128	94.8	7	5.2	135	12.8
白痢死亡	315	95.5	15	4.5	330	31.3
肺炎死亡	130	86.7	20	13.3	150	14.3
其他死亡	332	75.8	106	24.2	433	41.6
合计	905		148		1 053	100.0

注：其他死亡原因为，发育不良死亡 86 头（8.16%），贫血死亡 90 头（8.54%），畸形死亡 80 头（7.59%），心脏病死亡 75 头（7.14%），寄生虫死亡 55 头（5.23%），白肌病和脑炎死亡 52 头（4.95%），合计 433 头，占死亡总头数的 41.61%

哺乳仔猪死亡的时间，生后 20 日龄内死亡率高，从 21～60 日龄死亡率较低。从哺乳仔猪因下痢和压死、冻死 3 项来看，生后 20d 内死亡数占死亡总数的 95%，而以后的 40d 死亡仅占 5%。因肺炎死亡的，生后 20d 内约占 87%，21 日龄以后死亡占 13%。其他原因死亡的，20 日龄内占 76%，21～60 日龄占 24%。由此可见，哺乳仔猪的死亡主要集中在生后的20日龄内。采用传统的地面平养方式，仔猪死亡率高，压死、咬死、冻死的仔猪多，也易发生下痢、肺炎等疾病。高床网上饲养，设有保育箱，则可明显减少仔猪的死亡。减少哺乳仔猪死亡的关键是饲养人员的工作态度、勤劳精神和操作技能。

三、提高哺乳仔猪成活率的措施

（一）及早吃足初乳

初生仔猪不具备先天性免疫能力，必须通过吃初乳获得免疫力。让仔猪尽可能早地吃到初乳，是初生仔猪获得抵抗各种传染病抗体的惟一有效途径，推迟初乳的采食，会影响免疫球蛋白的吸收。初乳中除含有足够的免疫抗体外，还含有仔猪所需要的各种营养物质、生物活性物质。初乳中的乳糖和脂肪是仔猪获取外源能量的主要来源，可提高仔猪对寒冷的抵抗能力；初乳对加强激素的作用，促进代谢，保持血糖水平有积极作用。仔猪出生后随时放到母猪身边吃初乳，能刺激消化器官的活动，促进胎粪排出，增加营养产热，提高仔猪对寒冷的抵抗力。初生仔猪若吃不到初乳，则很难养活。

（二）固定乳头

母猪的乳房各自独立，互不相通，自成一个功能单位。各个乳房的泌乳量差异较大，一般前部乳头奶量多于后部乳头。每个乳房由1～3个乳腺组成，每个乳腺有一个乳头管，没有乳池贮存乳汁。因此，猪乳汁的分泌除分娩后最初2d是连续分泌外，以后是通过刺激有控制的放乳，不放乳时仔猪吃不到乳汁。仔猪吸乳时，先拱揉母猪乳房，刺激乳腺活动，然后放乳，仔猪才能吸到乳汁，母猪每次放乳时间很短，一般为10～20s，哺乳间隔约为1h，后期间隔加大，日哺乳次数减少。

仔猪有固定乳头吮乳的习性，开始几次吸食某个乳头，直到断奶时不变。仔猪出生后有寻找乳头的本能。初生重大的仔猪能很快地找到乳头，而较小而弱的仔猪则迟迟找不到乳头，即使找到乳头，也常常被强壮的仔猪挤掉，这样易引起互相争夺，而咬伤乳头或仔猪颊部，导致母猪拒不放乳或个别仔猪吸不到乳汁。

为使同窝仔猪生长均匀，放乳时有序吸乳，在仔猪生后2d内应进行人工辅助固定乳头，使其吃足初乳。在分娩过程中，让仔猪自寻乳头，待大多数仔猪找到乳头后，对个别弱小或强壮争夺乳头的仔猪再进行调整，把弱小的仔猪放在前边乳汁多的乳头上，体大强壮的放在后边的乳头上。固定乳头要以仔猪自选为主，个别调整为辅，特别要注意控制抢乳的强壮仔猪，帮助弱小仔猪吸乳。

（三）仔猪保温防压

新生仔猪对于寒冷的环境和低血糖极其敏感，尽管仔猪有利用血糖储备应付寒冷的能力，但由于初生仔猪体内的能源储备有限，调节体温的生理机制还不完善，这种能源利用和体温调节都是很有限的，初生仔猪皮下脂肪少，保温性差，体内的糖原和脂肪储备一般在24h之内就要消耗殆尽。在低温环境中，仔猪要依靠提高代谢效率和增加战栗来维持体温，这更加快了糖原储备的消耗，最终导致体温降低，出现低血糖症。因此，初生仔猪保温具有关键性意义。

母猪与仔猪对环境温度的要求不同。新生仔猪的适宜环境温度为30～34℃，而成年母猪的适宜温度为15～19℃。当仔猪体温39℃时，在适宜环境温度下，仔猪可以通过增加分解代谢产热，并收缩肢体以减少散热。当环境温度低于30℃时，新生仔猪受到寒冷侵袭，必须依靠动员糖原和脂肪储备来维持体温。寒冷环境有碍于体温平衡的建立，并可引发低温症。在17℃的产仔舍内，高达72%的仔猪体温会低于37℃，仔猪的活动便会受影响，哺乳活动变缓变弱，导致初乳摄入量下降，体内免疫抗体水平则低于正常摄入初乳量的仔猪（Kelley 等，1982）。

仔猪体重小且有较大的表面积与体重比，出生后体温下降比个体大的猪快。因此，单独给仔猪创造温暖的环境十分必要。在产栏内吊红外线灯式取暖要比铺垫式取暖对个体较小的仔猪更显优越性，因为可使相对较大的体表面积更易于采热。仔猪保温可采用保育箱，箱内吊250W或175W的红外线灯，距地面40cm，或在箱内铺垫电热板，都能满足仔猪对温度的需要。

因母猪卧压而造成仔猪死亡的现象是非感染性死亡中最常见的，大约占初生仔猪死亡数的20%，绝大多数发生在仔猪生后4d内，特别是在头1d最易发生，在老式未加任何限制的产栏内会更加严重。在母猪身体两侧设护栏的分娩栏，可有效防止仔猪被压伤、压死，头一周内仔猪死亡率可从19.3%下降至6.9%，若再采用吊红外灯取暖，使仔猪头一周死亡率降至1.1%（Swendsen 等，1986）。采用高床网上饲养，配置保暖设备的保育箱，可明显减少仔猪的死亡。

（四）仔猪补铁、铜和硒

铁是形成血红蛋白和肌红蛋白所必需的微量元素，同时又是细胞色素酶类和多种氧化酶的成分。初生仔猪出生时体内铁的总贮存量约为50mg，每天生长需要约7mg，而母乳中含铁量很少（每100g乳中含铁0.2mg），仔猪从母乳中每日仅能获得1mg铁，给母猪补饲铁也不能提高乳中铁的含量。因此，仔猪体内贮存的铁很快耗尽，如得不到补充，一般于7日龄左右会出现缺铁性贫血，表现出食欲减退、皮肤苍白、生长停滞等症状，严重者死亡。

缺铁的仔猪，抗病能力减弱，容易生病，为防止仔猪贫血给生产造成损失，仔猪生后3日龄时补铁。补铁方法有口服和肌肉注射两种。

口服铁铜合剂补饲法：把2.5g硫酸亚铁和1g硫酸铜溶于1 000ml水中配制而成，装于瓶内，当仔猪吸乳时，将合剂滴在乳头上使仔猪吸食或用乳瓶喂给，每天1~2次，每头每天10ml。当仔猪开始吃料后，可将合剂拌在饲料中喂给。

肌内注射补铁：肌内注射生产上应用较普遍。补铁针剂有英国的血多素，加拿大的富血素，广西的牲血素，上海的右旋糖酐铁等，一般于3日龄注射1次，1~2ml/次，7日龄再注射1次，注射部位可选在颈部或臀部肌肉厚实处。

补铜：铜与体内正常的造血作用和神经细胞、骨骼、结缔组织及毛发的正常发育有关。高剂量铜（50~250mg/kg）对仔猪的生长和饲料利用有促进作用。

补硒：硒与维生素E的吸收、利用有关。硒缺乏会引起白肌病、肝坏死、食欲减退、增重缓慢、严重者甚至突然死亡。仔猪对硒的日需要量，根据体重不同大约为0.03~0.23mg。对缺硒仔猪可于出生后3~5日龄，肌肉注射0.1%的亚硒酸钠溶液0.5ml，30日龄再注射1ml。补硒时，同时给予维生素E会具有更好的效果。

（五）提早开食补料

哺乳仔猪的营养单靠母乳是不够的，还必须补喂饲料。母猪的泌乳量，一般在第3周龄开始逐渐下降，而仔猪的生长发育迅速增长，母乳已不能满足仔猪的营养需要，如不及时补喂饲料，必然会影响仔猪的生长发育。早期补料刺激消化系统的发育与机能完善，减轻断奶后营养性应激反应导致的腹泻。给仔猪补料，一定要提早开食，因仔猪从吸食母乳到采食饲料要有7d左右的适应过程。

猪场设备较好的分娩舍，仔猪生后5～7d即可开食，这时仔猪可以单独活动，并有啃咬硬物拱掘地面的习性，利用这些行为有助于补料。生产中常采用自由采食方式，即将特制的诱食料投放在补料槽里，让仔猪自由采食。为了让仔猪尽快吃料，开始几天将仔猪赶入补料槽旁边，上下午各一次，效果更好。在饲喂方法上要利用仔猪抢食的习性和爱吃新料的特点，每次投料要少，每天可多次投料，开食第1周仔猪采食很少，因母乳基本上可以满足需要，投料的目的是训练仔猪习惯采食饲料。仔猪诱食料要适合仔猪的口味，有利于仔猪的消化，最好是颗粒料。

（六）仔猪补水

哺乳仔猪生长迅速，代谢旺盛，母猪乳中和仔猪补料中蛋白质含量较高，需要较多的水分，生产实践中经常看到仔猪喝尿液和脏水，这是仔猪缺水的表现，及时给仔猪补喂清洁的饮水，不仅可以满足仔猪生长发育对水分的需要，还可以防止仔猪因喝脏水而导致下痢。因此，在仔猪3～5日龄，给仔猪开食的同时，一定要注意补水，最好是在仔猪补料栏内安装仔猪专用的自动饮水器或设置适宜的水槽。

（七）剪犬齿与断尾

仔猪生后的第1d，对窝产仔数较多，特别是在产活仔数超过母猪乳头数时，可以剪掉仔猪的犬齿。对初生重小，体弱的仔猪也可以不剪。去掉犬齿的方法是用消毒后的铁钳子，注意不要损伤仔猪的齿龈，剪去犬齿，断面要剪平整。剪掉犬齿的目的，是防止仔猪互相争乳头时咬伤乳头或仔猪双颊。

用于肥育的仔猪出生后，为了预防肥育期间的咬尾现象，要尽可能早地断尾，一般可与剪犬齿同时进行。方法是用钳子剪去仔猪尾巴的1/3（约2.5cm长），然后涂上碘酒，防止感染。注意防止流血不止和并发症。

（八）选择性寄养

在猪场同期有一定数量母猪产仔的情况下，将多产、无奶吃、母猪产后因病死亡的仔猪寄养给产仔少的母猪，是提高仔猪成活率的有效措施。当母猪头数过少需要并窝合养，也需要进行仔猪寄养。仔猪寄养时一定要注意以下几方面问题：

1. 猪产期应尽量接近，最好不超过3d

后产的仔猪向先产的窝里寄养时，要挑体重大的寄养；而先产的仔猪向后产的窝里寄养时，要挑体重小的寄养，以免体重相差较大，影响体重小的仔猪发育。

2. 寄养的仔猪一定要吃初乳

仔猪吃到初乳才容易成活，如因特殊原因仔猪没吃到生母的初乳时，可吃养母的初乳。养母猪必须是泌乳量高、性情温顺、哺乳性能强的母猪，只有这样的母猪才能哺育好多头仔猪。

3. 使被寄养仔猪与养母猪有相同气味

猪的嗅觉特别灵敏，母仔相认主要靠嗅觉来识别。多数母猪追咬别窝仔猪，不给哺乳。为了顺利寄养，可将被寄养的仔猪涂抹上养母猪奶或尿，也可将寄养仔猪和养母所生仔猪关在同一个仔猪箱内，经过一定时间后同时放到母猪身边，使母猪分不出被寄养仔猪的气味。另外，使用酒精或其他温和消毒剂同步喷洒，让母猪难以辨认，也可以达到相同目的。

（九）预防疾病

哺乳期仔猪抗病能力差，消化机能不完善，容易患病死亡。在哺乳期间，对仔猪危害最大的是腹泻病。仔猪腹泻病是一种总称，包括多种肠道传染病，常见的有仔猪红痢、仔猪黄痢、仔猪白痢和传染性胃肠炎等。

仔猪红痢病是因产气荚膜梭菌侵入仔猪小肠，引起小肠发炎造成的。本病多发生在生后3d以内的仔猪，最急性的症状不明显，突然不吃奶，精神沉郁，不见拉稀即死亡。病程稍长的，可见到不吃奶，精神沉郁，离群，四肢无力，站立不稳，先拉灰黄或灰绿色稀便，后拉红色糊状粪便，故称红痢。仔猪红痢发病快，病程短，死亡率高。

仔猪黄痢病，是由大肠杆菌引起的急性肠道传染病，多发生在生后3日龄左右，症状是仔猪突然拉稀，粪便稀薄如水，呈黄色或灰黄色，有气泡并带有腥臭味。本病发病快，死亡率随仔猪日龄的增长而降低。

仔猪白痢病，是仔猪腹泻病中最常见的疾病，是由大肠杆菌引起的胃肠炎，多发生在30日龄以内的仔猪，以生后10~20日龄发病最多，病情也较严重。主要症状是下痢，粪便呈乳白色、灰白色或淡黄白色，粥状或糨糊状，有腥臭味。诱发和加剧仔猪白痢病的因素也很多，如因母猪饲养管理不当，乳汁浓稀变化大，或者天气突然变冷、湿度加大，都会诱发白痢病发生。如果条件较好，医治及时，此病会很快痊愈，死亡率较低；反之则可造成仔猪脱水、瘦弱死亡。

仔猪传染性胃肠炎是由病毒引起，不限于仔猪，各种猪均易感染发病，只是仔猪死亡率高。症状主要表现粪便很稀，严重时呈喷射状，伴有呕吐，脱水死亡。

预防仔猪腹泻病的发生，是减少仔猪死亡、提高猪场经济效益的关键。预防措施如下：

1. 养好母猪

加强妊娠母猪和哺乳母猪的饲养管理，保证胎儿的正常生长发育，产出体重大、健康的仔猪，母猪产后有良好的泌乳性能。哺乳母猪饲料稳定，不吃发霉变质和有毒的饲料，保证乳汁质量。

2. 保持猪舍清洁卫生

产房最好采取全进全出，前批母猪、仔猪转走后，地面、栏杆、网床、空间要进行彻底清洗、严格消毒，消灭引起仔猪腹泻的病毒、病菌，特别是被污染的产房消毒更应严格，最好是经过取样检验后再进母猪产仔。妊娠母猪进产房时对体表要进行喷淋刷洗、消毒，临产前用0.1%高锰酸钾溶液擦洗乳房和外阴部，以减少母体对仔猪的污染。产房的地面和网床上不能有粪便存留，随时清扫。

3. 保持良好的环境

产房应保持适宜的温度、湿度，控制有害气体的含量，使仔猪生活舒服，体质健康，有较强的抗病能力，可防止或减少仔猪腹泻等疾病的发生。

4. 采用药物预防和治疗

对仔猪危害很大的黄痢病，目前，已有利用药物预防和治疗的措施。

（1）口服药物预防治疗

上海兽药厂生产的增效磺胺甲氧嗪注射液，5ml×10ml。仔猪生后在第一次吃初乳前口腔滴服0.5ml，以后每天2次，连续3d。如有发病猪继续投药，药量加倍。还有北京制药厂生产的硫酸庆大霉素注射液，每支10ml×2ml，80 000IU。仔猪生后第一次吃初乳前口腔滴服10 000万IU，以后每天2次，连服3d，如有猪发病，继续投药。

（2）利用疫苗进行预防

造成仔猪黄痢的大肠杆菌有一种类似毛鬃状的菌毛，当大肠杆菌进入仔猪肠道后，便利用菌毛吸附在肠黏膜上定居增殖，产生大量肠毒素，使仔猪脱水拉稀。预防的措施是，在母猪妊娠后期注射菌毛抗原K88、K99、K987P等菌苗，母猪产生抗体，这种抗体可以通过初乳或者乳汁供给仔猪。由于抗体能将大肠杆菌的菌毛中和，使其无法吸附在小肠壁上而被冲走，出现一过性拉稀，危害不大。但必须根据大肠杆菌的结构注射相对应的菌苗才会有效。当然也可注射多价苗。

同时，通过对母猪加强饲养管理及改善环境条件，还可有效地防止肺炎、脑炎等其他疾病的发生。

第二节 断奶仔猪生产技术

断奶仔猪是指仔猪从断奶至70日龄左右的仔猪。断奶对仔猪是一个很大的应激，饲料由液体变成固体饲料，生活环境由依靠母猪到独立生存，使仔猪精神上受到打击。如饲养管理不当，会引起仔猪烦躁不安，食欲不振，生长发育停滞，形成僵猪，甚至患病或死亡。因此，维持哺乳期内的生活环境和饲料条件，做好饲料、环境和管理制度的过渡，是养好断奶仔猪的关键。

一、断奶仔猪的生理消化特点

（一）仔猪消化系统发育未成熟，功能未完善

幼猪消化系统的发育和酶的产生与体重及胰重有关。猪消化器官在胚胎期虽已形成，但其结构和功能不完善，重量和容积均较小，消化机能尚不完善。以胃的重量为例，出生时重4～8g仅为体重的0.44%，可容纳乳汁25～50g，以后随年龄的增长迅速扩大，到20日龄时，胃重增长到35g左右，胃容积扩大3～4倍，60日龄时胃重达150g，容积扩大19～20倍。仔猪消化器官的生长保持到6～8月龄。

（二）仔猪消化酶的活性大多数随日龄增长而逐渐增加

出生仔猪乳糖酶的活性很高，分泌量在2～3周龄达高峰，以后渐降，4～5周龄降到最低，而蔗糖酶、果糖酶和麦芽糖酶的活性直到3～4周龄才能达到高峰。这表明，仔猪尤其是早期断奶仔猪，对非乳饲料碳水化合物利用率很差，蛋白质分解酶中，只有凝乳酶在出生时活性比较的高，其他蛋白酶活性很低，如胃蛋白酶，初生时活性仅为成年猪的1/4～1/3，8周龄后数量及活性急剧增加。胰蛋白酶分泌量在3～4周才迅速增加。蛋白质分解酶的这一现象，决定了早期断奶仔猪对饲料蛋白不能很好消化。初生仔猪胃酸分泌量低，且缺乏游离盐酸，一般在20d左右开始有少量的游离盐酸出现，以后随年龄增加而增加。

（三）免疫力差，对疾病抵抗力弱，死亡率高

断奶后会发生免疫反应，肠道损伤，肠绒毛缩短，隐窝增生，消化酶活性下降，肠道吸收功能降低，导致消化不良和腹泻，肠道正常菌群发生较大变化，从而为某些致病性大

肠杆菌的增殖、附着和产生毒素创造了良好环境。仔猪直到 3 周龄时才能自己产生大量的 IgA。研究证明，早期断奶仔猪可降低抗体合成能力，并抑制体内、体外的细胞免疫能力。仔猪在哺乳阶段依赖乳中大量抗体与肠道病原发生中和反应，从而预防疾病。断奶时母体抗体的供应停止，而自身的主动免疫系统并未完善，因而对疾病的抵抗能力显著降低。日粮抗原导致免疫高敏感性。Miller（1984）进行了一次很有意义的试验：仔猪在断奶前饲喂足够日粮后，断奶时仔猪免疫系统无过敏反应；断奶前喂少量日粮，断奶时仔猪免疫系统被激活，过敏反应损伤严重；断奶前不喂日粮，其免疫反应介于两者之间。在此阶段仔猪通常会受到环境、免疫和营养等应激源的作用，而造成仔猪生理、形态和免疫发生一系列变化。

（四）仔猪刚断奶时的主动采食量一般都很低，无规律，并且变化不定

仔猪断奶后的采食量同绒毛高度和隐窝深度呈正相关，这表明采食对胃肠道的成熟有促进作用。对仔猪来说，由吸吮母乳转为采食干饲料也是一个挑战。在集约化生产及早期断奶的压力下，这一转变可能具有创伤性，弱小的仔猪由产房进入哺育舍是猪场内整个生产过程中的“刹车”。这些仔猪生长缓慢，并且愈来愈落后于其兄弟姐妹。此外，它们还往往会携带或传播疾病。然而，还是有可能在断奶前以及在转喂干料的过程中采取措施来尽可能减少或扭转这种断奶之后发生的生长停滞，人们已采用了多种方法以便顺利完成这一转变，从而加速生长。Pulse 等发现，如果能缓解仔猪断奶后营养摄取障碍的应激，那么，就可防止绒毛萎缩和隐窝肥大。DePrez 采用同一种仔猪日粮以湿喂法和干喂法研究了仔猪的绒毛高度和隐窝深度，发现干喂的仔猪出现绒毛萎缩和隐窝肥大。而湿喂仔猪则没有出现这种情况。

二、断奶日龄及方法

（一）断奶日龄

猪的自然断奶发生在 8～12 周龄期间，此时母猪的产奶量降入低谷，而仔猪采食固体饲料的能力较强。因此，自然断奶对母猪和仔猪都没有太大的不良影响。传统管理都采用 8 周龄断奶，而现代商品猪生产，断奶时间大多提前到 21～35 日龄。早期断奶能够提高母猪的年产窝数和仔猪头数，从理论上推算断奶时间每提前 7d，母猪年产断奶仔猪数会增加 1 头左右。但是仔猪哺乳期越短，仔猪越不成熟，免疫系统越不发达，对营养和环境条件要求越苛刻。早期断奶的仔猪需要高度专业化的饲料和培育设施，也需要高水平的管理和高素质的饲养人员。仔猪早期断奶会增加饲养成本，并在一定程度上抵消了母猪增产的利润。另外，仔猪早期断奶如果早于 21d，母猪的断奶至受孕时间的间隔会拖长，下一次的受胎率和产仔数都会降低，给母猪生产力带来不良影响。最适宜的断奶日龄应该是每头仔猪生产成本最低，因猪场具体生产条件而异。一般生产条件下采用 21～35d 断奶比较合适，21d 后母猪子宫恢复已经结束，创造了最可靠的重新配种条件，有利于提高下胎繁殖成绩。若提早开食训练，仔猪也已能很好地采食饲料，有利于仔猪的生长发育。

（二）断奶方法

仔猪断奶可采取一次断奶、分批断奶和逐渐断奶的方法。

1. 一次断奶法

当仔猪达到预定断奶日龄时，将母猪隔出，仔猪留原圈饲养。此法由于断奶突然，易

因食物及环境突然改变而引起仔猪消化不良，又易使母猪乳房胀痛，烦躁不安，或发生乳房炎，对母猪和仔猪均不利。但方法简便，适宜工厂化养猪使用，并应注意对母猪和仔猪的护理，断奶前3d要减少母猪精料和青料量以减少乳汁分泌。

2. 分批断奶法

具体做法是在母猪断奶前数日先从窝中取走一部分个体大的仔猪，剩下的个体小的仔猪数日后再行断奶，以便仔猪获得更多的母乳，增加断奶体重。一般是在断奶前7d左右取走窝中的一半仔猪，留下的仔猪不得少于5～6头以维持对母猪的吮乳刺激，防止母猪在断奶前发情。

3. 逐渐断奶法

在断奶前4～6d开始控制哺乳次数，第1天让仔猪哺乳4～5次，以后逐渐减少哺乳次数，使母猪和仔猪都有一个适应过程，最后到断奶日期再把母猪隔离出去。逐渐断奶法对断奶仔猪体重的影响尚不清楚，但能够缩短母猪从断奶到发情的时间间隔（Matte等，1992）。

三、断奶仔猪的饲养

通常刚断奶的仔猪采食量会减少，这是由于断奶应激造成的。如果饲养管理得当，1周后即可正常进食。鉴于断奶仔猪的生理特点，断奶仔猪对饲料和饲养方式有着特殊要求。

断奶仔猪饲料要求适口性好，易消化，能量和蛋白质水平高；限制饲料中粗纤维的含量；补充必需的矿物质和维生素等营养物质。断奶仔猪日粮中添加酶制剂、有机酸和有益微生物，对断奶仔猪的生长发育有很多益处。早期断奶仔猪体内消化酶分泌不足，许多研究表明，在断奶仔猪日粮中添加酶制剂（尤其注意淀粉酶和蛋白酶的添加）可弥补内源酶之不足，提高了饲料利用率和日增重，减少因消化不良所造成腹泻的发生。日粮中添加有机酸（如乳酸、柠檬酸、乙酸等）可弥补胃内盐酸分泌不足的缺点，提高胃蛋白酶的活性，增强对饲料蛋白质的消化能力。另外，添加有机酸使胃内pH值降低，防止腹泻的发生。有益微生物添加剂能维持肠道菌群平衡，其所产生的有机酸可以杀死有害微生物或抑制有害微生物的生长。有益微生物可产生多种酶类和维生素，提高了饲料转化率，增强了机体的免疫力。

为使断奶仔猪尽快适应断奶后的饲料，减少断奶应激，应做好以下工作。

一是对哺乳仔猪提早开食；二是断奶前减少母乳供给（通过减少哺乳次数和减少母猪饲料喂量）；三是对仔猪断奶后实施饲料过渡和饲喂方式的过渡。所谓饲料过渡就是仔猪断奶后2周内仍饲喂哺乳仔猪饲料，并在饲料中添加适量微生态制剂、维生素和氨基酸，以减轻断奶应激；2周后则逐渐过渡到投喂断奶仔猪料。饲喂方式上，仔猪断奶后前几天最好用稀料或糊状饲料来饲喂，这与吸吮母乳有许多相似之处，仔猪喜欢采食，并且可减少干饲料对断奶仔猪胃肠道的损伤，待仔猪逐渐适应后再换为干饲料饲喂。应当注意的是断奶后5d内要控制仔猪饲喂量，以免胃肠道负担过重而导致仔猪消化不良，引起下痢。为使仔猪进食次数与哺乳期进食次数相似，可以少喂、勤喂，每天饲喂5～6次，一段时间后逐渐减少饲喂次数直至正常。

四、断奶仔猪的管理

1. 分群

仔猪断奶后1～2d很不安定，若将母猪转走，仔猪则不混群、不并窝，在原圈中进行培育，这样可有效减轻仔猪断奶造成的骚乱。分群时要按仔猪性别、体重大小、体质强弱、采食快慢等分群饲养，同群内体重差异以不超过2～3kg为宜。一般合群后1～2d内即可建立群居秩序；若群居秩序迟迟不能建立或有仔猪被咬伤，可考虑进行适当调整。按该方法分群后仔猪生长发育整齐，且易于管理。

2. 创造适宜的生活环境

断奶仔猪在30～40日龄时的适宜温度为21～22℃；41～60日龄时为21℃；61～90日龄为20℃。冬季可适当增加舍内仔猪头数，最好能根据当地的气候条件安装暖气、热风炉等取暖设备，以做好断奶仔猪的保温工作。酷暑季节则要做好防暑降温工作，主要方法有通风、喷雾、淋浴等。

冬季猪舍湿度过大，会使仔猪感到更加寒冷；夏季则更加炎热。湿度过大还为病原微生物孳生繁衍提供了温床，可引起仔猪患多种疾病。断奶仔猪舍适宜的相对湿度为65%～75%。

3. 保持良好的环境卫生

猪舍内含有氨气、硫化氢、二氧化碳等有害气体，对猪的危害具有长期性、连续性和累加性，使仔猪生长减缓，抗病力下降，还会引起呼吸系统、消化系统和神经系统疾病。因此，猪舍要定期打扫，及时清除粪尿，勤换垫草，保持垫草干燥，控制通风量，使舍内空气清新，为仔猪生长创造一个良好、清洁的环境条件。

4. "三角"定位的调教和管理

分群后仔猪采食、睡卧、饮水和排泄还没有形成固定位置，除设计好仔猪栏的合理分区外，还要加强调教训练，使仔猪形成理想的采食、睡卧和排泄的"三角"定位。训练的方法是：排泄区内的粪便暂时不清除或将少许粪便放到排泄区，诱使仔猪在指定地点排泄，其他区域的粪便随时清除干净。睡卧区的地势可稍微高些，并保持干燥，可铺一层垫草，使仔猪喜欢在此躺卧休息。

5. 供给充足的饮水

育仔栏内最好安装自动饮水器，保证仔猪可充足的饮水。仔猪采食干饲料后，渴感增加，需水较多，若供水不足则阻碍仔猪生长发育，还会因口渴而饮用尿液和脏水，从而引起胃肠道疾病。采用鸭嘴式饮水器时要注意控制其出水率，断奶仔猪要求的最低出水率为1.5L/min。

6. 减少断奶仔猪腹泻

腹泻通常发生在断奶后2周内，所造成的仔猪死亡率可达10%～20%。若发生腹泻，则死亡率在40%以上。腹泻是对早期断奶仔猪危害性最大的一种断奶后应激综合征（post weaning stress disease，PWSD）。引起仔猪断奶后腹泻的因素很多，一般可分为断奶后腹泻综合征（WDS）和非传染性腹泻（NID）。腹泻综合征多发生于仔猪断奶后7～10d，主要是由于仔猪消化不良导致腹泻之后，肠道中正常菌群失调，某些致病菌大量繁殖并产生毒素。毒素使仔猪肠道受损，进而引起消化机能紊乱，肠黏膜将大量的体液和电解质分泌到肠道内，从而导致腹泻综合征的发生。非传染性腹泻多在断奶后3～7d发生，这主要是断奶的各种应激因素造成的。若分娩舍内寒冷，仔猪抵抗力减弱，特别是弱小的仔猪腹泻发生率更高。传染性病原体引起的下痢病，如痢疾、副伤寒、传染性胃肠炎，特别是哺乳仔猪的大肠杆菌性痢疾，都有很高的死亡率，尤其表现在抵抗力弱的仔猪身上。

早期断奶仔猪腹泻还与体内电解质平衡有很大关系。饲料中电解质不平衡极易造成仔猪体内和肠道内电解质失衡，最终导致仔猪腹泻。因此，补液是减少因仔猪腹泻而导致死亡的一项有效措施。补液通过腹腔注射生理盐水或口服补液盐，以补充仔猪因腹泻而流失的电解质。

断奶后仔猪腹泻发生率很高，危害较大，病愈后仔猪往往生长发育不良，日增重明显下降，因而造成很大的经济损失。引发断奶应激的因素很多，诸如饲料中不易被消化的蛋白质比例过大或灰分含量过高、粗纤维水平过低或过高、日粮不平衡如氨基酸和维生素缺乏、日粮适口性不好、饲料粉尘大、发霉或生螨虫、鱼粉混有沙门氏菌或含盐量过高等。饲喂技术上，如开食过晚、断奶后采食饲料过多、突然更换饲料、仔猪采食母猪饲料、饲槽不洁净、槽内剩余饲料变质、水供给不足、只喂汤料及水温过低等因素都可能导致仔猪下痢。因此，消除这些应激因素，实现科学的饲养管理，就可减少断奶仔猪腹泻；如果腹泻不能及时控制，可诱发大肠杆菌的大量繁殖，使腹泻加剧。减少断奶仔猪腹泻发生的关键是减少仔猪断奶应激，保证饲料中电解质的平衡并保持饲喂和圈舍卫生。

7. 断奶仔猪的网床培育

（1）仔猪网床培育的优点

我国传统养猪的母猪产仔舍，多为前敞式或有窗封闭式，猪产房内既没有防寒，也没有限制母猪行为的设施，致使许多初生仔猪因环境条件恶劣、行动迟缓而被踩死、压死；又因仔猪受母猪粪水污染和母猪乳房肮脏、圈舍潮湿、寒冷而引起普遍下痢。利用网床培育哺乳和断奶仔猪有许多优点。

一是仔猪离开地面，减少冬季地面传导散热的损失，提高饲养温度。

二是由于粪尿、污水能随时通过漏缝网格漏到粪尿沟内，减少了仔猪接触污染源的机会，床面清洁卫生、干燥，能有效地遏制仔猪腹泻病的发生和传播。再加上哺乳母猪饲养在产仔架内，减少了压踩仔猪的机会。故可提高仔猪的成活率、生长速度、个体均匀度和饲料利用效率，为提高现代化养猪生产打下良好的基础。

（2）仔猪网床培育的设施

仔猪网床培育新技术的推广和应用，各种材料制成的网床相继出现，如中国农业科学院畜牧研究所研制了钢筋焊接网和农机所加工制作的钢筋编织网及有的规模化猪场自己生产的水泥条漏缝地板和竹竿捆扎漏网等。经试用，钢筋焊接网和钢筋编织网使用效果最好。中国农业科学院畜牧研究所研制的钢筋焊接网，是用直径 0.5mm 的钢筋焊接而成，间隙为 12cm，网床面积为 240cm × 165cm，可饲养 1.0 ~ 2.5kg 断奶仔猪 12 ~ 14 头，网床距地面 40cm。钢筋编织网是用直径 4.5 ~ 5mm 钢筋压成型后编织而成的，网眼面积为 12mm × 4mm。网床面积、饲养头数、离地距离与焊接网相似。每个培育栏内设一个金属自动采食箱和一个自动饮水器。断奶仔猪舍为有窗封闭式猪舍，可定期清粪，并装有换气扇。冬季窗户外加塑料薄膜保温，安装暖气保温。

复习思考题

1. 根据哺乳仔猪的生理特点和本地的具体条件，简述怎样养好哺乳仔猪？

2. 为什么说初乳是哺乳仔猪不可取代的食物？

3. 如何利用母猪泌乳特点和仔猪嗅觉灵敏的特性给仔猪固定奶头？

4. 结合现场实际列出防止仔猪断奶综合征的措施。

5. 在对现场调查的基础上，按仔猪生产环节的顺序，以工作重点、具体要求、欲达目的为竖向表头，列出仔猪生产环节的图解表。

第八章

生长肥育猪生产技术

肥育猪生产既是养猪生产终端环节，又是体现生产效益的重要阶段。其主要目的是以尽可能少的饲料和劳动投入，获得成本低、数量多、质量优的猪肉，增加养猪生产的经济效益。由于肥育猪的数量占整个养猪总数的50% ~60%，其消耗的饲料占各类猪总耗料量的75%左右。因此，养好肥育猪，对于节省饲料开支，减少饲养费用，加快栏舍周转，增加经济收入，具有十分重要的意义。

第一节　生长肥育猪的生长发育规律

一、肥育猪体重的增长速度

由于品种、营养和饲养环境的差异，不同猪的绝对生长和相对生长不尽相同。但其生长规律是一致的。

生长肥育猪的绝对生长以平均日增重来表示，日增重与生长时间的关系呈钟形曲线。生长肥育猪的生长速度先是增快，到达最大生长速度后降低，转折点发生在达到成年体重的40%左右，相当于肥育猪的适宜屠宰期。根据生产实践，杂交瘦肉型商品猪体重达90 ~100kg时生长速度最快（图8 -1）。

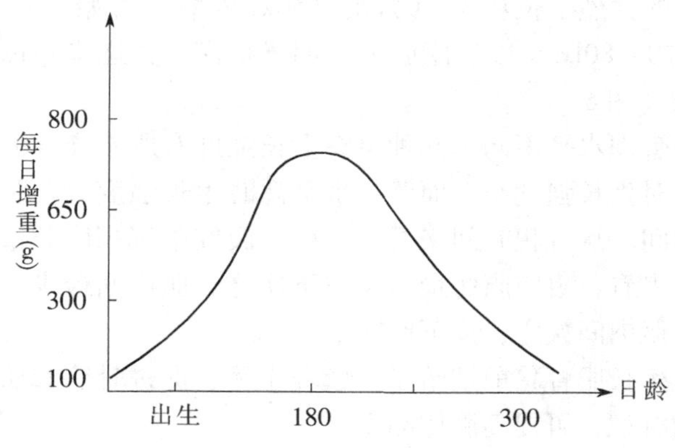

图8 -1　生长肥育猪的生长曲线

生长肥育猪的生长强度可用相对生长来表示。年龄（或体重）越小，生长强度越大，随着年龄（或体重）增长，相对生长速度逐渐减慢。

因此，在生长肥育猪生产中，要抓好猪在生长转折点（适宜屠宰体重）之前的饲养管理工作，尤其是利用好其在生长阶段较大的生长强度，以保证其最快生长，提早出栏，提高饲料转化效率。

我国规模化养猪生产中的肥育猪多数为二元或三元的瘦肉型品种杂交猪，少数为四元的杂交猪，在 70 ~ 180 日龄为生长速度最快的时期，也是肉猪体重增长最关键时期，肉猪体重的 75% 要在 110d 内完成，平均日增重需保持 700 ~ 750g。体重 25 ~ 60kg 阶段日增重应达到 600 ~ 700g，60 ~ 100kg 阶段应达到 800 ~ 900g。

二、肥育猪体组织的生长

俗话说：小猪长骨、中猪长皮、大猪长肉、肥猪长膘，瘦肉型猪种骨骼、皮、肌肉、脂肪的生长是有一定规律。随着年龄的增长，体组织的生长势是骨骼⟶皮⟶肌肉⟶脂肪，而地方原始猪种是骨胳⟶肌肉⟶皮⟶脂肪，脂肪是发育最晚的组织（图 8 – 2）。

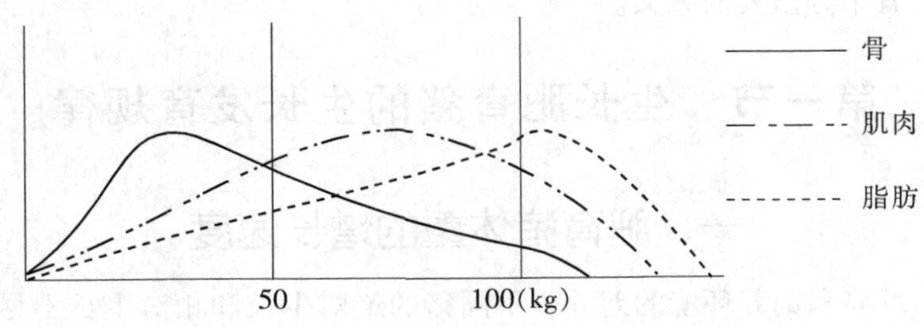

图 8 – 2　肉猪体组织的生长规律

随着年龄的增长，胴体中水分和灰分的含量明显减少，蛋白质仅有轻度下降，活重达到 50kg 以后，脂肪含量急剧上升。以大白猪为例，皮肤的增长强度较小，高峰出现在 1 月龄以前，以后就比较平稳；骨骼从出生后 2 ~ 3 月龄（活重 30 ~ 40kg）是强烈生长时期，强度大于皮肤；肌肉的强烈生长从 3 ~ 4 月龄（50kg 左右）开始，直至 100kg 才明显减弱；在 4 ~ 5 月龄（体重 70 ~ 80kg）以后脂肪增长明显提高，并逐步超过肌肉的增长强度，体内脂肪开始大量沉积（图 8 – 3）。

猪的品种、饲养管理水平不同，几种组织生长强度有所差异，但基本上表现出一致性的规律。营养水平低时生长强度小，而营养水平高时生长强度大。肥育猪体脂肪主要沉积在腹腔、皮下和肌肉间。从沉积时间来看，一般以腹腔中沉积脂肪最早，皮下次之，肌肉间最晚；从沉积数量来看，腹腔脂肪最多，皮下次之，肌肉间最少；从沉积的速度看，腹腔内脂肪沉积最快，肌肉间次之，皮下脂肪最慢。

利用这个规律，生长肥育猪前期给予高营养水平，促进骨胳和肌肉的快速发育，后期适当限饲减少脂肪的沉积，可提高胴体品质。

三、猪体化学成分的变化

随着肉猪年龄及增重的变化，猪体的化学成分也呈一定规律性的变化，即机体的水分、蛋白质和灰分相对含量下降，而脂肪相对含量则迅速增长（图 8 – 4）。

随着年龄和体重的增长，猪体的化学成分也呈一定规律的变化，即幼龄时猪体的水

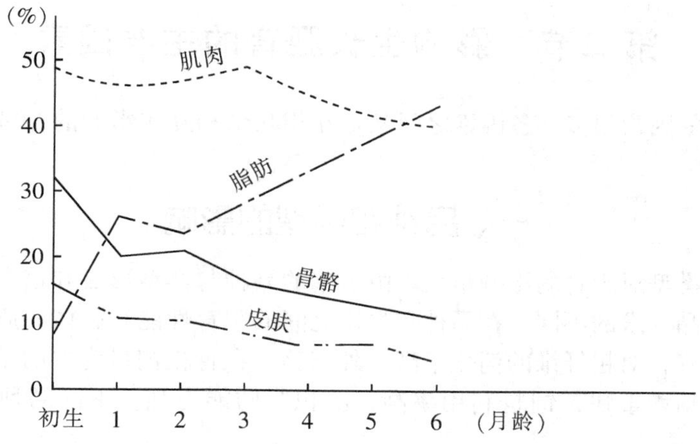

图 8－3 大白猪 6 个月龄骨骼、肌肉、脂肪、皮肤的增长次序

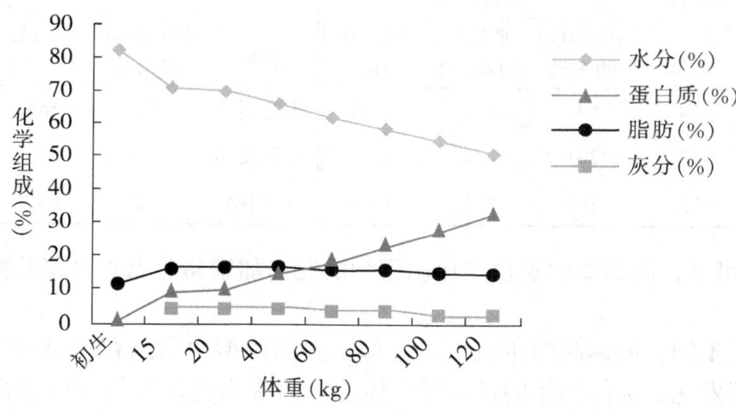

图 8－4 不同体重猪的化学成分

分、蛋白质、矿物质的相对含量较高，随年龄增长而逐步降低；幼龄时猪体的脂肪含量相对较低，以后则迅速增高，见表 8－1。生长肥育猪一生中，体内水和脂肪的含量变化最大，而蛋白质和矿物质的含量变化较小。从增重成分看，年龄越大，则增重部分所含水分愈少，含脂肪愈多。蛋白质和矿物质含量在胚胎期与生后最初几个月增长很快，以后随年龄增长而减速，其含量在体重 45kg（或 3～4 月龄）以后趋于稳定（表 8－3）。

水分和脂肪是变化较大的成分，而蛋白质和矿物质的比例变化不大。

猪体化学成分的变化规律，是制定商品瘦肉猪不同体重最佳营养水平和科学饲养技术的理论依据。掌握肉猪的生长发育规律后，就可以在其生长的不同阶段，控制营养水平，加速或抑制猪体某些部位和组织的生长发育，以改变猪的体型结构、生产性能和胴体品质，达到所需要的肥育效果。

第二节　影响生长肥育的主要因素

影响猪肥育的因素很多，各因素之间又是互相联系和互相影响的，猪肥育的主要影响因素如下。

一、品种和类型的影响

猪的品种和类型对肥育的影响很大。由于猪的品种与类型形成和培育条件的差异，以及人们对猪的产品要求的不同，在品种和类型之间的肥育性能和胴体品质也有差异。我国猪耐粗饲性能较好，对粗纤维的消化率高于外国猪。在青粗饲料为主的条件下肥育，我国地方猪种比外国猪增重快，饲料利用率高，沉积脂肪能力强。不同品种的肥育性能（表 8－1）。

表 8－1　不同品种的肥育效果

(1) 品种	肥育头数	肥育成绩			(2) 品种	肥育成绩		
		达 100kg 的天数	平均日增重(g)	饲料利用率		20～90kg 的天数	平均日增重（g）	饲料利用率
大白猪	24	199	631	4. 14	约克夏猪	127	558	3. 62
北高加索猪	23	201	628	4. 37	巴克夏猪	124	570	3. 52
长白猪	22	195	659	4. 05	长白猪	112	635	3. 50

从表 8－2 可见，腌肉型的长白猪比脂用型的北高加索猪和巴克夏猪品种的日增重和饲料利用率均高。

品种和类型不同，胴体品质也有差异。如早熟肉用型中白猪在活重 45. 45kg 时已长成满膘，后腿已很发达，为鲜肉用的适宜屠宰体重。而晚熟腌肉型的大白猪在同样体重时则仍在增加体长，后躯不发达，骨骼比重也大，而按腌肉型要求，中白猪体重达 90kg 时已发育过度，体躯深度过大，表现出过于肥胖，屠宰后不能制作头等腌肉，但大白猪在此体重时，体型以及肌肉同脂肪的比例均符合腌肉型的要求。我国的内江猪、荣昌猪和金华猪等不同品种在胴体的肉脂比例方面也有一定差异（表 8－2）。

表 8－2　不同品种的胴体肌肉与脂肪的比例

品种	阶段肥育 (75kg)	精料限量一贯肥育法 (90kg)	精料不限量一贯肥育法 (120kg)
内江猪	1∶0. 8	1∶0. 9	1∶1. 5
荣昌猪	1∶0. 6	1∶1. 0	1∶0. 9
金华猪	1∶0. 8	1∶1. 4	—

因此，为了达到提高肥育效果的目的，必须了解品种和类型的肥育性能，并采用相应的肥育措施。

二、经济杂交的影响

在猪的品种和品系间采用经济杂交，利用杂种优势，是提高肥育效果的有效措施之一。杂交后代生活力增强，生长发育加快，日增重高，缩短肥育期，并能提高饲料利用率，降低饲养成本。据统计，肥育猪增重速度和饲料利用率的杂交优势率平均为5%，而且变异幅度颇大。亲本间差异越大，对肥育效果影响也越大，优势率也较高。

杂交组合是影响肥育效果的主要因素。我国的大量试验和生产实践证明，以我国本地猪为母本，以国外引入品种猪或没有血缘关系的外地猪为父本杂交，其优势率高于国外品种杂交肥育效果，其增重速度优势率为10% ~20%，饲料利用率的优势率为5% ~10%。如北京市以内江猪与北京黑猪的正反交，日增重优势率分别为11.3%和9.7%，饲料利用率的优势率分别为9.12%和4.93%。据四川试验，长白猪×荣昌猪的正反交日增重的杂种优势率分别为25.5%和21.2%。

试验证明，三品种杂交比两品种杂交效果好。据山西农业大学用内江猪、巴克夏猪和本地猪三品种杂交研究证明，内×（巴×本）三元杂交肥育猪日增重比巴×本一代提高11.6%，其产仔数、初生重、断奶育成头数，断奶窝重的优势率分别达12.3%、28.4%、26.0%、30.1%。浙江省农业科学院试验，苏×（约×金）三元杂交仔猪断奶窝重比约金杂种仔猪提高34.1%，肥育期日增重提高11.9%。采用经济杂交还可以比本地猪缩短肥育期1 ~2 个月甚至3 个月以上。

三、性别的影响

猪去势后，新陈代谢及体内氧化作用和神经的兴奋性降低，性机能消失，异化过程减弱，同化过程加强，能有效地利用所吸收的营养生产肌肉和脂肪。公、母猪经去势后肥育，性情安静，食欲增进，增重速度提高，脂肪的沉积增强，肉的品质改善。试验证明，阉公猪的增重比未阉者高10%，阉母猪的脂肪比未阉者多7.6%，饲料利用率和屠宰率都较未阉者高。但阉公、母猪之间，日增重和脂肪产量等相差不大。

国外引入品种，因其性成熟较晚，小母猪发情对肥育影响较小，肥育时只阉公猪而不阉母猪。同时，未阉母猪较阉公猪肌肉发达，脂肪较少，可以获得较瘦的胴体。公猪含有雄性酮和间甲基氮茚等物质，肥育后肌肉一般有种特殊的腥臊气味，影响肉的品质。因而公猪进行阉割。近年来，随着肥育期的缩短，认为小公猪不经阉割肥育，在生长速度、饲料利用率和瘦肉率方面，都比阉公猪和小母猪为优，有利于降低成本，增加盈利。

四、仔猪初生重和断奶重的影响

在正常情况下，仔猪初生和断奶时体重的大小与肥育效果之间呈正相关。仔猪初生重越大，则生活力越强，体质健壮，生长迅速，断奶重也越大(表8 -3)。

表 8－3 仔猪初生重与 30 日、60 日龄体重的关系 (kg)

初生重	仔猪头数	30 日龄平均重	30 日龄平均增重	60 日龄平均重
0.75	10	4.00	3.25	10.20
0.75～0.90	25	4.67	3.85	11.20
0.90～1.05	40	5.08	4.10	12.85
1.05～1.20	46	5.32	4.19	13.00
1.20～1.35	50	5.66	4.38	14.00
1.35～1.50	36	6.17	4.74	15.55
1.50 以上	5	6.85	5.25	16.55

仔猪断奶体重与 4 月龄体重呈显著的正相关，而 4 月龄体重与后期增重也是呈显著的正相关。据 455 头匈牙利白猪断奶仔猪的试验表明，在群饲条件下，断奶重高的仔猪，平均日增重比断奶重中、低者水平分别高 9.2% 和 13.6%，达 120kg 体重的时间也提早 33d 和 35d，每千克增重少消耗饲料 12.9% 和 20.0%。说明断奶重大，肥育期增重快，饲料消耗少、肥育效果好。我国养猪谚称："初生差 1 两，断奶差 1 斤，肥猪差 10 斤"，从实践中总结出了它们之间的关系和规律。

哺乳期仔猪体重大者，不但增重快，而且在肥育期中死亡率低，体重小而弱的仔猪，在肥育期中易患疾病甚至死亡（表 8－4）。

表 8－4 仔猪 1 月龄体重与肥育效果的关系

1 月龄体重（kg）	仔猪头数	208 日龄体重（kg）	百分数（%）	肥育期间死亡率（%）
5.0 以下	967	73.4	100	12.2
5.1～7.5	1 396	83.6	114	1.8
7.6～8.0	312	89.2	122	0.5

肥育效果与仔猪初生重和断奶重的关系说明，要获得良好的肥育效果，必须重视猪的育种和饲养管理，特别要加强仔猪的培育，提高仔猪的初生重和断奶重，为提高肥育效果打下良好的基础。

五、营养和饲料的影响

（一）营养

1. 能量水平

营养水平对肥育效果影响极大，各种营养物质缺一不可，特别是能量供给水平与增重和肉质成分有密切关系，能量摄取越多，日增重越快，饲料利用率、屠宰率越高，胴体脂肪含量也越多。据 Andah（1970）试验，在20～90kg阶段分高低两个消化能水平，而蛋白质则全期一致，两组的氨基酸也相等。随日粮能量水平的提高，各阶段日增重也逐步提高，胴体也就越肥（表 8－5）。

表8－5　能量水平对生长速度及背膘的影响

消化能（MJ/kg）	14.60	13.20	11.70
日增重（g）	817.00	750.00	647.00
饲料/增重	2.57	2.44	2.90
平均背膘厚（mm）	26.09	18.90	17.36

能量水平能影响日增重，而肌肉、骨骼并不随能量水平的变化而变化。

2. 日粮的蛋白质和氨基酸水平

蛋白质对肥育亦有影响，由于蛋白质不仅与肥育猪生长肌肉有直接关系，而且蛋白质在机体中是酶、激素、抗体的主要成分，对维持新陈代谢，生命活动都有特殊功能。因此，蛋白质不足，不仅影响猪肌肉的生长，同时还影响肥育猪的增重（表8－6）。

表8－6　日粮粗蛋白水平对生产性能的响

粗蛋白质水平（%）	15.50	17.40	20.20	22.30	25.30	27.30
日增重（g）	651.00	721.00	723.00	733.00	699.00	689.00
饲料/增重	2.48	2.26	2.24	2.19	2.26	2.35
瘦肉率（%）	44.70	46.60	46.80	47.70	49.00	50.00
平均背膘厚（mm）	21.60	20.50	19.70	18.10	17.20	15.00

不仅蛋白质的数量对肥育有重要影响，蛋白质的品质对其也有重要影响。蛋白质对增重和胴体品质的影响，关键是必需氨基酸的配比。在低蛋白质水平下提高赖氨酸的含量其饲喂效果与高蛋白质组相同（表8－7）。

表8－7　日粮不同蛋白质水平和补加赖氨酸对肥育猪生产性能的影响

组别	对照组（13.9%）	高组（17.2%）	低组＋赖氨酸组（11.8%）
头数	9.0	9.0	9.0
饲养天数	60.0	60.0	60.0
日增重（g）	564.8	650.0	644.3
屠宰率（%）	73.4	73.6	73.4
背膘厚（mm）	42.0	44.0	42.0
瘦肉率（%）	47.0	46.7	49.7

猪需要10种必需氨基酸，日粮中任何一种必需氨基酸的缺乏，都会影响增重。赖氨酸是猪的第一限制性氨基酸，对猪的日增重，饲料转化率及胴体瘦肉率的提高具有重要作用。当赖氨酸占粗蛋白质6%～8%时，其蛋白质的生物学价值最高。因此，必须注意日粮中赖氨酸与粗蛋白质的配比。

（二）饲料

饲料是猪营养物质的直接来源，由于各种饲料所含的营养物质不同，因此，应由多种饲料配合才能组成营养完善的日粮。

饲料对胴体品质的影响很大，特别是对脂肪品质的影响，饲料中碳水化合物和脂肪，以及由蛋白质转换而来的脂肪酸，其中有一部分是以原有的形式直接转移到体脂肪中，因而使猪体脂具有和食入饲料的脂肪相似的性状。如多给大麦、小麦、甘薯等淀粉类饲料，由于体脂是由碳水化合物合成，含有大量饱和脂肪酸，因而具有白色、坚硬的性状。而米糠、玉米、豆饼、亚麻饼、鱼粉、蚕蛹等均由于本身脂肪含量较高，且多为不饱和脂肪酸组成，在肥育后期用以大量喂猪，不仅影响脂肪硬度，且易产生软的体脂，并影响肉的味道和色泽，如屠宰前 2 个月改用不饱和脂肪酸含量少的饲料，对防止软脂的形成有一定作用。

六、温度、湿度和光照对肥育的影响

（一）温度与湿度的影响

猪在肥育期中，需要适宜的温度（15～23℃），过冷或过热都会影响肥育效果，降低增重速度。

据试验，当气温高于 25～30℃时，肛温达 40℃，为增强散热，猪的呼吸频率每分钟高达 100 次以上，如气温继续上升，体温和呼吸频率便进一步升高。导致食欲下降，采食量显著减少，甚至中暑死亡（表 8－8）。

表 8－8　气温对增重的影响　（kg/d）

平均活重（kg）	气温℃（相对湿度 50%）							
	4	10	16	21	27	32	38	42
45	—	0.62	0.72	0.91	0.89	0.64	0.18	－0.60
70	0.58	0.67	0.79	0.98	0.83	0.52	－0.09	－1.18
90	0.54	0.71	0.87	1.01	0.76	0.40	－0.35	—
115	0.50	0.76	0.94	0.97	0.68	0.28	－0.62	—
135	0.46	0.80	1.02	0.93	0.62	0.16	－0.88	—
160	0.43	0.85	1.09	0.90	0.55	0.05	－1.15	—

在低温环境下，由于辐射、传导和对流散热量的增加，体热易于散失。为了保持正常体温，即需降低散热量，或增加产热量，满足对热能的需要。体重愈小的猪，对低温越敏感。如气温在 4℃以下，增重速度下降 50%，饲料消耗约相当于在最适气温时的 2 倍。在低温条件下，采取保温措施对肥育性能有良好的影响；在适宜的气温下，湿度大小对肥育猪的增重影响不大。高温下的高湿度造成的影响最大，若气温超过适宜温度，湿度从 30% 升高到 60%，肥育猪增重会显著降低，如温度适当，即使湿度从 45% 上升到 95% 时，对增重也无明显的妨碍。

综上所述，温度对肥育影响很大，过冷过热都不利于肥育。因此，应因地制宜地采取防寒防暑措施。

（二）圈养密度对肥育的影响

每圈养猪头数过多，圈养密度过大，使局部环境温度上升，气流降低，使猪的采食量减少，饲料利用率和日增重下降。据试验，每群 15 头生长肥育猪自由采食条件下，密度越高则猪的争斗次数越多，休息时间减少，猪群正常的次序无法建立从而影响猪只的健康、增重和饲料利用率（表 8－9、表 8－10）。

表 8-9　每头占圈面积对生产性能的影响

头数/圈	m^2/头	平均日增重（g）	相对值（%）	饲料利用率	相对值（%）
15	0.5	539	100	3.43	100
15	1.0	605	112.2	3.12	91.2
15	2.0	618	114.7	3.04	88.9

表 8-10　每圈头数对生产性能的影响

头数/圈	平均日增重（g）	相对值（%）	饲料利用率	相对值（%）
40	525	100	3.35	100
30	535	101.9	3.32	99.1
20	574	109.3	3.09	92.2
10	591	112.6	3.05	91.0

可见每圈猪的头数不宜过多，每头应有足够的面积，保持合理的饲养密度，创造适宜的肥育条件，尤其是机械化、工厂化养猪更需控制适宜的环境条件，达到理想的肥育效果。

第三节　提高肥育猪生产力的技术措施

一、保证猪群健康

（一）选择健康、整齐度高的断奶仔猪

某些慢性病，如猪喘气病和萎缩性鼻炎，虽然对哺乳仔猪和成年猪影响不太大，但却严重干扰生长期的肉猪。患猪虽无明显临床症状，死亡率亦不高，但会严重降低生长速度，使饲养期延长，增加饲料消耗（表 8-11）。

表 8-11　慢性病对肥育猪的影响

肥育指标	夏季		冬季	
	无喘气病	有喘气病	无喘气病	有喘气病
日增重（g）	586	504	540	418
饲料/增重	3.39	4.25	3.85	4.90

猪的慢性病常给肉猪生产带来巨大的经济损失，但因死亡率很低，常易被人们忽视。因此，选用仔猪时，应尽量选用未感染慢性病的仔猪，不得选用疫区及病情较重场家的仔猪。

在母猪窝产仔数相同的条件下，仔猪个体初生重之间越均匀越好。均匀度好的窝仔猪，断奶窝重也高，6 月龄全窝重也高，并可提高出栏率。现代化养猪生产中的肥育猪基本要求原窝群饲，减少不必要的应激。肥育猪从起始时个体大小比较均匀，有利于提高肥育猪的生产效率和猪舍的利用率。因此，要求把肥育猪生产和哺乳仔猪及育成猪的养育结合起来考虑，必须加强仔猪哺乳期及育成期的培育，提高转群体重和均匀性。

（二）保证最优的环境条件

现代肥育猪生产，猪舍内的小气候是主要的环境条件。猪舍的小气候包括舍内温度、湿度、气流、光照、声音和舍内 CO_2、NH_3、H_2S 以及尘埃、微生物等因素。

1. 肥育猪生产适宜的温度和湿度

现代肥育猪生产是在高密度环境条件下，猪舍的温度和湿度是肥育猪的主要环境，直接影响肥育猪的增重速度、饲料利用率和养猪生产的经济效益。

研究证明，11～45kg 活重的猪最适宜温度是 21℃，而 45～100kg 的猪需 18℃。在人工气候条件下，对活重 45～158kg 肥育猪生产的研究证明，猪舍温度由 22.8℃开始，随试验猪体重的增加，舍内温度逐渐下降到 10.3℃可获得最高日增重。

实践证明，获得最高日增重的适宜温度同样能获得最好的饲料转化率。群养肥育猪比单养肥育猪由于群居和辐射关系，失热减少，从而能适应较低的舍温，但低于 4.4℃时采食量增加，体力消耗也增多，直接影响到增重的效果。

当外界环境温度高于 30℃时，就应采取降温措施，打开纵向排风系统，喷洒凉水等。当舍内温度过低时应采取保温措施，在北方寒冷季节应将门窗封严，减少寒风入侵，适当增加垫草，开放式猪舍添加塑料暖棚均可使肥育猪舍保持在 11～18℃。

猪舍内温度对肥育猪增重的影响，是与湿度相关联的，获得最高日增重的适宜温度为 20℃，相对湿度 50%。在最适宜温度条件下，湿度大小对增重的影响较小。

2. 光照

目前，关于肥育猪舍光照标准化问题研究的较少，一般认为，光照对肥育猪的日增重与饲料转化率均无显著影响。一定的光照强度有利于提高猪的日增重，但过强的光照可使日增重降低，胴体较瘦；光照过弱能增加脂肪沉积，胴体较肥，关于饲养肥育猪的最适宜光照问题，至今还未取得共同的结论。

3. 合理的通风换气

现代化高密度饲养的肥育猪一年四季都需要通风换气，但是在冬季必须解决好通风换气与保温的矛盾，不能只注意保温而忽视通风换气。否则，会造成舍内空气卫生状况恶化，使肥育猪增重降低和增加饲料消耗。密闭式肥育猪舍要保持舍内温度 15～20℃、相对湿度 50%～75%。冬、春、秋季空气流速应为 0.2m/s，夏季为 1.0m/s。每头肥育猪换气量冬季为 $45m^3/h$，春秋季为 $55m^3/h$，夏季为 $120m^3/h$。

4. 其他因素对肥育猪的影响

在肥育猪高密度群养条件下，空气中的 CO_2、NH_3、H_2S、CH_4 等有害成分的增加，都会损害肥育猪的抵抗力，使肥育猪发生相应的疾患和容易感染疾病。

在设有漏缝地板的肥育猪舍里，由于换气不良，贮粪沟里的粪便发酵旺盛，空气中 CO_2 含量大大增加，NH_3 含量比通风良好的肥育猪舍最高标准高出一倍，虽然肥育猪生长强度未受到影响，但由于猪气管受到了刺激，而增加了呼吸道病的感染率。

肥育猪舍内空气中尘埃量的多少也是影响猪健康的因素之一。空气中尘埃含量会受到低质量的颗粒饲料、散撒饲料或干粉料的影响。当空气中的尘埃达到 $300mg/m^3$ 时，就会影响肥育猪的生长。

目前，对封闭式肥育猪舍空气中微生物的研究还很少。在肥育猪舍内潮湿、黑暗、气流滞缓的情况下，空气中微生物能迅速繁殖、生长和长期生存。微生物在舍内的分布是不均匀的，通道和猪床上空分布较多，它与生产活动有着密切关系，凡在生产过程中产生的水雾、尘埃较多时，则空气中微生物数量也增加。若保证肥育猪舍温度适宜、干燥和通风换气良好，病原微生物就得不到繁殖和生存的条件，呼吸道与消化道疾病的发生就可以控制在最低限度。

（三）合理去势、防疫和驱虫

1. 去势

我国猪种性成熟早，一般多在生后35日龄左右，体重5～7kg时进行去势。仔猪7日龄时已会吃料，体重小易保定，手术流血少恢复快，而且应激小。而国外瘦肉型猪性成熟晚，幼母猪一般不去势，但公猪因含有雄性激素，影响肉的品质，通常将公猪去势。

2. 防疫

肥育猪必须制定科学的免疫程序和按要求进行预防接种，做到头头接种，对漏防猪和新从外地引进的猪只，应及时进行补种。新引进的猪在隔离舍期间无论从前做过何种免疫注射，都应根据本场免疫程序进行接种。

在现代化养猪生产工艺流程中，仔猪在育成期前（70日龄以前）各种传染病疫苗均进行了接种，转入肥育猪舍后，应根据地方传染病流行情况，及时采血监测各种疫病的效价，到出栏前无需再进行接种。

3. 驱虫

驱虫是猪场综合防疫体系中提高猪体健康水平的又一重要措施。肥育猪的寄生虫主要有蛔虫、姜片吸虫、疥螨和虱子等体内外寄生虫。体内寄生虫排卵高峰期为4月、7月、11月份，仔猪为75日龄、135日龄。因此，最佳的驱虫方案为使用伊维菌素，剂量为0.3mg/kg。驱除蛔虫常用驱虫净（四咪唑），剂量为20mg/kg；丙硫苯咪唑，剂量为100mg/kg。仔猪于45日龄和105日龄分别进行。驱虫方法：拌入饲料，一次驱虫，两次给药，间隔7～10d。驱除疥螨和虱子常用敌百虫，剂量为0.1g/kg，溶于温水中，再拌和少量精料空腹时喂服。

服用驱虫药后，应注意观察，若出现副作用时要及时解救，驱虫后排出的虫体和粪便，要及时清除发酵，以防再度感染。

二、保证日粮营养水平

（一）日粮的能量水平

能量供给水平与增重和胴体品质有密切关系，一般来说，在日粮中蛋白质、必需氨基酸水平相同的情况下，肥育猪摄取能量越多，日增重越快，饲料利用率越高，背膘越厚，胴体脂肪含量也越多。但摄入能量超过一定水平后情况就会有变化。

试验表明，无论蛋白质水平高低，随日粮能量水平的提高，各阶段日增重也逐步提高，胴体脂肪含量也就越高。

在生长肥育猪饲养实践中，多采用不限量饲喂，由于生长肥育猪有自动调节采食而保持进食量稳定的能力，所以，在一定范围内，日粮能量浓度的高低对其生长速度和饲料转化率的影响较小。在不限量饲喂条件下，为兼顾生长肥育猪的增重速度、饲料转化率和胴体肥瘦度，日粮能量浓度以每千克日粮含消化能11.92～12.55MJ为宜。在肥育后期采用限量饲喂，限制能量水平，可控制脂肪的大量沉积，相应提高瘦肉比例。而粗纤维水平越高，能量浓度就相应越低，增重越慢，饲料利用率越低，对胴体品质来说，瘦肉率虽有提高，但总的经济效果不好。

（二）日粮的蛋白质和氨基酸水平

日粮蛋白质水平在一定范围内（9% ~18%），当日粮消化能和氨基酸都满足需要的条件下，随着蛋白质水平的提高，则肥育猪日增重随之增长，饲料转化率也增高，但超过18%时，日增重不再提高，反而有的会出现下降的趋势，但可改善肉质，提高瘦肉率。但必须注意，用过高的蛋白质水平来提高瘦肉率是不经济的。目前，一般按生长肥育猪不同阶段给予不同水平的蛋白质，体重 20 ~60kg 时瘦肉型肥育猪为 16% ~17%；60 ~100kg 为14% ~16%。在肥育猪日粮中，供给合理的蛋白质营养时，要注意各种氨基酸的供给量和合理配比，即保持一定的可消化能与可消化粗蛋白质的比例，即能朊比，活重 20 ~60kg 时能朊比为23∶1；活重 60 ~100kg 为 25∶1。

（三）日粮中的矿物质、维生素水平

肥育猪日粮中应添加适量的矿物质元素和维生素，以保证其充分生长。特别是矿物质中某些微量元素，当供应不足或过量时，会导致肥育猪物质代谢紊乱，轻者使肥育猪增重速度缓慢，饲料消耗增多，重者能引发疾病或死亡（表 8 –12）。

表 8 –12　常量元素、微量元素、维生素对肥育猪生长的影响

日粮组成	平均日增重（g）	饲料转化率
平衡的玉米—大豆型日粮	774	2.75
不添加微量元素	738	2.70
不添加维生素	680	2.95
不添加钙和磷	576	3.30

（四）日粮中粗纤维水平

肥育猪日粮中粗纤维含量的多少，会影响日增重和胴体瘦肉率。日粮中粗纤维含量有其最高界限，每超过 1%，就可降低有机物（或能量）消化率 2%，粗蛋白质 1.5%，从而使采食量减少，日增重降低和背膘变薄，胴体瘦肉率上升。

由于现代化养猪生产中的肥育猪要求较高的生长强度，日粮粗纤维含量是不能高的，我国地方猪对日粮粗纤维的消化率为 74.2%，巴克夏猪（肉脂型）为 54.9%，瘦肉型猪就耐受不了粗饲和低营养水平的日粮。肥育猪日粮中粗纤维含量 5% ~7% 为最佳。

在日粮消化能和粗蛋白质水平正常情况下，体重 20 ~35kg 阶段粗纤维含量为 5% ~6%，35 ~100kg 阶段为 7% ~8%，但绝不能超过 9%（表 8 –13）。

表 8 –13　不同纤维素水平对肥育猪生产性能与胴体品质的影响

组别	粗纤维水平			
	5%	10%	15%	20%
头数	10	9	10	8
饲养天数	91	90	90	90

（续表）

组别	粗纤维水平			
	5%	10%	15%	20%
日增重（g）	626.1	581.2	574.7	518.6
屠宰测定：				
头数	2	2	2	2
屠宰率（%）	75.9	73.4	73.5	73.7
背膘厚（mm）	43	42	38	38
瘦肉占胴体比例（%）	45.3	47.0	48.6	52.8

（五）水与肥育猪的营养

水是肥育猪机体的重要组成部分，肥育猪机体幼龄含水68%，出栏时含水53%，水对物质代谢有着特殊作用。肥育猪缺水或长期饮水不足，常使猪健康受到损害，当猪体内水分减少8%时，即会出现严重的干渴感觉，食欲丧失，消化物质作用减缓，并因黏膜的干燥而降低对传染病的抵抗力；水分减少10%时就会导致严重的代谢失调；水分减少20%以上时即可引起死亡。高温季节的缺水要比低温时更为严重。

三、采取科学的饲喂技术

在现代养猪生产中，以180日龄体重达到100kg或110kg为饲养目标，同时能获得最优的胴体及经济效益。生长肥育猪的肥育方法有“吊架子”和“一条龙”两种方法。

“吊架子”法也叫做“阶段肥育法”，是在我国农村经济还不发达地区，营养水平较低和饲料条件差的条件下采用的一种肥育方法。

“一条龙”肥育法也称做“一贯肥育法”或“直线肥育法”。采用这种肥育方法是根据肥育猪生长发育规律将肥育猪饲养期分成两个阶段，即前期20～60kg，后期60～100kg；或分成三阶段，即前期20～35kg，中期35～60kg，后期60～100kg。根据肥育猪对营养需求特点，始终用较高的营养水平饲喂，可达到增重速度快，缩短饲养期，提高肥育猪等级、出栏率和经济效益的目的。但在后期考虑到胴体品质，防止脂肪过度沉积和提高胴体瘦肉率可采用限量饲喂或降低日粮能量浓度的方法。

（一）饲喂方法

饲喂方法分自由采食与限量饲喂两种。试验表明，前者日增重高，背膘较厚，后者饲料转化率高，背膘较薄。对三元杂交商品肥育猪多采用自由采食，可获得较高的日增重和出栏率。但后期胴体脂肪含量会很高。如果生长肥育猪采用前期自由采食，后期限制（能量）饲喂，则全期日增重高，胴体脂肪也不会沉积太多，达到较好的肥育效果。

目前，在瘦肉猪的饲养技术中，按肥育猪前、后期施行自由采食和限量饲喂，已得到全世界的公认。一般以限制自由采食的20%～25%为好(表8－14)。

表 8－14 限量饲喂对生长速度与胴体品质的影响

限量数量	平均背膘厚（cm）	眼肌面积（cm^2）	瘦肉率（%）	日增重（g）（60～90kg 阶段）
100%基础日粮	4.16	16.63	39.95	1 009 ±4.23
75%基础日粮	4.02	18.04	41.51	721 ±67.3
65%基础日粮	3.95	18.39	43.03	669.2

（二）饲喂次数

限量饲喂时应注意饲喂次数。按饲料形态，日粮中营养物质的浓度，以及生长肥育猪的年龄和体重而决定每日的饲喂次数。日粮的营养物质浓度较低，容积大，可适当增加饲喂次数；相反则可适当减少饲喂次数。在小猪阶段，日喂次数可适当增加，以后逐渐减少。

（三）饲料调制

饲料调制原则是缩小饲料体积便于采食，增强适口性，提高饲料转化率。集约化养猪很少利用青绿多汁饲料，青绿饲料容积大，营养浓度低，不利于生长肥育猪的快速增重。就全价配合饲料的加工调制而言，分为颗粒料、干粉料和湿拌料 3 种饲料形态。

湿拌料：是一种常用的饲料形态，料与水比例为 1：（0.5～1.0）。试验证明，湿拌料的适口性好，猪的采食量大，采食时间短，扬尘及料的损失均少。其干物质、有机物、粗蛋白质和无氮浸出物的消化率均比干粉料高，氮在体内的存留率也高。但不适合机械化饲喂。

干粉料：将饲料粉碎后根据营养成分按比例配合调制后，呈干粉状饲喂。喂干粉料日增重和饲料利用率均比喂稀粥料好，特别是在自由采食自动饮水条件下，可大大提高劳动生产率和圈栏的利用率。饲喂干粉料时，饲料的粉碎细度：30kg 以下的小肥育猪，颗粒直径在 0.5～1.0mm 为宜，30kg 以上，颗粒直径以 2～3mm 为宜。过细的粉料易黏于舌上较难咽下，影响采食量，同时，粉尘飞扬易引起肺部疾病。

颗粒饲料：将配合好的全价饲料制作成颗粒状饲喂，便于投食，损耗少，不易发霉，并能提高营养物质的消化率。目前，我国规模化猪场已广泛利用颗粒饲料。颗粒饲料在增重速度和饲料利用率都比干粉料好（表 8－15）。

表 8－15 饲喂不同形态饲料对猪增重和饲料利用率的影响

饲料形态	体重达 90kg 时的日龄（d）	平均日增重（g）	饲料利用率
颗粒饲料	187	628	3.5
干粉饲料	194	582	3.6
稠状饲料（料水比 1:2.5）	220	496	3.9

四、控制圈养密度及群体数量

随着圈养密度或猪群头数的增加，平均日增重和饲料转化率均下降，群体越大生产性能表现越差。研究表明，15～60kg 的生长肥育猪每头所需面积为 0.6～1.0m^2，60kg 以上的肥育猪每头所需面积为 1.0～1.2m^2，每圈头数以 10～20 头为宜。但因不同环境条件和饲养方式不同，在气温低的北方可适当增加饲养密度；而在炎热的南方，由于气温较高，湿度大，则应适当降低饲养密度。

目前，养猪场采取从出生到出栏原窝饲养生长肥育猪是最好措施。因为原窝猪之间从哺乳期就建立了稳定的位次关系，而且一直保持不变。符合生长肥育猪的群居行为，并有利于生长肥育猪的生长。

第四节 绿色有机肉猪生产技术

近20年来我国畜牧业的快速发展，满足了人们对畜产品的需求。但是由于工业废弃物的大量排放和农药的大量使用，转基因技术的应用，农产品质量安全问题越来越引起消费者的关注。兽药残留和其他有毒有害物质超标造成餐桌污染和中毒事件时有发生。农产品质量安全问题不仅影响到人们的身体健康和生命，而且还影响到国家的农产品市场秩序和进出口贸易。从1990~2004年，活猪出口量从300万头下降到197万头，下降了34.33%；销售额从27 090万美元下降到23 965万美元，下降了11.54%。自1990年以来，活猪、鲜冻猪肉出口，占当年肉猪出栏头数和猪肉产量的比例不足1%。

中国是世界上最大的猪肉生产国和消费国，猪肉的质量安全尤为重要。绿色有机肉猪的生产是中国养猪业新的发展方向。

一、绿色有机肉猪的概念

在学习绿色有机肉猪的定义之前，首先应明确以下几个概念。

1. 无公害农产品

按照《无公害农产品管理办法》（2002）的规定，无公害农产品是指产地环境、生产过程、产品质量符合国家有关标准和规范的要求，经认证合格获得认证证书并允许使用无公害农产品标志的未经加工或初加工的食用农产品。

无公害农产品是大众消费的、质量较好的安全食品。在我国，它需经中国农产品质量安全中心或省级分中心认证，允许使用无公害农产品标志。是未来我国农业和食品加工业的主流。

2. 绿色食品

“绿色食品”是指遵循可持续发展原则，按照特定生产方式生产，经专门机构认定许可使用绿色食品标志的、无污染、安全、优质的营养类食品。

绿色食品必须同时具备以下条件：①产品或产品原料产地必须符合绿色食品生态环境质量标准；②农作物种植、畜禽饲养、水产养殖及食品加工必须符合绿色食品的生产操作规程；③产品必须符合绿色食品质量和卫生标准；④产品外包装必须符合国家食品标签通用标准，符合绿色食品特定的包装、装潢和标签规定。

绿色食品分为A级绿色食品和AA级绿色食品。A级为初级标准，生产A级绿色食品所用的农产品，在生长过程中允许限时、限量、限品种使用安全性较高的化肥、农药。AA级为高级绿色食品，生产AA级标准绿色食品的原料在生产以及加工过程中不使用农药、化肥及生长激素等。通常所说的绿色食品一般是指A级绿色食品。AA级绿色食品等同于有机食品。

3. 有机食品

有机食品是指来自于有机农业生产体系，根据国际有机农业要求和相应的标准生产、加工，并通过独立的有机食品认证机构认证的一切农产品，包括粮食、蔬菜、水果、奶制品、禽畜产品、蜂蜜、水产品、调料等。

有机食品必须符合以下条件：①符合国家食品卫生标准和有机食品技术规范的要求；②在原料生产和产品加工过程中不使用农药、化肥、生长激素、化学添加剂、化学色素和防腐剂等化学物质及基因工程技术；③通过有机食品认证机构认证并使用有机食品标志。

有机食品是最高级的安全食品，是一类真正无污染、纯天然、高品位、高质量的健康食品。

4. 无公害农产品、绿色食品和有机食品三者之间的关系

无公害农产品、绿色食品、有机食品都是经质量认证的安全食品。无公害农产品是绿色食品和有机食品发展的基础，绿色食品和有机食品是在无公害农产品基础上的进一步提高。无公害农产品、绿色食品、有机食品都注重生产过程的管理。无公害农产品和绿色食品侧重对影响产品质量因素的控制，有机食品侧重对影响环境质量因素的控制。三者在目标定位、质量水平、运作方式和认证方法等方面存在差异。

5. 安全食品

安全食品是指生产者所生产的产品符合消费者对食品安全的需要，并经权威部门认定，在合理食用方式和正常食用量的情况下不会导致对健康损害的食品。我国的安全食品包括无公害农产品、绿色食品、有机食品和部分常规食品（图 8－5）。

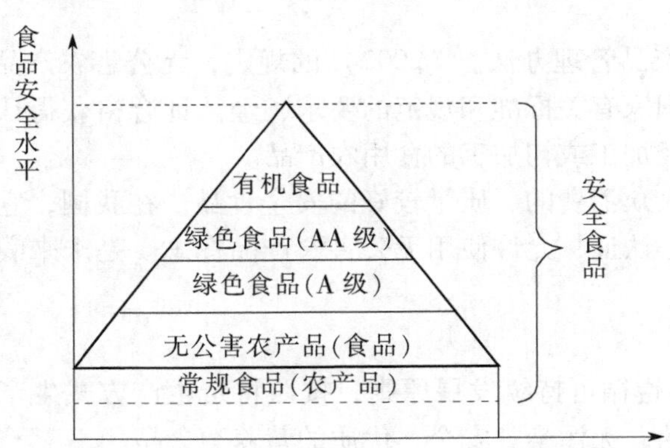

图 8－5　无公害农产品、绿色食品、有机食品和部分常规食品之间的关系

6. 无公害猪肉、绿色猪肉、有机猪肉

结合前面无公害农产品、绿色食品、有机农产品的概念，对无公害猪肉、绿色猪肉、有机猪肉作如下界定。

（1）无公害猪肉

无公害猪肉是经无公害农产品认证合格并获认证证书的猪肉。

无公害猪肉的行业标准为：感光指标，猪肉色泽（红色、有光泽、无淤血、脂肪乳白色）；组织状态（坚韧、有弹性、指压后凹陷立即恢复）；黏度（外表微干或微湿润、不黏手）；气味（有鲜猪肉正常气味、无异味）；煮沸后肉汤（澄清透明、脂肪团聚于表面）；

肉眼见不到杂质。理化、微生物指标见表 8－16。

表 8－16　无公害猪肉的理化、微生物指标

项　目	指　标	项目	指标
挥发性盐氮	≤15	β－兴奋剂	0
汞（以 Hg 计）	≤0.05	金霉素	≤0.1
铅（以 Pb 计）	≤0.5	土霉素	≤0.1
砷（以 As 计）	≤0.5	磺胺类	≤0.1
镉（以 Cd 计）	≤0.1	氯霉素	0
铬（以 Cr 计）	≤1.0	伊维菌素	≤0.02
解冻失水率（%）	≤8.0	大肠杆菌群 MPN/g	$\leq 5\times10^{6}$
六六六（以脂肪计）	≤4.0	菌落总数 CFU/g	$\leq 1\times10^{4}$
滴滴涕（以脂肪计）	≤2.0	沙门氏菌	0
敌敌畏	0		

（2）绿色猪肉

绿色猪肉是经绿色食品认证合格并获认证证书的猪肉。

（3）有机猪肉

有机猪肉就是指在猪的生产过程中不使用农药、化肥、生长激素、化学添加剂、化学色素和防腐剂等有可能损害或威胁人体健康的有毒、有害物质或因素，符合国家食品卫生标准和有机食品技术、规范要求，经国家有机食品认证机构认证、许可使用有机食品标志的猪肉。

二、绿色有机肉猪生产措施

（一）严格选择和引进猪种

在有机猪的饲养过程中，不能添加抗生素等药物来预防猪病的发生。因此，对种猪的选择，除包括繁殖性能好、生长速度快、瘦肉率高外，还要求种猪的适应性强、健康状况良好和抗病力强等。不能从受到产品污染的种猪场引种。种猪最好来自有机种猪场或 SPF 猪场。如确需引进常规种猪时，一定要有一个月的转换期。引入后必须按照有机方式饲养。对场内种猪除按照有机食品要求饲养外，要制定有效的应激敏感基因的消除方案和杂交模式，控制和淘汰氟烷基因以改善肉质。

（二）使用无公害饲料

生产无公害饲料，原则上必须建立绿色饲料原料基地，长期稳定地保证原料的质量。筛选优化饲料配方，保证营养需要；应用理想蛋白模式，添加必需的限制性氨基酸；对原料进行膨化处理，提高利用率；精确加工，生产优质的颗粒饲料；广泛筛选有促生长和提高成活率又无毒副作用的生物活性物质生产核心料添加剂；应用多种酶制剂，提高饲料利用率，同时也减少排泄污染。

在生产过程中，精选原料、科学配方、规范饲料加工与饲喂过程是解决猪肉产品无公

害和降低养猪生产对环境污染的重要手段。

1. 原料选择

所使用的饲料和饲料添加剂必须符合《饲料标签标准》《饲料卫生标准》、各种饲料质量标准及《饲料药物添加剂使用规范》等，制药工业副产品不应作为生猪饲料原料。

2. 饲料添加剂的选择

饲料配方设计应尽量使用“绿色”无公害的饲料添加剂进行营养调控，减少动物体内及排泄物中的药物残留。所用的饲料添加剂应是《饲料添加剂品种目录》中允许使用的品种。进口饲料和饲料添加剂要有产品登记证。使用的药物添加剂应执行《药物饲料添加剂使用规范》。不能以任何形式使用人工合成的生长促进剂（如激素、微量元素等），不能用合成的开胃剂、防腐剂和合成的色素，不能用纯氨基酸和基因工程生物或其产品。可以选用一些酶制剂、寡聚糖、酸制剂、糖萜素和中草药等作为饲料添加剂来提高日增重和饲料利用率，增强机体的抗病力和免疫功能。其他矿物质和维生素添加剂应尽可能按照 OFDC（国际有机产品认证中心）有机认证标准规定选用天然物质。可以用微生态制剂替代抗生素，以减少抗生素的残留；利用有机态生物复合微量矿物元素替代无机微量矿物元素；利用酶制剂补充内源性酶的不足，改善消化机能，提高养分利用率，减少排泄物中氮、磷的排泄量。允许在猪场使用的饲料添加物见表 8－17。

表 8－17　允许在猪场使用的饲料添加物

物质名称	使用条件	物质名称	使用条件
贝壳粉		海草	
石灰石		白云石	
泥灰石		发芽的粮食	
硒	根据推荐剂量注射或口服	酵母	
鱼肝油		糖蜜	
乳清		酶	
甜菜浆		海盐	
面粉		糖	

3. 加强饲料的品控管理

做好卫生工作，定期打扫饲料加工设备、仓库等。原料入库时要做好原料标签（包括品名、进货数量、来源、时间等），并按规定堆放。使用时应严格执行先进先出的原则。改进加工工艺，避免营养物质或添加剂的损失，防止加工过程中生物、化学、物理等因素对饲料的污染。

（三）建立完善的兽医卫生监督体系

建立无公害兽医卫生监督体系，采用先进的疫病监测和控制措施，建立完善的疫病防制体系。降低和清除重大传染病的影响，在实际生产中贯彻预防为主的原则，认真做好卫生防疫、定期消毒和进行疫苗免疫。对于发病的猪群，执行“绿色”治疗方案，使用《绿色食品兽药使用准则》中允许使用的 11 种抗生素治疗，兽药和疫苗都来源于已获 GMP 认证的厂家。在生产中要尽量提高猪群健康水平，减少猪场预防及治疗用药，使猪肉药物残留达到标准。

要做好猪场废弃物的处理，猪群采用全进全出制，采用封闭式管理，对畜舍进行熏蒸消毒等，最大限度地减少猪场疾病的发生，达到减少用药，生产安全猪肉的目的。

在猪的疾病治疗上，应采取隔离治疗，根据不同的情况进行分类处理，如确需对病猪使用常规兽药，一定要经过该药的降解期、半衰期的两倍时间之后才能出栏。

对猪舍进行消毒时，应选用 OFDC 允许的清洁剂或消毒剂（表 8－18）。

表 8－18　允许在猪场使用的清洁剂和消毒剂

物质名称	物质名称	物质名称	物质名称
软皂	氢氧化钠	次氯酸钠	高锰酸钾
柠檬酸	乙酸	过氧乙酸	酒精
水和蒸汽	氢氧化钾	蚁酸	甲醛
石灰水	过氧化氢	乳酸	碘酒
生石灰	天然植物香精	草酸	碳酸钠

（四）加强生猪屠宰及产品加工、包装、贮运等过程的管理

生猪屠宰、加工过程及屠宰后的预冷、冷冻、冷藏、贮藏、新鲜猪肉的运输条件等必须符合《家畜屠宰、加工企业兽医卫生规范》及《农产品安全质量、绿色有机畜禽肉安全要求》。运输活猪和猪肉产品必须有检疫证明，运输工具必须在运输前严格消毒。畜禽加工和经营场所的选址、设计和建造必须符合规定的卫生条件，并经县级以上畜牧主管部门批准方可开工建设。对不符合卫生条件的加工经营场所，必须按照标准化生产所要求的标准和技术规范进行改造。积极引导畜产品加工企业向产品“包装规格化、质量等级化、重量标准化、生产市场化”转型。

（五）建立无公害猪肉生产的管理体系

无公害畜产品的生产应该是一项宏观的系统工程。生产中的每一个环节都必须是标准化的安全生产。因此，必须制定一套完整的标准化安全生产体系，贯穿于饲料生产、养猪生产、食品加工、贮运及销售的所有过程，实现绿色有机猪肉生产全过程的有效监控。

绿色有机猪肉只解决了猪肉中有毒、有害物质的残留问题，保证了食品安全，让消费者吃上了放心肉，但没有改善猪肉的肌肉品质。目前，我国猪的选育方向主要集中在瘦肉率、料重比、生长速度等方面，而忽视了猪肉的肌内脂肪含量、嫩度与口感等方面的选育。今后“优质猪肉工程”将成为养猪生产者及科研人员面临的新课题。

三、绿色有机肉猪生产技术

虽然近几十年来我国一些地区的化肥和农药用量较大，但与一些发达国家相比受工业污染程度比较低。因此，便于转化并且转化成本也较低，这无形中增加了我国有机产品在国际上的竞争力。

有机猪生产的关键是在其生产过程中禁止使用农药、化肥、激素、转基因等人工合成物质，在生产加工和消费过程中更强调环境的安全性，突出人类、自然与社会的持续和协调发展。因此，在生产有机猪的过程中，必须把握好饲料、种猪、环境、疾病和管理等每一个环节。

（一）养猪环境要求

1. 场址选择

猪场选址应距公路300～500m、水源充足、水质洁净的地方。猪舍一定要远离居民区，并建立生物安全体系，如在猪场周围种植5～10m宽的落叶防风林和草坪绿化带，在不用空气清新剂和消毒剂的情况下达到空气质量要求。

2. 猪舍环境

建造猪舍时避免使用对猪明显有害的建筑材料和设备。猪栏要有运动场，让猪有一定的户外活动时间，要注意饲养密度，保育阶段猪保持0.25m^2/头，60kg阶段保持0.5m^2/头，90kg阶段保持0.85m^2/头的饲养密度。

猪舍要保持干燥、清洁、通风，温度、湿度适宜。夏季可采用喷淋降温、湿帘风机降温系统降温、一般机械通风降温等措施；冬季可采用红外线灯、电热板保温箱和热风炉升温等措施。

猪舍内保持一定的空气流通，自然光照时间短的季节可用人工照明来延长光照时间，每日保持14～16h，50～100lx的光照。

3. 良好的粪污处理系统

猪场应根据投资节省、操作简便、运行有效、综合利用的原则建立粪污处理系统，使猪场具备良好的生态环境。粪污处理可结合畜禽水产养殖、蔬菜林果种植、沼气利用等进行综合考虑。

（二）选择优良品种

现代养猪生产者大多追求瘦肉率高的品种（品系）。但瘦肉率高通常PSE肉发生率也较高。而影响肉质的主效基因则是氟烷敏感基因。因此，要改善肉质，必须加大控制和淘汰这一有害基因的育种选种措施，制定有效的应激敏感基因的消除方案和杂交模式，选择抗应激的品种。

（三）合理地进行营养调控

根据不同种类、不同生长阶段猪的营养需求，参照国内外饲养标准，结合生产绿色猪肉的实际需要以及本地饲料资源状况，利用计算机技术，配制科学合理、营养平衡的全价日粮，满足其营养需要。无公害肉猪的饲养标准见表8－19。

表8－19 无公害肉猪的饲养标准

肉猪类别	瘦肉型猪			三元杂交猪		
饲养阶段（kg）	20～40	40～70	70～110	20～40	40～70	70～100
消化能（MJ/kg）	13.80	13.39	12.97	13.39	12.79	11.72
粗蛋白（%）	16	15	14	16	15	14
赖氨酸（%）	0.85	0.75	0.60	0.80	0.70	0.55
蛋氨酸+胱氨酸(%)	0.46	0.41	0.32	0.43	0.38	0.13
色氨酸（%）	0.13	0.11	0.09	0.12	0.11	0.08
苏氨酸（%）	0.51	0.45	0.36	0.48	0.42	0.33
钙（%）	0.80	0.70	0.65	0.70	0.60	0.50
磷（%）	0.60	0.50	0.45	0.50	0.40	0.30

1. 控制日粮蛋白质水平

适当添加合成氨基酸，降低基础日粮中粗蛋白水平。乳猪、仔猪、生长猪和肥育猪日粮中 CP 可分别控制在 20%、18%、16%、14% 的水平。避免蛋白质浪费和粪氮、尿氮含量过高，降低猪舍氨气浓度，减少环境污染。

2. 限制矿物质元素的添加量

很多猪场为追求生长速度和饲料报酬盲目使用高铜、高锌及砷制剂，使猪肉组织中铜、锌、砷的含量升高，使粪便中铜、锌、砷的排放量增大，造成环境污染。为了生产绿色猪肉，应考虑降低上述元素的添加量。或者采用有机铜、锌等螯合物，如用赖氨酸铜、蛋氨酸锌取代无机铜、锌制剂，达到高效、安全生产的目的。

3. 合理使用抗生素

抗生素的长期使用会导致出现下列问题：①使细菌产生耐药性；②使猪免疫力下降；③引起畜禽内源性二重感染；④在畜产品和环境中造成残留。因此，养猪生产者必须慎用抗生素。在确需使用时，也应严格遵循我国《允许作饲料添加剂的兽药品种及使用规定》，剂量要适当，并要严格执行停药期的规定。

4. 杜绝使用违禁药品

猪场应坚决杜绝使用激素类药物，如瘦肉精、镇静剂等。这些药品会在猪肉及内脏中大量残留，危及人体健康甚至生命安全。

5. 积极使用绿色添加剂

（1）益生素

日粮中添加量为 0.5% ~1.0%，可改善肠道微生态环境，抑制有害微生物的繁殖，提高日增重和饲料利用率。

（2）酶制剂

日粮中添加量为 0.1% ~0.2%。其功效是：①补充内源性消化酶的不足；②消除或降解日粮中抗营养因子；③催化植酸及植酸盐水解为肌醇与磷酸，提高磷的利用率，减少粪磷对环境的污染。

（3）酸制剂

日粮常用量为 0.5% ~1.5%。主要功能是降低仔猪肠道 pH 值，抑制病原菌生长，从而减少腹泻发生率，提高饲料转化率。

（4）寡聚糖

常用量为 0.2% ~1.0%。主要功能是有选择性地刺激肠道有益菌的增殖，增强动物的免疫功能。

（5）中草药添加剂

根据不同品种的制剂其常用量亦不相同，一般日粮添加 0.15% ~0.30%。主要功能是：①广谱抗菌、抗病毒作用；②调节机体功能平衡，增强免疫机能；③抗应激作用；④调味作用。通过上述功能的整合提高机体抗病力、促进动物生长、提高饲料转化率。其最大的优点是无残留、无三致（致癌、致残、致畸）、无抗药性、无污染。

（6）糖萜素

日粮用量为 300 ~500g/t，为纯天然植物提取物，主要成分为三萜皂苷类及糖类混合物。其功能是提高动物机体神经内分泌免疫功能，具有清除自由基和抗氧化作用、抗应激作用。

(7) 大蒜素

常用量为200~250g/t。主要功能是：抑菌、杀菌、解毒、调味健胃、保健促生长。

(8) 维生素E，维生素C

饲料中添加维生素E 40~60g/t，可减少脂质氧化，提高肌肉系水力；添加维生素C 250g/t，能增加抗应激功能，并提高维生素E的抗氧化活性，减少PSE肉，从而明显改善肉质。

6. 严把原料质量关

(1) 慎重选择购货渠道

详细了解饲料种植过程中农药、化肥的施用情况以及土壤环境的污染情况。尽可能选购土质好、无污染、不滥用农药化肥、有毒有害成分低、安全性大的饲料原料。

(2) 严格验质把关

饲料原料质量的优劣直接关系到猪肉质量。因此，必须严格把关验质：①水分不超标；②饲料必须新鲜，无霉变、无酸败、无虫蚀现象；③无污染；④减少饲料中天然毒素和抗营养因子的危害；⑤饲料原料中砷（As）、铅（Pb）、汞（Hg）、镉（Cd）、氟（F）等元素的含量严禁超标。

7. 合理地加工调制日粮

各种原料的粉碎粒度大小要适中，通过科学地配合后应充分搅拌、混合均匀，有条件的猪场（饲料厂）可采用膨化和制粒技术抑制饲料中的某些抗营养因子、杀灭有害微生物，提高消化率。

(四) 注重肉猪防疫保健

1. 建立科学的免疫程序

疫病防制是进行无公害肉猪生产的基本保障。充分利用现代生物工程技术和兽医预防学的研究成果，对生猪进行高密度、程序化预防注射，增强猪体的免疫功能，建立高抗体水平的健康猪群。因此，根据NY 5031—2001《无公害食品　生猪饲养兽医防疫准则》的要求，建立健全无公害肉猪生产条件下的疫病综合防制制度。

2. 坚持有效的消毒措施

净化猪场环境是实现疫病防控的前提条件。猪场的环境净化有两方面的含义，一是净化猪场的外部环境以防止猪场受到外来因素的污染或威胁；二是净化猪场的内部环境以防止猪场自身污染的产生。制定并执行严格的日常消毒制度，对猪场环境、猪舍、用具和猪体进行定期与不定期消毒，是猪场环境净化中最重要的措施。

3. 加强疫病检测

消灭疫病传播媒介，重视猪群疫病监测是实现疫病防控的必要手段。疫病监测的结果，是制定猪群免疫接种程序、药物预防程序和寄生虫控制程序以及消毒程序等一系列疫病防控措施的重要依据。兽医技术人员最主要的工作，绝不是对病猪的临床治疗，而是通过对猪群的疫病监测结果提出疫病防控的综合措施。

4. 实行“全进全出”的饲养制度

按照现代养猪工艺流程，调控繁殖节律，实行早期断奶，按周安排生产，实行小单元饲养的全进全出生产模式，有利于疫病的控制与净化。猪场应严格控制人员及车辆进出，坚持自繁自养、闭锁生产的模式。

5. 做好猪场粪尿及废弃物的无害化处理

粪尿及废弃物的无害化处理，是无公害猪场的必备措施。粪尿和污水既是猪场的排泄物，又是猪场的污染物，对其进行无害化和资源化的处理及利用是无公害肉猪生产的一大特点。

对猪场的粪尿和废弃物进行固液分离，或者生产过程中采用干清粪工艺，采用自然堆腐或高温堆腐方法处理固形物，采用沉淀、曝光、生物膜和光合细菌设施处理污水；然后分别对固形物和液体进行发酵降解，并利用其发酵降解产物生产出适合各种植物生长的专用固体有机肥料和液体有机肥料，建议推荐“猪—沼—果（蔬）”生态模式，就地吸收、消纳、降低污染，净化环境。

6. 按规定处理病死猪

建立病猪隔离区，死猪集中处理区。要建立无害化处理设施，对疑似病猪和传染病猪的尸体作无害化处理，防止污染环境。

复习思考题

1. 名词解释

无公害农产品　绿色食品　有机食品　无公害猪肉　绿色猪肉　有机猪肉

2. 影响猪生长肥育的主要因素有哪些？
3. 生长肥育猪的肥育方式有哪几种？比较各种肥育方式的优缺点？
4. 生长肥育猪的屠宰适期是什么时期？为什么？
5. 简述提高肥育猪生产力的措施。
6. 简述绿色有机肉猪生产措施。

第九章

规模化养猪生产技术

我国传统的养猪生产多以小规模、分散的方式经营，这样的饲养方法占地多、用人多、效益低，从而形成生产水平低、饲料报酬低、商品率低的局面，与我国农业现代化建设和人们生活需要不相适应。因此，改变传统的饲养工艺，推进现代化养猪，发展规模化养猪，不仅可以促进畜牧业的发展，而且有利于农业和农村经济结构调整，有利于农业增效、农民增收，有利于社会主义新农村建设，具有重要的现实意义。

规模化养猪就是具有一定规模的养猪生产。是利用先进的科学技术和工业设备，根据猪不同阶段的生理特点，实行集中饲养、分阶段管理，按照一定的周期进行全进全出、均衡、批量、高效率地养猪生产。

规模化养猪，提高了养猪生产水平，降低了饲养员的劳动强度，提高了劳动生产率，从而产生了最佳规模效益。

第一节　养猪场经营方向和规模的确定

一、经营方向及规模的确定原则和依据

（一）经营方向及规模确定的原则

养猪生产经营方向及规模的确定应遵循以下原则。

1. 平衡原则

指生产者准备的饲料与猪群饲养量相平衡，避免料多猪少或者猪多料少的现象发生。要求生产者每个月份饲料供应的种类和数量都要与各月份的猪群结构及饲料需要量相平衡，防止季节性饲料不足的现象发生。

2. 充分利用原则

各种生产要素都充分发挥作用，最大限度地利用现有的生产条件，能够用最少的资源消耗获得最大经济效益。

3. 以销定产原则

生产目标与销售目标相一致，生产计划要为销售计划服务，坚持以销定产，避免以产定销的现象。要充分考虑猪肉产品深加工企业的生产状况和猪肉的消费量确定适宜的生产量，同时要获得最佳的经济效益。

（二）经营方向及规模确定的依据

养猪生产经营方向及规模确定的依据有以下两个方面。

1. 根据市场情况确定经营方向及规模

近年来，市场对养猪生产的调节功能日益增强。因此，养猪生产必须树立竞争观念和

市场观念。养猪生产者首先要对市场情况进行调查研究，了解市场的供求变化。例如，市场的地域范围、市场的大小、性质，当地肉猪、种猪年存栏量、出栏量、上市量、消费量、成交价格、对肉食需求的旺淡变化规律，当地或邻近地区生产加工企业的加工能力和当地生猪外销数量等各方面信息，对肉食需求的旺淡变化规律，消费者对猪肉选择情况，以及市场走势等进行科学判断和预测，并结合自身的生产条件，例如，资金、设备、房舍等具体条件，进行综合分析，然后请教有一定实践经验、对市场需求变化敏感、有判断能力的专家对猪场的经营方向和发展进行可行性论证，最终确定适宜的生产规模。

2. 根据预期生产目标确定经营方向及规模

规模化猪场必须采取按生产目标确定规模的方法。在投资总额确定的前提下，必须加强市场调查，做好单位产品利润测算。进行预期利润、预期价格、预期成本的计算。工厂化养猪实行高投入，高产出，可以获得最大的效益。如果猪场圈舍、设备、饲料条件好，资金充足，经营者又有一定的养猪经验，产品销路好，市场广阔，可发展规模相当的种猪场并兼养肉猪。如果上述条件不具备或不完善，可先养肉猪，积累经验后，再使猪场由小到大、滚动发展，逐步发展壮大。

二、养猪生产经营方向和规模的确定方法

养猪实践证明，只有经营方向对头，经营规模适度，才能进行养猪资源与生产的最佳配置，取得最佳效益。

（一）线性规划法

用几种有限的资源，从事多种项目的养猪生产，在进行资源和生产的最佳配置时，可采用“线性规划法”。实质上，就是把要解决的问题转化为线性规划问题，再用线性规划法求出最佳解，利用线性方程求出最佳解，最终得出结论的方法。

1. 线性规划法所需条件

运用线性规划法确定最佳规模和经营方向时，必须掌握以下资料：①几种有限资源的供应量；②利用有限资源能够从事的生产项目，即生产方向有几种；③某一生产方向的单位产品所要消耗的各种资源数量；④单位产品的价格、成本及收益。

2. 线性规划模型的组成

线性规划模型一般由 3 部分组成。

（1）求解目的

常用最大收益或最小成本，这两方面都可以用数学形式表达为目标函数。

（2）对达到一定生产目的的各种约束条件

即取得最佳经济效益或达到最低成本具有限制作用的生产因素。

（3）为达到生产目的可供选择的各种生产方向

现结合具体实例说明如下。

例如，已知某猪场目前对养猪生产的限制性资源主要有两种，一是资金数量（饲料费、猪成本费、工资、管理费、医药费等）为40 万元，二是猪舍面积为 $800m^2$。生产方向为单养肉猪或单养种猪或种猪肉猪兼养，总之可以有两个生产项目。按时价，每头肥育猪所需资金 1 200元，需占用猪舍面积 $0.8m^2$/头，饲养种猪每头一年所需资金为 2 700元，占用猪舍面积为 $8m^2$/头（公母一致），公母比例本交时为 1∶25，每头肉猪出栏可获利 100

元，一年可饲养两批，母猪按年产两窝计算，可得收益1 800元（表9－1）。

表9－1 已知资料表

项　目	资金消耗	占用猪舍面积	每头猪收益
肉　猪	1 200元/头	0.8m^2/头	200元/头
种　猪	2 700元/头	8.0m^2/头	1 800元/（头·年）
最大资源数	400 000元	800.0m^2	

由于种猪中公母比例为1:25，则由母猪数量可知公猪数量。又因为公、母猪的资金消耗及占用猪舍面积计算时，将公猪加入母猪的消耗中去，因而每头母猪资金消耗为$2\ 700+2\ 700\times1/25=2\ 808$（元）。同理，一头母猪占用猪舍面积为$8+8\times1/25=8.32$（$m^2$）。肥育猪一年按两批计，一年可得收入为$200\times2=400$（元）。

根据上述资料，建立目标函数和约束方程。设肥育猪饲养量为x头，种猪饲养量为y头，Z为一年所得收益，则目标函数为：$Z=2\times200x+1\ 800y$

约束方程为

$$1\ 200x+2\ 808y\leqslant400\ 000 \qquad ①$$

$$0.8x+8.32y\leqslant800 \qquad ②$$

$$x\geqslant0 \qquad ③$$

$$y\geqslant0 \qquad ④$$

（x、y为饲养量，只能为0或正数）

由于约束方程有两个未知数，所以，可用图解法进行解答。

下面运用图解法解出使目标函数$z=2\times200x+1\ 200y$为最大时的x、y值。

建立直角坐标系，将方程①取等号为：

$$1\ 200x+2\ 808y=400\ 000 \qquad ⑤$$

令$x=0$，得$y=142.4$，得到点D（0，142.4）

令$y=0$，得$x=333.3$，得到点C（333.3，0）

根据D、C两点在图上作出直线，则此直线左下方的区域就是满足约束方程①解的区域（图9－1）。

将约束方程②取等号得：

$$0.8x+8.32y=800 \qquad ⑥$$

令$x=0$，得$y=96.2$，得到点A（0，96.2）

令$y=0$，得$x=1\ 000$，得到点E（1 000，0）

根据A、E两点在图上作出直线$0.8x+8.32y=800$，则此直线左下方的区域就是满足约束方程②的区域。

由方程③、④得知，$x\geqslant0$，$y\geqslant0$，则x、y值都在第一象限，因此，在图中满足约束方程①、②、③、④的公共区域，是四边形OABC的区域。即x、y在四边形OABC范围内取值（图9－1中阴影部分）。

在△ABD范围内，有资金而无猪舍；

在△BCE范围内，有猪舍而无资金；

在DBE三点以外的范围中，既无资金又无猪舍。

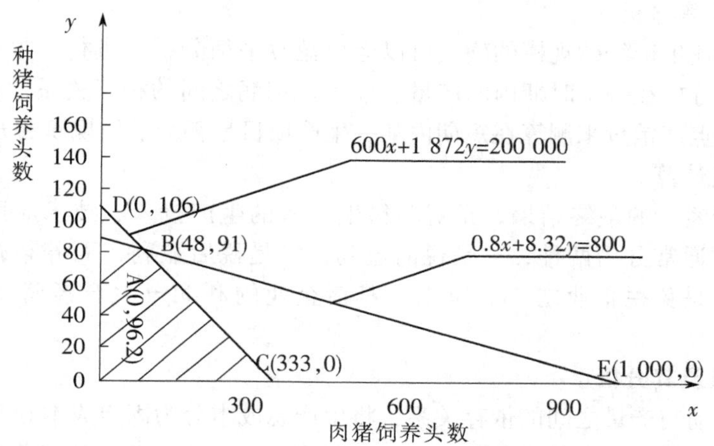

图 9-1 线性规划法图示

以上 3 种情况都不能使生产进行。只有在四边形 OABC 区域内取值，生产才可以进行。但要使目标函数值最大，只有取四边形上凸点的值。从图 9-1 上可知，可行解区域四边形 OABC 上的凸点是 O、A、B、C 四点。其中，O 是原点，为未生产状态，Z 值为 0；A、B、C 三点是生产状态。求出 3 个点的值，分别代入目标函数方程 $Z=2\times200x+1\ 800y$ 中，比较其大小：

A 点（0，96.2）（x、y 代表猪的头数，取整数）

$$Z=2\times200\times0+96\times1\ 800=172\ 800\text{（元）}$$

B 点由联立方程

$$1\ 200x+2\ 808y=400\ 000$$

$$0.8x+8.32y=800$$

解出

$$x=147$$

$$y=82$$

则

$$Z=2\times200\times147+1\ 800\times82=206\ 400\text{（元）}$$

C 点（333.3，0）

$$Z=2\times200\times333+0\times1\ 800=133\ 200\text{（元）}$$

比较 A、B、C 三点 Z 值，可知 B 点 Z 值（147，82）使目标函数 Z 值最大。即肉猪每批养 147 头，一年共养 297 头；种猪养 82 头（含公、母猪），该场收益最大。按公母比例 1∶25 计算，则 82 头种猪内应有 78.7 头母猪，3.3 头公猪，取整数可为 79 头母猪，3 头公猪。

3. 利用线性规划图解法，确定生产方向及最佳规模的步骤

①掌握有关的必要资料（如前所列）；

②根据求解的目的和约束条件，列出各种资源的利用与产量间的关系方程式；

③运用图解法确定可行解区域并找出凸点；

④通过计算分析，确定最佳解；

⑤结合技术要求和生产实际进行分析，得出结论，确定出养猪生产经营方向和最佳规模，并获得最大的收益。

（二）盈亏平衡分析法

短期生产最佳生产经营规模的确定可以运用盈亏平衡分析法进行。盈亏平衡法也叫保本分析法。它是分析在一定时期内的产量、成本、利润之间的相互关系，并且通过计算盈亏临界点或保本点产销量来测算在短期内某一生产项目是否为最佳规模的方法。

1. 利润及其计算

盈利是生产经营的最终结果，是对养猪生产者的生产投入、技术应用和经营管理的一种报酬。盈利通常分为两种，一是税前盈利，二是税后盈利，而养猪企业国家实行保护和激励政策，是免税企业之一。所以，养猪企业的利润 = 生产经营总收入 - 生产总成本。

2. 成本特点及其分析

按成本的变动与产量之间的依存关系，将生产总成本分为固定成本和变动成本。

成本的特点是随产品量的增减而变动。各种成本中，有些在一定的条件和范围内是不变的，根据这一特点，可将成本分为固定成本和变动成本。

（1）固定成本

各成本项目中，其总额在一定期间和一定业务范围内不受产量变动的影响而保持固定不变的成本。如固定资产折旧费、年固定工资总额等。

（2）变动成本

各成本项目中，其总额在一定期间和一定业务量范围内其总额随着业务的变动而成正比例变动的成本。例如，原料费、辅助材料费、饲料费、药费等。

（3）总成本

它是固定成本总额与变动成本总额之和。

（4）单位产品成本

平均每产出一个单位的某种产品所消耗的物化劳动力之和是单位产品成本。

3. 盈亏平衡点计算

盈亏平衡分析是一种动态分析，又是一种确定性分析，适合于分析短期问题。这种方法的关键环节是求出盈亏平衡点，即保本点。盈亏平衡点是产出和投入变动依存关系中盈利与亏损的转折点。在价格不变的情况下，产出量未达到平衡点之前，出现亏损，只有在超过平衡点之后，才能盈利(图 9 - 2)。

从图 9 - 2 可知，规模产量小于 B 点时亏本；等于 B 点时，不盈不亏；超过 B 点时，总收入才能大于总成本，从而实现盈利。盈亏平衡分析法除了直接考察产品产出量以外，还要考察它们的价格与成本，为产品定价和生产成本控制提供参考依据。

在市场基本稳定的条件下，养猪场产品的总收入等于产品产量与单位产品售价之积。当盈亏平衡时，产品的总收入恰好等于产品的总成本，即：

总收入 = 产量 × 单价 = 单位变动成本 × 产量 = 固定成本总额 = 总成本

在一定条件下总固定成本和单价均处于不变状态。因此，盈亏平衡与否取决于产量。换句话说，盈亏平衡点是指在一定的成本消耗的条件下，当其他因素相对不变时的产品产出量水平。根据上式中间二者的关系，可以推导出：产量 = 固定成本总额 ÷（单价 - 单位变动成本）时，即为盈亏平衡时的产量水平。

例：某猪场年固定成本为 6 万元，肥育猪每千克活重的变动成本为 3.60 元，当肉猪销

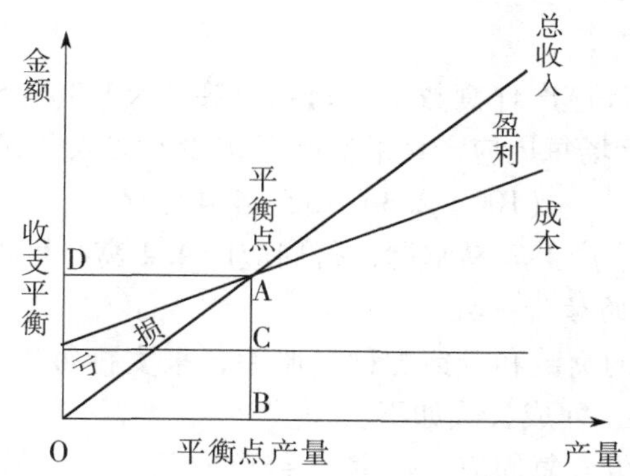

图 9－2　用盈亏平衡点求项目的起始规模

价为每千克 8.20 元时，试判断该场在制订计划时，应使出栏量达到多少千克才能保本？此时的收入额是多少？

解：当盈亏平衡时，产量＝固定成本总额÷（单价－单位变动成本），代入已知条件：

产量＝60 000÷（8.20－3.60）＝13 043（kg）

总收入＝13 043×8.20＝106 952.6（元）

平衡点是盈亏分析的基础，一般来说，它是生产经营的最低水平。在制定计划时，不论是产量指标还是销售量指标，都应大于平衡点，而且越大越好。

第二节　规模化养猪生产工艺概述

我国的规模化猪场采用“分阶段饲养”，一般分为四段五段或六段饲养。猪群周转采用“全进全出”的方式，并留有一段时间空栏和消毒。一般是以周为单位组织生产，即每周安排一定数量的猪只配种、分娩、断奶、转群、肥育出栏等，生产线总体上保持均衡生产、均衡出栏上市。

一、规模化养猪规划设计

（一）按工艺流程确定各阶段生产指标计划

规模化养猪实行常年产仔，中、早期断奶，提高母猪的利用率，充分利用猪舍、设备。以周为单位，安排母猪的配种、繁殖和猪群周转。

1. 配种计划的确定

（1）首先确定母猪繁殖周期

母猪的繁殖周期包括：空怀期、妊娠期和哺乳期。妊娠期平均为 16.5 周，空怀期为 1 周，目前，我国规模化养猪多采用仔猪 35d 龄断奶，也就是哺乳期为 5 周，这样母猪的一个繁殖周期为 22.5 周。

（2）明确每头母猪平均年产仔窝数

母猪的一个繁殖周期为 22.5 周，一年有 52 周，52÷22.5＝2.3（窝），即每头母猪平均年产仔是 2.3 窝。

(3) 确定每周应产仔的母猪头数

可列成公式如下：

每周应产仔窝数 = （母猪总头数 ×2.3）÷52

例如，100 头母猪的猪场每周应产仔的窝数是多少？代入公式：

（100 ×2.3）÷52 =4.4（窝）

为了留有余地和便于生产上容易掌握，每周应产 4.4 窝，可按 4 窝进行安排。

(4) 安排每周应配种的母猪头数

要根据每周应产仔猪的窝数和母猪配种受胎率，来安排每周应该配种的母猪头数。母猪受胎率一般按 80% 掌握，列成公式如下：

每周应配种的母猪头数 = 每周应产仔窝数 ÷80%

例如，100 头母猪的猪场，每周应该配种几头母猪？代入公式：

4（窝）÷80% =5（头）

所以，100 头母猪的猪场，每周应该配种 5 头母猪。

2. 各阶段生产指标

无论新建猪场还是投产后的猪场，制定生产指标都要和当地的养猪水平相适宜，指标过高、过低都不利于生产管理。

根据目前我国养猪生产实际情况，规模化猪场生产指标应达到以下标准：

每头母猪平均年产 2 窝，每窝平均产活仔 10 头。

仔猪 35 日龄（5 周）断奶，成活率 90% 以上。

仔猪断奶后转到培育猪舍培育 42d（6 周），培育期成活率 95% 以上。

仔猪 77 日龄转入生长肥育舍，生长肥育期 105d（15 周），平均体重达 90kg 左右时出售，生长肥育期成活率 98% 以上。生长肥育期每增重 1kg 活重消耗饲料 3.5kg 以下。

一个有 100 头成年母猪的规模化猪场，年产商品猪 1 500 头以上。

3. 合理的猪群结构

规模化猪场的猪群是由种公猪、种母猪、后备猪、哺乳仔猪、培育仔猪、生长肥育猪等构成。这些猪在猪群中的比例关系称为猪群结构。

按照生产指标的要求，规模化猪场生产走向正常以后，生产上就会出现每周都有产仔，每周都有仔猪断奶，每周都有培育猪转到生长猪舍，每周都有商品猪出售，猪场的日常存栏应出现相对稳定的状态，以一个有 100 头成年母猪的猪场为例，其猪群结构应为：

成年母猪 100 头；后备母猪 20 ~25 头；成年公猪 2 头；后备公猪 1 头；哺乳仔猪 200 ~220 头；培育仔猪 215 ~240 头；生长肥育猪 510 ~550 头；合计存栏：1 048 ~1 138头。

如果猪群结构达到上述标准，说明生产正常，如果哺乳仔猪、培育仔猪和生长肥育猪低于上述标准，总存栏低于 1 000 头，说明生产上某个环节存在问题，应加以解决。

（二）按工艺流程建设或安排生产车间

一个规模化养猪场建场时要有严格的规划与设计，工艺流程确定以后，按猪场的工艺设计要求，安排配种妊娠舍、产房、育仔舍、肥育舍和各猪舍内的栏位。场内猪群周转、建筑设施的合理利用，都必须和生产工艺、防疫制度、机械化程度紧密联系，以做到投产后井然有序，方便管理。

二、规模化养猪生产主要工艺流程

规模化养猪的目的是要摆脱分散的、传统的、季节性的生产方式，建立工厂化、程序化、常年均衡的养猪生产体系，从而达到生产的高水平和经营的高效益。养猪生产以生产线形式实行流水作业，按固定周期（以周为单位）常年连续均衡生产。

（一）阶段饲养工艺

生产工艺按饲养阶段的不同，又分为四段法、五段法和六段法。

1. 四段法

（1）配种妊娠阶段

此阶段母猪要完成配种并度过妊娠期。配种约需 1 周，妊娠期 16.5 周，母猪产前提前 1 周进入产房。母猪在配种妊娠舍饲养 16～17 周。如猪场规模大，可把空怀和妊娠分为两个阶段，空怀母猪在 1 周左右配种，然后观察 4 周，确定妊娠后转入妊娠猪舍，没有妊娠的转入下批继续参加配种。

（2）产仔哺乳阶段

同一周配种妊娠的母猪，要按预产期最早的母猪，提前 1 周同批进入产房，在此阶段要完成分娩和对仔猪的哺育，哺乳期为 3～5 周，母猪在产房饲养 4～6 周，断奶后仔猪转入下一阶段饲养，母猪回到空怀母猪舍参加下一个繁殖周期的配种。

（3）断奶仔猪培育阶段

仔猪断奶后，同批转入仔猪培育舍，这时幼猪已对外界环境条件有了一定的适应能力，在培育舍饲养 5～6 周，体重达 20kg 以上，再共同转入生长肥育舍进行生长肥育。

（4）生长肥育阶段

由育仔舍（仔猪保育舍）转入生长肥育舍的所有猪只，按生长肥育猪的饲养管理要求饲养，共饲养 15 周，体重达 90kg 时，即可上市出售。生长肥育阶段也可按猪场条件分为中猪舍和大猪舍，这样更利于猪的生长。

通过以上四个阶段的饲养，当生产走入正轨后，就可以实现每周都有配种、分娩、仔猪断奶和商品猪出售，从而形成工厂化饲养的基本框架。其工艺流程如图 9－3 所示。

2. 五段法

根据猪的生理特点，分别将其饲养在空怀妊娠舍、分娩哺乳舍、断奶仔猪保育舍、生长猪舍和肥育猪舍内。五段法和四段法不同之处，是把商品猪分成生长和肥育两个阶段，根据其对饲料和环境条件的要求不同，最大可能地满足其需要，充分发挥其生产潜力，提高养猪效率；但与四阶段比较，增加了一次转群负担和猪只的应激机会。

3. 六段法

根据猪只的生理特点，专业分工更细，在五段法的基础上，又把空怀与妊娠母猪分开，单独组群。这种饲养工艺适合于大型猪场，便于实施全进全出的流水式作业；另外，断奶母猪复膘快、发情集中、易于配种；猪只生长快、养猪效率高。但六段法的转群次数较多，增加了劳动量，增加了猪只的应激反应。

（二）常年产仔均衡生产商品猪

规模化养猪实行常年产仔，中、早期断奶，提高母猪的利用率，使猪舍、设备充分利

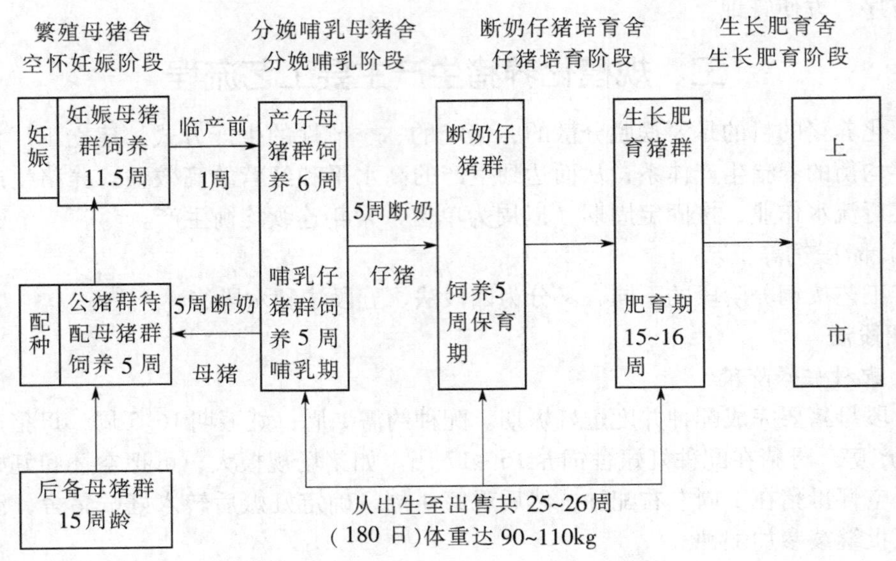

图9-3　四阶段饲养生产工艺流程示意图

用。工艺要求，以周为单位，安排母猪的配种、繁殖和猪群周转，均衡生产商品猪。

三、规模化养猪特征及必备条件

（一）规模化养猪的特征

规模化养猪的特征是：

①猪群饲养规模大，节约土地和人工。

②猪种引进、饲料选用、消毒、免疫和饲养管理技术更加科学化、规范化和标准化。

③规模化养猪使用先进的养猪设备，前期投入较大，但生产效率较高。

④实行全年均衡生产、均衡上市，最大限度地降低了生产成本，提高了劳动生产率和经济效益。

（二）规模化养猪的必备条件

在我国，规模化养猪约占总饲养量的25%左右。我国的规模化猪场借鉴国外的经验，采取流水线、有节律的生产工艺，设计简单、实用，造价较低，与国情和地区条件相吻合。不足之处是使用年限较短，随着使用期的延长，要不断地修修补补。从地域上分，我国规模化猪场分为北方型和南方型两种。

北方型规模化猪场适应严寒干燥的气候，猪舍密闭程度较高，分娩猪舍和保育舍多采用密闭式猪舍，舍内供暖设备比较完备。

南方型规模化猪场适应炎热潮湿的气候，猪舍敞开或半敞开，基本上不采用密闭式猪舍，舍内设备比较注意防暑降温。

无论是北方型还是南方型规模化养猪都应必备以下条件。

1. 饲养优良猪种

从国外引入的优良猪种（长白、大白、杜洛克等），生长性能高，符合现代化养猪生产工艺对猪群周转的要求。

2. 采用现代化养猪生产工艺，应用先进设备，实行标准化饲养

3. 建立科学、有效的防疫体系

在养殖规模大、饲养密度高的情况下，增强“预防第一、防重于治”的观念，建立一整套严格的卫生防疫制度，是保证猪群健康、提高生产性能、获得最大经济效益的一项重要工作。

4. 做好粪污处理，保护环境

第三节　规模化养猪经营管理

养猪生产要实现高产、优质、高效的目标，不仅要提高养猪生产的科学技术水平，还必须提高经营管理水平。

养猪企业投入资金大，技术性强，风险大。在猪种、饲料、防疫灭病、环境控制、饲养管理等方面，不仅要采用先进的科学技术，更要注重科学的经营管理。提高猪群整体健康水平和生产性能，降低饲养成本、创造较高的经济效益。

一、生产管理措施

（一）岗位设置

岗位设置包括健全的劳动组织和劳动制度，贯彻生产岗位责任制，定出合理的劳动定额和劳动报酬，使每个人责任明确，工作有序，坚决杜绝互相推诿、生产窝工等现象，最终目的是调动每个人的积极性，提高劳动生产率和养猪经济效益。

1. 健全的劳动组织

根据猪场的各项工作性质进行分工，使干部、职工进行最佳组合，明确每个人的责任，使之相互独立又相互协作，达到提高劳动生产率的目的。各部门的基本职责如下：

（1）*管理方面*

包括场长、副场长等，职责是负责全场发展计划的制定，对生产经营活动具有决策权和指挥权，合理调配人力，做到人尽其才，对职工有按条例奖罚权，安排生产，指挥生产，检查猪群繁殖、饲养、疾病防治、生产销售、饲料供应等关键性环节，掌握财务收支的审批及对外经济往来，负责全场职工的思想、文化、专业技术教育及生活管理。

（2）*技术方面*

包括畜牧、兽医技术人员，他们在场长的统一领导下负责全场的技术工作。职责是制定各种生产计划，掌握猪群变化、周转情况，检查饲养员工作情况，各种防疫、保健、治疗工作，疫苗注射部位和操作规程必须准确熟练。同时，还要负责新技术推广、生产技术问题分析、生产技术资料统计等，及时向场长汇报。

（3）*饲养方面*

主要是饲养员，这类人员要实行责任制，按所饲养猪群制定生产指标、饲料消耗和奖罚制度。他们的职责是：按技术要求养好猪，积极完成规定的生产指标，做好本猪群的日常管理、卫生清理工作，注意观察猪群，发现意外或异常情况及时报告，另外，要积极学习养猪技术知识，不断提高操作技能。

(4) 后勤管理方面

主要包括财务管理、饲料加工供应及其他服务工作如供销、水电供应、房屋设备维修等。财务管理工作包括日常报账、记账、结账，资金管理与核算、成本管理与核算、生产成果的管理与核算等，并通过报表发现存在的财务薄弱环节，提供给场长，以便及时作出决策，避免造成不可挽回的损失。物资的供应及产品的销售，应本着降低成本、提高效益的原则。

2. 猪场的劳动制度

劳动制度是合理组织生产力的重要手段。劳动制度的制定，要符合猪场劳动特点和生产实际，内容要具体化，用词准确，简明扼要，质和量的概念必须明确，经过群众认真讨论，领导批准后公布。一经公布，全场干部职工必须认真执行。

(二) 确定合理的劳动定额

定额就是规模化猪场在进行生产活动时，对人力、物力、财力的配备、占用、消耗以及生产成果等方面遵循或达到的标准。

定额包括以下几方面内容。

1. 劳动手段配备定额

即完成一定任务所规定的机械设备或其他劳动手段应配备的数量标准。如运输工具、饲料加工机具、饲喂工具和猪栏等。

2. 劳动力配备定额

即按照生产的实际需要和管理工作的需要所规定的人员配备标准。如每个饲养员应承担的各类猪头数定额，机务人员的配备定额，管理人员的编制定额等。

3. 劳动定额

即在一定质量要求条件下，单位工作时间内应完成的工作量或产量。如机械工作组定额、人力日作业定额等。

4. 物资消耗定额

即为生产一定产品或完成某项工作所规定的原材料、燃料、工具、电力等的消耗标准。如饲料消耗定额、药品使用定额等。

5. 工作质量和产品质量定额

如母猪的受胎率、产仔率、成活率、肉猪出栏率、出勤率、机械的完好率等。

6. 财务收支定额

即在一定的生产经营条件下，允许占用或消耗财力的标准，以及应达到的财力成果标准。如资金占用定额、成本定额、各项费用定额，以及产值、收入、支出、利润定额。

(三) 生产责任制的制定

生产责任制是进行有秩序的生产，养好各类猪和提高饲养人员积极性的重要措施。

1. 生产责任制

全面落实目标生产责任制，是搞好猪场的成功经验之一。猪场的生产责任制形式多种多样，但实质内容都是责任、权力、利益三方面的统一，缺一不可，也可用“定、包、奖”来描述之。“定”就是定目标、任务，如饲养人员就是制订饲养任务、繁殖任务或上交生猪数量等；“包”就是包饲养费用，可以按照上年或前几年各类猪每头的物资消耗、定额平均数和平均价格，计算出各类猪全年的饲料、医药、水电、房舍折旧等费用，再加上管理费，一并包给承包者，实行超支不补、节约归己的原则，促使承包者不断降低生产成本；“奖”即奖罚制度，超额完成目标任务者，奖！反之，罚！这有利于调动承包者的生产积极性，发挥因地制宜的灵活性，最大限度地提高生产水平和经济效益。

目前，一般采用联产承包责任制（产量责任制），或利润承包责任制，即定出全年上缴利润总额，其他一切费用和经营活动由承包者自己安排，上述承包办法，适于几年或更长期限的承包；对后勤或科室干部职工，应明确规定出不同岗位和人员在整个经营活动中的任务、责任、权力、利益和奖励办法，把各项工作都落实在每一个劳动者身上，并实行量化考核，以确保预期目标的实现。

下面是一种常用的承包模式。

（1）种公猪饲养组

岗位责任：按要求饲喂、供水、清粪，调教、驱赶、刷拭公猪，与母猪饲养员协作进行试情、配种，做好各项记录。

考核项目：公猪体质、精液品质、母猪情期受胎率。

奖惩办法：根据具体情况确定。

（2）空怀、妊娠母猪饲养组

岗位责任：按要求饲喂、供水、清粪，协助配种，母猪保胎，做好各项记录，协助其他人员工作。

考核项目：情期受胎率、产仔窝数、窝产活仔数，母猪体况。

奖惩办法：根据具体情况确定。

（3）哺乳母猪饲养组

岗位责任：按要求饲喂、供水、清粪，接产、消毒、护理母猪及仔猪，操作有关设备，做好各项记录，协助有关人员进行防疫、治疗、称重、转群等工作。

考核项目：仔猪断奶成活头数、成活率、个体重、药费开支。

奖惩办法：根据具体情况确定。

（4）幼猪培育组

岗位责任：按要求饲喂、供水、清粪、消毒，操作有关设备，做好各项记录，协助有关人员进行防疫、治疗、称重、转群等工作。

考核项目：日增重、成活率、饲料转化率、药费开支。

奖惩办法：根据具体情况确定。

（5）生长肥育猪饲养组

岗位责任：按要求饲喂、供水、清粪、消毒，操作有关设备，做好各项记录，协助有关人员进行防疫、治疗、称重、转群与出栏称重等工作。

考核项目：日增重、成活率、饲料转化率、药费开支。

奖惩办法：根据具体情况确定。

（6）技术室

岗位责任：协助场长制定生产计划、各项生产技术措施，组织安排好猪群周转，每月统计生产水平变化。对猪场存在的问题进行必要的调查、试验与研究，并提出改进技术管理的意见，制定并落实各项防疫计划与保健措施，治疗猪病、节省药费开支。

考核项目：产活仔总数及各阶段成活率、增重速度、饲料转化率、出栏周期、药费开支。

奖惩办法：根据具体情况确定。

(7) 财务室

岗位责任：账目日清月结，每月做出成本核算，管理好各项资金，对生产成本及资金周转、使用情况每季度提出书面报告，并提出降低成本、提高资金利用率的措施，及时向场长汇报，做好场长的财务参谋。

考核项目：账目清楚、准确、及时，成本核算准确，能提出成本与资金运用状况的评价，提出增加效益的具体措施。

奖惩办法：根据具体情况确定。

(8) 场长

岗位责任：在上级部门领导下，负责猪场的全面经营管理活动的决策、组织、实施工作。主持制定各种制度、计划，保证各种生产经营活动的基本条件，组织技术培训，提高职工素质，组织考核、讲评，调动职工积极性。

考核项目：出栏数、出栏率、全群饲料转化率、盈利额、总投资利润率，职工工作条件及生活条件的改善、群众评议等。

奖惩办法：根据具体情况确定。

2. 合理地兑现劳动报酬

依照按劳分配为主、效益优先、兼顾公平的原则，结合猪场生产特点及时地兑现劳动报酬，这是调动干部职工生产积极性和进一步落实生产责任制的重要手段和有效措施。目前，一些养猪企业采用结构工资，工资总额包括基础工资、职务工资、奖励工资三大部分，每一部分所占工资总额的比例可根据具体情况而定。在猪场经营管理中，要充分利用和发挥这个手段，把生产和效益搞上去，要制定合理的计酬办法和标准，按劳动数量和质量给予报酬。

3. 做好职工的思想工作

在全体员工中树立“猪场是我家，发展靠大家”的本位思想。提高个人职责意识，让每位职工都能将场里的事当成自己的事来对待，发现问题能及时向领导反映。广开言路，经常鼓励大家多提意见和建议，对提出合理化建议者给予适当的物质奖励和精神奖励，以便充分调动员工的积极性和创造性。

二、技术管理措施

在一个猪场中，技术操作规程涉及方面广，内容多，如各类猪饲养管理操作规程、饲料加工技术操作规程、种猪繁殖技术操作规程、疫病防制技术操作规程等。在制定技术操作规程时应重点突出，文字精练，意思明确，以利准确执行。

要提高养猪生产水平，真正实现科学养猪，必须加强职工的岗位培训，定期组织饲养员进行技术操作规程的学习，不断提高业务素质。同时不断总结经验，对规程中不够合理的地方及时修改。另外，对猪场管理人员要采取“走出去，请进来”的方法，学习别人的先进经验，不断总结提高本场的技术管理水平。一个猪场的技术操作规程执行程度，将直接影响养猪场的效益。

(一) 种公猪的饲养管理要点

①在规模化养猪场，种公猪的配合饲料要求每千克含消化能12.5～13.0MJ，粗蛋白

18%，钙 0.83%，磷 0.66%。

②必须经常注意公猪的营养状况，使其终年保持肌肉结实、精力充沛、性欲旺盛。发现过肥或过瘦必须立即调整日粮，减少或增加喂量。

③要求每半个月检查公猪精液品质一次，以保证公猪的配种效果，提高受胎率。

④1～2 岁的青年公猪，每周可配种 1～2 次；2～5 岁的壮年公猪，每天可配种 1～2 次，每周休息 2～3d；采用人工授精的壮年公猪可每周采精 4d，每天 1～2 次，然后休息。

⑤做好配种记录，以此作为评价公猪和生产性能鉴定的依据。

（二）空怀和妊娠母猪的饲养管理要点

①空怀和妊娠母猪每千克饲料含消化能 11.7MJ，粗蛋白 13.5%，钙 0.8%，磷 0.5%。对体弱或过肥的母猪要适当增减喂料量，并保证清洁饮水的充足供应。

②对空怀和已配种的母猪，要每天清晨和傍晚巡回检查发情情况；对已配种的母猪在配种后 18～24d 和 38～44d 要特别注意检查是否返情，一旦发现发情和返情的母猪，应争取适时配种。

③发情母猪，在发情持续期内，要求至少配种 2 次。第 1 次配种在母猪开始发情 14～16h，过 24h 之后，再进行第 2 次配种。

④在空怀母猪舍，要每天上下午用试情公猪试情一次，这样不仅可以找出发情母猪，还可以刺激母猪发情。

（三）产仔和哺乳母猪的管理要点

①母猪产前 1 周调入产房。在母猪调入产房前，必须对产圈的设备进行检查维修，并对产圈进行彻底的清扫、冲洗和认真的消毒。

②待产母猪进产房前，应将母猪全身洗刷干净，并选用适当的消毒液喷洒全身，经洗刷消毒后，方可进入产房。母猪临产前，还要再用 0.5% 的高锰酸钾溶液洗涤母猪的阴门、乳房和腹部。

③母猪进入产房后，逐渐减少饲料喂量。产前 5d 每天喂 2kg，产前 2d 每天喂 1.5kg，产仔当天不喂料，产后逐渐增加喂料量，直至产后 7d 左右，才能按哺乳期的要求进行饲喂。哺乳期母猪的饲喂量以不剩料为准，通常不做限制。哺乳母猪的日粮每千克应含消化能 13MJ 以上，粗蛋白 16%，钙 0.9%，磷 0.7%，同时，保证饮水的充足供应。喂料量要根据母猪的膘情、食欲、带仔多少和哺乳期的不同阶段相应增减，切忌一刀切。由于产房内每个母猪的喂料量不同，最好在每个产床前挂一个喂料量的牌子，按照牌子上的喂料量添加饲料并随时调整。

④按每头母猪的预产期，随时观察母猪的动态，准备接产。

⑤仔猪出生后，要马上用干毛巾将口鼻部的黏液擦干净，然后擦干周身。为防止仔猪在吮乳时咬伤母猪的乳头，要用侧切钳子将新生仔猪的犬齿剪平。同时为防止猪长大后互相咬尾影响生长发育，用断尾钳将尾巴切掉，断面用 5% 碘酒消毒。

⑥同批进入产房的母猪，产仔日期较近，为了使各窝仔猪发育一致，便于全进全出，可进行适当的调圈寄养。但寄养的仔猪必须吃上生母的初乳，未吃初乳的仔猪不能寄养。

⑦为防止哺乳仔猪的缺铁性贫血，可在仔猪出生后 3 日龄内肌肉注射铁制剂，10 日龄时再注射 1 次。

⑧若发现个别母猪产后奶少或无奶，可及时注射催产素，刺激母猪泌乳。

⑨仔猪35日龄断奶时，应准确称量仔猪断奶体重，并做好记录。

（四）培育仔猪管理要点

①哺乳仔猪28日龄或35日龄断奶后，调入育仔舍，在网上饲养5周左右下网，体重应达20kg以上。

②哺乳仔猪调入育仔舍前，应对育仔舍的一切设备进行检修，然后将所有育仔栏清洗消毒，饲槽内的陈料要彻底加以清除，并洗刷干净。一切准备就绪后，方可转入新猪群。

③育仔舍应经常保持干燥、清洁，冬暖夏凉，空气清新。

④哺乳仔猪断奶后，喂乳猪料至15kg时改喂仔猪料，应逐渐过渡一周，方能全喂仔猪料。

⑤为防止断奶猪拉稀，在断奶后1~2周内，一定要对饲料喂量加以控制。一般是断奶后第一周食欲不振，采食量减少，数天后开始适应；第二周出现补偿性过食，常造成消化不良而拉稀。在管理工作中，一定要注意由食欲不振转向食欲增加阶段仔猪的消化不良症。

⑥育仔舍的饲料要保持清洁，防止霉变，少喂勤添，剩料要定期清除。

（五）中大猪的饲养管理要点

①前批猪出栏后，应对空圈进行彻底的清扫、冲洗和消毒，从空圈到进猪最好间隔一周时间。

②培育仔猪转群时要进行称重，根据体重、性别和品种分组，以便于管理和发育整齐。

③培育仔猪转入育成初期，猪的消化机能尚未发育完全，饲料喂得过多，也易引起拉稀，影响增重。因此，在转群初期7~10d内，除对喂料量必须加以控制外，配合饲料的种类也应逐步更换。当肥育猪体重长到60kg左右时，再逐步改喂大猪料。

④在大猪舍转入猪时，应有意留出3~4个空圈，以便将整个肥育期中出现的病、弱猪进行集中饲养和治疗。

（六）建立猪的保健和猪场卫生防疫体系

猪的保健和猪场卫生防疫体系的基本原理是：贯彻“预防为主，防重于治”的方针；降低和减少病微生物在猪场环境中的浓度；增强猪只自身的抗病力；除正确的选址、布局、全进全出制、卫生消毒条例之外，最重要的是日常有效的管理。

猪的保健和猪场卫生防疫体系的任务是：在严密的隔离饲养条件下，创造一个安全、舒适、无病的生态环境。

养猪场建立“猪的保健和猪场卫生防疫体系”就是在猪、人、物料、环境、设备等方面，分别采取不同的方式进行：消毒、隔离、检疫、诊断、免疫、净化猪群、间歇、药物预防、猪尸和粪便处理、杀虫、灭鼠、灭蝇以及有效管理等措施以防病原的侵袭。它是由互相联系、互相作用的多项措施组成，具有保健、防疫的功能，是一个系统的综合防制措施。

三、生产成本的控制

（一）生猪价格形成及其影响因素

用货币表现出来的商品的价值就是商品的价格，价格是价值的货币表现。

生猪价格就是生猪出售时价值的货币表现。一般用元/kg（毛猪体重）来表示。

生猪价格是由供求关系、生产资料价格、区域性差异（生产水平、消费水平、物流因素）、人为因素等综合因素作用而体现出来的一种动态性价格的体现。

1. 供求关系是造成生猪价格高低的主要因素，也是决定性因素

在一般情况下，供求关系变化影响价格的涨落。当某种商品供不应求时，买方之间就会相互竞争，使价格高于价值；当某种商品供过于求时，卖方之间就会竞争，使价格低于价值。

生猪的市场供求与生猪价格的制约关系表现为以下 3 种情况。

第一，当生猪市场需求量大于生猪生产量即生猪供不应求时，一般来说生猪价格将上涨。

第二，当生猪市场需求量小于生猪生产量即生猪供大于求时，一般来说生猪价格将下降。

第三，当生猪市场需求量与生猪生产量大体相等即生猪供求平衡时，生猪价格以生猪价值为基础，价格不受供求关系的影响。

如 2005 年末至 2006 年上半年生猪价格持续低价运行，养猪户亏损严重，大部分地区的散养户及小规模养殖户大量宰杀及淘汰母猪，这种势头一直持续到 2006 年 8 月左右，多数地区生猪和母猪存栏数大幅减少，使原来的供大于求转化为供求相对平衡，甚至出现供不应求的局面。2007 年上半年，由于存栏数的减少和猪病的影响，生猪饲养量大幅下降，致使猪肉价格上涨，大部分地区达有史以来最高水平。

2. 生产资料价格（产品成本）是影响生猪价格的另一重要因素

产品价格是产品价值的货币表现，产品价格应大体上符合其价值。产品定价是一项复杂的工作，特别是在市场经济条件下，应考虑的因素很多。无论是国家还是企业，在制定产品价格时，应遵循价值规律的基本要求。但现阶段，人们还不能直接计算产品的价值，而只能计算产品成本，通过成本间接地、相对地掌握产品的价值。因此，产品成本就成了制定产品价格的重要因素。

在养猪生产中，生产资料包括的内容很多，如饲料、水电、兽药等。

饲料在养猪成本中占有很大的比重，饲料中使用最多的是玉米，其次是饼粕类、米糠、小麦麸，添加剂仅占饲料很少的一部分。饲料原料的价格波动与生猪的价格是密切相关的，只是两者之间存在一种不协同性，往往是饲料原料的价格已经涨了很长时间，生猪的价格才缓缓的涨起来，有时甚至是一种反比，饲料原料价格上涨时，生猪的价格反倒会下跌。但总的来说，饲料原料与生猪价格在上涨时会有一个共存期，原料价格与生猪的价格在正常情况下是呈跳跃式交替进行的，往往原料价格上涨了一段时间后生猪的价格才会涨上来，而在这期间如果所用的饲料原料是现用现买的，养猪的利润就会出现不同程度的下降，而有时当原料价格已经下跌了，生猪的价格却高高在上，此时养猪行业就会出现高利润，这时会使更多的人跻身养猪业，同时一些正在经营中的养猪场也会盲目的增加生产量，在一定时期内造成供大于求，使生猪价格下降。

由于我国地域广阔，各地区的养猪生产水平不同，消费者的消费水平也不同，生猪的价格也有差异。

另外，有些人为因素或消费信息变化也会造成生猪价格波动，如 2005 年 8 月，在四川省出现了猪链球菌 2 型传染人致死事件，在一定程度上影响了猪肉的国内消费数量，出现了生猪价格下滑现象。

（二）成本项目和成本计算

成本是企业生产产品所消耗的物化劳动的总和，是在生产中被消耗掉的价值，为了维护再生产的进行，这种消耗必须在生产成果中予以补偿。

成本核算，就是考核生产中的各项消耗，分析各项消耗增减的原因，从而寻找降低成本的途径。养猪场如果要增加盈利，基本途径有两条，一是通过扩大再生产，增加总收入；二是通过改善经营管理，节约各项消耗，降低生产成本。因此，养猪场的主要经营者应当重视成本，了解成本的内容，学会成本核算。

养猪场的产品成本核算，是把在生产过程中所发生的各项费用，按不同的产品对象和规定的方法进行归集和分配，借以确定各生产阶段的总成本和单位成本。

产品成本核算是养猪场落实生产责任制，提高经济效益不可缺少的基础工作，是会计核算的重要内容。养猪场要进行商品猪生产，必然要发生各种各样的耗费和支出，这些耗费和支出是否符合经济有效的原则，不能以耗费和支出总量的多少来衡量，而只有从产品单位耗费水平的高低才可以反映出来。一般来讲，一个猪场的单位活重成本水平越低，其获得利润能力就越强；反之，其获利能力就差。及时准确地进行产品成本核算，可以反映和监督各项生产费用的发生和产品成本的形成过程，从而凭借实际成本资料与计划成本的差异，分析成本升降的原因，揭示成本管理中的薄弱环节，不断挖掘降低成本的潜力，做到按计划、定额使用人力、物力和财力，达到预期的成本目标。

产品成本是反映猪场生产经营活动的一个综合性经济指标。猪场经营管理中各方面工作的情况，如种猪选择的好坏、产仔的多少、成活率的高低、劳动生产率的高低、饲料的节约与浪费、固定资产的利用情况、资金运用是否合理、以及供产销各环节的工作衔接是否协调等，都可以直接或间接地在成本上反映出来。因此，成本水平的高低，在很大程度上反映了一个猪场经营管理的工作质量。加强成本核算，合理降低生产成本，有助于我们去考核猪场生产经营活动的经济效益，促进其经济管理工作的不断改善。

产品成本是补偿生产消耗的尺度，为了保证再生产的不断进行，必须对生产消耗进行补偿。猪场是自负盈亏的商品生产和经营单位，生产消耗是用自身的生产成果，即营业收入来补偿的。而成本就是衡量这一补偿度大小的尺子。猪场在取得营业收入后，必须把相当于成本的数额划分出来，用以补偿生产经营中的资金耗费。这样，才能维持资金周转按原有规模进行；如果猪场不能按照成本来补偿生产耗费，猪场资金就会短缺，再生产就不能按原来规模进行。成本是划分生产经营耗费和猪场纯收入的依据，在一定营业收入中，成本越低，纯收入就越多。

1. 成本项目

在养猪生产实践中，需要计入成本的直接费用和间接费用有许多，概括起来，主要有以下 12 项内容：

（1）工资和福利费

指直接从事生产的工人工资和福利开支。

（2）饲料费

指直接用于各猪群的饲料开支。

（3）燃料和水电费

指饲养所耗用的煤、柴油、水、电等方面的开支。

（4）兽药费

指养猪所耗用的医药费、防疫费等费用。

(5) 种猪摊销费

指应负担的种公猪和生产母猪的摊销费用。

(6) 固定资产折旧费

指养猪应负担并直接记入的猪舍和专用机械设备折旧费。

(7) 固定资产修理费

指固定资产所发生的一切维护保养和修理费用。如猪舍的维修、电动机修理费用等。

(8) 低值易耗品费用

指能够直接记入的低值工具和劳保用品价值。如购买水桶、扫帚、手套等的开支。

(9) 其他费用

凡不能列入以上各项的其他费用。

(10) 共同生产费

指几个车间(或猪群)的劳动保护费、生产设备费用等。

(11) 财务费用

指猪场贷借款利息支出。

(12) 企业管理及销售费

指应按一定标准分摊记入的场部、生产车间管理经费和销售费用。

以上共12项,前9项为直接费用,最后3项为间接费用。

2. 成本计算

计算成本需要有一些基础性资料。首先要在一个生产周期或一年内,根据成本项目记账或汇总,核算出猪群的总费用;其次是要有各猪群的头数、活重、增重、主副产品产量等统计资料。运用这些数据资料,方可计算出各猪群的饲养成本和各种产品的成本。

在养猪生产中,一般要计算猪群的饲养日成本、增重成本、活重成本和主产品成本等。

(1) 猪饲养日成本

这一成本主要表明猪场在饲养期内,平均每天每头猪支出的饲养费。对于猪场的经济核算十分重要。其计算公式如下:

猪饲养日成本 = 猪群饲养费用 ÷ (猪群饲养头数 × 猪群饲养日数)

(2) 断奶仔猪活重单位成本

这一成本俗称"断奶猪毛重成本",它表示断奶仔猪每千克活重所花费的饲养费用。其计算公式如下:

断奶仔猪活重单位成本 = (生产母猪饲养费 + 仔猪补料费用 - 副产品价值) ÷ 断奶仔猪活重

这一公式中的副产品价值,一般就是指哺乳期内生产母猪群产生的粪便的价值。

(3) 生长肥育猪增重单位成本

生长肥育猪增重单位成本表示在生长肥育期每增重1kg所消耗的饲养费用,这是一个重要的成本指标,其计算公式如下:

生长肥育猪增重单位成本 = (猪群饲养费用 - 猪粪便价值) ÷ 猪群增重量

(4) 生长肥育猪活重单位成本

对于生长肥育猪生产来说,这是一个衡量饲养管理水平的综合指标。它能较全面地反映生产管理的好坏，是极为重要的指标。其计算公式如下：

生长肥育猪活重单位成本 =（期初活重总成本 + 本期增重总成本 + 转入总成本 − 死猪残值）÷（期末存栏活重 + 期内离群活猪重）

(5) 主产品单位成本

这是经营者必须进行分析核算的重要成本指标。在产品单价一定的条件下，主产品单位成本越高，所获得的盈利越少，全场的经济效益就越差。如果主产品成本超过主产品销售价格，势必将发生亏损。应努力避免这种情况发生。

主产品单位成本 =（猪群饲养费用 − 副产品价值）÷ 该群产品总产量

(三) 影响养猪生产成本的主要因素

1. 影响养猪饲料成本的因素

(1) 影响因素分析

饲料成本占养猪总成本的比例最大，也是最有挖掘潜力的，料重比是影响养猪成本高低最显著的因素。影响料重比的因素包括生长速度、营养水平、健康状况、饲养环境、遗传潜力、适宜的出栏体重等。这些因素在不同猪场中的影响程度各有差异，有较大的潜力可挖。

(2) 料重比对养猪的影响

料重比下降 0.1，出栏 1 头商品猪（体重 100kg）可节约 10kg 饲料。

(3) 生长速度对养猪的影响

每天多增重 50g，出栏 1 头商品猪（体重 100kg）可节约 7kg 的饲料。

2. 仔猪成本影响因素分析

仔猪成本包括母猪的折旧、种猪料摊销及仔猪补料费用。每头母猪年断奶仔猪的数量及成活率是影响该阶段的主要因素，种猪饲料及仔猪补料的价格因素影响较小，提高种猪生产繁殖性能、延长繁殖年限、提高仔猪成活率是降低该阶段成本的主要途径。

3. 医疗保健费影响因素分析

提高猪群的健康水平能够显著降低饲养成本。种猪群和仔猪至 35kg 前是全群保健的核心阶段。影响健康水平的因素有：猪的群体素质、生物安全保健、建筑设备和饲养管理、保健方案的制订执行等。

一般医疗保健费用投入参考比例：疫苗费 26%，消毒费 6%，保健费 40%，治疗费 24%，其他费用 4%。

4. 工资影响因素分析

适宜的工资标准和工作环境，职工道德教育、技术培训、生活条件、工资方案和人事制度等会影响职工的稳定性和积极性的发挥，进而影响工作质量。稳定职工队伍对提高猪场的生产水平起着积极的推动作用。

5. 其他影响因素分析

建立物品的合理库存及保管发放供应制度，避免或降低不必要的浪费，使之形成一个良好的节约氛围，提高每位员工的责任心和节约意识。

（四）养猪场浪费情况分析

1. 饲料损失

（1）饲料配方不随季节变化的浪费

一年四季，气温不同，猪对营养的需要也不同，但现在不论饲料厂推荐的配方，还是请专家设计的配方，不可能在一年四季都适用。冬季用高蛋白配方，会造成蛋白的浪费，夏季用高能量配方会造成能量的浪费等。如果我们能适时调整配方，使全群料重比从3.0降低到2.9，对一个万头猪场来说，一年就可以节省饲料 10 000 × 90 × 0.1 = 90 000（kg），折合人民币20万元以上。

（2）使用高水分的玉米而不改变配方的浪费

在秋冬季，有些养猪场反映饲料配方不变，但猪光吃不长。其原因主要是当时玉米水分过大造成的。秋冬季，气温偏低，猪对能量的需要量要大于春夏季节，而这时的玉米多是新收获的玉米，水分多在16%以上，所配合出的饲料就存在能量不足现象，如不修改配方，且按固定饲喂程序进行的话，就会出现能量不足影响猪的正常生长。解决的方法：一是在其他原料不变的情况下，加大玉米比例，同时加大饲喂量；二是在用湿玉米的同时，配合高能量饲料如油脂等，这适合于需要能量浓度大的乳猪料或仔猪料。

（3）不按配方加工饲料的浪费

有几种情况：一是加工饲料时不过秤；二是缺乏一种原料时，轻易用其他原料代替；三是原料以次充好，如用湿玉米代替干玉米等。以上3种情况都会破坏饲料配方的合理性，影响饲料利用率。

（4）搅拌不均匀的浪费

搅拌不均匀在许多猪场出现过，手工搅拌出现较多，就是机械搅拌也会出现。有的边粉碎边出料，有的搅拌时间不足。最容易忽视的是饲料中加入药物或微量添加剂，不通过预混直接倒进搅拌机，在上千斤饲料中加入几十克药品，很难做到搅拌均匀。

规模化养猪场一定要重视饲料加工质量的管理，通过严格的管理程序保证饲料的细度和均匀度。否则会降低猪群的饲料转化率，甚至会发生中毒事故。

（5）大猪吃小猪料的浪费

经常遇到小猪吃乳猪料，中猪吃小猪料，大猪吃中猪料现象，这些都会造成饲料的浪费。而更严重的是让后备猪吃肥育猪料，大大推迟了母猪发情时间，影响正常配种。这些看似不重要，但如果仔细算账，就会发现该问题的严重性。

每一个猪场内的饲料浪费是不可避免的。一方面是饲料丢失的浪费，据试验统计，一般饲料浪费都在3%～20%，高床饲养的猪群，在24h内看到采食槽下方地面的饲料分散平铺一层时，饲料的丢失率为3%。另一方面是饲料营养的浪费，由于工人不按规定投放饲料等原因，如用小猪料饲喂中猪，或怀孕母猪投放过多饲料等。以一个万头猪场计算，每减少1%的饲料浪费，相当于创造了10万元以上的经济效益。

（6）人为造成的饲料浪费

人为造成的饲料浪费在猪场中也是严重的。一些猪场不按实际和季节的变化灵活执行饲养管理规章制度，仅凭饲料出库单的数字要求饲养员，否则将予以处罚。一些饲养员为避免受罚而将猪吃不完的料用水冲入下水道，造成人为的饲料浪费。

2. 药品浪费

(1) 以次充好的浪费

现在药品市场上，同一产品因生产厂家不同，价位相差很多，有的甚至加倍。使用劣质药品不仅会拖延治疗时间，而且效果不好而导致损失。如果进药时，片面追求低价，治疗时间延长，会得不偿失。

(2) 加药搅拌不均匀的浪费

饲料加药和饮水加药是目前猪场常用的办法。逐步稀释拌料法实际上很少有人使用，因为比较麻烦。现在加药时，有在料车上拌料的，有在地面拌料的，加水溶解后拌料的也有，这些方法有时很难把药在饲料中搅拌均匀。

(3) 使用方法不当的浪费

这种情况出现在以下几个方面：一是给已经拒绝采食的猪料中加药；二是不溶于水的药物用饮水给药；三是对发病猪群用药量不足。所以，在大群用药时应考虑到猪群的状况，对症用药。

疫苗预防和药物预防都是控制细菌性传染病的有效措施，但二者同时使用效果欠佳。因为弱毒菌苗仍是活的细菌，如同时使用抗生素，这些菌苗会被抗生素杀死，起不到激发猪体产生免疫力的作用，不但会造成疫苗的浪费，还会误导人们产生麻痹思想，致使已做过防疫的猪仍可能发生该种疾病。

(4) 不做药敏试验造成的药物浪费

许多药物的长期或多次重复使用，使猪群产生了抗药性。许多单位仍然在使用这些药物，效果肯定不好，形成浪费。

3. 猪的浪费

(1) 饲养无效公母猪的浪费

正常猪场母猪年产2.2胎，每胎产活仔10头以上，每头公猪应保证25～30头母猪的配种，如果猪场没达到上述指标，很可能是饲养了一定数量的无效公母猪。无效母猪主要有以下几种：长期不发情的母猪；屡配屡返情的母猪；习惯性流产的母猪；产仔数少或哺乳性能差的母猪。无效公猪主要有以下几种：有肢蹄病不能使用的公猪；使用频率很低的公猪；精液质量差、配种受胎率低的公猪等。这些公母猪的饲养，浪费人力、饲料、栏舍等，应及时淘汰。

(2) 肥猪出栏时间过长的浪费

这是在一些限制饲养猪场出现的现象，为保证猪的瘦肉体型，严格限制猪采食，本来160d可以出栏的猪却要养到180d，有的甚至养到200d。这是一种严重的浪费。

(3) 技术不过关的浪费

这种现象很普遍，如不看食欲随意给仔猪加料而造成剩料或不足，不看膘情机械地饲喂妊娠母猪而引起过肥或过瘦，不适时配种造成受胎率低和产仔数少等。所有这些都是缺乏技术造成的，只有通过加强技术力量解决。

(4) 饲养无价值猪的浪费

无价值猪主要是一些病弱僵猪，一些专家提出的“五不治”的病猪都属于无价值猪，如无法治愈的猪，治愈后经济价值不大的猪，治疗费工费时的猪，传染性强、危害性大的猪，治疗费用过高的猪等。这些猪还是及时淘汰为好，否则浪费人力、物力、精力，最后收效很小。

4. 其他浪费

（1）资金的浪费

一些猪场一旦养猪盈利了，就会把大量资金用于基建投资，猪场规模扩大了，但猪场效益却没有大的提高甚至减少。所以，与其把有限的资金用在扩大规模上，不如用来提高技术含量或改善猪舍设施，进而增加单位产出。

（2）计划不周的浪费

计划不周在猪场屡见不鲜，资金计划不周导致缺料少药；配种计划不周，配种过于集中导致哺乳仔猪被迫提前断奶，保育猪体重不足转入生长舍，肥育猪不得不提前出栏，降低猪的盈利；饲料计划不周出现积压或不足，饲料配方经常改动，影响使用效果等。

（3）灭鼠不力造成的浪费

一只老鼠在粮仓生活一年，可吃掉12kg粮食，排泄2.5万粒鼠粪，污染粮食40kg，再加上污染水源及环境等，往往给猪场造成很大损失。因此，规模化猪场应高度重视灭鼠工作。

（五）养猪场成本与费用控制的措施

养猪生产成本与费用支出的合理控制，对促进规模化养猪场的增收节支，提高经济效益意义重大。降低养猪成本的着眼点应放在猪场内部，即降低各项费用的支出和及时查找、堵塞漏洞等方面。

1. 制定成本与费用控制目标，是提高猪场经济效益的有效手段

要对规模化猪场的成本及费用开支做到合理控制，年初就应根据本单位本年度的出栏商品猪头数和预期实现的销售收入，编制出详细的年度成本开支的预算方案，该方案应该包括生产成本和期间费用的可列支的明细项目，制定的依据应该是猪场正常的情况下，本单位近几年来有关成本费用支出的平均数值。在本年度的工作中，应根据月度成本与费用支出表与预算方案进行对比分析，及时发现成本费用控制计划的执行过程中，哪些指标已经达到和超过，存在什么问题等。这样，就可以在有效使用现有资金、降低利息的同时，有利于抓好内部挖潜、堵塞各种漏洞和不合理的费用支出，从而达到增产节约、增收节支的目的。

2. 制定生产监督与计划完成情况分析表，进一步降低生产成本

（1）各环节的原始记录，是实行计划生产的参数和依据

做好各项生产记录，及时对记录进行整理与分析，有利于发现生产中存在的问题，有利于总结经验教训，不断提高生产水平和改进经营管理。重要的生产记录有：配种记录、母猪产仔哺乳记录、种猪生长发育记录、母猪卡片、公猪卡片、精液的品质检查记录、仔猪培育记录、生长肥育猪记录等。样式如表9－2、表9－3、表9－4。

表9－2 配种记录

组号： 填表人：

母猪号	转入时间
品种	计划转出时间
胎次	配种日期
返情次数	21d返检日期
主配公猪	30d妊检日期
补配公猪	50d妊检日期
配种情况 好 一般 差	90d妊检日期

表 9－3　产仔哺乳记录

窝号：　　　　　　　　　　　　　　　　　　　　　　　　填表人：

序号	耳号	性别	乳头数		初生重	断奶重	母猪号		
							品种		
1							胎次		
2							与配公猪	耳号	
3								品种	
4							配种方式		
5							配种日期		
6							预产期		
7							产仔日期		
8							初生窝重		
9							总产仔数		
10							活仔数		
11							断奶仔猪数		
12							断奶窝重		

表 9－4　种猪生长发育记录

填表人：

测定日期 年　月　日	猪号	品种	日龄 （d）	体重 （kg）	体长 （cm）	胸围 （cm）	体高 （cm）	体况 （膘情）

生产上为了便于管理，对配过种的母猪挂配种记录卡，直到母猪转入产房，进入产房的母猪，要在产床上挂母猪产仔记录卡。样式见图 9－4、图 9－5。

配种记录卡

母猪号	圈号
品种	胎次
配种日期	预产期
与配公猪 1	品种
与配公猪 2	品种

图 9－4　配种记录卡

母猪产仔记录卡		
母猪号：		品种：
胎次：	配种日期：	预产期：
产仔日期：	死亡情况：	断奶日期：
全仔数：	压死：	断奶数：
活仔数	弱小：	断奶窝重：
死胎：	腹泻：	
弱胎：	其他原因：	
窝重：		
免疫：		
猪瘟：	伤寒：	其他：

图9－5　母猪产仔记录卡

记录表格是猪场第一手原始材料，是各种统计报表的基础，各场应有专人负责收集保管，不得间断和涂改。

在原始记录的基础上，计算出各种参数。这些参数应包括：哺乳仔猪成活率、保育期成活率、情期受胎率、产活仔数、每年每头母猪断奶头数、母猪淘汰率、饲料转化率、日增重、平均出栏天数等。这些参数应是近几年正常生产的平均数字。在制定生产计划时，各环节的参数一定要齐全，否则所定的计划与实际生产情况差异较大，造成生产过程的堵塞和圈舍的浪费，不利于降低每头出栏猪所分摊的折旧费用。

（2）生产组要定饲料、定药品、定工具、定能源消耗计划

不同环节、不同阶段的猪只对饲料、药品、工具、能源的需要量不同。把长期以来各环节的实际使用量平均分配到各头猪的数字作为参数，然后以这些参数为依据，计算出各环节的需要量，作为监督生产过程的控制指标。

为了对下一年的生产做到心中有数，每年年末，在总结本年度经验、教训的基础上，制定下一年各种计划。包括生产计划、基本建设计划、饲料生产及采购计划、物资与设备购置计划、销售计划、防疫计划、粪污处理与沼气生产计划、劳动力利用计划、财务收支计划等。

①生产计划　在生产计划中，以猪的配种分娩计划和猪群周转计划最为重要。

制订配种分娩计划是一项较细致的工作，在具体编制配种分娩计划时除了根据本场的经营方针和生产任务外，还必须掌握以下各项必要的资料：年初猪群结构；配种分娩的方式和时间；上一年最后4个月母猪配种情况，母猪年分娩胎次，每胎产仔数和仔猪成活率；计划年内淘汰的母猪头数和时间等。根据这些资料，可具体安排配种和分娩的母猪头数及时间、预计产仔头数和时间，制定配种分娩计划表（表9－5）。

表9-5 ××××年度配种分娩计划表

年度	月份	配种数			分娩数			产仔数		
		基础母猪	检定母猪	小计	基础母猪	检定母猪	小计	基础母猪	检定母猪	小计
上年度	9									
	10									
	11									
	12									
本年度	1									
	2									
	3									
	4									
	5									
	6									
	7									
	8									
	9									
	10									
	11									
	12									
	全年合计									

猪群周转计划，主要是确定各类猪群的头数，了解猪群的增减变化，以及年终存栏猪群的结构，它是计算产品产量的依据之一，因而是制订产品计划的基础。

制订猪群周转计划要有技术上和经济上的依据。在具体编制时，必须全面考虑各类猪群的组成和变动情况：

计划年初各种性别、各年龄猪的实有头数。

计划年末各个猪群按任务要求达到的猪只头数。

计划年内各月份（周）出生的仔猪头数。

出售和购入猪的头数。

计划年内淘汰种猪的时间和数量。

由一个猪群转入另一个猪群的头数（表9-6）。

表9-6 ××××年度猪群周转计划表

		上年存栏	1月	2月	3月	4月	5月	6月	7月	8月	9月	10月	11月	12月	合计
基础公猪	月初数 淘汰数 转入数														

续表

		上年存栏	1月	2月	3月	4月	5月	6月	7月	8月	9月	10月	11月	12月	合计
检定公猪	月初数 出售或淘汰数 转出数 转入数														
基础母猪	月初数 淘汰数 转入数														
检定母猪	月初数 淘汰数 转出数 转入数														
哺乳仔猪															
培育仔猪															
后备母猪															
生长肥育猪															
月末存栏总数															
出售淘汰总数	出售断奶仔猪 出售后备公猪 出售后备母猪 出售肉猪 淘汰成年猪														

②财务收支计划　这是用货币形式反映猪场全年生产经营成果和各项消耗的计划。其内容包括：猪场内部各项收入、生产费用和管理费用计划，年度财务收支盈利计划；还应包括产品成本计划、固定资产折旧与修理计划等（表9－7）。

表9－7　××××年度财务收支计划　　单位：元

收入		支出		备注
项目	贷方金额	项目	借方金额	
一、养猪收入 仔猪 肉猪 粪肥 配种 其他 二、其他收入 作物 饲料		饲料费 劳动工资 燃料费 药费 水电费 销售费 管理费 折旧费 基建费 维修费 福利费 培训费 其他费用		
盈利		亏损		
合计				

（3）跟踪生产，适时检查，及时调整

全年生产计划制定以后，整个猪场都围绕这一目标按照生产周程序开展工作，但计划并不代表实际生产成绩，计划与实施往往存在着一定的差距。例如，受胎率可随着母猪的年龄、胎次、环境条件而变化较大，原计划每周配种的头数，则往往会出现不同程度的偏差，致使原定每周所产的窝数不一定能按时完成。因此，对猪场的生产计划的执行与完成情况应有严格的监督和准确的统计分析，从中找出未完成任务的原因，提出解决问题的办法，以便在下周和以后的工作任务中予以弥补，确保年度生产计划的按时完成，进而降低养猪成本。

（4）注意捕捉市场信息，努力做到适时出栏，以降低饲料成本

一些猪场认为猪喂的体重越大，每头销售价就越高，赚钱越多，这是错误的。根据猪的生长发育规律，对体重85kg以上的商品猪而言，随着以后生长体重的增加，料重比会越来越高，饲料转化率逐渐降低，直接导致饲料成本的增加。因此，在市场销售价格降低到一定程度（或出现饲料价格大幅上涨而售价不变）的情况下，要实现盈利是困难的，若再加上该阶段猪只分摊的有关费用，就会导致亏损。

3. 管好用好饲料，促进增收节支

饲料成本在养猪生产中，占其总成本的70%左右。对商品猪来说，猪的生长肥育阶段吃下的饲料要占其一生总采食量的75%，从而成为猪营养生涯中最昂贵的阶段。就成本核算而言，生产者在各阶段中可能控制的是增重1kg的饲料费，而它与饲料转化率呈极强正相关，饲料转化率又与饲料单价密切相关，而饲料单价又取决于饲料的质量、购入途径及仓贮措施是否得力。这是生长肥育猪营养中必须重视的问题。

（1）把好饲料供应计划关

根据本单位各生产猪群的存栏量，参照各类猪只的营养标准计算出全价日粮的定额日喂量后，就可以计算出每日、每周和全年的饲料用量，在考虑到饲料的运输、贮藏、加工

过程中的正常损耗量后，应制定出月度（或季度）饲料供应和贮存计划，见表9－8，这样就能在筹资方面做到有的放矢，有利于降低利息和饲料损耗。

表9－8　某猪场日粮需要量

猪群		日定额（kg）	头数	日粮需要量（t）		
				每日	每周	全年
种公猪		2.8	20	0.056	0.392	20.440
后备公猪		2.3	10	0.023	0.161	8.395
后备母猪		2.1	68	0.143	1.001	52.195
母猪	空怀母猪	1.9	98	0.186	1.302	67.890
	妊娠前期	2.0	400	0.800	5.600	292.000
	妊娠后期	2.2	660	1.452	10.164	529.980
	哺乳期	6.0	270	1.620	11.34	591.300
仔猪	15～35	0.2	2 700	0.540	3.780	197.100
（日龄）	36～70	0.8	2 485	1.988	13.916	725.620
肥育猪	71～120	1.5	7 632	11.448	80.136	4 178.520
（日龄）	121～180	2.3	7 632	17.554	122.878	6 407.210
总计				35.81	250.67	13 070.65

（2）把好收购关

对无质量保证以及含水分较高的饲料，坚决不购，同时，要拒绝购入人情饲料；对于所购麸皮，为保证其质量，要与大型面粉厂建立长久的业务关系；在购买高蛋白质饲料特别是鱼粉时，一定要先抽查、验质后再进货。否则，价格再低也不能购买，以防上当受骗。

（3）把好贮运关

饲料入库前，仓库要保证通风干燥，应有防雀设施；全场要定期灭鼠除虫，以减少不必要的饲料损失。在运输过程中，对包装和装卸的设施，力求严密，以免散失饲料。饲料入库时，保管员要先进行入库核实，对饲料的含水量进行测定，超过规定的限度，必须晒干，等散热后方能贮存，以防霉烂变质。

（4）把好饲料的配制和加工混合关

制定全价的饲料配方是促进猪只健康生长的可靠保证，要严格按照所定的配方认真对原料过磅称重。为此，猪场应选择那些工作责任心强的人员担任全场饲料的配制和加工混合工作，不提倡把精料分给饲养员让其自行配制和加工的方法。

对种猪饲料的配制，应在考虑钙磷平衡的前提下，尽可能少使用或不使用棉籽、菜籽饼（粕）等饲料，以防脱毒不力带来繁殖障碍。

4. 采取有力措施，降低疾病损失

规模化工厂养猪饲养规模大，饲养密度较高，一旦疫病传入，轻者会加大疫苗及治疗费用，增加饲养成本；重者会导致猪只大批死亡，出现巨额亏损。因此，要树立全员“防重于治”的意识，在消毒、防疫、保健和兽医卫生监督制度等方面采取相关措施。

5. 提高猪群的质量，增加生产

要使养猪增加生产，就要提高猪群的质量，努力提高“三率”，即母猪的产仔率、仔猪的成活率和肉猪的出栏率。

（1）提高母猪的产仔率

母猪产仔率的高低直接影响经济效益。据推算，母猪窝产仔6头时，收益和成本持平，因此要提高猪场的经济效益必须提高母猪的产仔率。在正常情况下，1头母猪年产仔20头以上，要想提高母猪的产仔率，必须要养好公猪，使其精液质优量多；要养好空怀母猪，使其早发情，多排卵；要做到适时配种，增加精卵结合的机会；要养好妊娠母猪，不使其发生死胎和流产；要做好接产工作，保证初生仔猪全部成活。另外，在选留后备母猪时要选产大窝仔猪的后代，还要搞二元或三元杂交，利用杂种优势提高产仔率。

（2）提高仔猪成活率

母猪产仔多，但仔猪成活率不高，同样不能提高经济效益。在正常饲养管理条件下，仔猪的断奶成活率可达90%。要达到这个水平，仔猪须过好“三关”，即初生关、补料关和断奶关。在初生关，主要做好防冻、防压工作和早吃初乳；在补料关，主要是早补料、勤补料，补仔猪爱吃、营养价值高的饲料；在断奶关，要做好“两个维持，三个过渡”，尽量降低仔猪断奶应激的影响。同时还要养好哺乳母猪，使其奶多、质好，使仔猪获得丰富的营养。另外还要养好妊娠母猪，使初生仔猪体重大而健壮，为以后的生长发育打下良好的基础。

（3）提高肉猪出栏率

仔猪成活率高只是良好的开端，还必须有较好的饲养管理条件，才能使肉猪出栏率高。提高肉猪的出栏率，主要措施是提高猪群的质量，使其生长快、饲料利用率高；进行经济杂交，充分利用杂种优势；要搭配好饲料，充分满足生长肥育猪的营养需要。

总之，养猪场要使自己处于不败之地，就要降低养猪生产成本和提高经济效益，否则将失去养猪生产的意义。规模化养猪生产要提高经济效益，需从3个方面来抓，即提高饲料利用率、降低饲料费用，提高母猪单产和经营管理水平（图9-6）。

四、猪场产品营销

（一）猪场产品市场营销的概念及特点

猪场产品（种猪、肉猪、仔猪、粪、尿等产品）市场营销是指产品所有权和产品实体从生产领域转移到消费领域（或其他领域）所经过的全过程。

它具有以下特点。

1. 时效性

猪场产品是时效性很强的商品，它具有鲜活、易损等特点，不利于长途运输。因此猪场产品在营销时应注意以下问题。

第一，应尽量增加流通渠道，组织就近销售，以便最大限度减少损失。

第二，应认真组织好运载工具和运输方法，从而提高营销的经济效果。

第三，要加强计划性，认真安排好精确的上市时间、地点、数量。防止不必要的损失和浪费。

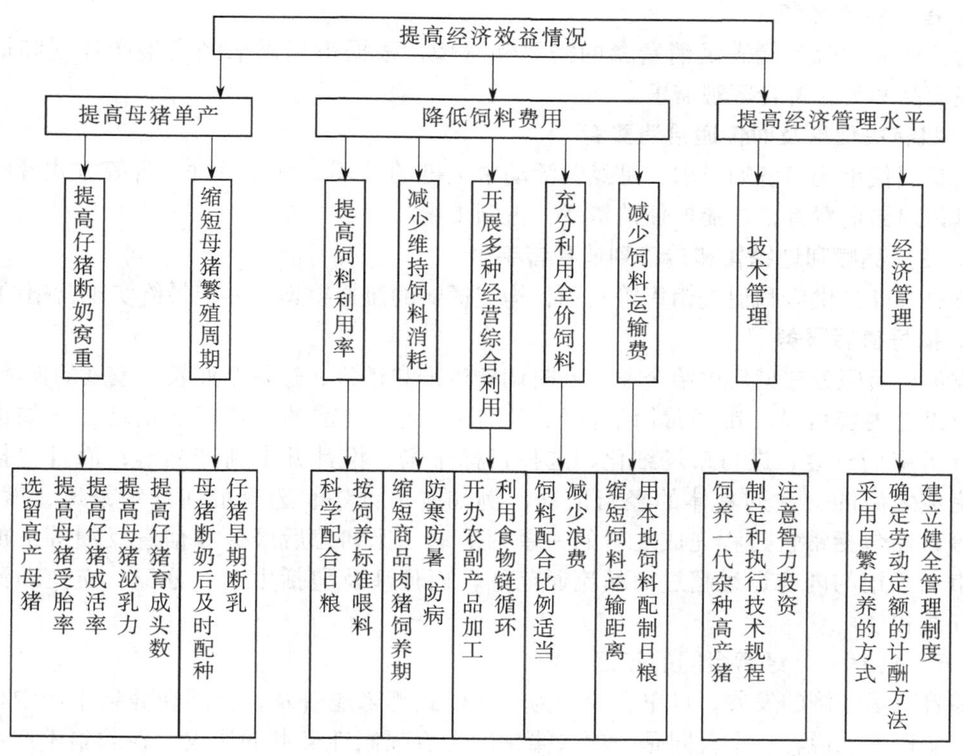

图9－6 提高养猪场经济效益示意图

2. 差异性

猪场产品种类不同，具有一定的差异性，如种猪和肉猪经济用途不同，生产周期有长有短；散养户养猪一般采用春秋两季产仔，肉猪、仔猪等产品有明显的季节性，淡旺明显；有的产品有明显地域性。因此，在营销时要适应这些特点，有重点地组织生产、销售或调运，允许有合理的季节和地区差价，促使猪场产品合理流通，调节产需平衡。

3. 分散性

由于我国的养猪业，规模养猪所占比例还较低，大部分仍以散养为主，随着市场经济的建立，规模养猪应从生产型转向生产经营型，既要重生产和管理，又要重经营和营销，把产品流通放在重要位置。

4. 灵活性

养猪生产易受种植业生产和自然条件的影响，易受饲料价格和生产成本的制约，随着中国加入 WTO，还受国际市场的影响，造成供需的不平衡，养猪经营者应及时作出反应，特别在销售价格上要采取灵活策略。

（二）市场营销的内容

市场营销的内容在本质上是一系列的经营活动，这些活动构成了市场营销的内容。

1. 了解、掌握市场需求

这是生产前的市场营销活动，在这个过程中，进行充分的市场调查，了解消费群体和消费状况，掌握现实市场满足度和潜在市场的可挖掘性。

2. 指导生产经营

为使产品和劳务能满足消费者的需要和愿望，根据市场需求制定生产计划和培训劳务，使商品和劳务符合客观需求。

3. 将有关信息及时传递给消费者

这是现代市场经济的要求，是经营活动中关键的一环，只有通过广告等方式及时将有关信息传递给消费者，才能抓住消费者，占领市场。

4. 使产品顺利地销售和转移到消费者手中

解决好商品供应和促进销售等问题，构成通畅的流通渠道，才能最终实现营销的目的。

5. 搞好售后服务

收集售后服务意见反馈给企业，及时调整生产和销售，这是企业长久发展的保障。

由以上内容可见，市场营销不仅包括生产、经营之前的具体经济活动，比如市场调研、分析市场机会、进行市场细化、选择目标市场、设计开发新产品等；而且包括生产过程完成之后的一系列具体的经营活动，例如制定价格、选择最佳分销渠道、做广告、推销等；还包括销售过程完成之后的一系列活动，比如售后服务和信息反馈等。也就是说，市场营销的内容远远超过商品流通范围，而且涉及包括生产、分配、交换和消费的总循环过程。

（三）养猪生产经营合同的签订

随着市场经济的发展，订单农业作为一种模式越来越普及，合同在养猪生产中普遍地存在。从根本上说，一个合同是一项法律化的带有强制性义务的协议。在养猪生产中，它是在两方或更多方之间为养猪生产经营这一目的而达成的书面协议，涉及养猪生产经营的合同内容包括如下方面。

①合同名称

②合同当事人

③合同标的

④数量和质量

⑤价款或酬金

⑥履行的期限、地点和方式

⑦合同的担保

⑧合同的变更和解除

⑨违约责任

⑩合同当事人签章

在签订合同之前应向有经验的人征求意见，向养猪的管理专家、养猪专家或当地农业专家咨询，以保证合同签定的准确性。

复习思考题

1. 某企业现有资金32万元，猪舍面积880m^2，请根据当地猪饲料与生猪时价，用线性规划法确定最佳生产经营方向和生产规模。

2. 阶段饲养工艺是怎么划分的？

3. 规模为500头基础母猪的养猪场，如何确定每周的配种计划？
4. 什么是成本？包括哪些项目？
5. 养猪生产中，如何减少饲料浪费？
6. 制定成本与费用控制目标有哪些意义？
7. 养猪生产中，应通过哪些方面挖潜来降低生产成本，提高经济效益？
8. 为什么说经营管理是办好养猪场的重要一环？

第十章

猪场生物安全

第一节 猪场生物安全体系建设

一、猪场生物安全体系的概念和意义

（一）概念

猪场生物安全体系就是为阻断致病病原（病毒、细菌、真菌、寄生虫）侵入猪体，为保证猪的健康安全而采取的一系列疫病综合防范措施，包括：环境、猪群的健康、卫生防疫、营养、兽医管理等几个方面，是较经济有效的疫病控制手段。

“生物安全”是畜牧业中常用的名词。“生物安全”有两个层次上的含义：即国际层次和猪场的层次。在国际层次上，对于生物安全的关注集中在预防国家与国家之间的疾病传播，这对于具有巨大猪肉出口市场的国家来说是其主要的关注点。在猪场层次上，生物安全则是指采取疾病防制措施以预防新传染病传入猪场并防止其传播。

近年来，生物学安全这一新概念已受到养殖业生产者的高度重视。生物安全体系可以看作是传统的综合防治或兽医卫生措施在集约化生产条件下的发展，是养猪生产企业中建立和保持猪群高度健康和高生产性能的一种体系，是防止疫病发生和流行的重要措施。通过建立生物安全体系，采取严格的隔离、消毒和防疫措施，降低和消除猪场内的病原微生物，减少或杜绝猪群的外源性继发感染机会，从根本上减少和依赖用疫苗和药物实现预防和控制疫病的目的。

（二）意义

2003 年 SARS 对全球带来的影响，在一定程度上导致了公众恐慌，经济发展受到严重影响。2004 年高致病性禽流感席卷东南亚各国，从韩国、日本迅速传到越南、泰国、中国等国家，给养禽业造成致命性打击。1999 年我国台湾的口蹄疫病使台湾的养猪业进入了低迷状态，直接经济损失 100 多亿美元；疯牛病给英国养牛业造成毁灭性的打击；2006 年及 2007 年我国发生的猪无名高热病使我国的养猪业遭受巨大损失。如何才能使每一个国家、地区、企业有效杜绝、防御传染病的袭击呢？有效的方法是建立生物安全体系。2002 年底我国加入了 WTO，更加促使我们加强畜禽生产的安全性，在养猪行业，自 20 世纪 80 年代以来，我国通过对疫病总体状况的统计，分析了造成新疫病层出不穷的原因，提出了猪场今后的重点工作之一是建立生物安全体系。

生物安全体系主要着眼于为猪生长提供一个舒适的生活环境，从而提高猪体的抵抗力，同时尽可能地使猪远离病原体的攻击。目前，针对现代化饲养管理体系下疫病控制的

新特点，生物安全已经和药物治疗、疫苗免疫等共同组成了疫病控制体系，通过生物安全的有效实施，可为药物治疗和疫苗免疫提供一个良好的应用环境，从而获得药物治疗和疫苗免疫的最佳效果，进而减少在饲养过程中药物的使用。

生物安全是预防传染因子进入生产的每个阶段、场点或猪舍内所执行的规定和措施。以控制疾病在猪场中的传播，减少和消除疾病的发生，尽可能减少引入致病性病原体的可能性，并且从环境中去除病原体，是一种系统的管理方法，也是控制疫病发生和传播最有效、最经济的措施。树立生物安全观念，改变传统的“先病后防”、“重治不重防”的错误观念，树立“无病先防”和“环境、饲养、管理都是防疫”的正确防疫理念。

（三）生物安全体系内容

生物安全体系的具体内容包括如下几个方面：环境控制，人员的控制，猪生产群的控制，饲料、饮水的控制，对物品、设施和工具的清洁与消毒处理，垫料及废弃物、污物处理等。

生物安全体系主要着眼于为猪生长提供一个舒适的生活环境，从而提高猪体的抵抗力，同时尽可能地使猪远离病原体的攻击。目前，针对现代化饲养管理体系下疫病控制的新特点，生物安全已经和药物治疗、疫苗免疫等共同组成了疫病控制体系，通过生物安全的有效实施，可为药物治疗和疫苗免疫提供一个良好的应用环境，从而获得药物治疗和疫苗免疫的最佳效果，进而减少在饲养过程中药物的使用。

二、生物安全体系的建立

生物安全体系，就是排除疾病威胁、保护动物健康的各种方法的集成。一个健全、有效的生物安全体系，包含下列各要素。

1. 猪场的选址

新建猪场，首先考虑的事情就是场址的选择。一个猪场的场址，决定着这个猪场未来的生产难度系数和生产效益。所以，一个猪场的位置确定，在养猪生产中建立生物安全防范体系上至关重要。因此，在新建场的选址问题上要高度重视安全性，切忌随意性。场址的选择要符合动物的防病规定，避免交叉感染，远离养殖场，屠宰加工厂，以最低能耗为原则，交通、水电及饲料供应便利。地势要背风向阳，地势高燥、通风良好，保证常年有清洁水源，使猪只保持干燥和良好的卫生环境，最好建在山边或鱼塘、果林、耕地边，利于排污和污水净化。距离居民区至少2~3km，距离其他猪场或粪便撒播区3.2km以上。离主干路至少2km。远离其他猪场、屠宰场、畜产品加工厂和其他污染源（表10-1）。

表10-1　猪场与邻近猪场间的最小距离

疾　病	最小距离（km）
伪狂犬（PR或AD）	3.5
传染性胃肠炎（TGE）	1
喘气病（MPS）	3.5
萎缩性鼻炎（AR）	1
放线菌胸膜肺炎（APP）	1
口蹄疫（FMD）	>40
猪流感（Influ）	6

2. 布局

包括生产区和生活区，二者之间要有200m的缓冲防疫隔离带。整个场区要有围墙。

生活区：包括更衣消毒区、办公区、宿舍食堂、水电供应区等。

生产区：一般布局依次为：沐浴更衣→配种 →妊娠→产房→仔猪→育成→肥育→出猪台。生产区外还应备有检疫隔离间，如果是种猪场，还可含种猪测定舍（间）。生产区内备有防疫隔离间、种猪测定室，栋与栋间距必须大于8m，兽医室、隔离舍、病死猪无害化处理间、剖检室应放在猪场的下风处。便于通风、防疫，主干路需要硬化，场内道路布局合理，进料和出粪道严格分开，防止交叉感染，同时做好场区绿化工作。场内设有种猪运动场，便于公猪、下床母猪的运动。化粪池、化尿池必须建在下风向，并及时处理、除臭。防止蚊蝇孳生，有条件的猪场可以设计成三点式工艺布局。更有利于防止不同阶段人员的交叉感染，可以有效控制疾病的传播。

3. 温度

温度在养猪生产中是关键环节，对种猪发情、配种、仔猪的存活起着重要作用。温度太高导致热应激，会降低公猪精液的活力，同时，增加配种难度，出现返情多，产仔少，影响采食量。仔猪对温度变化更为敏感，适宜的温度可以减少死亡。低温使仔猪抗病力降低、死亡率升高。因此，对仔猪进行防寒保温是生产中的重中之重，在北方表现尤为突出。

有条件的猪场可以在夏季装湿帘、风扇、中央空调，在冬季产房、仔培舍加装暖风、热风炉或中央空调，猪舍做到冬暖夏凉。

4. 通风

猪在正常的新陈代谢活动中会产生出热量、水分，同时还产生二氧化碳、硫化氢、氨等有害气体，这些物质长时间积累，在一定浓度下会影响猪群的健康，阻碍生产性能的发挥。

有效的通风可以调节舍内空气质量、调节舍内温度与湿度，促进猪只生长，减慢致病微生物繁衍速度，给猪只健康成长创造良好环境。

5. 人员控制

人员的流动是病原传播的一个重要途径，因此，种猪场应禁止一切外来人员参观；只允许必要的人员进入猪场，本场内各猪舍的饲养员禁止互相往来；饲养员进场前，不应与其他畜禽接触，不应去过与畜牧兽医相关的场所或屠宰场；不论是管理者还是饲养员，家里都不准养偶蹄动物，不准进入屠宰场，场内不准带入可能染病的畜产品或物品。场内兽医人员不准对外诊疗猪及其他动物的疫病。技术人员进入不同猪舍要更换衣物，沐浴，严格消毒，防止交叉感染。药厂和饲料厂的营销员和售后服务人员，他们经常穿梭往来于各个猪场之间。不允许他们在不采取任何预防措施的情况下进入猪场，要确保他们不将任何不良物品留在猪场，以免他们将传染病带入猪场。

6. 实行全进全出制度

国外流行的主要生物安全措施即全进全出，批量生产。我国越来越多的猪场采用此种饲养方法，尽可能做到同日龄范围内的猪只全进全出。只要不重新引进猪只，在一定时间内出完，也算全出。全进全出并不强调一场一地的大规模全进全出，强调的是一栏或一舍的全进全出。

7. 实行多点生产工艺

1993 年美国养猪界研究了一种新的养猪工艺，即仔猪早期断奶隔离饲养。它又分为二点式生产和三点式生产工艺。

（1）二点式生产

配种、怀孕、分娩和哺乳在一地，保育、生长和育成在另一地。其工艺流程为：

配种怀孕→分娩 $\xrightarrow[\text{二点隔离 250 ~ 1 000m}]{\text{哺乳猪 10 ~ 21 日龄断奶}}$ 保育→生长→肥育

（2）三点式生产

配种、怀孕、分娩和哺乳为一地，保育为一地，生长及肥育又在另一地。其工艺流程为：

配种怀孕→分娩 $\xrightarrow[\text{二点隔离 250 ~ 1 000m}]{\text{哺乳猪 10 ~ 21 日龄断奶}}$ 保育 $\xrightarrow[\text{二点间隔 > 250m}]{\text{个体重 20 ~ 25kg}}$ 生长→肥育

现在最流行的是三点式生产模式。仔猪在生后 21d 前，其体内抗体还没有消失，就将仔猪断奶，然后转移到远离原生产区、清洁干净的保育舍进行饲养。由于仔猪健康无病，不受病原体干扰，可提高仔猪成活率和生长速度。

8. 采用封闭的种猪群

动物疫病的控制必须从动物的种源安全、饲养条件、管理水平和防疫规则等环节采取综合措施。猪只引进是最重要的危险因素，当从不健康的猪场购买种猪时，细菌、病毒、皮肤寄生虫或蠕虫都会随猪一起引入猪场。

后备猪应避免从多个猪场购买。在封闭的猪群（即自行繁殖后备母猪的猪场），一般很少发生疾病问题。通过外购猪将疾病带入猪场，外购猪的来源越多，则引进疾病的危险就越大。如果不得不从外场购买种猪，来源猪场应该越少越好。要从健康状况良好并且疾病防制措施扎实的猪场购买，最大限度降低疾病引入的风险。一般的原则是，来源猪场的健康状况必须优于接收猪场。同时要进行检疫，及时检测出重要疾病并预防其传播。在检疫期内，要注意观察新猪有无疾病症状，要治疗其内、外寄生虫病（这项措施最好实施于来源猪场内），并要进行血液试验以检测其有无伪狂犬病和布氏杆菌病等传染病的抗体。

为了有利于疾病防治，尽可能从单一猪场购猪。也可以从一个猪场购买公猪，而从另一个猪场购买母猪。如果从许多不同的猪场购买种猪，上述猪场的猪病就会在购入猪场中集中。这是大多数传染病传入猪场的主要途径，这也是为什么大多数传染病的暴发都是发生在将新猪引进猪场之后的原因。因此，尽量不要从不熟悉的猪场购猪，更不要购买“减价猪”。引进种猪时要仔细挑选、观察和化验，引入后要进行隔离和驯化。也可引进精液作为种源。

9. 消毒措施

猪场要制定严格的场内外消毒制度，消灭病原菌，净化空气。场内设有消毒池、紫外线消毒室、洗澡更衣室，备有高压冲洗机、背式消毒器、高压除尘器等消毒设备、设施，对入场车辆、物品进行消毒。猪只进场时要采取洗澡、保健、消毒措施。生产区间内的运输工具要做到及时清洗消毒。场内的运输工具不能拿到场外使用。

临产母猪进入产房前，要以温水清洗，高锰酸钾或碘剂消毒。其他猪舍可单栏、单圈冲洗消毒；每栋猪舍门口都要有消毒脚盆；每季度全场环境消毒一次；猪只转群后，对空舍设备要严格消毒，并监测消毒效果，走廊每周至少消毒两次，猪舍带猪消毒可用碘制剂、氯制剂交替使用。

场区门口要有消毒池。消毒池宽同大门，长为机动车车轮一周半，轮胎直径的1/3深，消毒池内放入2% ~3% NaOH 溶液每月或20d 彻底清理1 次，以高浓度的 NaOH 溶液为好。

10. 隔离措施

隔离设施应安置在猪场区之外，并安排专门的饲养人员。隔离区的饲养人员必须淋浴、更换干净的外套和靴子才能进入主场区。隔离期应根据目标病原的最长排毒期来确定。一般要隔离4 ~8 周，发现不良猪只后立即淘汰。

11. 车辆管理

设置围墙和大门，严格控制外来车辆进场，本场车辆进场要消毒。在场区外临近的位置安置车辆清洗设施。来访车辆及运猪车的停车场距离猪舍至少300m。使用本场车辆将猪运到围墙外的装猪区，外来车辆不必进入场区即可装猪。每批猪之间，车辆等转运设施都要进行清洗、消毒。

三、健康猪群的建立

母猪是猪场生产中的基础，健康的母猪群是生产效益的最终保障，所以，建立健康的猪群是一个猪场成败又一关键要素。建立健康猪群有如下方法：

1. 从国外直接引种

因为欧洲、北美一些发达国家生物安全、疫病的监控处于世界领先水平，猪只健康状况良好，而且还注射猪瘟、口蹄疫两种疫苗。

2. 从国内引种

为了保证本场生产稳定、猪群健康，引种时要认真考察、了解猪场的生产管理与猪只健康状况，要树立“健康第一，生产性能第二，体型外貌第三”的选种观念，严把选种关，减少或杜绝外来传染病的引入，避免打破本场的生产平衡和安全体系。

3. 加药早期断奶和早期隔离断奶

加药早期断奶是将母猪和肉猪的免疫和给药结合起来，进行早期断奶，并按日龄进行隔离饲养。应根据猪群健康情况制定免疫和加药计划。

早期隔离断奶是在仔猪母源抗体水平较高，病原菌群较弱时，将仔猪饲养在尽可能少带病原菌的环境中，在各类猪群间建立防病屏障，防止猪群内部疾病之间的传播。

早期隔离断奶的优点：①仔猪尽早地与母猪所带的病原隔离，有利于控制疾病；②保育、肥育期生长更快，上市时间缩短；③缩短母猪的非生产期，增加年产仔胎数；④提高猪的健康水平，提高胴体的价值。

早期隔离断奶的缺点：①健康猪更易感，容易暴发新的疫病；②有的老疫病可能更加严重，如猪链球菌病、心包炎、胸膜肺炎等；③影响母猪的繁殖性能。

4. 加强营养

饲料是养猪的基础，养猪生产中70% ~75%资本投入是饲料。高质量的饲料具有充足的营养水平、良好的可消化性和适口性、具有保健和抗病作用，不含引起仔猪过敏反应的抗营养因子。禁止饲喂不清洁、发霉或变质的饲料，不得喂泔水，以及未经无害化处理的畜禽副产品。

5. 兽医管理和服务

（1）完善的生产记录

生产技术人员应对猪群健康状况和饲养员工作情况做好记录工作，对于日常生产中病死猪进行剖检及流行病学调查，对用药状况、免疫情况等要详细记录在案，以便及时了解猪群的动态和发展变化。

（2）疫苗、药物的使用

集约化养猪生产，对抗生素类药物的使用加以越来越多的限制。取而代之的是安全有效的生物制剂——疫（菌）苗。疫苗和药物在使用过程中要注意：①根据本地或本场疫病流行特点制定合理的免疫程序，不片面套用其他猪场免疫程序，以防造成免疫失败。②场家要严把各种疫苗、药品质量关，根据实际效果、监测结果，选择正规厂家进药，运输、保存条件达标。③按规定和剂量用苗用药，纠正工作中的错误操作，坚持一猪一针，对注射用针最好煮沸消毒，不打飞针、不漏注、不浪费药苗，填写好防疫卡。④疫苗抗体效价整齐，免疫状态均衡。⑤制定药物管理办法并严格执行。药物设专人保管。按药品使用说明在避光、阴凉、通风、冷藏、低温等不同条件下分类保存。所有药品入库记账，按药品生产日期、有效期、批号及生产厂家，详细入账，保证及时使用，以免过期浪费。

（3）实验室监测

有条件的猪场要求最少一个季度搞一次采样，通过了解抗体效价，选择最佳的免疫时机，为评价免疫效果提供依据。采样时依群体大小和日龄来决定采样，一般小群体不低于 20 份/次，大群体 5‰左右。饲料、饮水每季度监测 1 次。

（4）SPF 猪群的建立

SPF 猪是无特定病原猪的简称。是指母猪在临产前采用剖腹取胎无菌接产获得仔猪，然后在无菌状态下把仔猪送往隔离的仔猪舍内，与非 SPF 猪隔离饲养，以致他们能自然产生下一代 SPF 猪，用这种方法所得到的猪群，称之谓 SPF 猪。

20 世纪 50 年代初，美国首先提出了 SPF 的概念，并生产出了 SPF 猪。继美国（1955）SPF 猪投入大规模生产后，中国、加拿大、英国、丹麦、德国、法国、澳大利亚和日本等 13 个国家和地区建立了 SPF 猪群。

SPF 猪是利用胎盘的屏障作用净化不能通过垂直感染的各种疾病，从出生到育成都不带任何病原，从而生产高度健康的猪群。建立初代 SPF 猪群不仅困难，有风险，同时花费巨大。我国在 1988 年开始筹建北京市 SPF 猪育种管理中心，并从丹麦、美国引进技术和设备，建立了适合我国的 SPF 猪生产技术。供应生产单位 SPF 种猪及实验动物用猪万余头，SPF 种猪、SPF 商品猪在我国养猪业的普及，将使饲料成本大幅度下降，生猪品质提高，产生社会经济效益。

目前，针对现代化饲养管理体系下疫病控制的新特点，生物安全已经和药物治疗、疫苗免疫等共同组成了疫病控制体系，通过生物安全的有效实施，可为药物治疗和疫苗免疫提供一个良好的应用环境，从而获得药物治疗和疫苗免疫的最佳效果，减少在饲养过程中药物的使用。

第二节　猪应激与预防技术

猪的应激是养猪生产中常见现象，尤其是从国外引入的高瘦肉率品种和在集约化饲养条件下，发生应激的现象更为多见。应激造成的危害既有单一的，也有综合的，而且影响是多方面的。养猪生产中应针对不同情况，采取有效措施，预防和降低应激造成的损失。

一、适应与应激的概念

（一）适应

猪在适宜的环境条件下，最有利于生存和生产，但实践中很难提供这种环境。当环境因素在一定限度内变化时，猪体通过神经和体液进行调节，产生行为的、生理的、形态解剖及遗传的变化，以适应变化了的新环境，即为适应。例如，环境温度降低，猪在行为学方面呈现蜷缩、挤堆等表现；如低温继续刺激或有所加强，猪在生理学方面呈现颤抖、呼吸变慢且深等表现；长时间的低温环境，猪在形态学方面发生皮肤变厚、皮下脂肪增加等表现；当低温环境超过猪的适应限度时，致使机能障碍、体温下降、冻昏、冻死。

（二）应激

猪的应激是指猪体受到各种应激因素的强烈刺激后，所产生的全身非特异性应答反应的总和。能引起动物应激反应的各种环境因素统称为应激源。

猪体受到刺激后，可引起猪对特定刺激产生相应的特异性反应，而有些刺激（即应激源）不仅使动物产生特异性反应，还会使机体产生相同的非特异性反应，其表现为：肾上腺皮质变粗，分泌活性提高；胸腺、脾脏和其他淋巴组织萎缩，血液嗜酸性白细胞和淋巴细胞减少，嗜中性白细胞增多；胃和十二指肠溃疡出血。我们把这种变化称为“全身适应综合征（GAS）”。

应激在典型情况下可分为3个发展阶段。

第一阶段：惊恐反应或动员阶段　是猪对应激源作用的早期反应，出现典型的GAS反应。表现为体温和血压下降、血液浓缩、神经系统抑制、肌肉紧张度降低、抵抗力降低，异化作用占优势。机体防卫反应加强，血压上升，血糖提高，抵抗力增强。过强的刺激会导致机体衰竭死亡，如果机体克服了应激因素的影响而存活下来，则随之进入适应阶段。

第二阶段：适应或抵抗阶段　机体克服了应激源的不良作用而获得了适应，新陈代谢趋于正常，同化作用占优势，机体的各种机能趋于平衡，抵抗力恢复正常。如果应激源停止作用或作用减弱，机体克服了其不良影响，应激反应就在此阶段结束，如果应激源继续作用或机体不能克服其强烈影响，则应激反应进入衰竭阶段。

第三阶段：衰竭阶段　此阶段表现很像惊恐反应，但反应程度急剧增强，肾上腺皮质虽然肥大，却不能产生皮质激素，机体异化作用又重新占优势，体脂、组织蛋白等体内贮备分解，出现营养不良，体重下降，获得的抵抗力又丧失，适应机能被破坏，各系统机能紊乱，最后衰竭而死。

二、应激源

养猪生产中，引起猪只应激的因素和环节很多，常见的应激源有：①不良的环境因素

（如高温、低温、强辐射、强噪声、低气压、贼风，空气中 CO_2、NH_3、H_2S、CO 等有毒有害气体浓度过高等）。②饲养及管理因素（如饥饿或过饱、日粮成分或饲养水平急剧变更、饮水不足、突然变更饲养管理规程或更换饲养人员、监禁、密饲、捕捉、争斗、营养不良、免疫接种、断奶、转群、驱赶、抓捕、去势、打耳号、断尾等）。③传染病的侵袭（细菌、病毒、寄生虫、支原体及衣原体感染等）。④人为因素（运输途中的不良刺激、对生产性能的高强度选育和利用等）。⑤遗传因素（隐性氟烷基因纯合体猪，易于发生应激综合征）。

三、应激对猪的影响

应激对猪的健康和生产力、繁殖力、肉品质等都有不良影响。

1. 生产性能降低

猪只受到应激时，肾上腺皮质激素分泌加强，加速了体内糖原、脂肪和蛋白质的分解，使猪的生长发育受阻，生长速度减缓或停滞，体重下降，饲料报酬降低。

2. 繁殖力下降

强烈或长时间的应激会导致猪性激素分泌异常，促卵泡素（FSH）、促黄体素（LH）、催乳素（LTH）等分泌减少；性机能紊乱，使其繁殖力降低。生长猪性腺发育不全，成年猪表现为性腺萎缩、性欲减退，精液品质下降，受胎率降低，妊娠母猪出现胚胎早期吸收、胎儿畸形、流产、难产、死胎或不孕等现象，新生仔猪初生体重轻，成活率低等。

3. 猪肉品质降低

应激会使猪肉品质下降，猪只宰前运输途中受到拥挤、捆绑、冷热刺激等，在宰后多见 PSE 肉，即肉色灰白、肉质松软、有渗出物。而长时间低强度的应激源刺激又可导致 DFD 肉。PSE 肉的贮藏性、烹饪适用性变差，DFD 肉适口性差。

4. 免疫力低下

应激时，猪的健康受到一定影响。在应激情况下，因糖皮质激素的大量分泌，导致胸腺、脾脏和淋巴组织萎缩，使嗜酸性白细胞、T 淋巴细胞、B 淋巴细胞的产生和分化及其活性受阻，血液吞噬活性减弱，体内抗体水平低下，从而抑制了机体的细胞免疫和体液免疫，导致机体免疫力下降、抗病力减弱。对一些传染病和寄生虫病易感性增强，大肠杆菌、巴氏杆菌等细菌迅速繁殖，毒力增强，侵入血液，引起猪胃溃疡、菌血症、倒毙综合征等，并导致应激综合征、咬尾综合征、猝死综合征等各种疾病的发生。

总之，应激对养猪生产有诸多不利影响，但又是机体必不可少的适应性反应，而且并不是所有的应激都对猪只有害，在非强烈应激中猪只进入适应阶段，可以提高其生产力、饲料利用率及抵抗力，但应注意控制应激源的强度和作用时间，使之停止在适应阶段，杜绝衰竭反应的发生，生产中应当避免那些强烈的、长时间的应激。

四、应激的诊断

不同的年龄、性别、生产阶段、营养水平及不同个体对应激的敏感程度不同。对应激源的敏感程度通常仔猪比成年猪敏感，母猪比公猪敏感，妊娠母猪比空怀母猪敏感。营养水平差的猪比营养水平高的猪敏感。同类型不同品种、不同个体的猪对应激的敏感程度也不一样，可分为应激敏感猪和抗应激猪。抗应激猪能耐受较强烈和较长时间的应激源作用，应激初期其应激表现不强烈，只在后期才较明显，其生产力受应激源影响较轻，恢复也较快。

应激诊断可以及时反映猪只是否受到应激及应激的程度如何，根据诊断结果采取必要的防治措施，可减轻应激对养猪生产的危害，同时测定猪只的应激敏感性，通过选种可培育抗应激品种或猪群，提高猪的抵抗力。

应激诊断常观察猪的临床症状和行为表现，或用氟烷测验、测定血型或血液中有关激素、酶、血细胞及血液中其他有关成分的含量变化来确定猪的应激敏感性。

1. 临床观察

强烈短时间应激，猪只表现惊慌不安、眼睛睁大、心率加快、呼吸急促、食欲减退、肌肉颤抖、体温升高，皮肤出现红斑或发绀，严重时导致休克或死亡。低强度长时间的慢性应激时，猪只出现体重减轻、生产力下降，繁殖机能障碍，免疫力降低，精神抑郁、行动迟缓。

2. 氟烷测验

在养猪生产中测定猪的应激敏感性较常用的是氟烷测验法。应用麻醉剂氟烷对7～12周龄的幼猪进行应激敏感性测验。测定时用面罩使猪吸入浓度1.5%～5.0%的氟烷，大约1min后即失去知觉，2～3min后阳性猪由尾、后肢向背胸、前肢渐进性肌肉痉挛和强直，一旦出现肌肉强直应立即停止测验。在5min内无强直反应的为阴性。

五、应激的防制

1. 科学的饲养管理

给猪只创造较适宜的小气候环境和改善饲养管理是预防应激的有效措施，如场址选择、猪舍类型和所用材料、粪污处理等都应加以注意，并要定期做好栏舍、环境的消毒工作，减少高低温、贼风、高浓度有害气体、频繁转群、高密度饲养等对猪的影响，做到科学规范；饲养密度适中，最好采用小群体舍饲；饲养方式宜实行全进全出制；尽量减少转群、迁栏，以减少混群应激；饲料营养要全面，不要随意更换。

2. 选择抗应激品种

抗应激品种是防止各种应激性疾病的有效途径。选育抗应激品种的猪，淘汰应激敏感型猪，是提高猪群抗应激能力的有效方法，可明显降低猪的应激基因频率。购买、引进仔猪时，应注意挑选抗应激性能强的品种，如大约克、杜洛克等。我国的地方猪种都有良好的抗应激能力。在自繁自养过程中，应注意观察，淘汰应激敏感的种猪个体，使猪体的隐性氟烷基因频率下降。

3. 药物预防和治疗

防制应激应采取“预防为主”的方针，一般可采用饲喂抗应激的添加剂饲料，维生素制剂（VC、VE），杆菌肽锌（缓解热应激），碳酸氢钠、氯化钾等（维持酸碱平衡），中草药制剂如柴胡（调节体温）、天麻（抗惊厥）、五味子（调节机体代谢强度）、板蓝根（增强免疫力和抗病力）、麦芽（增强食欲、改善营养）等，均有防制应激、提高抗病力的作用。

采用药物预防应激简单有效，已发生应激时，使用药物也有治疗和缓解作用。预防效果较好并被广泛采用的药物主要是镇静剂（如利血平等）、某些激素（如肾上腺皮质激素）、维生素类（维生素 B 族、维生素 C、复合维生素）、微量元素（如硒）、有机酸类（如琥珀酸、苹果酸等）等，缓解中毒的药物（如小苏打等）也有防制应激的作用。在猪只断奶、转群、运输等之前服用上述药物，可以起到较好的抗应激作用。药物预防虽有较好的预防应激的效果，但长期使用某些药物，易在猪体内富集，间接影响人的健康，也应慎重使用。

发生应激反应时，一般可采用葡萄糖酸钙 50～100mg，选择两个不同部位肌肉注射。或用氯丙嗪片，内服剂量每次 3mg/kg；肌肉注射，每次 1～3mg/kg；静脉注射每次 0.5～1.0 mg/kg。患急性胃肠炎猪可用痢菌净治疗，剂量为 2～3mg/kg；发生酸中毒时，可内服小苏打 2～5g；体温较高病猪，可用氨基比林降温。

第三节　福利养猪技术

一、福利养猪概述

动物福利一词起源于欧洲，他们信仰动物也有感知、痛苦、情感的理念，尽管人工饲养的畜禽最终将被宰杀，但人类应该文明、合理、人道地对待动物，认为这是人类进步的一个标志。早在 1822 年，英国就通过了禁止虐待动物的议案。1980 年，欧盟及美国、加拿大、澳大利亚等国都进行了对动物福利方面的立法，目前不少发达国家建立了动物福利法规。中国对动物福利的概念引进较晚。1988 年出台的《中华人民共和国野生动物保护法》明确了野生动物的法律地位。其他有关动物保护的条文，只散落在《中华人民共和国森林法》《中华人民共和国渔业法》《中华人民共和国海洋环境保护法》和《实验动物管理条例》等法规中，并没有一部总括性法律。

1. 动物福利产生的背景

20 世纪 50～60 年代，发达国家的畜牧生产方式开始由粗放式经营向集约化生产演变，这是经济复苏、劳动力和土地成本大幅度增长的结果。农场主为维系生产，保证获得更大的生产利益，不得不放弃传统的生产模式，尝试生产效益较高的集约化生产。从生产意义上讲，集约化生产方式的出现是近代农业生产史上的一大进步。

集约化生产方式在提高生产效率和降低生产成本的同时，还带来了突出的生产问题。首先是应激，表现为个体或群体抵抗力下降、疾病增多、死亡率与淘汰率高、行为异常增加、个体间互相伤残现象严重和争斗加剧等，且集约化程度越高，表现越严重。集约化不仅给生产带来损失，加大管理难度，还给猪带来较为严重的健康问题。这些问题在集约化养猪生产诞生之初，表现并不突出，但随着集约程度的不断提高，问题越来越明显，表现形式也越来越复杂，引起了生产者和科研者的高度重视。大量调查研究结果表明，上述问题不是哪个单一因素所引发的，其实质表现为家畜无法适应集约化生产方式。这一认识使许多学者认识到，解决上述问题要从猪的适应性出发，从改善猪的生存环境入手，才能根本解决问题。福利养猪就是在这种背景下提出的。

随着人们对动物福利的不断理解，动物福利的概念和内涵在发达国家开始被广泛接受，影响到动物生产界人士、民间人士和政府官员。动物福利不再是单一的学术问题，已成为社会问题。

2. 福利养猪的定义

动物福利在英语中常见两种表达：康乐（well-being）和福利（welfare）。加拿大学者霍尼克（Hurnik J F，1988）把康乐定义为，有机体在其所处环境中能够达到身体与心理协调稳衡的一种状态或条件。从词面上理解，康乐是指健康、快乐的意思。动物“康乐”的标志应为：正常的身体和心理发育，没有行为剥夺或不良环境刺激的影响，健康、无病和生命期长等特征。

英国学者布兰贝尔教授于1962年率先推动动物福利运动，英国政府于1965年成立动物福利委员会，并提出应保障农场动物基本享有“五个自由”的权利：享有不受饥渴的自由；享有获得新鲜饮水和空气的自由；享有生活舒适的自由；享有不受痛苦、疾病、损伤、恐惧的自由；享有表达行为天性的自由。上述5条如今已成为保护动物的立法依据。

1976年，Hughes将农场动物（猪在此列）的福利定义为“动物与它的环境相协调一致的精神和生理健康状态”。1990年，我国台湾学者夏良宙提出，就对待动物立场而言，动物福利可以简述为“善待活着的动物，减少死亡的痛苦”。美国动物福利专家称，动物应有五大行为自由：转身自由、舔梳自由、站起自由、卧下自由、伸腿自由。福利养猪的定义：人为创造条件，让所饲养的生猪在生产过程中生活得更舒适、更自由、更健康，从而能体现其最大的自身价值。

3. 福利养猪的目的

动物福利不同于动物权益。动物权益论者主张，地球上的动物同人类一样，拥有自由生存、繁殖、活动的权利，反对任何形式的屠杀、虐待和利用动物，包括反对猎杀、生产、试验、囚禁、观赏以及使用以动物产品为原料的化妆品、服饰等。动物福利反对虐待动物，特别是在开发、利用动物过程中使动物承受不必要的痛苦，但不反对因为合理的开发和利用动物资源有利于提高人类的福利。可以通过改进生产工艺和改变人们对待猪的态度来减少、减轻利用者强加给猪的不必要的痛苦。

随着中国加入WTO，西方国家纷纷采取非关税措施阻止我国农产品大举进入，技术壁垒中的药物残留与生产过程中的环境壁垒、动物福利壁垒等，将使我国猪肉产品出口面临更大的挑战。近几年国际上连续发生了一系列养殖产品出口遭退货甚至抵制的事件。如2002年，乌克兰有一批经60h长途运输抵达法国的生猪被拒之门外，理由是这批猪在长途运输中没有按规定休息，违犯了动物福利法规。

福利养猪与养猪生产是相互对立与不可分开的两个方面。福利养猪可能会因应用一些符合猪的生物学特性的高新技术而增加投资，但使养猪业赢得了更高的回报与可持续发展。如水帘降温、仔猪炕道保温等新技术的应用，减少了猪病的发生，提高了仔猪的成活率及猪的生产性能，从而取得更高的经济效益。过分强调福利会增加养猪生产成本，但没有养猪福利的生产，问题会层出不穷，最终也无利可图，生产将难以维持。

4. 福利养猪的原则

保证猪只康乐是福利养猪的基本原则。理论上讲，达到猪只康乐的标准是对猪需求的满足。猪的需求分3个方面：维持生命需要、维持健康需要及维持舒适需要。能否满足上述3个方面的条件决定了猪的生活质量。在养猪生产中，生产管理者多半只重视前两个条件，往往忽视第3个条件。福利养猪的最大目的是最大限度地强调第三个条件。

二、福利养猪措施

（一）现代养猪生产对福利养猪的影响

与传统养猪生产相比，现代养猪生产主要体现在技术的现代化及生产的高效率，表现为生产环节中的程序化、专门化和机械化，又称为集约化生产或工厂化生产。集约化生产的目的是追求单位畜舍的最大产出量、最大生产效益及最低的产品价格。但集约化养猪生产也暴露出许多问题，如食物或饮水的污染，日粮的不平衡或营养缺乏，通风系统、供热系统、给料系统、供水系统的各种故障等，以及患病或受伤个体得不到及时救助或处置，猪的福利状况完全依赖于管理，而不是从根本上加以考虑。

未来养猪生产仍以集约化生产为主，仍然涉及占用土地、雇用劳动力及节省能源这样的问题，但保证猪只的健康、福利及防止行为异常等将成为主要问题。

当然，集约化养猪生产在福利养猪方面也有有利之处，如确保猪不再受恶劣气候条件的影响，解决食物短缺问题，改善饮用水卫生等。但这些改善仍无法抵消集约化生产给猪造成的痛苦。

1. 生产方式对生猪福利的影响

（1）饲养密度

指猪舍内每单位面积容纳猪的数量。密度不但影响猪舍的温度、湿度、通风、有害气体、微生物、尘埃数量、空气卫生状况，也影响猪的采食、饮水、排泄、活动、休息和行为。加大生猪饲养密度可降低生产成本，因此，高密度饲养成为现代集约化养猪生产的主要特征之一。但饲养密度过大，不仅危害到猪的福利，而且会直接影响生产效益。

研究结果表明，密度过高会对猪产生以下的影响：①超量并窝破坏了猪群原有的群体位次关系，必须经过一段时间的打斗才能建立新的群体位次关系，从而导致猪只伤害甚至死亡，同时生产性能下降。②由于饮食与睡眠的地方不足，诱发咬尾、咬耳等异常行为。③出现僵猪，破坏栏内的均匀度。④影响母猪的发情、配种，产仔数下降。⑤降低猪群的防卫能力，诱发与呼吸系统损害有关的传染病等。⑥加强高温对猪的病理损害，严重的可发生猪的急性死亡。低密度对猪的影响不大，主要表现在不利于低温环境中的保温工作，生长相对较慢等。

（2）限位饲养

现代养猪中妊娠母猪及哺乳母猪多采用限位饲养，其目的是通过加大饲养密度来提高猪舍利用率，降低生产成本。限位饲养情况下母猪的运动量大大减少，因此会导致母猪表现后肢无力、行走困难、肢蹄损伤、阴道炎加剧等。

（3）漏缝地板

漏缝地板是现代养猪生产中经常应用的工艺，多用于仔猪保育及肥育猪饲养。使用漏缝地板饲养减少了猪粪尿清理的工作量，提高劳动效率。但漏缝地板的材料及缝宽对猪有一定的影响，如使用金属材料或水泥材料做的漏缝板，容易导致猪的肢蹄疾病；漏缝间隙过窄，漏粪效果不好，若过宽则易导致蹄部损伤。

2. 生产环境对福利的影响

（1）气温对生猪福利的影响

气温（环境温度）是影响猪生产的主要因素。因为猪体所有细胞生命的维持与增殖主要靠生物酶系统，而生物酶系统的活力除对体内环境温度有严格相对恒定的要求外，也对体外环境温度有较高的恒定要求，不同生长阶段的猪受温度的影响各不相同。低温对仔猪的影响明显大于高温，较长时间的低温会对仔猪产生以下危害：①黏膜血管收缩，局部免疫力下降。②导致肠蠕动加快，营养物质吸收减少，进而导致抗寒力下降，继发各种胃肠炎。③对体能的消耗可引发仔猪低血糖，致使无力吸吮乳汁而饿死。④使仔猪行动迟缓，容易被压、挤、夹等而死亡。⑤使已上槽仔猪耗料增加，料重比下降、生产成本提高。⑥使仔猪抵抗力下降，从而使巴氏杆菌等条件性病原性微生物活跃，使疫病复杂化。⑦使猪的自洁行为紊乱，栏内到处可见粪尿，温度加大，环境恶化。中大猪由于体内脂肪较多，皮下脂肪又比较厚，散热能力较差，故高温对其影响远远大于低温。如持续的高温会使猪的生长速度与繁殖水平下降、疾病增多、淘汰率与死亡上升、生产成本提高等热应激带来的影响。

（2）湿度对生猪福利的影响

湿度对生猪福利的影响与气温有关。如在高温高湿的情况下，对猪的福利带来了以下危害：①由于猪舍内微生物繁殖加快，致使消化系统疾病增多。②由于螨病、虱、蚤等危害加重，渗出性皮炎等皮肤病增多。③由于多种霉菌在饲料中快速繁殖，霉菌毒素中毒的几率升高，容易侵害猪的免疫与生殖系统。④使腐蹄病等种猪蹄病增多。此外，在低温高湿下，猪只（尤其是仔猪）体表散热加快从而受冻，容易诱发腹泻与消化道的传染病以及肺炎；猪只更易起堆，伤残死亡率上升；自洁行为紊乱，加大了管理难度。在冬季和早春季节，由于冲水减少（尤其是北方）导致舍内具有生物活性的尘土飞扬加剧，从而诱发肺炎等呼吸道病，种猪有时还会出现蹄裂及沙蹄的现象。

（3）气流对生猪福利的影响

猪舍内不同部位气温的差别产生了气压差，加之猪舍内换气，均使舍内空气发生流动而形成气流。气流对猪福利的影响表现如下：①低温高湿高气流速加剧了体热的散发，易引发感冒、肺炎、关节炎、冻伤以及与呼吸系统、消化系统有关的传染病。②采用塑料大棚保暖的猪场，由于密度大、通风少而形成低温高湿低气流的环境，使猪咳嗽增多，容易发生眼结膜炎。③夏季梅雨季节猪舍易形成高温高湿低气流环境，可能会引起母猪发生急性肺水肿。

（4）有害气体对生猪福利的影响

通风不好的猪场，猪舍内氨气、硫化氢、二氧化碳等有害气体增多，易诱发肺炎等呼吸系统疾病。

（5）舍内尘埃对生猪福利的影响

猪舍中尘埃具有活性，其来源于饲料粉尘、猪只的粪尿、脱落的被毛与皮屑、垫草等，以及舍外进入的尘埃。当猪舍内尘埃超过规定的指标时，容易诱发肺炎等呼吸系统疾病。

（6）噪声对生猪福利的影响

持续的噪声可使仔猪食欲不振、肾上腺素分泌增加、心跳与呼吸数增加、免疫力下降等。突然剧烈的噪声会使仔猪惊吓狂奔、自残和破坏设备；妊娠母猪可导致流产。

（7）猪场位置对生猪福利的影响

①猪场如果靠近主要公路、居民区、其他企业都不利于猪场的防疫工作，可能成为众

多疫病爆发的关键因素。且空气的污染、噪声的干扰都将成为无法解决的难题。

②处于地下水位高的猪场，不利于湿度的控制，在夏天容易形成高温高湿的天气，对猪的防暑工作极为不利。

③猪场水源不足会影响猪体的清洁、舍内空气污染以及热应激无法应付的局面。若饮水不足会影响猪的生长与繁殖性能。

④猪场布局不合理，会极大影响猪的福利。管理区、生产区与病畜管理区分布不合理不仅增加管理难度、增加成本，且容易引发疫病、威胁员工的健康。

（8）绿化对生猪福利的影响

①绿化面积不足，达不到净化空气的目的。会影响猪的食欲、降低免疫力。

②多层次绿化（即高空、低空、地面）会使猪有回归自然的感觉，有助于猪安心定神。

③合理绿化可缩小日温差，减少高热与低温带来的应激。

④如果树阴或攀缘植物可遮住屋顶，减少热辐射，有效降低热应激对猪生长发育的危害。

3. 猪生物环境福利损害的表现与后果

生物环境是指一切涉及猪只的有生命的活体因子所组成的系统的总称。它包括猪只体内环境中（消化道、呼吸道、血液以及其他组织器官）的各种微生物与寄生动物、体外环境中的各种微生物、寄生动物、昆虫、人、鼠、鸟以及家畜甚至宠物等。生物环境中，以各种微生物（尤其是病原微生物）和人类对猪的福利影响最大。

（1）入侵的致病生物因子引发新的疫病

20 世纪 80 年代以来，我国连年从国外引种带来了至今说不清来源的致病生物因子如 PRRSV、PCV_2、BEV（蓝眼病病毒）都是猪的生物环境中出现的或发现的新物种。PRRSV、PCV_2 对猪福利的损害是有目共睹的。

（2）一些致病生物因子作用于猪的免疫系统，在猪的免疫抑制综合征的发病机理中有不可忽视的作用

猪免疫系统的功能之一，就是清除外来致病因子。但对某些致病因子来说，免疫系统反成了它们的避难所，甚至有助于它们的繁衍生息。在养猪生产中，伪狂犬病毒等致病生物因子都是叠加作用于猪体的，再加上环境中非生物性致病因子的影响，会形成复杂的免疫抑制综合征。这大大降低了临床治愈率，严重损害了猪的福利。

（3）免疫抑制使恢复猪只的生物环境稳定性难度加大

猪体的生物环境稳定性的维持要靠猪体与其生物环境的所有因子的共同作用。免疫抑制使猪体的抵抗力下降，发病率增多，致病性生物因子在适宜环境中继代增多，从而数量增多，致病性也会增强或变化。

（4）混合感染与继发感染导致治疗难度加大，死亡率上升

由于免疫抑制及生物环境因子的参与，常形成病毒 + 细菌、多种病毒 + 多种细菌感染的复杂局面，治疗难度加大、死亡率高。

（5）耐药菌株的频繁出现同样加大了治疗难度，使死亡率上升

耐药菌株的出现是细菌适应环境压力的结果，也是进化的表现。原来常用的青霉素、链霉素、四环素类等已对不少细菌的作用不大或者剂量要超常十几倍到几十倍应用。一些

应用不久的新药，如泰乐菌素、氟甲砜霉素、氟哌酸类，因交叉耐药性或其他原因产生一些耐药菌株。这无疑给治疗猪病时在药物的选择上增加了难度。

(6) 变异菌株使易感的生物物种扩大，增加了生物环境的不稳定性

病毒在流行过程中，易感的生物物种的扩大，无疑进一步打破了生物环境的稳定性，使其在毒力、繁殖、保种方面朝着不利于猪的健康方面得以进一步发展。

(7) 与外界进行物质与能量交换密切的呼吸系统成为致病生物因子危害最频繁与最严重的靶子

现代养猪生产中，由于猪舍空气中存在着具有强烈生物活性的尘埃，降低了猪舍环境质量。这些尘埃的存在，是现代养猪中呼吸系统疾病泛滥流行的主要原因。

(8) 可以引发猪的隐性感染或亚临床感染的致病生物因子广泛存在，对猪体的潜在危害不为人们重视

BDV 等致病生物因子在自然感染的猪一般没有症状，但有时却会表现致病性，影响了猪的生长与繁殖性能。

(9) 某些旧的病原如 CSFV、TGEV（传染性胃肠炎病毒）、魏氏梭菌等的悄然发生变异，对猪的福利造成了新损害

4. 营养福利损害的表现与后果

(1) 营养过剩

当猪摄入营养全面超过机体的需要时发生综合性营养过剩，导致种猪繁殖性能下降、围产期问题增多、猝死概率增多。由于人为增加剂量或搅拌不匀时，会发生急性或慢性营养过剩。如高铜日粮，会使猪出现呕吐等。

(2) 营养不良

经产母猪多由于蛋白质热能营养不良出现综合性营养不良，从而出现消瘦、空怀期延长、发情不明显、仔猪初生重小、新生猪死亡率高、产程长、产后感染与无乳症增多等症状。

新生仔猪缺铁会出现精神沉郁、贫血、生长缓慢等现象；新生猪缺乏能量多表现为低血糖症，导致仔猪精神沉郁、运动失调、体温偏低等。

(3) 饲料品质不良对猪营养福利的伤害

饲料品质不良主要表现在以下三方面：一是饲料含有超标的抗营养因子，二是用伪劣掺假的饲料原料，三是饲料被霉菌与霉菌毒素污染。第一、第二类会导致猪发生营养不良而影响生产，第三类则视受污染程度而定，轻则引起猪慢性中毒出现生长缓慢、繁殖性能下降等，重者严重影响猪的生长与繁殖性能，使猪的福利受到严重影响，从而影响到养猪生产的效益。

（二）现代养猪生产应采取哪些养猪福利措施

1. 采取正确的养猪生产方式

(1) 采用正确的饲养密度

每个猪群都有一个等级明显的群体位次结构，若密度过大，猪在采食、饮水与睡眠过程往往引起打架，从而影响猪的生长；但密度过小，一方面降低了猪舍利用率，增加成本；另一方面不利于冬季的保温。适宜的饲养密度：保育猪 0.4 ~ 0.5m^2/头，肥育猪 0.7 ~ 0.9m^2/头，后备猪 1.5 ~ 2m^2/头，妊娠前期母猪 2.5 ~ 3m^2/头，妊娠后期母猪 3 ~ 3.5m^2/

头，空怀母猪 3～3.5m^2/头，种公猪 6～8m^2/头。

（2）采用圈养方式 最好取消后备母猪、妊娠母猪、种公猪限位栏饲养，实行小群（2～4 头）圈养（公猪单栏养），有条件者配置户外运动场。

（3）选择正确的地板 改全漏缝地板为半漏缝地板，减少猪的肢蹄疾病。

2. 创造舒适优美的环境

（1）选好猪场场址

猪场在保证水电供应的情况下，尽量离居民区、交通线、其他养殖场远一些，至少在 1km 以上，以利防疫。

（2）采取现代化防暑保暖措施

冬季采取红外线灯、煤火炕道、热水管道输送等方式保温，夏天则采取冷风机、水帘、喷雾等方式降温，给猪创造适宜的环境温度。我国制定的农产品安全质量无公害畜禽肉产地环境要求（GB 18407.3—2001）是符合生猪生理福利的。猪舍内适宜的温湿度（表 10－2）。

表 10－2 猪舍内空气温度和相对湿度

猪群类别	空气温度（℃）	相对湿度（%）
种公猪	10～25	40～80
成年母猪	10～27	40～80
哺乳母猪	16～22	40～80
哺乳仔猪	28～34	40～80
培育仔猪	16～30	40～80
肥育猪	10～27	40～85

注：①表中数值指猪床床面以上 1m 高处的温度或湿度。②表中所示范围为生产临界范围，超出这个范围，猪的生产性能可能会受到明显的影响。③成年猪（包括肥育猪）舍的温度，在气温≥28℃时，允许上限提高 1～3℃；气温低于－5℃时，允许下限降低 1～5℃。④哺乳仔猪的温度标准系数是指 1 周龄以内的生产临界范围，2 周龄、3 周龄和 4 周龄时下限可分别降至 26℃、24℃和 22℃。

（3）做好猪场绿化和美化工作，净化猪场空气

在猪场内植树种草，通过光合作用增加氧气减少 CO_2 等，不但可以净化猪场空气环境，还可以降低猪舍温度，给猪创造一个优美的环境。

3. 采取有效措施，维护猪的生物环境福利

（1）加强免疫监测，根据猪群抗体水平制定科学的免疫程序

各个猪场应加强免疫监测，根据本场猪病的流行情况制定科学的免疫程序，争取有效消灭或减少猪场致病性生物因子的存在，从而减少或控制猪病的发生。

（2）选择正确的消毒方法，减少或杜绝致病生物因子的存在

①定期更换猪场所用消毒剂的品种 猪场长期使用某些品种消毒剂，由于产生耐药菌株而导致消毒失效。应该选用新型复合型消毒剂（以有机碘、有机酸、戊二醛等为主要成分）、新型氧化型、新型含氯消毒剂为主力品种的消毒剂，每 3 个月交替 1 次。

②消毒通道改紫外线消毒为喷雾消毒 传统养猪生产使用紫外线灯对进入生产区的人员进行消毒，这样既对人体造成伤害、浪费时间（要等 10～15min），同时，适宜剂量的紫

外线照射，可以诱导细菌、病毒的变异，不利于猪场生物环境的净化。建议采用感应式喷雾消毒装置，当人员进入消毒通道时进行喷雾消毒，可以达到较好的消毒效果。

③谨慎使用抗生素，避免产生耐药菌株　长期饲用抗生素，除了产生耐药菌株、形成药物依赖性之外，还会形成二次感染。二次感染一般病程长、治愈率低，对猪的福利形成新的威胁。要减少抗生素对生猪福利的影响，一方面要改进饲养管理方式，减少猪病的发生，避免使用抗生素；另一方面可使用酸制剂、酶制剂、中草药等防病治病，减少抗生素的使用。

4. 重视猪日粮的配制，保证生猪营养福利

（1）严格把好饲料原料关

饲料原料必须符合《国家饲料卫生标准》（GB 13078—2001）以及《无公害生产要求》；原料生产、加工运输过程符合无公害生产要求；尽量减少饲料原料中的毒性成分，严禁使用霉变饲料原料；控制原料中抗营养因子（植酸、戊聚糖等）；严禁使用制药工业副产品（抗生素渣等）。

（2）正确使用饲料添加剂

应使用无农药残留、无有机或无机化学毒害品、无抗生素残留、无病原性微生物且霉菌素不超标的产品，严禁使用瘦肉精、雌激素等违禁添加剂，保障猪的营养福利。

（3）合理的饲料加工、配制方法

即使是有合理的配方、有优质的饲料原料和饲料添加剂，如果在加工、配制过程中不讲究科学，也会影响日粮的营养价值，从而影响猪的营养福利。

（4）合理喂料

应根据饲养标准喂给猪所需日粮，保证猪的营养需要，保障猪的营养福利。

复习思考题

1. 简述生物安全的意义。
2. 简述二点式生产和三点式生产模式。
3. 应激对猪有哪些不良影响？
4. 福利养猪的原则是什么？
5. 生产环境对猪的福利有什么影响？
6. 如何维护猪的生物环境福利？

实训指导

实训一　养猪生产实地调查

【实训目的】通过养猪生产调查，使学生了解和掌握生产中饲养方式、猪生物学特性在生产中利用的主要经验和方法，从而提高学生的分析问题、解决问题的能力。

【实训材料】校内外实习基地养猪场，调查提纲。

【方法步骤】

1. 调查提纲的编制　教师根据当地养猪生产和学习过的内容，根据猪场所养的品种、饲养规模、饲养方式、生产特点及主要生产经验等方面指导学生编制。

2. 现场调查　学生分组进入不同猪场。

3. 调查报告　分别写出猪场调查报告。

4. 汇报总结　找出适合当地养猪生产的主要措施。

【考核】指导教师根据学生实际操作和调查报告完成情况赋分。

1. 调查提纲编制完整规范　　25 分
2. 调查方法适宜　　15 分
3. 调查情况与实际符合　　15 分
4. 报告完成及时准确　　15 分
5. 指出当地养猪生产存在的问题及改进措施　　30 分

计 100 分

实训二　猪的品种识别

【实训目的】通过养猪场、图片或影像资料，结合教师讲授内容，根据猪的体型外貌，识别我国优良地方品种、培育品种和引进品种，使学生能够正确识别出五个以上常见猪种，并能叙述出其产地，外形特征和生产性能。

【实训材料】放像机、DVD 或投影仪一台，猪种录像光盘一套，屏幕一个；猪种彩色图片一套或种猪群。

【方法步骤】

1. 观看　放映猪品种光盘或课件，教师边放映边讲解，主要介绍猪种的产地，外形特征、生产性能等。

2. 观察　在教师的指导下，对猪场的种猪群或不同角度拍摄的种猪图片，观察和分析猪种特点，以加深对主要猪种外形特征的认识，让学生说出常见猪的名称、产地及生产性能。

【考核】指导教师根据学生实际操作情况赋分。

1. 猪种名称描述准确　　20 分
2. 猪种的产地描述准确　　15 分
3. 外貌特征描述准确　　25 分
4. 主要生产性能描述准确　　25 分
5. 学习态度认真　　15 分

计 100 分

实训三　猪场建筑布局的设计

【实训目的】通过实训，使学生掌握猪场建筑布局的设计方法。

【实训材料】实地参观一猪场、分别准备皮尺、铅笔、三角尺、直尺、绘图纸等。

【方法步骤】

1. 环境调查　猪场环境调查（参考下表）。
2. 仔细观察该场内各建筑物，确定其大体位置。
3. 绘制场内各建筑物平面布局图。

猪场环境调查表

猪场名称		猪品种及饲养头数	
位置		全场面积	
地形		地势	
土质		植被	
水源		当地主导风向	
生产区位置		猪舍栋数	
猪舍方位		猪舍间距（m）	
猪舍距饲料加工车间距离（m）		猪舍距饲料库距离（m）	
猪舍距公路距离（m）		猪舍距住宅区距离（m）	
猪舍类型			
猪舍面积：	长（m）	宽（m）	面积（m^2）
各种猪栏有效面积：	长（m）	宽（m）	面积（m^2）
值班室面积：	长（m）	宽（m）	面积（m^2）
饲料加工车间面积：	长（m）	宽（m）	面积（m^2）
屋顶：形式		材料	高度（cm）
天棚：形式		厚度（cm）	高度（cm）

（续表）

猪场名称	猪品种及饲养头数
外墙：材料	厚度（cm）
窗户：	
南窗　数量	每个窗户尺寸 长（cm）　高（cm）
北窗　数量	每个窗户尺寸 长（cm）　高（cm）
窗台高度（cm）	采光系数
入射角（°）	透光角（°）
大门：形式	数量　高（cm）　宽（cm）
通道：数量	位置　宽（cm）
猪床：形式	卫生条件
粪尿沟：形式	宽（cm）　深（cm）
通风设备：进气管数量	每个面积（cm^2）
排气管数量	每个面积（cm^2）
其他通风设备	
运动场：位置　　面积（m^2）	土质
卫生状况	
猪舍小气候：温度（℃）	湿度（%）
风速（m/s）	照度（lx）
猪场一般环境状况	
其他	
综合评价	
改进意见	
	调查组成员：
	调查日期：

【考核】 指导教师根据学生实际操作情况、环境调查表填写结果赋分。

1. 叙述猪场建筑布局设计的内容、方法准确　　15 分
2. 测量猪场建筑布局和主要设施的方法正确、尺寸准确　　20 分
3. 选择场址时，对地势地形的基本要求正确　　10 分
4. 设计猪场内建筑物布局合理　　15 分
5. 设计猪舍的基本原则正确　　10 分
6. 设计猪舍的排污系统合理　　10 分
7. 简述猪舍的卫生要求正确　　10 分
8. 设计提高猪舍的保温性能符合要求　　10 分

计 100 分

【实训报告】 学生课后将统计分析结果加以充实后上交。

实训四　运用试差法配制妊娠母猪饲料配方

【实训目的】 通过本配方的配制，了解日粮配方配制步骤，掌握运用试差法配制日粮配方的方法。

【实训材料】 猪的饲养标准，猪常用饲料营养成分表，计算器。

【方法步骤】

1. 方法

（1）根据经验，初步设定各种饲料原料的大致比例。

（2）用各种原料的比例乘以该原料所含消化能和其他营养成分的百分含量。

（3）计算该配方的消化能及各种营养物质的总和。

（4）将计算结果与饲养标准进行对照，如有不足或超出（差值最好不超过5%），进行调整和计算，直到营养标准得到满足为止。

2. 步骤

试用玉米、小麦麸、豆饼粕、磷酸氢钙、石粉、食盐及复合预混料等配制妊娠母猪日粮配方。

《第一步》确定饲养标准（查得）消化能 12.75MJ/kg，粗蛋白质 14%，赖氨酸 0.53%，蛋氨酸0.14%，钙0.68%，总磷 0.54%，食盐 0.32%。

《第二步》查饲料原料营养成分表。

填写下表：

饲料原料	消化能（MJ/kg）	粗蛋白质（%）	钙（%）	总磷（%）	赖氨酸（%）	蛋氨酸（%）	食盐（%）
玉 米							
小麦麸							
豆饼（粕）							
磷酸氢钙							
石粉							
食盐							

《第三步》按消化能和粗蛋白质需求量，确定配方的大致比例。并按下表进行计算。

饲料	饲料	消化能（MJ/kg）		粗蛋白质（%）		备　注
原料	组成（%）①	饲料中②	日粮中①×②	饲料中③	日粮中①×③	
玉米						余下的4%为复合预混料、食盐、磷酸氢钙、石粉的添加量
小麦麸						
豆饼（粕）						
标准						

《第四步》根据计算值和饲养标准的差距，调整配方，使其尽量一致。

《第五步》添加钙、磷、石粉、食盐及复合预混料。

《第六步》确定配方，并计算其营养水平，填入下表。

妊娠母猪日粮配方

原料及配比（%）	营养水平
玉米	消化能（MJ/kg）
小麦麸	粗蛋白质（%）
豆饼（粕）	赖氨酸（%）
食盐	蛋氨酸（%）
磷酸氢钙	钙（%）
石粉	总磷（%）
复合预混料	
合计	

【考核】指导教师根据学生实际计算情况赋分。

1. 营养标准选择正确　　15 分
2. 选用饲料符合猪消化特点、比例适宜　　15 分
3. 能正确地引用饲料营养成分数据　　15 分
4. 配方中各种营养指标与饲养标准的差值在 ±5% 以内，或大部分正确　　20 分
5. 计算步骤正确、熟练　　20 分
6. 按时按要求完成报告　　15 分

计 100 分

实训五　配合饲料厂参观调查

【实训目的】

参观配合饲料生产过程；了解饲料厂生产品种、规模、质量控制体系（原料及成本等品控措施及设备）感知猪饲料现代化生产情况。发现问题并找出改进意见。

【实训材料】

交通工具、现代化饲料生产企业。

【方法步骤】

1. 预知配合饲料的配制相关内容。
2. 请饲料企业技术负责人介绍情况。
3. 参观厂址选择、生产工艺流程。
4. 参观原料库及原料品控措施。
5. 参观分析化验室。
6. 参观成品库及销售过程。
7. 师生共同总结参观收获，发现的突出问题，找出改进意见。

【考核】

指导教师根据学生实际计算情况赋分。

1. 准确描述出该企业品控系统主要环节　20 分
2. 正确画出生产工艺流程　30 分
3. 发现问题及找出解决问题的措施　30 分
4. 正确回答原料及产品的品控措施　20 分

计 100 分

【实训报告】写出参观收获及所发现的问题，并找出改进措施。

实训六　分析课——提高母猪单产效益的措施

【实训目的】通过分析，加深对提高母猪单产效益途径的理解，学会分析问题、总结归纳问题的方法。

【实训材料】笔记、教材、有关期刊杂志。

【方法步骤】结合所学内容，学生于课前自行搜集资料，汇集归纳所学知识，写出提纲。课堂上以学生为主，师生共同用推理的方法，理清提高母猪单产效益的思路，进行归纳总结。分析时，尽量引用收集来的资料和数据，针对实际生产情况进行。以学生为主，老师起引导、组织作用。最后由老师对分析课作出评价。

【考核】指导教师根据学生实训报告情况赋分。

1. 数据、资料搜集充分，内容翔实　20 分
2. 准确写出母猪单产效益的指标　25 分
3. 提高母猪单产效益的思路正确　25 分
4. 准确写出提高母猪单产效益的综合措施　30 分

计 100 分

【实训报告】写出如何提高母猪单产效益的报告。

实训七　猪的发情鉴定与输精技术

【实训目的】掌握母猪发情鉴定方法和输精技术。

【实训材料】

1. 动物　发情母猪和试情公猪各 1 ~ 2 头。

2. 材料与用具　0.1% 的高锰酸钾溶液、生理盐水、20 ~ 50ml 玻璃注射器、输精器、记录本、水浴锅、显微镜和载玻片等。

【方法步骤】

1. 发情鉴定　发情初期，母猪兴奋性增加，食欲下降，外阴发红、微肿，流出少量透明黏液，爬跨其他母猪或接受爬跨，主动接近公猪，食欲进一步降低。发情盛期，外阴红肿，流出白色浓稠黏液，阴户红色变暗，母猪逐渐变得安定，按压母猪腰部时，出现“静立反射”。

2. 输精

（1）输精前准备　输精管接在 20～50ml 的注射器上，再用生理盐水冲洗2～3次，把精液升温到 35～38℃，即可输精。

（2）输精　母猪自然站立，阴户及其周围用 0.1% 高锰酸钾水溶液冲洗擦干。然后右手拿输精管插入母猪阴户，先向上插入 15cm 左右，然后水平缓缓插进，插入深度为 20～40cm，再慢慢推压注射器，使精液徐徐注入子宫颈内。每次输精时间为 2～5min。输精完毕，慢慢拉出输精管，然后用手按压母猪腰部 3min 即可。

【考核】 指导教师根据学生操作情况赋分。

1. 发情鉴定方法正确，判断准确	25 分
2. 输精前准备方法正确，程序符合要求	25 分
3. 输精方法正确，操作规范	30 分
4. 输精后母猪处理方法正确	20 分
	计 100 分

【实训报告】 写出猪的发情鉴定与人工输精操作过程。

实训八　观看配种、分娩、仔猪哺育等生产环节的影像资料

【实训目的】 通过对猪的配种、分娩、仔猪哺育等生产环节的观察，了解各生产环节的操作要领。

【实训材料】 放映室、投影仪及猪的配种、分娩、仔猪哺育等生产环节的教学光盘，教学课件等。

【方法步骤】 先放映影像资料。在放映过程中，由教师指出操作要点。在一些关键环节及下一步骤之前，将画面定格，由教师指出操作要点。最后师生一起归纳出几个操作要领。

【考核】 指导教师根据学生实训报告情况赋分。

1. 准确写出种公猪和母猪初配月龄和体重	15 分
2. 准确写出配种的方式	10 分
3. 完整写出接产操作的步骤	25 分
4. 准确写出母猪分娩前后的饲养和管理	15 分
5. 完整写出仔猪哺育的操作要领	25 分
6. 学习态度认真	10 分
	计 100 分

【实训报告】 写出猪的配种和分娩接产、仔猪哺育的操作要领。

实训九　猪的接产技术

【实训目的】 掌握猪的接产技术。

【实训材料】

1. 动物　临产母猪若干头。

2. 材料与用具　牲血素、5%碘酒、2%氢氧化钠溶液、驱虫剂、0.1%高锰酸钾溶液、来苏儿、肥皂、剪刀、耳号钳、注射器、毛巾、水盆、秤和仔猪哺乳记录卡片等。

【方法步骤】

1. 产前准备　产前2周，用2%敌百虫液喷雾驱除母猪体外寄生虫。产前3~5d，母猪进产房，做好保温工作，备齐接产用品，当母猪卧下准备产仔时，用0.1%高锰酸钾溶液将母猪腹部及外阴部擦拭干净。

2. 正常产仔处置　仔猪产出后，技术员立即用手指掏出其口腔内的黏液，然后用毛巾或柔软的垫草将其鼻腔和全身黏液擦拭干净。再将脐带内的血液向腹部方向捋，距腹壁3~4cm处掐断脐带，断端涂5%碘酒消毒。用偏嘴钳将上、下各两对犬牙剪除。用耳号钳打好耳号。注射牲血素。称重后放入保温箱内。做好仔猪各项记录。

3. 假死仔猪急救　一是迅速用毛巾将仔猪口鼻部的黏液擦干净，再对准仔猪鼻孔吹气。二是倒提仔猪后腿，促使黏液从气管内排出，并用手连续轻拍其胸部，直至发出叫声为止。三是把假死的仔猪仰卧在垫草上，用手拉住前肢，令其前后伸屈，一紧一松地压迫胸部，实行人工呼吸。

【考核】指导教师根据学生实训报告情况赋分。

1. 接产用品准备充分，符合要求	15分
2. 产房准备充分，符合要求	15分
3. 接产方法正确，操作规范	25分
4. 仔猪产后护理方法得当，操作规范	25分
5. 假死仔猪急救方法得当	20分
	计100分

【实训报告】仔猪正常分娩的接产过程。

实训十　仔猪开食补料操作

【实训目的】通过参加仔猪生后开食补料操作，使学生掌握仔猪的补铁、补硒和诱食补料过程。

【实训材料】初生仔猪以及必要材料器具，猪场产房或哺乳母猪舍中的补料栏，初生~10日龄的仔猪。铁铜制剂，注射器。乳猪配合饲料（颗粒料或干粉料）。

【方法步骤】由教师讲解初生仔猪早期补料的重要意义和示范诱食补料的操作方法。

1. 补铁　仔猪生后3日龄，颈部肌肉注射铁制剂150~200mg/头，肌肉注射0.1%的亚硒酸钠维生素E 0.5ml，7~10d龄注射第2次。

2. 诱食补料　从仔猪生后第7d开始训练仔猪吃料，选择具有香甜气味的饲料，拌成粥料，将粥料涂在母猪乳头上，或直接塞入仔猪口中，使仔猪接触饲料的气味，诱导仔猪开食。约经过7d时间，在补料栏内撒布乳猪颗粒料，让其自由采食，以后逐渐延长仔猪关入补料栏的时间，使仔猪逐渐习惯采食饲料。

3. 母仔分开　诱食期间将母猪、仔猪分开圈养，让仔猪先吃料再放回母猪身边吃奶，每次间隔时间为1～2h。约经过7～10d，补料栏不关闭，栏内设仔猪补料槽或自动饲槽，让仔猪自由出入。如此以后，诱食补料过程结束。补料栏内应安装自动饮水器。

【考核】指导教师根据学生实际操作情况赋分。

1. 叙述初生仔猪早期补料的内容、方法准确　　20分
2. 仔猪注射铁、硒制剂操作准确　　20分
3. 诱食补料开始时间早　　20分
4. 诱食补料操作方法正确　　25分
5. 诱食料类型选择正确　　15分

计100分

实训十一　猪屠宰测定

【实训目的】测定肉猪的一些主要屠宰性状，如屠宰率、瘦肉率，掌握主要项目的测定方法。

【实训材料】待宰90～100kg肥育猪若干头，秤、刀、钢卷尺、游标卡尺、硫酸纸、钢直尺、求积仪等。

【方法步骤】

（一）测定准备

1. 屠宰前一天晚上开始停食，次日宰前称重。

2. 空体重　宰前活重减去宰后胃肠道和膀胱的内容物重量，即空体重=宰前活重－胃肠道和膀胱内容物重量（采用空体重无需停食）。

（二）屠宰测定

1. 胴体重　肉猪经电麻、放血、烫毛、开膛去除内脏（板油、肾脏除外），去头、蹄和尾，左右两片胴体重量之和（包括板油和肾脏）即为胴体重。

2. 屠宰率

$$屠宰率=\frac{胴体重}{宰前活重}\times100\%$$

3. 胴体斜长　耻骨联合前缘至第一肋骨接合处前缘的长度。

4. 胴体直长　耻骨联合前缘至第一颈椎凹陷处的长度。

5. 膘厚与皮厚　在第六与第七胸椎相接处测定皮肤及皮下脂肪厚度，皮厚可用游标卡尺测定，膘厚可用钢直尺或钢卷尺测量，三点测膘以肩部最厚处，胸腰椎接合处和腰荐椎接合处三点的膘厚平均值为平均膘厚，采用时须加以说明。

6. 眼肌面积　胸腰椎接合处背最长肌的横截面积，先用硫酸纸描下横断面的图形，用求积仪测量其面积，若无求积仪，可量出眼肌高度和宽度，用下列公式估计

眼肌面积（cm^2）=眼肌高度（cm）×眼肌宽度（cm）×0.7

7. 花板油比例　分别称量花油、板油的重量，并计算其各占胴体的比例：

$$花板油比例=\frac{花板油重量}{胴体重}\times100\%$$

8. 瘦肉率　将去掉板油和肾脏的新鲜胴体剖分为四部分：瘦肉、脂肪、骨、皮。作业损

耗控制在2%以下，瘦肉占这四种成分总和的比例即为瘦肉率。

$$瘦肉率（\%）=\frac{瘦肉重量}{瘦肉重量+脂肪重量+骨骼重量+皮肤重量}\times 100$$

9. 肉脂比　瘦肉对脂肪的比为肉脂比。

$$肉脂比=\frac{瘦肉重量}{脂肪重量}\times 100\%$$

10. 后腿比例　沿倒数第一和第二腰椎间的垂直线切下的后腿重量（包括腰大肌），占整个胴体重量的比例。

$$后腿比例=\frac{后腿重量}{胴体重}\times 100\%$$

【作业】本实习分两组进行，要求人人动手，严格操作，并认真完成屠宰测定记录表。

猪屠宰测定记录表

（单位：kg，cm）

测定项目	实测数据	测定项目		实测数据
品种（或杂交组合）		胴体直长		
耳号		6～7肋间皮厚		
宰杀时间		6～7肋间膘厚		
宰前活重（A）		肩部最厚处背膘厚		
胃肠膀胱毛重（B）		胸腰接合处膘厚		
胃肠膀胱净重（C）		腰荐接合处膘厚		
（B-C）内容物重（D）		平均膘厚		
（A-D）空体重		肋骨数	左	
头重			右	
心重		眼肌	高	
肝重			宽	
肺重			面积	
四蹄重		后腿重		
左胴体重		后腿比例%		
右胴体重		左半胴体分离前总重		
合计胴体重		胴体分离（左片）	皮	
屠宰率（%）			骨	
花油重			肉	
板油重			脂	
肾重		瘦肉率（%）		
胴体长（斜长）		肉脂比		

【考核】指导教师根据学生实际操作情况、猪屠宰测定记录填写结果赋分。

1. 对老师提问的相关概念均能正确回答 20 分
2. 选择测量部位时，能准确找到相应部位 20 分
3. 能准确地将胴体分割成左右半 15 分
4. 能正确使用工具并准确量取 20 分
5. 瘦肉率测定时，四部分组织分离符合要求 10 分
6. 作业损失在 2.5% 以内 10 分
7. 按实验室要求清理干净实验室 5 分

计 100 分

【实训报告】 学生课后将统计分析结果加以充实后上交。

实训十二 养猪场生产成本核算

【实训目的】

养猪场生产成本核算，可以实行混群核算，也可以实行分群核算。

混群核算是以整个猪群作为成本计算对象来归集生产费用。

在实际生产中，为了加强对猪场各阶段成本控制和管理，在组织猪场成本核算时，大都采用分群核算，将整个猪群按不同猪龄，划分为若干群，分群归集生产费用，分群计算产品成本。具体划分标准如下：

基础猪群：指种公母猪和未断奶仔猪（0～1 月龄），包括配种舍、妊娠舍、产仔舍的猪群。

幼猪群：指断奶离群的仔猪（1～2 月龄），包括育仔舍猪群。

肥猪群：指育成猪、肥育猪（2 月龄～出栏），包括育成猪、肥育猪舍猪群。

一、猪场生产成本分群核算的一般程序

计算成本，需要有一些基础性资料。首先要在一个生产周期或一年内，根据成本项目记账或汇总，核算出猪群的总费用；其次是要有各猪群的头数、活重、增重、主副产品产量等统计资料。运用这些数据资料，方可计算出各猪群的饲养成本和各种产品成本。

1. 猪饲养日成本

猪饲养日成本 = 猪群饲养费用 ÷（猪群饲养头数 × 猪群饲养日数）

2. 断奶仔猪活重单位成本

断奶仔猪活重单位成本 =（生产母猪饲养费 − 副产品价值）÷ 断奶仔猪活重

3. 生长肥育猪增重单位成本

生长肥育猪增重单位成本 =（猪群饲养费用 − 猪粪价值）÷ 猪群增重量

4. 生长肥育猪活重单位成本

生长肥育猪活重单位成本 =（期末活重总成本 + 本期增重总成本 + 转入总成本 − 死猪残值）÷（期末存栏活重 + 期内离群活猪重）

5. 主产品单位成本

主产品单位成本 =（猪群饲养费用 − 副产品价值）÷ 猪群产品总产量

例：某养猪户本期断奶仔猪 60 头，活重 840kg，副产品价值 200 元，本期基本猪群的

饲养费 19 300元。试计算断奶仔猪活重单位成本和每头断奶仔猪成本。

解：断奶仔猪活重总成本 = 19 300 - 200 = 19 100（元）

断奶仔猪活重单位成本 = 19 100 ÷ 840 = 22.74（元/kg）

每头断奶仔猪成本 = 19 100 ÷ 60 = 318.33（元/头）

二、猪场的成本核算

【实训材料】

某养猪场期初存栏肥育猪 60 头，活重 1 500kg，成本 30 000元；本期内转入 130 头，活重 2 000kg，成本 38 000元；本期销售 120 头，活重 10 800kg；本期死亡 2 头，活重 50kg，残值 0 元；期内副产品价值 1 000元；期末存栏 68 头，1 750kg；本期饲养费用 115 000元。试计算各种成本。

【方法步骤】

1. 根据公式：肥育猪总增重 = 期末存栏重 + 本期销售重 + 本期死猪重 - 本期转入重 - 期初存栏重，计算肥育猪的总增重。

肥育猪的总增重 = 1 750 + 10 800 + 50 - 2 000 - 1 500 = 9 100（kg）

2. 根据公式：肥育猪增重总成本 = 本期饲养费用 - 期内副产品价值，计算肥育猪增重总成本。

肥育猪增重总成本 = 115 000 - 1 000 = 114 000（元）

3. 根据公式：肥育猪增重单位成本 = 肥育猪的增重总成本 ÷ 肥育猪的总重量，计算肥育猪增重单位成本。

肥育猪增重单位成本 = 114 000 ÷ 9 100 = 12.53（元/kg）

4. 根据公式：肥育猪的活重量 = 期末存栏重 + 本期销售重，计算肥育猪的活重量。

肥育猪的活重量 = 1 750 + 10 800 = 12 550（kg）

5. 根据公式：肥育猪的活重量总成本 = 期初成本 + 转入成本 + 增重成本 - 死猪残值，计算肥育猪的活重量总成本。

肥育猪的活重量总成本 = 30 000 + 38 000 +（115 000 - 1 000）- 0
= 182 000（元）

6. 根据公式：肥育猪的活重单位成本 = 肥育猪的活重量总成本 ÷ 肥育猪的活重量，计算肥育猪的活重单位成本。

肥育猪的活重单位成本 = 182 000 ÷ 12 550 = 14.50（元/kg）

【考核】指导教师根据学生实际计算情况赋分。

1. 准确回答猪场生产成本分群核算的一般程序　20 分
2. 准确回答各种单位成本的概念　25 分
3. 能够准确运用计算公式　20 分
4. 计算数据准确无误　15 分
5. 准确回答猪场生产成本分群核算的划分标准　20 分

计100 分

附　　录

猪的饲养标准

中华人民共和国农业行业标准

猪饲养标准 Feeding standard of swine

NY/T 65—2004 代替 NY/T 65—1987

前言

本标准代替 NY/T 65—1987《瘦肉型猪饲养标准》。

本标准由中华人民共和国农业部提出并归口。

本标准起草单位：中国农业大学动物科技学院、四川农业大学动物营养研究所、广东省农业科学院畜牧研究所、中国农业科学院畜牧研究所。

本标准主要起草人：李德发、王康宁、谯仕彦、贾刚、蒋宗勇、陈正玲、林映才、吴德、朱锡明、熊本海、杨立彬、王凤来。

1 范围

本标准规定了瘦肉型、肉脂型和地方品种猪对能量、蛋白质、氨基酸、矿物元素和维生素的需要量，可作为配合饲料厂、各种类型的养猪场、养猪专业户和农户配制猪饲粮的依据。

2 规范性引用文件

下列文件中的条款通过本标准的引用而成为本标准的条款。凡是注日期的引用文件，其随后所有的修改单（不包括勘误的内容）或修订版均不适用于本标准，然而，鼓励根据本标准达成协议的各方研究是否可使用这些文件的最新版本。凡是不注日期的引用文件，其最新版本适用于本标准。

GB/T 6432 饲料粗蛋白测定方法

GB/T 6433 饲料粗脂肪测定方法

GB/T 6434 饲料中粗纤维测定方法

GB/T 6435 饲料水分的测定方法

GB/T 6438 饲料中粗灰分的测定方法

GB/T 6436 饲料中钙的测定

GB/T 6437 饲料中总磷的测定分光光度法

GB 8407 瘦肉型种猪测定技术规程

GB 8470 瘦肉型猪活体分级

GB/T 10647 饲料工业通用术语

GB/T 15400 饲料氨基酸含量的测定

3 术语和定义

下列术语和定义适用于本标准。

3.1 瘦肉型猪 lean type pig

指瘦肉占胴体重的56%以上，胴体膘厚2.4cm以下，体长大于胸围15cm以上的猪。

3.2 肉脂型猪 lean-fat type pig

指瘦肉占胴体重的56%以下、胴体膘厚2.4 cm以上、体长大于胸围5~15 cm的猪。

3.3 自由采食 at libitum

指单个猪或群体猪自由接触饲料的行为，是猪在自然条件下采食行为的反映，是猪的本能。

3.4 自由采食量 voluntary feed intake

指猪在自由接触饲料的条件下，一定时间内采食饲料的重量。

3.5 消化能 digestible energy（DE）

从饲料总能中减去粪能后的能值，指饲料可消化养分所含的能量亦称“表观消化能”（ADE）。以MJ/kg或kcal/kg表示。

3.6 代谢能 metabolizable energy（ME）

从饲料总能中减去粪能和尿能后的能值，亦称“表观代谢能”（AME）。以MJ/kg或kcal/kg表示。

3.7 能量蛋白比 calorie-protein ratio

指饲料中消化能（MJ/kg或kcal/kg）与粗蛋白质百分含量的比。

3.8 赖氨酸能量比 lysine-calorie ratio

指饲料中赖氨酸含量（g/kg）与消化能（MJ/kg或Mcal/kg）的比。

3.9 非植酸磷 nonphytate phosphorus

饲料中不与植酸成结合状态的磷，即总磷减去植酸磷。

3.10 理想蛋白质 ideal protein

指氨基酸组成和比例与动物所需要的氨基酸的组成和比例完全一致的蛋白质，猪对该种蛋白质的利用率为100%。

3.11 矿物元素 mineral

指饲料或动物组织中的无机元素，以百分数（%）表示者为常量矿物元素，用毫克/千克（mg/kg）表示者为微量元素。

3.12 维生素 vitamin

是一族化学结构不同、营养作用和生理功能各异的动物代谢所必需，但需要量极少的低分子有机化合物，以国际单位（IU）或毫克（mg）表示。

3.13 中性洗涤纤维 neutral detergent fiber（NDF）

指试样经中性洗涤剂（十二烷基硫酸钠）处理后剩余的不溶性残渣，主要为植物细胞壁成分，包括半纤维素、纤维素、木质素、硅酸盐和很少量的蛋白质。

3.14 酸性洗涤纤维 acid detergent fiber（ADF）

指经中性洗涤剂洗涤后的残渣，再用酸性洗涤剂（十六烷三甲基嗅化铵）处理，处理后的不溶性成分，包括纤维素、木质素和硅酸盐。

4 瘦肉型猪营养需要

生长肥育猪营养需要见表 1 至表 2。

母猪营养需要见表 3 至表 4。

种公猪营养需要见表 5。

5 肉脂型猪营养需要

生长肥育猪营养需要见表 6 至表 11。

母猪营养需要见表 12 至表 13。

种公猪营养需要见表 14 至表 15。

表 1 瘦肉型生长肥育猪每千克饲粮养分含量（自由采食，88%干物质）

Table 1 Nutuient requirements of lean type growing-finishing pigs *at libitum*（88%DM）

体重 BW，kg	3～8	8～20	20～35	35～60	60～90
平均体重 Average BW，kg	5.5	14.0	27.5	47.5	75.0
日增重 ADG，kg/d	0.24	0.44	0.61	0.69	0.80
采食量 ADFI，kg/d	0.30	0.74	1.43	1.90	2.50
饲料/增重，F / G	1.25	1.59	2.34	2.75	3.13
饲粮消化能含量 DE，MJ/kg（kcal/kg）	14.02（3 350）	13.60（3 250）	13.39（3 200）	13.39（3 200）	13.39（3 200）
饲粮代谢能含量 ME，MJ/kg（kcal/kg）[b]	13.36（3 215）	13.06（3 120）	12.86（3 070）	12.86（3 070）	12.86（3 070）
粗蛋白质 CP,%	21.0	19.0	17.8	16.4	14.5
能量蛋白比 DE /CP，kJ/%（kcal/%）	668（160）	716（170）	752（180）	817（195）	923（220）
赖氨酸能量比 Lys/DE，g/MJ（g/Mcal）	1.01（4.24）	0.85（3.56）	0.68（2.83）	0.61（2.56）	0.53（2.19）
氨基酸 amino acid%					
赖氨酸 Lys	1.42	1.16	0.90	0.82	0.70
蛋氨酸 Met	0.40	0.30	0.24	0.22	0.19
蛋氨酸＋胱氨酸 Met＋Cys	0.81	0.66	0.51	0.48	0.40
苏氨酸 Thr	0.94	0.75	0.58	0.56	0.48
色氨酸 Trp	0.27	0.21	0.16	0.15	0.13
异亮氨酸 Ile	0.79	0.64	0.48	0.46	0.39
亮氨酸 Leu	1.42	1.13	0.85	0.78	0.63
精氨酸 Arg	0.56	0.46	0.35	0.30	0.21
缬氨酸 Val	0.98	0.80	0.61	0.57	0.47
组氨酸 His	0.45	0.36	0.28	0.26	0.21
苯丙氨酸 Phe	0.85	0.69	0.52	0.48	0.40
苯丙氨酸＋酪氨酸 Phe＋Tyr	1.33	1.07	0.82	0.77	0.64
矿物元素 minerals[d],%或每千克日粮含量					
钙 Ca,%	0.88	0.74	0.62	0.55	0.49
总磷 Total P,%	0.74	0.58	0.53	0.48	0.43
非植酸磷，Nonphytate P,%	0.54	0.36	0.25	0.20	0.17
钠 Na,%	0.25	0.15	0.12	0.10	0.10
氯 Cl,%	0.25	0.15	0.10	0.09	0.08
镁 Mg,%	0.04	0.04	0.04	0.04	0.04

（续表）

体重 BW，kg	3～8	8～20	20～35	35～60	60～90
钾 K，%	0.30	0.26	0.24	0.21	0.18
铜 Cu，mg	6.00	6.00	4.50	4.00	3.50
碘 I，mg	0.14	0.14	0.14	0.14	0.14
铁 Fe，mg	105	105	70	60	50
锰 Mn，mg	4.00	4.00	3.00	2.00	2.00
硒 Se，mg	0.30	0.30	0.30	0.25	0.25
锌 Zn，mg	110	110	70	60	50
维生素和脂肪酸 vitamins and fatty acid[e]，%或每千克日粮含量					
维生素 A Vitamin A，IU[f]	2 200	1 800	1 500	1 400	1 300
维生素 D_3 Vitamin D_3，IU[k]	220	200	170	160	150
维生素 E Vitamin E，IU[h]	16	11	11	11	11
维生素 K Vitamin K，mg	0.50	0.50	0.50	0.50	0.50
硫胺素 Thiamin，mg	1.50	1.00	1.00	1.00	1.00
核黄素 Riboflavin，mg	4.00	3.50	2.50	2.00	2.00
泛酸 Pantothenic acid，mg	12.00	10.00	8.00	7.50	7.00
烟酸 Niacin，mg	20.00	15.00	10.00	8.50	7.50
吡多醇 Pyridoxine，mg	2.00	1.50	1.00	1.00	1.00
生物素 Biotin，mg	0.08	0.05	0.05	0.05	0.05
叶酸 Folic acid，mg	0.30	0.30	0.30	0.30	0.30
维生素 B_{12} Vitamin B_{12}，μg	20.00	17.50	11.00	8.00	6.00
胆碱 Choline，g	0.60	0.50	0.35	0.30	0.30
亚油酸 Linoleic acid，%	0.10	0.10	0.10	0.10	0.10

[a] 瘦肉率高于56%的公母混养猪群（阉公猪和青年母猪各一半）。

[b] 假定代谢能为消化能的96%。

[c] 3～20kg 猪的赖氨酸百分比是根据试验和经验数据的估测值，其他氨基酸需要量是根据其与赖氨酸的比例（理想蛋白质）的估测值；20～90kg 猪的赖氨酸需要量是结合生长模型、试验数据和经验数据的估测值，其他氨基酸需要量是根据其与赖氨酸比例（理想蛋白质）的估测值。

[d] 矿物质需要量包括饲料中提供的矿物质量；对于发育公猪和后备母猪，钙、总磷和有效磷的需要量应提高 0.05～0.1 个百分点。

[e] 维生素需要量包括饲料原料中提供的维生素量。

[f] 1 IU 维生素 A＝0.344μg 维生素 A 醋酸酯。

[g] 1 IU 维生素 D_3＝0.025μg 胆钙化醇。

[h] 1 IU 维生素 E＝0.67mgD-α-生育酚醋酸酯。

表 2　瘦肉型生长肥育猪每日每头养分需要量（自由采食，88%干物质）[a]

Table 2　Nutuient requirements of lean type growing-finishing pigs *at libitum*（88%DM）

体重 BW，kg	3～8	8～20	20～35	35～60	60～90
平均体重 Average BW，kg	5.5	14.0	27.5	47.5	75.0
日增重 ADG，kg/d	0.24	0.44	0.61	0.69	0.80
采食量 ADFI，kg/d	0.30	0.74	1.43	1.90	2.50
饲料/增重，F/G	1.25	1.59	2.34	2.75	3.13
日粮消化能摄入量 DE，MJ/kg (kcal/kg)	4.21 (1 005)	10.06 (2 405)	19.15 (4 575)	25.44 (6 080)	33.48 (8 000)
日粮代谢能含量 ME，MJ/kg (kcal/kg)[b]	4.04 (965)	9.66 (2 310)	18.39 (4 390)	24.43 (5 835)	32.15 (7 675)
粗蛋白质 CP，g/d	63	141	255	312	363
氨基酸 amino acid[c]，g/d					
赖氨酸 Lys	4.3	8.6	12.9	15.6	17.5
蛋氨酸 Met	1.2	2.2	3.4	4.2	4.8
蛋氨酸+胱氨酸 Met+Cys	2.4	4.9	7.3	9.1	10.0
苏氨酸 Thr	2.8	5.6	8.3	10.6	12.0
色氨酸 Trp	0.8	1.6	2.3	2.9	3.3
异亮氨酸 Ile	2.4	4.7	6.7	8.7	9.8
亮氨酸 Leu	4.3	8.4	12.2	14.8	15.8
精氨酸 Arg	1.7	3.4	5.0	5.7	5.5
缬氨酸 Val	2.9	5.9	8.7	10.8	11.8
组氨酸 His	1.4	2.7	4.0	4.9	5.5
苯丙氨酸 Phe	2.6	5.1	7.4	9.1	10.0
苯丙氨酸+酪氨酸 Phe+Tyr	4.0	7.9	11.7	14.6	16.0
矿物元素 minerals[d]，g 或 mg/d					
钙 Ca，g	2.64	5.48	8.87	10.45	12.25
总磷 Total P，g	2.22	4.29	7.58	9.12	10.75
非植酸磷，Nonphytate P，g	1.62	2.66	3.58	3.80	4.25
钠 Na，g	0.75	1.11	1.72	1.90	2.50
氯 Cl，g	0.75	1.11	1.43	1.71	2.00
镁 Mg，g	0.12	0.30	0.57	0.76	1.00
钾 K，g	0.90	1.92	3.43	3.99	4.50
铜 Cu，mg	1.80	4.44	6.44	7.60	8.75
碘 I，mg	0.04	0.10	0.20	0.27	0.35
铁 Fe，mg	31.50	77.70	100.10	114.00	125.00
锰 Mn，mg	1.20	2.96	4.29	3.80	5.00
硒 Se，mg	0.09	0.22	0.43	0.48	0.63
锌 Zn，mg	33.00	81.40	100.10	114.00	125.00
维生素和脂肪酸 vitamins and fatty acid[e]，IU、mg 或 μ/d					
维生素 A Vitamin A，IU[f]	660	1 330	2 145	2 660	3 250

（续表）

体重 BW，kg	3～8	8～20	20～35	35～60	60～90
维生素 D_3 Vitamin D_3，IU[k]	66	148	243	304	375
维生素 E Vitamin E，IU[h]	5	8.5	16	21	28
维生素 K Vitamin K，mg	0.15	0.37	0.72	0.95	1.25
硫氨素 Thiamin，mg	0.45	0.74	1.43	1.90	2.50
核黄素 Riboflavin，mg	1.20	2.59	3.58	3.80	5.00
泛酸 Pantothenic acid，mg	3.60	7.40	11.44	14.25	17.5
烟酸 Niacin，mg	6.00	11.10	14.30	16.15	18.75
吡多醇 Pyridoxine，mg	0.60	1.11	1.43	1.90	2.50
生物素 Biotin，mg	0.02	0.04	0.07	0.10	0.13
叶酸 Folic acid，mg	0.09	0.22	0.43	0.57	0.75
维生素 B_{12} Vitamin B_{12}，μg	6.00	12.95	15.73	1.90	15.00
胆碱 Choline，g	0.18	0.37	0.50		0.75
亚油酸 Linoleic acid，g	0.30	0.74	1.43		2.50

[a] 瘦肉率高于56%的公母混养猪群（阉公猪和青年母猪各一半）。

[b] 假定代谢能为消化能的96%。

[c] 3～20kg猪的赖氨酸百分比是根据试验和经验数据估测值，其他氨基酸需要量是根据其与赖氨酸比例（理想蛋白质）的估测值；20～90kg猪的赖氨酸需要量是结合生长模型、试验数据和经验数据的估测值，其他氨基酸需要量是根据其与赖氨酸的比例（理想蛋白质）的估测值。

[d] 矿物质需要量包括 饲料中提供的矿物质量；对于发育公猪和后备母猪，钙、总磷和有效磷的需要量应提高0.05～0.1个百分点。

[e] 维生素需要量包括饲料原料中提供的维生素量。

[f] 1 IU维生素 A＝0.344μg维生素 A 醋酸酯。

[g] 1 IU维生素 D_3＝0.025μg胆钙化醇h1 IU维生素 E＝0.67mgD-α-生育酚醋酸酯。

表3 瘦肉型妊娠母猪每千克饲粮养分含量（88%干物质）[a]

Table 3 Nutrient reuirements of lean type gestating sow（88%DM）

妊娠期	妊娠前期 Early pregnancy			妊娠后期 Late pregnancy		
配种体重 BW at mating，kg[b]	120～150	150～180	>180	120～150	150～180	>180
预期窝产仔头数 Litter size	10	11	11	10	11	11
采食量 ADFI，kg/d	2.10	2.10	2.00	2.60	2.80	3.00
日粮消化能含量 DE，MJ/kg (kcal/kg)	12.75 (3 050)	12.35 (2 950)	12.15 (2 950)	12.75 (3 050)	12.55 (3 000)	12.55 (3 000)
日粮代谢能含量 ME，MJ/kg (kcal/kg)[b]	12.25 (2 930)	11.85 (2 830)	11.65 (2 830)	12.25 (2 930)	12.05 (2 880)	12.05 (2 880)
粗蛋白质 CP，%	13.0	12.0	12.0	14.0	13.0	12.0

（续表）

妊娠期	妊娠前期 Early pregnancy			妊娠后期 Late pregnancy		
能量蛋白比 DE/CP，kJ/%（kcal / %）	981（235）	1 029（246）	1 013（246）	911（218）	965（231）	1 045（250）
赖氨酸能量比 Lys/DE，g/MJ（g/Mcal）	0.42（1.74）	0.40（1.67）	0.38（1.58）	0.42（1.74）	0.41（1.70）	0.38（1.60）
氨基酸 amino acid，%						
赖氨酸 Lys	0.53	0.49	0.46	0.53	0.51	0.48
蛋氨酸 Met	0.14	0.13	0.12	0.14	0.13	0.12
蛋氨酸 + 胱氨酸 Met + Cys	0.34	0.32	0.31	0.34	0.33	0.32
苏氨酸 Thr	0.40	0.39	0.37	0.40	0.40	0.38
色氨酸 Trp	0.10	0.09	0.09	0.10	0.09	0.09
异亮氨酸 Ile	0.29	0.28	0.26	0.29	0.29	0.27
亮氨酸 Leu	0.45	0.41	0.37	0.45	0.42	0.38
精氨酸 Arg	0.06	0.02	0.00	0.06	0.02	0.00
缬氨酸 Val	0.35	0.32	0.30	0.35	0.33	0.31
组氨酸 His	0.17	0.16	0.15	0.17	0.17	0.16
苯丙氨酸 Phe	0.29	0.27	0.25	0.29	0.28	0.26
苯丙氨酸 + 酪氨酸 Phe + Tyr	0.49	0.45	0.43	0.49	0.47	0.44
矿物元素 minerals[d]，%或每千克日粮含量						
钙 Ca，%	0.68					
总磷 Total P，%	0.54					
非植酸磷，Nonphytate P，%	0.32					
钠 Na，%	0.14					
氯 Cl，%	0.11					
镁 Mg，%	0.04					
钾 K，%	0.18					
铜 Cu，mg	5.0					
碘 I，mg	0.13					
铁 Fe，mg	75.0					
锰 Mn，mg	18.0					
硒 Se，mg	0.14					
锌 Zn，mg	45.0					
维生素和脂肪酸 vitamins and fatty acid[e]，%或每千克日粮含量						
维生素 A Vitamin A，IU[f]	3 620					

（续表）

妊娠期	妊娠前期 Early pregnancy	妊娠后期 Late pregnancy
维生素 D_3 Vitamin D_3，IU[k]	180	
维生素 E Vitamin E，IU[h]	40	
维生素 K Vitamin K，mg	0.50	
硫氨素 Thiamin，mg	0.90	
核黄素 Riboflavin，mg	3.40	
泛酸 Pantothenic acid，mg	11	
烟酸 Niacin，mg	9.05	
吡多醇 Pyridoxine，mg	0.90	
生物素 Biotin，mg	0.19	
叶酸 Folic acid，mg	1.20	
维生素 B_{12} Vitamin B_{12}，μg	14	
胆碱 Choline，g	1.15	
亚油酸 Linoleic acid，%	0.10	

[a] 消化能、氨基酸是根据国内试验报告、企业经验数据和 NRC(1998)妊娠模型得到的。

[b] 妊娠前期指妊娠前 12 周，妊娠后期指妊娠后 4 周；“120 ~ 150kg”阶段适用于初产母猪和因泌乳期消耗过度的经产母猪，“150 ~ 180kg”阶段适用于自身尚有生产潜力的经产母猪，“180kg” 以上指达到标准成年体重的经产母猪，其对养分的需要量不随体重增长而变化。

[c] 假定代谢能为消化能的 96%。

[d] 以玉米—豆粕型日粮为基础确定的。

[e] 矿物质需要量包括饲料原料中提供的矿物质。

[f] 维生素需要量包括饲料原料中提供的维生素量。

[g] 1 IU 维生素 A = 0.344μg 维生素 A 醋酸酯。

[h] 1 IU 维生素 D_3 = 0.025μg 胆钙化醇。

[i] 1 IU 维生素 E = 0.67mgD-α-生育酚醋酸酯。

表 4　瘦肉型泌乳母猪每千克饲粮养分含量（88%干物质）[a]

Table 4　Nurrient Requirements of lean type lactating sow（88%DM）

分娩体重 BWpost-farrowing, kg	140 ~ 180		180 ~ 240	
泌乳期体重变化, kg	0.0	−10.0	−7.5	−15
哺乳窝仔数 Litter size, 头	9	9	10	10
采食量 ADFI, kg/d	5.25	4.65	5.65	5.20
日粮消化能含量 DE, MJ/kg(kcal/kg)	13.80 (3 300)	13.80 (3 300)	13.80 (3 300)	13.80 (3 300)
日粮代谢能含量 ME, MJ/kg(kcal/kg)[b]	13.25 (3 170)	13.25 (3 170)	13.25 (3 170)	13.25 (3 170)
粗蛋白质 CP, %	17.5	18.0	18.0	18.5

（续表）

分娩体重 BWpost-farrowing, kg	140～180		180～240	
能量蛋白比 DE / CP, kJ/%（kcal / %）	789 (189)	767 (183)	767 (183)	746 (178)
赖氨酸能量比 Lys/DE, g/MJ（g/Mcal）	0.64 (2.67)	0.67 (2.82)	0.66 (2.76)	0.68 (2.85)
氨基酸 amino acid%				
赖氨酸 Lys	0.88	0.93	0.91	0.94
蛋氨酸 Met	0.22	0.24	0.23	0.24
蛋氨酸＋胱氨酸 Met＋Cys	0.42	0.45	0.44	0.45
苏氨酸 Thr	0.56	0.59	0.58	0.60
色氨酸 Trp	0.16	0.17	0.17	0.18
异亮氨酸 Ile	0.49	0.52	0.51	0.53
亮氨酸 Leu	0.95	1.01	0.98	1.02
精氨酸 Arg	0.48	0.48	0.47	0.47
缬氨酸 Val	0.74	0.79	0.77	0.81
组氨酸 His	0.34	0.36	0.35	0.37
苯丙氨酸 Phe	0.47	0.50	0.48	0.50
苯丙氨酸＋酪氨酸 Phe＋Tyr	0.97	1.03	1.00	1.04
矿物元素 minerals[d]，% 或每千克日粮含量				
钙 Ca, %	0.77			
总磷 Total P, %	0.62			
非植酸磷, Nonphytate P, %	0.36			
钠 Na, %	0.21			
氯 Cl, %	0.16			
镁 Mg, %	0.04			
钾 K, %	0.21			
铜 Cu, mg	5.0			
碘 I, mg	0.14			
铁 Fe, mg	80.0			
锰 Mn, mg	20.5			
硒 Se, mg	0.15			
锌 Zn, mg	51.0			
维生素和脂肪酸 vitamins and fatty acid[e]，% 或每千克日粮含量				
维生素 A Vitamin A, IU[f]	2 050			
维生素 D_3 Vitamin D_3, IU[k]	205			
维生素 E Vitamin E, IU[h]	45			
维生素 K Vitamin K, mg	0.5			

（续表）

分娩体重 BWpost-farrowing, kg	140 ~ 180	180 ~ 240
硫氨素 Thiamin, mg	1.00	
核黄素 Riboflavin, mg	3.85	
泛酸 Pantothenic acid, mg	12	
烟酸 Niacin, mg	10.25	
吡多醇 Pyridoxine, mg	1.00	
生物素 Biotin, mg	0.21	
叶酸 Folic acid, mg	1.35	
维生素 B_{12} Vitamin B_{12}, μg	15.0	
胆碱 Choline, g	1.00	
亚油酸 Linoleic acid, %	0.10	

[a] 由于国内缺乏哺乳母猪试验数据，消化能、氨基酸是根据国内一些企业经验数据和 NRC(1998) 泌乳模型得到的。

[b] 假定代谢能为消化能的 96%。

[c] 以玉米—豆粕型日粮为基础确定的。

[d] 矿物质需要量包括饲料原料中提供的矿物质。

[e] 维生素需要量包括饲料原料中提供的维生素量。

[f] 1 IU 维生素 A = 0.344μg 维生素 A 醋酸酯。

[g] 1 IU 维生素 D_3 = 0.025μg 胆钙化醇。

[h] 1 IU 维生素 E = 0.67mgD-α-生育酚醋酸酯。

表 5　配种公猪每千克饲粮和每日每头养分需要量（88%干物质）[a]

Table 5 Nutrient requirements of breeding boar (88%DM)

日粮消化能含量 DE, MJ/kg (kcal/kg)	12.95 (3 100)	12.95 (3 100)
日粮代谢能含量 ME, MJ/kg (kcal/kg)[b]	12.45 (2 975)	12.45 (2 975)
日粮消化能摄入量 DE, MJ/d (kcal/d)	21.70 (6 820)	21.70 (6 820)
日粮代谢能摄入量 ME, MJ/d (kcal/d)	20.85 (6 545)	20.85 (6 545)
采食量 ADFI, kg/d[d]	2.2	2.2
粗蛋白质 CP, %[e]	13.5	13.5
能量蛋白比 DE/CP, kJ/% (kcal/%)	595 (230)	595 (230)
赖氨酸能量比 Lys/DE, g/MJ (g/Mcal)	0.42 (1.78)	0.42 (1.78)
需要量 requirements		
每千克日粮含量	每日需要量	
氨基酸 amino acids		
赖氨酸 Lys	0.55%	12.1 g

（续表）

蛋氨酸 Met	0.15%	3.31 g
蛋氨酸 + 胱氨酸 Met + Cys	0.38%	8.4 g
苏氨酸 Thr	0.46%	10.1 g
色氨酸 Trp	0.11%	2.4 g
异亮氨酸 Ile	0.32%	7.0 g
亮氨酸 Leu	0.47%	10.3 g
精氨酸 Arg	0.00%	0.0 g
缬氨酸 Val	0.36%	7.9 g
组氨酸 His	0.17%	3.7 g
苯丙氨酸 Phe	0.30%	6.6 g
苯丙氨酸 + 酪氨酸 Phe + Tyr	0.52%	11.4 g
矿物元素 minerals[e]		
钙 Ca	0.70%	15.4 g
总磷 Total P	0.55%	12.1 g
非植酸磷，Nonphytate P	0.32%	7.04 g
钠 Na	0.14%	3.08 g
氯 Cl	0.11%	2.42 g
镁 Mg	0.04%	0.88 g
钾 K	0.20%	4.40 g
铜 Cu	5mg	11.0 mg
碘 I	0.15 mg	0.33 mg
铁 Fe	80 mg	176.00 mg
锰 Mn	20 mg	44.00 mg
硒 Se	0.15 mg	0.33 mg
锌 Zn	75 mg	165 mg
维生素和脂肪酸 vitamins and fatty acid[f]		
维生素 A Vitamin A[g]	4 000IU	8 800 IU
维生素 D_3 Vitamin D_3[h]	220 IU	485 IU
维生素 E Vitamin E[i]	45 IU	100 IU
维生素 K Vitamin K	0.50mg	1.10 mg
硫氨素 Thiamin	1.0 mg	2.20 mg
核黄素 Riboflavin	3.5 mg	7.70 mg

（续表）

泛酸 Pantothenic acid	12 mg	26.4 mg
烟酸 Niacin	10 mg	22 mg
吡多醇 Pyridoxine	1.0 mg	2.2 mg
生物素 Biotin	0.20 mg	0.44 mg
叶酸 Folic acid	1.30 mg	2.86 mg
维生素 B_{12} Vitamin B_{12}	15μg	33μg
胆碱 Choline	1.25g	2.75g
亚油酸 Linoleic acid	0.1%	2.2%

[a] 需要量的制定以每日采食量 2.2kg 饲粮为基础，采食量需要根据公猪的体重和期望的增重进行调整。

[b] 假定代谢能为消化能的 96%。

[c] 以玉米—豆粕型日粮为基础确定的。

[d] 配种前一个月采食量增加 20% ~25%，冬季严寒期采食增加10% ~20%。

[e] 矿物质需要量包括饲料原料中提供的矿物质。

[f] 维生素需要量包括饲料原料中提供的维生素量。

[g] 1 IU 维生素 A =0.344μg 维生素 A 醋酸酯。

[h] 1 IU 维生素 D_3 =0.025μg 胆钙化醇。

[i] 1 IU 维生素 E =0.67mgD-α-生育酚醋酸酯。

表 6　肉脂型生长肥育猪每千克日粮养分含量（一型标准[a]，自由采食，88%干物质）

Table 6　Nutuient requirements of lean-fat type growing-finishing pigs *at libitum*（88%DM）

体重 BW，kg	5 ~8	8 ~15	15 ~30	30 ~60	60 ~90
日增重 ADG，kg/d	0.22	0.38	0.50	0.60	0.70
采食量 ADFI，kg/d	0.40	0.87	1.36	2.02	2.94
饲料/增重，F / G	1.80	2.30	2.73	3.35	4.20
日粮消化能含量 DE，MJ/kg（kcal/kg）	13.80 (3 300)	13.60 (3 250)	12.95 (3 100)	12.95 (3 100)	12.95 (3 100)
粗蛋白质 CP，%	21.0	18.2	16.0	14.0	13.0
能量蛋白比 DE /CP，kJ/%（kcal/%）	657 (157)	747 (179)	810 (194)	925 (221)	996 (238)
赖氨酸能量比 Lys/DE，g/MJ（g/Mcal）	0.97 (4.06)	0.77 (3.23)	0.66 (2.75)	0.53 (2.23)	0.46 (1.94)
氨基酸 amino acid%					
赖氨酸 Lys	1.34	1.05	0.85	0.69	0.60
蛋氨酸 + 胱氨酸 Met + Cys	0.65	0.53	0.43	0.38	0.34
苏氨酸 Thr	0.77	0.62	0.50	0.45	0.39
色氨酸 Trp	0.19	0.15	0.12	0.11	0.11
异亮氨酸 Ile	0.73	0.59	0.47	0.43	0.37

（续表）

矿物元素 minerals,%或每千克日粮含量					
钙 Ca,%	0.86	0.74	0.64	0.55	0.46
总磷 Total P,%	0.67	0.60	0.55	0.46	0.37
非植酸磷，Nonphytate P,%	0.42	0.32	0.29	0.21	0.14
钠 Na,%	0.20	0.15	0.09	0.09	0.09
氯 Cl,%	0.20	0.15	0.07	0.07	0.07
镁 Mg,%	0.04	0.04	0.04	0.04	0.04
钾 K,%	0.29	0.26	0.24	0.21	0.16
铜 Cu，mg	6.00	5.5	4.6	3.7	3.0
铁 Fe，mg	100	92	74	55	37
碘 I，mg	0.13	0.13	0.13	0.13	0.13
锰 Mn，mg	4.00	3.00	3.00	2.00	2.00
硒 Se，mg	0.30	0.27	0.23	0.14	0.09
锌 Zn，mg	100	90	75	55	45
维生素和脂肪酸 vitamins and fatty acid,%或每千克日粮含量					
维生素 A Vitamin A，IU	2 100	2 000	1 600	1 200	1 200
维生素 D_3 Vitamin D_3，IU	210	200	180	140	1 400
维生素 E Vitamin E，IU	15	15	10	10	10
维生素 K Vitamin K，mg	0.50	0.50	0.50	0.50	0.50
体重 BW，kg	5~8	8~15	15~30	30~60	60~90
硫氨素 Thiamin，mg	1.50	1.00	1.00	1.00	1.00
核黄素 Riboflavin，mg	4.00	3.5	2.00	2.00	2.00
泛酸 Pantothenic acid，mg	12.00	10.00	7.00	7.00	6.00
烟酸 Niacin，mg	20.00	14.00	9.00	9.00	6.50
吡多醇 Pyridoxine，mg	2.00	1.50	1.00	1.00	1.00
生物素 Biotin，mg	0.08	0.05	0.05	0.05	0.05
叶酸 Folic acid，mg	0.30	0.30	0.30	0.30	0.30
维生素 B_{12} Vitamin B_{12}，μg	20.00	16.50	10.00	10.00	5.00
胆碱 Choline，g	0.50	0.40	0.30	0.30	0.30
亚油酸 Linoleic acid,%	0.10	0.10	0.10	0.10	0.10

[a] 一型标准：瘦肉率 52%±1.5%，达 90kg 体重时间 175d 左右。

[b]粗蛋白质的需要量原则上是以玉米—豆粕日粮满足可消化氨基酸需要而确定的。为克服早期断奶仔猪带来的应激，5~8kg 阶段使用了较多的动物蛋白和乳制品。

表7　肉脂型生长肥育猪每日每头养分需要量（一型标准[a]，自由采食，88%干物质）

Table 7　Daily nutrient requirements of lean-fat type growing-finishing pig *at libitum*（88%DM）

体重 BW，kg/d	5～8	8～15	15～30	30～60	60～90
日增重 ADG，kg/d	0.22	0.38	0.50	0.60	0.70
采食量 ADFI，kg/d	0.40	0.87	1.36	2.02	2.94
饲料/增重，F / G	1.80	2.30	2.73	3.35	4.20
日粮消化能摄入量 DE，MJ/d (kcal/d)	13.80 (3 300)	13.60 (3 250)	12.95 (3 100)	12.95 (3 100)	12.95 (3 100)
粗蛋白质 CP，g/d[b]	84.0	158.3	217.6	282.8	382.2
氨基酸 amino acid（g/d）					
赖氨酸 Lys	5.4	9.1	11.6	13.9	17.6
蛋氨酸＋胱氨酸 Met＋Cys	2.6	4.6	5.8	7.7	10.0
苏氨酸 Thr	3.1	5.4	6.8	9.1	11.5
色氨酸 Trp	0.8	1.3	1.6	2.2	3.2
异亮氨酸 Ile	2.9	5.1	6.4	8.7	10.9
矿物元素 minerals（g 或 mg/d）					
钙 Ca，g	3.4	6.4	8.7	11.1	13.5
总磷 Total P，g	2.7	5.2	7.5	9.3	10.9
非植酸磷，Nonphytate P，g	1.7	2.8	3.9	4.2	4.1
钠 Na，g	0.8	1.3	1.2	1.8	2.6
氯 Cl，g	0.8	1.3	1.0	1.4	2.1
镁 Mg，g	0.2	0.3	0.5	0.8	1.2
钾 K，g	1.2	2.3	3.3	4.2	4.7
铜 Cu，mg	2.40	4.79	6.12	8.08	8.82
铁 Fe，mg	40.00	80.04	100.64	111.10	108.78
碘 I，mg	0.05	0.11	0.18	0.26	0.38
锰 Mn，mg	1.60	2.61	4.08	4.04	5.88
硒 Se，mg	0.12	0.22	0.34	0.30	0.29
锌 Zn，mg	40.0	78.3	102.0	111.1	132.3
维生素和脂肪酸 vitamins and fatty acid，IU、mg 或 μ/d					
维生素 A Vitamin A，IU[f]	840.0	1 740.0	2 176.0	2 424.0	3 528.0
维生素 D_3 Vitamin D_3，IU[k]	84.0	174.0	244.8	282.8	411.6
维生素 E Vitamin E，IU[h]	6.0	13.1	13.6	20.2	29.4
维生素 K Vitamin K，mg	0.2	0.4	0.7	1.0	1.5
硫氨素 Thiamin，mg	0.6	0.9	1.4	2.0	2.9

（续表）

体重 BW，kg/d	5～8	8～15	15～30	30～60	60～90
核黄素 Riboflavin，mg	1.6	3.0	4.1	4.0	5.9
泛酸 Pantothenic acid，mg	4.8	8.7	10.9	14.1	17.6
烟酸 Niacin，mg	8.0	12.2	16.3	18.2	19.1
吡多醇 Pyridoxine，mg	0.8	1.3	2.0	2.0	2.9
生物素 Biotin，mg	0.0	0.0	0.1	0.1	0.1
叶酸 Folic acid，mg	0.1	0.3	0.4	0.6	0.9
维生素 B_{12} Vitamin B_{12}，μg	8.0	14.4	19.7	20.2	14.7
胆碱 Choline，g	0.2	0.3	0.4	0.6	0.9
亚油酸 Linoleic acid，g	0.4	0.9	1.4	2.0	2.9

a 一型标准适用于瘦肉率52%±1.5%，达90kg体重时间175d左右的肉脂型猪。

b 粗蛋白质的需要量原则上是以玉米—豆粕日粮满足可消化氨基酸需要而确定的。为克服早期断奶仔猪带来的应激，5～8kg阶段使用了较多的动物蛋白和乳制品。

表8　肉脂型生长肥育猪每千克饲粮中养分含量（二型标准[a]，自由采食，干物质88%）

Table 8 Nurrient requirements of lean-fat type growing-finishing pig *at libitum*（88%DM）

体重 BW，kg	8～15	15～30	30～60	60～90
日增重 ADG，kg/d	0.34	0.45	0.55	0.65
采食量 ADFI，kg/d	0.87	1.30	1.96	2.89
饲料/增重，F / G	2.55	2.90	3.55	4.45
日粮消化能含量 DE，MJ/kg（kcal/kg）	13.30 （3 180）	12.25 （2 930）	12.25 （2 930）	12.25 （2 930）
粗蛋白质 CP，g/d[b]	17.5	16.0	14.0	13.0
能量蛋白比 DE /CP，kJ/%（kcal/%）	760 （182）	766 （183）	875 （209）	942 （225）
赖氨酸能量比 Lys/DE，g/MJ（g/Mcal）	0.74 （3.11）	0.65 （2.73）	0.53 （2.22）	0.46 （1.91）
氨基酸 amino acid，%				
赖氨酸 Lys	0.99	0.80	0.65	0.56
蛋氨酸＋胱氨酸 Met＋Cys	0.56	0.40	0.35	0.32
苏氨酸 Thr	0.64	0.48	0.41	0.37
色氨酸 Trp	0.18	0.12	0.11	0.10
异亮氨酸 Ile	0.54	0.45	0.40	0.34
矿物元素 minerals，%或每千克日粮含量				
钙 Ca，%	0.72	0.62	0.53	0.44

（续表）

体重 BW，kg	8～15	15～30	30～60	60～90
总磷 Total P,%	0.58	0.53	0.44	0.35
非植酸磷，Nonphytate P,%	0.31	0.27	0.20	0.13
钠 Na,%	0.14	0.09	0.09	0.09
氯 Cl,%	0.14	0.07	0.07	0.07
镁 Mg,%	0.04	0.04	0.04	0.04
钾 K,%	0.25	0.23	0.20	0.15
铜 Cu，mg	5.00	4.00	3.00	3.00
铁 Fe，mg	90.00	70.00	55.00	35.00
碘 I，mg	0.12	0.12	0.12	0.12
锰 Mn，mg	3.00	2.50	2.00	2.00
硒 Se，mg	0.26	0.22	0.13	0.09
锌 Zn，mg	90	70.00	53.00	44.00
维生素和脂肪酸 vitamins and fatty acid,%或每千克日粮含量				
维生素 A Vitamin A，IU	1 900	1 550	1 150	1 150
维生素 D_3 Vitamin D_3，IU	190	170	130	130
维生素 E Vitamin E，IU	15	10	10	10
维生素 K Vitamin K，mg	0.45	0.45	0.45	0.45
硫氨素 Thiamin，mg	1.00	1.00	1.00	1.00
核黄素 Riboflavin，mg	3.00	2.50	2.00	2.00
泛酸 Pantothenic acid，mg	10.00	8.00	7.00	7.00
烟酸 Niacin，mg	14.00	12.00	9.00	9.00
吡多醇 Pyridoxine，mg	1.50	1.50	1.00	1.00
生物素 Biotin，mg	0.05	0.04	0.04	0.04
叶酸 Folic acid，mg	0.30	0.30	0.30	0.30
维生素 B_{12} Vitamin B_{12}，μg	15.00	13.00	10.00	10.00
胆碱 Choline，g	0.40	0.30	0.30	0.30
亚油酸 Linoleic acid,%	0.10	0.10	0.10	0.10

[a] 二型标准适用于瘦肉率49%± 11.5%，达90kg 体重时间185d 左右的肉脂型猪，5～8kg 阶段的各种营养需要同一型标准。

表9　肉脂型生长肥育猪每日每头养分需要量（二型标准[a]，自由采食，88%干物质）

Table 9 Daily nutrient requirements of lean-fat type growing-finishing pig *at libitum*（88%DM）

体重 BW，kg/d	8 ~ 15	15 ~ 30	30 ~ 60	60 – 90
日增重 ADG，kg/d	0.34	0.45	0.55	0.65
采食量 ADFI，kg/d	0.87	1.30	1.96	2.89
饲料/增重，F/G	2.55	2.90	3.55	4.45
日粮消化能摄入量 DE，MJ/d（kcal/d）	13.30（3 180）	12.25（2 930）	12.25（2 930）	12.25（2 930）
粗蛋白质 CP，g/d[b]	152.3	208.0	274.4	375.7
氨基酸 amino acid（g/d）				
赖氨酸 Lys	8.6	10.4	12.7	16.2
蛋氨酸 + 胱氨酸 Met + Cys	4.9	5.2	6.9	9.2
苏氨酸 Thr	5.6	6.2	8.0	10.7
色氨酸 Trp	1.6	1.6	2.2	2.9
异亮氨酸 Ile	4.7	5.9	7.8	9.8
矿物元素 minerals（g 或 mg/d）				
钙 Ca，g	6.3	8.1	10.4	12.7
总磷 Total P，g	5.0	6.9	8.6	10.1
非植酸磷，Nonphytate P，g	2.7	3.5	3.9	3.8
钠 Na，g	1.2	1.2	1.8	2.6
氯 Cl，g	1.2	0.9	1.4	2.0
镁 Mg，g	0.3	0.5	0.8	1.2
钾 K，g	2.2	3.0	3.9	4.3
铜 Cu，mg	4.4	5.2	5.9	8.7
铁 Fe，mg	78.3	91.0	107.8	101.2
碘 I，mg	0.1	0.2	0.2	0.3
锰 Mn，mg	2.6	3.3	3.9	5.8
硒 Se，mg	0.2	0.3	0.3	0.3
锌 Zn，mg	78.3	91.0	103.9	127.2
维生素和脂肪酸 vitamins and fatty acid，IU、mg 或 μ/d				
维生素 A Vitamin A，IU[f]	1 653	2 015	2 254	3 324
维生素 D_3 Vitamin D_3，IU[k]	165	221	255	376
维生素 E Vitamin E，IU[h]	13.1	13.0	19.6	28.9
维生素 K Vitamin K，mg	0.4	0.6	0.9	1.3

（续表）

体重 BW，kg/d	8～15	15～30	30～60	60－90
硫氨素 Thiamin，mg	0.9	1.3	2.0	2.9
核黄素 Riboflavin，mg	2.6	3.3	3.9	5.8
泛酸 Pantothenic acid，mg	8.7	10.4	13.7	17.3
烟酸 Niacin，mg	12.16	15.6	17.6	18.79
吡多醇 Pyridoxine，mg	1.3	2.0	2.0	2.9
生物素 Biotin，mg	0.0	0.1	0.1	0.1
叶酸 Folic acid，mg	0.3	0.4	0.6	0.9
维生素 B_{12} Vitamin B_{12}，μg	13.1	16.9	19.6	14.5
胆碱 Choline，g	0.3	0.4	0.6	0.9
亚油酸 Linoleic acid，g	0.9	1.3	2.0	2.9

[a] 二型标准适用于瘦肉率49%±1.5%，达90kg体重时间185d左右的肉脂型猪，5～8kg阶段的各种营养需要同一型标准。

表10　肉脂型生长肥育猪每千克饲粮中养分含量（三型标准[a]，自由采食，干物质88%）

Table 10 Nurrient requirements of lean－fat type growing-finishing pig *at libitum*（88%DM）

体重 BW，kg	15～30	30～60	60～90
日增重 ADG，kg/d	0.40	0.50	0.59
采食量 ADFI，kg/d	1.28	1.95	2.92
饲料/增重，F / G	3.20	3.90	4.95
日粮消化能含量 DE，MJ/kg（kcal/kg）	11.70（2 800）	11.70（2 800）	11.70（2 800）
日蛋白质 CP，g/d[b]	15.0	14.0	13.0
能量蛋白比 DE /CP，kJ/%（kcal / %）	780（187）	835（200）	900（215）
赖氨酸能量比 Lys/DE，g/MJ（g/Mcal）	0.67（2.79）	0.50（2.11）	0.43（1.79）
氨基酸 amino acid%			
赖氨酸 Lys	0.78	0.59	0.50
蛋氨酸＋胱氨酸 Met＋Cys	0.40	0.31	0.28
苏氨酸 Thr	0.46	0.38	0.33
色氨酸 Trp	0.11	0.10	0.09
异亮氨酸 Ile	0.44	0.36	0.31
矿物元素 minerals，%或每千克日粮含量			

（续表）

体重 BW，kg	15 ~ 30	30 ~ 60	60 ~ 90
钙 Ca，%	0.59	0.50	0.42
总磷 Total P，%	0.50	0.42	0.34
非植酸磷，Nonphytate P，%	0.27	0.19	0.13
钠 Na，%	0.08	0.08	0.08
氯 Cl，%	0.07	0.07	0.07
镁 Mg，%	0.03	0.03	0.03
钾 K，%	0.22	0.19	0.14
铜 Cu，mg	4.00	3.00	3.00
铁 Fe，mg	70.00	50.00	35.00
碘 I，mg	0.12	0.12	0.12
锰 Mn，mg	3.00	2.00	2.00
硒 Se，mg	0.21	0.13	0.08
锌 Zn，mg	70.00	50.00	40.00
维生素和脂肪酸 vitamins and fatty acid，% 或每千克日粮含量			
维生素 A Vitamin A，IU	1 470	1 090	1 090
维生素 D_3 Vitamin D_3，IU	168	126	126
维生素 E Vitamin E，IU	9	9	9
维生素 K Vitamin K，mg	0.4	0.4	0.4
硫氨素 Thiamin，mg	1.00	1.00	1.00
核黄素 Riboflavin，mg	2.50	2.00	2.00
泛酸 Pantothenic acid，mg	8.00	7.00	7.00
烟酸 Niacin，mg	12.00	9.00	9.00
吡多醇 Pyridoxine，mg	1.50	1.00	1.00
生物素 Biotin，mg	0.04	0.04	0.04
叶酸 Folic acid，mg	0.25	0.25	0.25
维生素 B_{12} Vitamin B_{12}，μg	12.00	10.00	10.00
胆碱 Choline，g	0.34	0.25	0.25
亚油酸 Linoleic acid，%	0.10	0.10	0.10

[a] 适用于瘦肉率 46% ±1.5%，达 90kg 体重时间 200d 左右的肉脂型猪，5 ~ 8kg 阶段的各种营养需要同一型标准。

表 11　肉脂型生长肥育猪每日每头养分需要量（三型标准[a]，自由采食，88%干物质）

Table 11　Daily nutrient requirements of lean-fat type growing-finishing pig *at libitum*（88%DM）

体重 BW，kg/d	15～30	30～60	60～90
日增重 ADG，kg/d	0.40	0.50	0.59
采食量 ADFI，kg/d	1.28	1.95	2.92
饲料/增重，F / G	3.20	3.90	4.95
日粮消化能摄入量 DE，MJ/d（kcal/d）	11.70（2 800）	11.70（2 800）	11.70（2 800）
粗蛋白质 CP，g/d[b]	192.0	273.0	379.6
氨基酸 amino acid（g/d）			
赖氨酸 Lys	10.0	11.5	14.6
蛋氨酸 + 胱氨酸 Met + Cys	5.1	6.0	8.2
苏氨酸 Thr	5.9	7.4	9.6
色氨酸 Trp	1.4	2.0	2.6
异亮氨酸 Ile	5.6	7.0	9.1
矿物元素 minerals（g 或 mg/d）			
钙 Ca，g	7.6	9.8	12.3
总磷 Total P，g	6.4	8.2	9.9
非植酸磷，Nonphytate P，g	3.5	3.7	3.8
钠 Na，g	1.0	1.6	2.3
氯 Cl，g	0.9	1.4	2.0
镁 Mg，g	0.4	0.6	0.9
钾 K，g	2.8	3.7	4.4
铜 Cu，mg	5.1	5.9	8.8
铁 Fe，mg	89.6	97.5	102.2
碘 I，mg	0.2	0.2	0.4
锰 Mn，mg	3.8	3.9	5.8
硒 Se，mg	0.3	0.3	0.3
锌 Zn，mg	89.6	97.5	116.8
维生素和脂肪酸 vitamins and fatty acid，IU、mg 或 μ/d			
维生素 A Vitamin A，IU[f]	1 856.0	2 145.0	3 212.0
维生素 D_3 Vitamin D_3，IU[k]	217.6	243.8	365.0
维生素 E Vitamin E，IU[h]	12.8	19.5	29.2
维生素 K Vitamin K，mg	0.5	0.8	1.2

（续表）

体重 BW，kg/d	15～30	30～60	60～90
硫氨素 Thiamin，mg	1.3	2.0	2.9
核黄素 Riboflavin，mg	3.2	3.9	5.8
泛酸 Pantothenic acid，mg	10.2	13.7	17.5
烟酸 Niacin，mg	15.36	17.55	18.98
吡多醇 Pyridoxine，mg	1.9	2.0	2.9
生物素 Biotin，mg	0.1	0.1	0.1
叶酸 Folic acid，mg	0.3	0.5	0.7
维生素 B_{12} Vitamin B_{12}，μg	15.4	19.5	14.6
胆碱 Choline，g	0.4	0.5	0.7
亚油酸 Linoleic acid，g	1.3	2.0	2.9

[a] 适用于瘦肉率46%±1.5%，达90kg体重时间200d左右的肉脂型猪，5～8kg阶段的各种营养需要同一型标准。

表12　肉脂型妊娠、哺乳母猪每千克饲粮养分含量（88%干物质）

Table 12　Nutrient requirements of lean-fat type gestating and lactating sow（88%DM）

	妊娠母猪 Pregnant sow	泌乳母猪 Lactating sow
采食量 ADFI，kg/d	2.10	5.10
饲粮消化能含量 DE，MJ/kg（kcal/kg）	11.70 （2 800）	13.60 （3 250）
粗蛋白质 CP,%	13.0	17.5
能量蛋白比 DE/CP，kJ/%（kcal/%）	900（215）	777（186）
赖氨酸能量比 Lys/DE，g/MJ（g/Mcal）	0.37（1.54）	0.58（2.43）
氨基酸 amino acid%		
赖氨酸 Lys	0.43	0.79
蛋氨酸＋胱氨酸 Met＋Cys	0.30	0.40
苏氨酸 Thr	0.35	0.52
色氨酸 Trp	0.08	0.14
异亮氨酸 Ile	0.25	0.45
矿物元素 minerals,%或每千克日粮含量		
钙 Ca,%	0.62	0.72
总磷 Total P,%	0.50	0.58
非植酸磷，Nonphytate P,%	0.30	0.34
钠 Na,%	0.12	0.20

（续表）

	妊娠母猪 Pregnant sow	泌乳母猪 Lactating sow
氯 Cl，%	0.10	0.16
镁 Mg，%	0.04	0.04
钾 K，%	0.16	0.20
铜 Cu，mg	4.00	5.00
碘 I，mg	0.12	0.14
铁 Fe，mg	70	80
锰 Mn，mg	16	20
硒 Se，mg	0.15	0.15
锌 Zn，mg	50	50
维生素和脂肪酸 vitamins and fatty acid，%或每千克日粮含量		
维生素 A Vitamin A，IU	3 600	2 000
维生素 D_3 Vitamin D_3，IU	180	200
维生素 E Vitamin E，IU	36	44
维生素 K Vitamin K，mg	0.40	0.50
硫氨素 Thiamin，mg	1.00	1.00
核黄素 Riboflavin，mg	3.20	3.75
泛酸 Pantothenic acid，mg	10.00	12.00
烟酸 Niacin，mg	8.00	10.00
吡多醇 Pyridoxine，mg	1.00	1.00
生物素 Biotin，mg	0.16	0.20
叶酸 Folic acid，mg	1.10	1.30
维生素 B_{12} Vitamin B_{12}，μg	12.00	15.00
胆碱 Choline，g	1.00	1.00
亚油酸 Linoleic acid，%	0.10	0.10

表 13　地方猪种后备母猪每千克饲粮中养分含量[a]（88%干物质）

Table 13　Nutrient requirements of local replacement gilt（88%DM）

体重 BW，kg	10～20	20～40	40～70
预期日增重 ADG，kg/d	0.30	0.40	0.50
预期采食量 ADFI，kg/d	0.63	1.08	1.65
饲料/增重 F/G	2.10	2.70	3.30

（续表）

体重 BW，kg	10～20	20～40	40～70
日粮消化能含量 DE，MJ/kg（kcal/kg）	12.97 (3 100)	12.55 (3 000)	12.15 (2 900)
粗蛋白质 CP，%	18.0	16.0	14.0
能量蛋白比 DE/CP，kJ/% (kcal/%)	721（172）	784（188）	868（207）
赖氨酸能量比 Lys/DE，g/MJ (g/Mcal)	0.77（3.23）	0.70（2.93）	0.48（2.00）
氨基酸 amino acid%			
赖氨酸 Lys	1.00	0.88	0.67
蛋氨酸＋胱氨酸 Met＋Cys	0.50	0.44	0.36
苏氨酸 Thr	0.59	0.53	0.43
色氨酸 Trp	0.15	0.13	0.11
异亮氨酸 Ile	0.56	0.49	0.41
矿物元素 minerals，%			
钙 Ca	0.74	0.62	0.53
总磷 Total P	0.60	0.53	0.44
有效磷，Nonphytate P	0.37	0.28	0.20

[a] 除钙、磷外的矿物元素及维生素的需要，可参照肉脂型生长肥育猪二型标准。

表 14　肉脂型种公猪每千克饲粮中养分含量[a]（88%干物质）

Table 14　Nutrient requirements of lean－fat type breeding boar（88%DM）

体重 BW，kg	10～20	20～40	40～70
预期日增重 ADG，kg/d	0.35	0.45	0.50
预期采食量 ADFI，kg/d	0.72	1.17	1.67
饲粮消化能含量 DE，MJ/kg（kcal/kg）	12.97 (3 100)	12.55 (3 000)	12.55 (3.00)
粗蛋白质 CP，%	18.8	17.5	14.6
能量蛋白比 DE/CP，kJ/%（kcal/%）	690 (165)	717 (171)	860 (205)
赖氨酸能量比 Lys/DE，g/MJ（g/Mcal）	0.81 (3.39)	0.73 (3.07)	0.50 (2.09)
氨基酸 amino acid%			
赖氨酸 Lys	1.05	0.92	0.73
蛋氨酸＋胱氨酸 Met＋Cys	0.53	0.47	0.37
苏氨酸 Thr	0.62	0.55	0.47

（续表）

体重 BW，kg	10～20	20～40	40～70
色氨酸 Trp	0.16	0.13	0.12
异亮氨酸 Ile	0.59	0.52	0.45
矿物元素 minerals，%			
钙 Ca	0.74	0.64	0.55
总磷 Total P	0.60	0.55	0.46
有效磷，Nonphytate P	0.37	0.29	0.21

[a] 除钙、磷外的矿物元素及维生素的需要，可参照肉脂型生长肥育猪一型标准。

表 15　肉脂型种公猪每千克饲粮中养分含量[a]（88%干物质）
Table 15　Nutrient requirements of lean-fat type breeding boar（88%DM）

体重 BW，kg	10～20	20～40	40～70
日增重 ADG，kg/d	0.35	0.45	0.50
采食量 ADFI，kg/d	0.72	1.17	1.67
日粮消化能含量 DE，MJ/kg（kcal/kg）	12.97（3 100）	12.55（3 000）	12.55（3 000）
粗蛋白质 CP，g/d	135.4	204.8	243.8
氨基酸 amino acid，g			
赖氨酸 Lys	7.6	*	*
蛋氨酸 + 胱氨酸 Met + Cys	3.8	*	*
苏氨酸 Thr	4.5	*	*
色氨酸 Trp	1.2	*	*
异亮氨酸 Ile	4.2	*	*
矿物元素 minerals，g/d			
钙 Ca	5.3	*	*
总磷 Total P	4.3	*	*
有效磷，Nonphytate P	2.7	*	*

[a] 除钙、磷外的矿物元素及维生素的需要，可参照肉脂型生长肥育猪一型标准。

a. 瘦肉生长速度略高（每天无脂肉沉积大于 325g）的猪，对某些矿物质和维生素的需要量可能比表中数据略高。

b. 消化能转化成代谢能的转化效率为 96%。对玉米—豆粕型日粮，这一转化率为 94%～96%。

c. 体重 50～100kg 的后备公猪和后备母猪日粮中钙磷和可利用磷的含量应增加 0.05%～0.10%。

d. 玉米、饲用高粱、小麦和大麦中烟酸不能为猪利用，同样，其加工副产品烟酸的利用率也很低。

参考文献

［1］孟繁杰．科学养猪指南．延吉：延边人民出版社，2003
［2］李炳坦等．养猪生产技术手册．北京：中国农业出版社，2004
［3］杨公社．猪生产学．北京：中国农业出版社，2002
［4］蔡长霞．畜禽环境卫生学
［5］李同洲．科学养猪．北京：中国农业大学出版社，2001
［6］张永泰．高效养猪大全．北京：中国农业出版社，1994
［7］李宝林．猪生产学．北京：中国农业出版社，2001
［8］刘红林．现代养猪大全．北京：中国农业出版社，2001
［9］代广军等．规模养猪精细管理及新型疫病防控技术．北京：中国农业出版社，2006. 8
［10］马振强等．种猪生产，北京：中国农业大学出版社，1999. 9
［11］郑友民，苏振环．中国养猪．北京：中国农业科学技术出版社，2005. 9
［12］赵书广．中国养猪大成．北京：中国农业出版社，2003
［13］崔中林．规模安全养猪综合性技术．北京：中国农业出版社，2004. 10
［14］张龙志．养猪学．北京：中国农业出版社，1982
［15］万熙卿，芦惟本等．中国福利养猪．北京：中国农业大学出版社，2007
［16］陆承平等．动物保护概论．北京：高等教育出版社，2004
［17］荆继忠．福利养猪的概念与应用．北京：中国畜牧业协会养猪分会
［18］韩俊文．养猪学．北京：中国农业出版社，2001. 5
［19］赵明川，董希德，王福传．农村园区化养猪．北京：中国农业出版社，2004. 10
［20］王爱国．现代实用养猪技术．北京：中国农业出版社，2002. 1
［21］刘安典等．养猪与猪病防治手册．北京：中国农业出版社，2004. 1
［22］张贵林．养猪致富诀窍．北京：中国农业出版社，2004. 1
［23］王振来等．养猪场生产技术与管理．北京：中国农业大学出版社，2004. 1
［24］罗安治．养猪全书．成都：四川科学技术出版社，2002. 5
［25］张杰英，怎样养猪多赚钱．石家庄：河北科学技术出版社，2002. 6
［26］宋育．猪的营养．北京：中国农业出版社，1998
［27］韩俊文．猪的饲料配制与配方．北京：中国农业出版社，2002
［28］苏振环．现代养猪实用百科全书．北京：中国农业出版社，2004
［29］张龙志．养猪学．北京：中国农业出版社，1982
［30］吴秀敏．我国猪肉质量安全体系研究．浙江大学博士论文集，2006：4～9
［31］王爱国．WTO 与我国养猪业的可持续发展．当代畜牧，2002，3：1～4
［32］王伟，张存根．论我国养猪业的可持续发展．北京农学院学报，2004，19（1）：

49～52

［33］张晓辉，Agapi somwaru，Francis Tuan. 中国生猪生产结构、成本和效益比较研究. 中国畜牧杂志，2006，42（2）：27～30

［34］冯永辉. 我国生猪规模化养殖及区域分布变化趋势. 中国畜牧杂志，2006，42（2）：22～26

［35］冯永辉. 浅析世界猪肉生产格局变化趋势. 国际资讯，2006，42（6）：43～47

［36］杨玉芬，卢德勋，许梓荣等. 日粮纤维对肥育猪生产性能和胴体品质的影响. 福建农林大学学报（自然科学版），2002，31（3）：366～369

［37］郑冬梅，孙振钧，王冲等. 丹麦有机猪的生产和养猪业沙门氏菌的控制. 家畜生态学报，2007，27（6）：9～12

［38］王燕丽，任丽. 有机猪－我国养猪业发展的方向. 金华职业技术学院学报，2004，4（2）：32～35

［39］刘忠琛. 浅谈我国无公害猪肉生产存在的问题与对策. 黑龙江畜牧兽医，2003，11：59～60

［40］汤海林，孙杰龙. 安全猪肉生产综合技术措施. 养猪，2003，1：20～23

［41］朱兴贵. 浅谈动物福利与动物保护法，中国畜牧兽医，2010；3：665～666